普通高等教育"十一五"国家级规划教材

"十三五"国家重点出版物出版规划项目

世界名校名家基础教育系列
Textbooks of Base Disciplines from World's Top Universities and Experts

U0662897

上 册

第2版

主编　陈一宏　张润琦
参编　程杞元　李翠哲　苏伟宏
主审　李心灿

机 械 工 业 出 版 社

本书是根据教育部颁布的高等学校工科本科生《高等数学课程教学基本要求》，参考研究生入学考试《数学考试大纲》编写而成的，上册包含一元函数微积分和常微分方程等内容，下册包含多元函数微积分和级数等内容.

本书尽量从实际问题引入数学概念，注意培养学生用微积分的思想和方法观察、解决问题的能力. 例题、习题题型丰富，有些是研究生入学考试试题，其中不少题目紧密结合实际应用，有利于培养学生的应用意识以及分析解决问题的综合能力.

本书是工科本科生的教科书，也可以作为研究生入学考试复习用书.

图书在版编目（CIP）数据

微积分. 上册/陈一宏，张润琦主编. —2 版. —北京：机械工业出版社，2017.8（2025.8 重印）

普通高等教育"十一五"国家级规划教材

"十三五"国家重点出版物出版规划项目

ISBN 978-7-111-47731-0

Ⅰ.①微…　Ⅱ.①陈…②张…　Ⅲ.①微积分–高等学校–教材
Ⅳ.①O172

中国版本图书馆 CIP 数据核字（2014）第 191710 号

机械工业出版社（北京市百万庄大街22号　邮政编码100037）
策划编辑：郑　玫　　　责任编辑：郑　玫
版式设计：霍永明　　　责任校对：肖　琳
封面设计：鞠　杨　　　责任印制：常天培
河北虎彩印刷有限公司印刷
2025 年 8 月第 2 版第 6 次印刷
190mm×210mm · 17 印张 · 572 千字
标准书号：ISBN 978-7-111-47731-0
定价：49.80 元

电话服务　　　　　　　网络服务
客服电话：010-88361066　　机 工 官 网：www.cmpbook.com
　　　　　010-88379833　　机 工 官 博：weibo.com/cmp1952
　　　　　010-68326294　　金 书 网：www.golden-book.com
封底无防伪标均为盗版　机工教育服务网：www.cmpedu.com

前　言

本书是普通高等教育"十一五"国家级规划教材，它是根据教育部颁布的高等学校工科本科生《高等数学课程教学基本要求》，参考研究生入学考试《数学考试大纲》编写而成的. 上册包含函数的极限和连续，一元函数微积分，常微分方程等内容. 下册包含向量代数和空间解析几何，多元函数微积分以及级数等内容.

为了能够让学生在较少的学时内理解和掌握微积分的重要概念、思想和方法，编写时注意到了下述几个方面：

1. 对主要概念尽量先从各类实际问题入手进行数学分析，逐步抽象出严格的数学概念.

2. 在理解微积分基本概念和理论的基础上，注意培养学生应用微积分的思想和方法解决实际问题的能力. 在本书的微分、积分和微分方程各部分内容中，都有较多的实例和习题. 通过对这些问题的分析、求解，不断提高学生运用数学知识建立实际问题的数学模型的能力.

3. 努力提高学生的综合解题能力. 每章最后一节为综合例题，这些例题和习题为精选的典型问题，有些是研究生入学考试试题，有些问题的素材取自国外的参考书. 教师可根据具体情况在习题课上选用.

4. 将国家级一流本科课程《微积分》MOOC 的优质数字资源融入到教材中，通过信息技术与教材建设深度融合，帮助读者在阅读教材时能方便快捷的接触到对应的数字资源.

本书是教学改革研究项目"大学数学课程的改革和建设"的成果之一，是在长期的教学实践过程中，不断总结广大教师的教学经验，修改原有教材逐步形成的.

本书的编写过程中得到了数学教育家李心灿教授的指导和帮助，他还认真审阅了全稿，提出了诸多宝贵建议，在此表示衷心感谢. 机械工业出版社对本书的出版给予了大力支持，在此一并致谢.

本书上册第 0 章、第 1 章和第 5 章由李翠哲执笔，第 2 章和第 3 章由程杞元执笔，第 4 章由苏伟宏执笔，下册第 6 章和第 7 章由毛京中执笔，第 8 章、第 9 章和第 10 章由张润琦执笔. 融入的国家级一流本科课程线上数字资源由徐厚宝、毛京中、温海瑞、李翠哲、周林芳等共同完成. 全书由陈一宏、徐厚宝和张润琦统稿.

书中标有 * 号的内容不作基本要求. 由于水平、经验所限，书中的不妥之处，恳请读者批评指正.

编　者

于北京理工大学

目 录

0

预备知识

高等数学的核心内容是微积分，它与以前所学的初等数学有很大的区别. 初等数学研究的"数"是常数或常量，研究的几何形体是孤立的、不变的规则几何形体，主要研究常数间的代数运算和不同几何形体内部及相互间的关系. 与此相反，高等数学研究的"数"是变数或变量，研究的几何形体是不规则的几何形体，如曲线、曲面、曲边形和曲面形等. 高等数学将数和几何形体紧密结合起来，以函数为基本研究对象，以极限方法为基本研究方法，动态地、整体地、普遍地揭示变量间的变化规律.

在这一部分内容中，我们先对高等数学的研究对象——函数及相关知识进行简要复习和必要的补充. 本部分内容是研究微积分最必要的基础知识.

0.1 集合与区间

1. 集合

集合是现代数学中最基本的概念，许多数学研究都离不开集合. 例如，所有自然数的集合，所有有理数的集合，一个方程的根的集合，某矩形内所有点的集合，等等. 一般地，具有某种确定性质的对象的总体称为**集合**或**集**，其中的对象称为集合的**元素**. 通常以大写字母 A、B、M 等表示集合，而以小写字母 a、b、m 等表示集合的元素. 若 a 是集合 A 的元素，则记作 $a \in A$（读作 a 属于 A）. 否则，记作 $a \in A$（读作 a 不属于 A）.

一般地，表示集合的方法有两种. 一种是**列举法**，就是把集合

集合的概念与表示

的所有元素一一列出，写在一对花括号内．例如，方程 $x^2-1=0$ 根的集合表示为 $S=\{-1,1\}$．另一种是**命题法**，就是指明集合元素所具有的确定性质．例如，整数集可表示为 $\mathbf{Z}=\{x\mid\sin\pi x=0\}$．一般地

$$A=\Big\{x\ \Big|\ x\ \text{具有性质}\ P\Big\}$$

其中，P 是关于 x 的某个性质，意思为：$x\in A$ 的充要条件是 x 满足性质 P．例如，方程 $x^2-1=0$ 的根也可以表示为 $S=\{x\mid x^2-1=0\}$．

由某些数组成的集合称为**数集**．全体实数构成实数集 $\mathbf{R}$．若将数轴上的点对应到其坐标上的实数，则实数集中的数与数轴上的点就建立了一一对应关系．因此，以后对实数与数轴上的点不严加区别．例如，数 a 有时也说成点 a，反之亦然．

不含任何元素的集合称为**空集**，记为 $\varnothing$．

常用的数集有：自然数集 $\mathbf{N}=\{1,2,3,\cdots\}$，整数集 $\mathbf{Z}$，有理数集 $\mathbf{Q}$ 及实数集 $\mathbf{R}$．

集合间的运算

包含：如果集合 A 的元素都是集合 B 的元素，则称集合 B 包含集合 A，或称集合 A 包含于集合 B，记为 $B\supseteq A$ 或 $A\subseteq B$．此时也称 A 是 B 的子集．

等于：如果 $A\subseteq B$ 且 $B\subseteq A$，则称集合 A 等于集合 B，记作 $A=B$．

真子集：如果 $A\subseteq B$ 且 $A\ne B$，则称集合 A 是集合 B 的真子集，记作 $A\subset B$．

交集：$A\cap B=\{x\mid x\in A\ \text{且}\ x\in B\}$ 称为集合 A 与集合 B 的交集．

并集：$A\cup B=\{x\mid x\in A\ \text{或}\ x\in B\}$ 称为集合 A 与集合 B 的并集．

差集：$A\backslash B=\{x\mid x\in A\ \text{但}\ x\notin B\}$ 称为集合 A 与集合 B 的差集．

2. 区间

高等数学中最常用的数集是区间．介于两个实数间的全体实数构成的数集称为**区间**．这两个实数称为区间的**端点**，两端点间的距离称为区间的**长度**．这类区间称为有限区间．还有一类区间称为无限区间．一般有如下几种区间（表0-1）：

表0-1中，a，b 是确定的实数，$a<b$；$+\infty$，$-\infty$ 是两个记号（不是数），分别读作正无穷、负无穷．

表　0-1

符　号	定　义	名　称	
(a, b)	$= \{x \mid a < x < b\}$	开区间	有限区间
$[a, b]$	$= \{x \mid a \leqslant x \leqslant b\}$	闭区间	
$(a, b]$	$= \{x \mid a < x \leqslant b\}$	左开右闭区间	
$[a, b)$	$= \{x \mid a \leqslant x < b\}$	左闭右开区间	
$(a, +\infty)$	$= \{x \mid a < x < +\infty\}$	无穷开区间	无限区间
$(-\infty, b)$	$= \{x \mid -\infty < x < b\}$	无穷开区间	
$(-\infty, +\infty)$	$= \{x \mid -\infty < x < +\infty\}$	无穷开区间	
$[a, +\infty)$	$= \{x \mid a \leqslant x < +\infty\}$	无穷半开半闭区间	
$(-\infty, b]$	$= \{x \mid -\infty < x \leqslant b\}$	无穷半开半闭区间	

3. 邻域和内点

邻域也是一种常用的集合. 设 a 是一个实数，对于任意的正数 δ，开区间 $(a-\delta, a+\delta)$ 称为点 a 的以 δ 为半径的**邻域**，简称**点 a 的邻域**，记作 $N(a, \delta)$. 其中 a 称为邻域的中心，δ 称为邻域半径. 显然

$$N(a, \delta) = \left\{ x \mid |x-a| < \delta \right\}$$

或写作

$$N(a, \delta) = \left\{ x \mid a-\delta < x < a+\delta \right\}$$

如果把邻域的中心点 a 去掉，所得到的集合称为点 a 的以 δ 为半径的**去心邻域**，记作 $\overset{\circ}{N}(a, \delta)$. 即

$$\overset{\circ}{N}(a, \delta) = N(a, \delta) \backslash \{a\}$$
$$= \left\{ x \mid 0 < |x-a| < \delta \right\}$$

为方便起见，称开区间 $(a-\delta, a)$ 为**点 a 的左 δ 邻域**；称开区间 $(a, a+\delta)$ 为**点 a 的右 δ 邻域**.

设 I 表示某一数集，$x \in I$，若存在 x 的邻域 $N(x, \delta) \subset I$，则称 x 为 I 的内点. 开区间和无穷开区间都是由其内点构成的.

若对于任意的 $\delta > 0$，$N(x, \delta)$ 中既有属于 I 的点，又有不属于 I

的点，则称 x 为 I 的边界点，边界点可以属于 I，也可以不属于 I. 如开区间 (a,b) 的两个端点 a、b 是边界点，不属于此开区间. 而闭区间的两个端点是边界点，且都属于此闭区间.

4. 常用符号

本书将多处使用以下四个符号：

$$\forall,\ \exists,\ \Rightarrow,\ \Leftrightarrow$$

分别读作"对于任意给定的"、"存在"、"推出"、"等价". 其用法通过例子说明如下：

$$\forall x \in \mathbf{R},\ 有\ x \leqslant |x|$$

表示：对于任意一个实数 x，都有 $x \leqslant |x|$.

$$\forall x \in \mathbf{R},\ \exists y \in \mathbf{R},\ 使\ y < x$$

表示：对于任意实数 x，存在实数 y，使得 $y < x$.

符号"$\Rightarrow$"与"$\Leftrightarrow$"比较常用，此处不再说明.

0.2 函　数

在观察自然与社会现象时，会遇见各种不同的量，其中有些量在所考察的过程中始终保持不变，取一固定的数值，这种量称为常量；有些量在所考察的过程中发生变化，取不同的数值，这种量称为变量. 值得注意的是：一个量是常量还是变量与所考察的过程有关. 例如，局限于地球表面上某一地点而言，重力加速度 g 是常量；但在较大的地区内，g 是一个与地理位置有关的量. 通常以字母 a、b、c 等表示常量，以字母 x、y、z 等表示变量. 变量 x 所取数值的全体组成的集合称为变量 x 的变域.

在现实环境中，往往有两个或多个变量在相互关联地变化着，这就是函数现象. 函数是最重要的数学概念之一. 微积分研究的就是各类函数（包括初等函数、非初等函数、显函数和隐函数等）的各种性质，特别是函数的分析性质，如函数的导数和积分等.

1. 函数的定义

定义1　设有两个变量 x 和 y，x 的变域 D 是一非空数集. 若对于每一个 $x \in D$，总有惟一确定的 $y \in \mathbf{R}$ 按某种法则 f 与之对应，则称 y 是 x 的**函数**，法则 f 是函数关系，记为 $y = f(x)$. x 称为**自变量**，y

▶▶ 函数的定义

称为**因变量或函数**. D 为函数的**定义域**，y 的一切值所组成的数集 **R** 称为函数 f 的**值域**. 值域常记作 $f(D)$，显然

$$f(D) = \{y \mid y = f(x)，x \in D\} = \mathbf{R}$$

在函数定义中，函数关系 f 及定义域 D 是两个重要因素，至于自变量和因变量采用什么字母表示则无关紧要. 因此，只要两个函数的定义域相同，函数关系相同，它们就表示同一个函数. 例如，函数

$$y = f(x)，\quad x \in X$$

与函数

$$v = f(u)，\quad u \in X$$

表示同一个函数.

在实际问题中，函数的定义域是由问题的实际意义确定的. 而对于一般的函数，其定义域是使因变量有确定实数值的自变量的全体.

例1 从高为 h 处自由下落的物体，下落路程 s 与时间 t 的函数关系是

$$s = \frac{1}{2}gt^2$$

运动从 $t = 0$ 时刻开始，到 $s = h$ 时终止，终止时刻是 $\sqrt{2h/g}$. 所以函数的定义域是 $\left[0，\sqrt{2h/g}\right]$.

例2 求函数 $y = \sqrt{\dfrac{5 - x^2}{x - 1}}$ 的定义域.

解 使函数有意义的 x 应满足 $\dfrac{5 - x^2}{x - 1} \geq 0$.

下面分两种情况讨论：

（1）$\begin{cases} 5 - x^2 \geq 0 \\ x - 1 > 0 \end{cases}$，解得 $1 < x \leq \sqrt{5}$，见图 0-1 所示.

（2）$\begin{cases} 5 - x^2 \leq 0 \\ x - 1 < 0 \end{cases}$，解得 $x \leq -\sqrt{5}$，如图 0-2 所示.

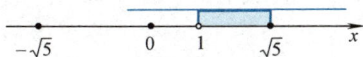

图 0-1

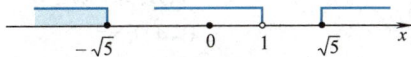

图 0-2

因此，函数的定义域为 $1 < x \leqslant \sqrt{5}$ 或 $x \leqslant -\sqrt{5}$，即 $D = (1, \sqrt{5}] \cup (-\infty, -\sqrt{5}]$.

例3　设 $f(x-1) = x^2 + 2x - 2$，求 $f(x)$.

解　令 $x - 1 = t$，则 $x = t + 1$，代入已知式两端，得

$$f(t) = (t+1)^2 + 2(t+1) - 2$$
$$= t^2 + 4t + 1$$

所以　　　　　　　$f(x) = x^2 + 4x + 1$

由此可知，函数关系 f 就是 $f(\ ) = (\ )^2 + 4(\ ) + 1$.

对于 x 的给定值 a，$f(a) = a^2 + 4a + 1$.

设函数 $y = f(x)$ 是定义在 D 上的函数. 在 Oxy 平面上取定直角坐标系后，对每个 $x \in D$ 可确定平面上一点 $M(x, y) = M(x, f(x))$. 当 x 取遍 D 中所有值时，点集 $C = \{(x, y) \mid y = f(x), x \in D\}$ 画出平面上一条曲线 $y = f(x)$，该曲线即称为函数 $y = f(x)$ 的图形（见图 0-3）. 有时也将图形直接称为函数 $y = f(x)$.

上面的函数表达式中仅有一个自变量，此类函数称为一元函数. 本套书上册主要讨论一元函数，下册将讨论多元（自变量个数多于一个）函数.

2. 分段函数

函数的表示方法很多，常用的有**列表法**、**图示法**和**公式法**三种.

应该注意到，在函数的定义中，并不要求在整个定义域上只能用一个表达式来表示函数关系，在很多问题中常常会遇到这种情况，就是在定义域的不同范围内，函数关系用不同的式子来表示，这种函数叫做**分段函数**.

注意：分段函数是一个函数，而不是几个函数，这一点初学者一定要弄清楚.

例4　绝对值函数

$$y = |x| = \begin{cases} x & x \geqslant 0 \\ -x & x < 0 \end{cases}$$

其定义域是 $D = (-\infty, +\infty)$，值域 $R = [0, +\infty)$，函数图形如图 0-4 所示.

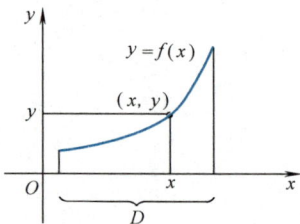

图　0-3

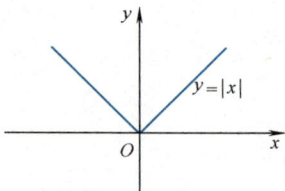

图　0-4

例 5　符号函数

$$y = \operatorname{sgn} x = \begin{cases} -1 & x < 0 \\ 0 & x = 0 \\ 1 & x > 0 \end{cases}$$

其定义域 $D = (-\infty, +\infty)$，值域 $R = \{-1, 0, 1\}$．函数图形如图 0-5 所示．

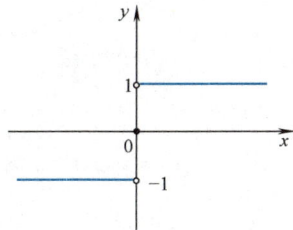

图　0-5

例 6　取整函数

$$y = [x] = n, \quad n \leqslant x < n+1, \quad n = 0, \pm 1, \pm 2, \cdots$$

函数值定义为小于或等于 x 的最大整数，例如 $[1.3] = 1$，$[2] = 2$，$[-0.5] = -1$，$[-\pi] = -4$．其定义域 $D = (-\infty, +\infty)$，值域 $R = \{0, \pm 1, \pm 2, \cdots\}$，函数图形如图 0-6 所示，这是一个分为无限多段的分段函数．

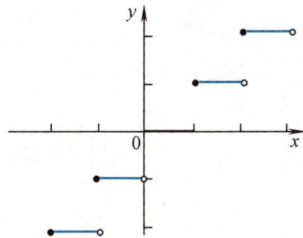

图　0-6

例 7　狄里克莱（Dirichlet）函数

$$y = \begin{cases} 1 & x \text{ 为有理数} \\ 0 & x \text{ 为无理数} \end{cases}$$

其定义域 $D = (-\infty, +\infty)$，值域 $R = \{0, 1\}$．这个函数的图形我们无法精确描绘，但这个函数有许多非常奇怪的性质，可以帮助我们更加深刻地理解微积分的概念．函数图形大致如图 0-7 所示．

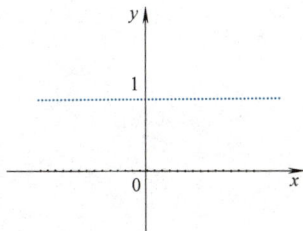

图　0-7

例 8　如图 0-8 所示，在原点与 A 之间引一条平行于 y 轴的直线 MN，试将直线 MN 左边阴影部分的面积 A 表示为 x 的函数．

解　当直线 MN 上点 x 的坐标位于区间 $[0, 1]$ 内，即 $x \in [0, 1]$ 时，$A = \dfrac{1}{2} x^2$．

当直线 MN 上点 x 的坐标位于区间 $(1, 2]$ 内，即 $x \in (1, 2]$ 时，

$$A = \frac{1}{2} \cdot 1^2 + (x - 1) \cdot 1 = x - \frac{1}{2}$$

因此所求面积

$$A = A(x) = \begin{cases} \dfrac{1}{2} x^2 & 0 \leqslant x \leqslant 1 \\[2mm] x - \dfrac{1}{2} & 1 < x \leqslant 2 \end{cases}$$

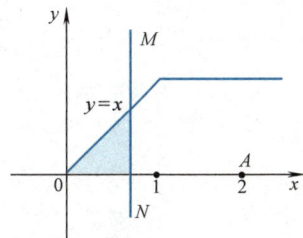

图　0-8

其定义域 $D = [0, 2]$，值域 $R = \left[0, \dfrac{3}{2}\right]$.

在科学技术和日常生活中，我们经常会遇到分段函数，例如出租汽车的计价问题，个人所得税的缴纳问题等，都需要用分段函数来表示.

例 9 设函数 $f(x) = \begin{cases} x+1 & x>0 \\ 0 & x=0 \\ x^2+2 & x<0 \end{cases}$，试求 $f(-1)$，$f(0)$，

$f(1)$ 和 $f(x-1)$.

解 根据分段函数的定义，有

$$f(-1) = (-1)^2 + 2 = 3$$
$$f(0) = 0$$
$$f(1) = 1 + 1 = 2$$
$$f(x-1) = \begin{cases} (x-1)+1 & x-1>0 \\ 0 & x-1=0 \\ (x-1)^2+2 & x-1<0 \end{cases}$$
$$= \begin{cases} x & x>1 \\ 0 & x=1 \\ x^2-2x+3 & x<1 \end{cases}$$

例 10 设 $f(x) = \begin{cases} 0 & x<0 \\ 1 & x\geqslant 0 \end{cases}$，求 $f(x) - f(x-1)$.

解 先将 $x-1$ 替换 $f(x)$ 中的 x，得

$$f(x-1) = \begin{cases} 0 & x-1<0 \\ 1 & x-1\geqslant 0 \end{cases} = \begin{cases} 0 & x<1 \\ 1 & x\geqslant 1 \end{cases}$$

0 和 1 将 $f(x)$ 和 $f(x-1)$ 的定义域 $D = \mathbf{R}$ 分成了三部分：

当 $x<0$ 时，$f(x) - f(x-1) = 0 - 0 = 0$.

当 $x\geqslant 1$ 时，$f(x) - f(x-1) = 1 - 1 = 0$.

当 $0\leqslant x<1$ 时，$f(x) - f(x-1) = 1 - 0 = 1$.

因此

$$f(x) - f(x-1) = \begin{cases} 0 & x<0 \\ 1 & 0\leqslant x<1 \\ 0 & x\geqslant 1 \end{cases}$$

3. 参数方程

函数 $y = f(x)$ 在平面上表示一条曲线，若曲线上点 (x, y) 的两个坐标都可以表示成变量 t 的函数，即

$$\begin{cases} x = x(t) \\ y = y(t) \end{cases}$$

则上式也是这条曲线的方程，称为曲线的**参数方程**，其中 t 是参数．参数方程是函数的另一种表示方式．

例 11　圆的方程为 $x^2 + y^2 = R^2$，若选取 θ 为参数，其中 θ 为点 (x, y) 和 $(0, 0)$ 点的连线与 x 轴正向的夹角（见图 0-9），则圆的方程可以表示为

$$\begin{cases} x = R\cos\theta \\ y = R\sin\theta \end{cases} \qquad \theta \in [0, 2\pi]$$

这就是圆的参数方程．

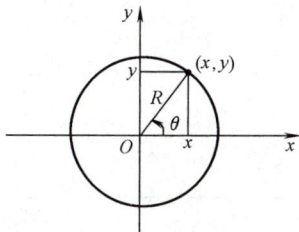
图　0-9

例 12　函数 $y = \sin\sqrt{x-1}$，若取参数 $t = \sqrt{x-1}$，则

$$\begin{cases} x = t^2 + 1 \\ y = \sin t \end{cases} \qquad t \in [0, +\infty)$$

就是 $y = \sin\sqrt{x-1}$ 的参数方程．

例 13　参数方程 $\begin{cases} x = a\cos^3 t \\ y = a\sin^3 t \end{cases}$ $(0 \leqslant t \leqslant 2\pi, a > 0)$ 表示星形线（见图 0-10）．

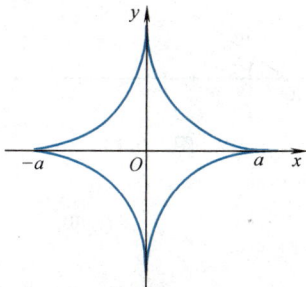
图　0-10

例 14　一轮子沿一直线无滑动地滚动，求轮子上一定点的轨迹（见图 0-11）．

解　设开始时定点与直线接触，取该点为坐标原点，直线为 x 轴．设轮子的半径为 a，当轮子向前滚动时，定点就在平面上画出一条曲线．当轮子滚过一圈时，定点又与直线相接触，并在平面上画出曲线的一拱．以后轮子每滚动一圈，都画出同样形状的一拱曲线．由周期性，只需要求出第一拱曲线的参数方程．

取半径转过的角度 t 为参数，定点 C 的坐标为 (x, y)，即要求出 x, y 随 t 的变化规律．为此，过圆心 A 作 x 轴的垂线 AM，过 C 作 AM 的垂线 CB，由图 0-11 看出

$$x = OM - CB$$

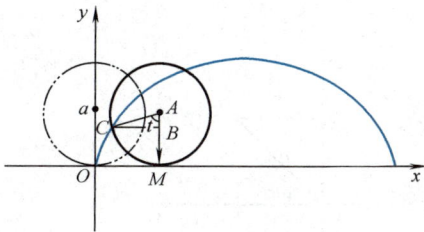
图　0-11

$$y = AM - AB$$

因轮子无滑动，所以 $OM = \overset{\frown}{CM}$，从而有

$$x = OM - CB$$
$$= at - a\sin t = a(t - \sin t)$$
$$y = AM - AB = a - a\cos t = a(1 - \cos t)$$

即
$$\begin{cases} x = a(t - \sin t) \\ y = a(1 - \cos t) \end{cases}$$

式中，t 为参数（$0 \leqslant t \leqslant 2\pi$），这就是曲线的参数方程.

我们称这条曲线为 旋轮线，又称为 摆线.

4. 极坐标系及极坐标方程

图 0-12

如图 0-12 所示，在平面上给定一个定点 O，从定点引一条固定的射线 OP，同时规定一个长度单位和一个固定的角度的转向作为正向（通常取逆时针方向为正向），这样就建立了一个 极坐标系. 定点 O 称为 极点，固定的射线 OP 称为 极轴.

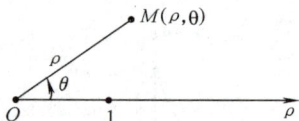
图 0-13

设 M 点为极坐标系中任意的一点，如图 0-13 所示，称点 O 与点 M 间的距离 $|OM| = \rho$ 为 M 点的 极径，称由极轴到 OM 的转角 θ 为 M 点的 极角，称有序数对 (ρ, θ) 为 M 点的 极坐标. 一般地，在极坐标系下，M 点对应着无穷多个极坐标 $(\rho, \theta + 2k\pi)$，$k \in \mathbf{Z}$，如图 0-14.

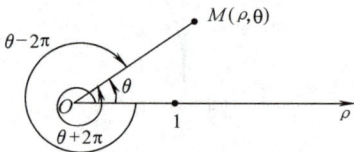
图 0-14

当 M 点为极点时，它的极坐标 (ρ, θ) 中的 $\rho = 0$，θ 可以取任意值.

如果限定 $\rho \geqslant 0$，$0 < \theta \leqslant 2\pi$，则除极点外，平面内的点可以和有序数对 (ρ, θ) 建立一一对应关系.

在平面上，直角坐标系和极坐标系之间是可以相互转化的. 如图 0-15 所示，如果我们将两个坐标系按下述条件重合在一起：

（1）极坐标系的极点与直角坐标系的原点重合.

（2）极坐标系的极轴与直角坐标系的 x 轴正向重合.

（3）极坐标系与直角坐标系的长度单位相同.

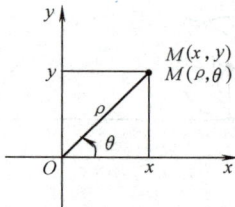
图 0-15

设 M 点是平面上的任一点，M 点的直角坐标为 (x, y)，极坐标为 (ρ, θ)，则有关系式

$$\begin{cases} x = \rho\cos\theta \\ y = \rho\sin\theta \end{cases}$$

或　　　　　　　　$$\begin{cases} \rho = \sqrt{x^2 + y^2} \\ \tan\theta = \dfrac{y}{x} \end{cases}$$

θ 的取值与点 $M(x, y)$ 的具体位置有关.

（1）当 (x, y) 位于右半平面时，$\theta = \arctan \dfrac{y}{x} + 2k\pi$，$k \in \mathbf{Z}$；

（2）当 (x, y) 位于左半平面时，$\theta = \arctan \dfrac{y}{x} + (2k+1)\pi$，$k \in \mathbf{Z}$；

（3）当 (x, y) 位于 y 轴正半轴时，$\theta = \dfrac{\pi}{2} + 2k\pi$，$k \in \mathbf{Z}$；

（4）当 (x, y) 位于 y 轴负半轴时，$\theta = -\dfrac{\pi}{2} + 2k\pi$，$k \in \mathbf{Z}$；

（5）当 $(x, y) = (0, 0)$ 时，θ 任意.

平面上的曲线方程除了用直角坐标表示外，还可以用极坐标来表示. 例如，在极坐标系中，

$\rho = $ 常数，表示以原点为圆心，以该常数为半径的圆.

$\theta = $ 常数，表示与 x 轴正向夹角为 θ 的一条射线.

例 15　极坐标方程 $\rho = a(1 + \cos\theta)(a > 0)$ 表示心形线（见图 0-16）.

图形的描绘可以这样来考虑，取 θ 的一个周期 $[0, 2\pi]$，当 θ 从 0 变到 $\dfrac{\pi}{2}$ 时，ρ 从 $2a$ 变到 a；当 θ 从 $\dfrac{\pi}{2}$ 变到 π 时，ρ 从 a 变到 0；当 θ 从 π 变到 $\dfrac{3}{2}\pi$ 时，ρ 从 0 变到 a；当 θ 从 $\dfrac{3}{2}\pi$ 变到 2π 时，ρ 则从 a 变到 $2a$.

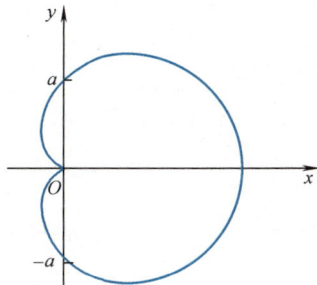

图　0-16

例 16　极坐标方程 $\rho^2 = a^2\cos 2\theta(a > 0)$ 表示的图形是双纽线（见图 0-17）.

由 $\cos 2\theta = \dfrac{\rho^2}{a^2}$ 知，$\cos 2\theta \geqslant 0$，解得 $-\dfrac{\pi}{4} \leqslant \theta \leqslant \dfrac{\pi}{4}$，或 $\dfrac{3\pi}{4} \leqslant \theta \leqslant \dfrac{5\pi}{4}$，所以双纽线的图形在射线 $\theta = -\dfrac{\pi}{4}$ 与 $\theta = \dfrac{\pi}{4}$，以及 $\theta = \dfrac{3\pi}{4}$ 与 $\theta = \dfrac{5\pi}{4}$ 之间，并与之相切.

利用直角坐标与极坐标的关系可得，双纽线 $\rho^2 = a^2\cos 2\theta(a > 0)$

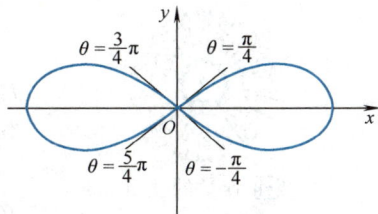

图　0-17

的直角坐标方程为：$(x^2 + y^2)^2 = a^2(x^2 - y^2)$.

例 17　极坐标方程 $\rho = a$ 表示圆心在坐标原点，半径为 a 的圆；极坐标方程 $\rho = 2a\cos\theta$ 表示圆心在（a，0），半径为 a 的圆；极坐标方程 $\rho = 2a\sin\theta$ 表示圆心在（0，a），半径为 a 的圆，如图 0-18 所示.

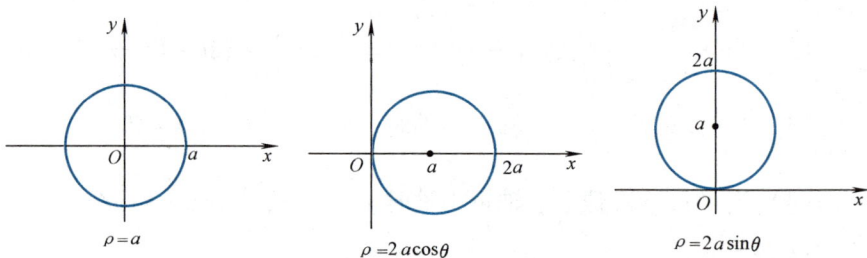

图　0-18

我们可以将极坐标方程 $\rho = \rho(\theta)$ 通过极坐标系与直角坐标系的关系转化为参数方程

$$\begin{cases} x = \rho\cos\theta = \rho(\theta)\cos\theta \\ y = \rho\sin\theta = \rho(\theta)\sin\theta \end{cases}$$

其中，θ 为参数. 这种转化方法在后面处理极坐标问题时常常会遇到.

5. 函数的几种性质

下面研究函数的单调性、奇偶性、有界性与周期性，这些性质有很明显的几何意义.

（1）函数的单调性.

定义 2　设函数 $y = f(x)$ 在区间 I 上有定义.

1）若对 $\forall x_1, x_2 \in I$，当 $x_1 < x_2$ 时，恒有 $f(x_1) \leqslant f(x_2)$（或恒有 $f(x_1) \geqslant f(x_2)$），则称 $f(x)$ 为 I 上的单调增加（或单调减少）函数，统称为单调函数.

2）若对 $\forall x_1, x_2 \in I$，当 $x_1 < x_2$ 时，恒有 $f(x_1) < f(x_2)$（或恒有 $f(x_1) > f(x_2)$），则称 $f(x)$ 为 I 上的严格单调增加（或严格单调减少）函数.

单调增加函数的图形（见图 0-19）为沿横轴正向上升的曲线，而单调减少函数的图形（见图 0-20）为沿横轴正向下降的

函数的性质

曲线.

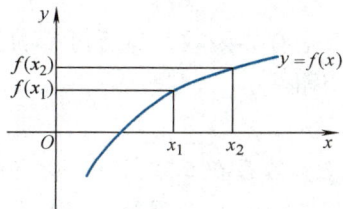

图 0-19

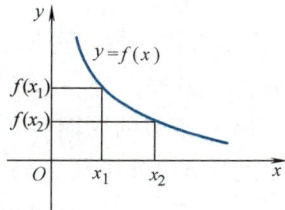

图 0-20

例如，$y = \sin x$ 在 $\left(-\dfrac{\pi}{2}, \dfrac{\pi}{2} \right)$ 上是单调增加的，在 $\left(\dfrac{\pi}{2}, \dfrac{3\pi}{2} \right)$ 上是单调减少的；$y = x^3$ 在 $(-\infty, +\infty)$ 上是单调增加的.

（2）函数的奇偶性.

定义 3 设函数 $f(x)$ 的定义域 D 关于原点对称，即 $\forall x \in D$，有 $-x \in D$.

1）若对 $\forall x \in D$，有 $f(-x) = -f(x)$，则称 $f(x)$ 为奇函数.

2）若对 $\forall x \in D$，有 $f(-x) = f(x)$，则称 $f(x)$ 为偶函数.

在几何上，$f(x)$ 是奇函数意味着其图形关于原点对称，$f(x)$ 是偶函数则意味着其图形关于 y 轴对称（见图0-21）. 因此，对奇、偶函数的研究可限制在 $D \cap [0, \infty)$ 上进行.

例如，函数 $y = x$，$y = \sin x$，$y = \tan x$，$y = x\sin^2 x$，$y = \mathrm{sgn} x$ 是 $(-\infty, +\infty)$ 上的奇函数；$y = x^2$，$y = \cos x$，$y = x\sin x$ 是 $(-\infty, +\infty)$ 上的偶函数；函数 $y = x^2 + x + 1$ 既不是奇函数也不是偶函数. 我们就说函数 $y = x^2 + x + 1$ 没有奇偶性.

（3）函数的有界性.

定义 4 设函数 $f(x)$ 在 D 上有定义. 若存在常数 M，使得对 $\forall x \in D$，都有 $f(x) \leqslant M$（或 $f(x) \geqslant M$），则称 $f(x)$ 在 D 上有上界（或有下界），且称 M 为 $f(x)$ 在 D 上的一个上界（或下界）. 若存在 $M > 0$，使得对 $\forall x \in D$，都有 $|f(x)| \leqslant M$，则称 $f(x)$ 在 D 上有界. 否则，称 $f(x)$ 在 D 上无界.

显然，$f(x)$ 在 D 上有界意味着 $f(x)$ 的图形介于两条水平直线 $y = M$ 与 $y = -M$ 之间（见图0-22）.

例如，函数 $\dfrac{1}{1+x^2}$，$\sin x$，$\arcsin x$ 是 $(-\infty, +\infty)$ 上的有界函

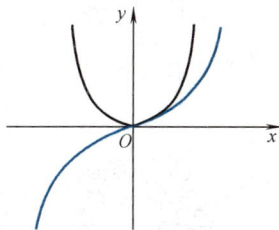

图 0-21

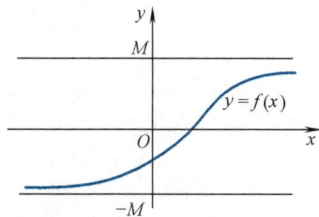

图 0-22

数. 函数 $\dfrac{1}{x}$，$\ln x$ 是（0，$+\infty$）上的无界函数. 但 $\dfrac{1}{x}$，$\ln x$ 在（1，2）内是有界函数. 可见，一个函数是否是有界函数，与所讨论的区间有关. 另外，若一个函数有界，则界不惟一.

（4）函数的周期性.

定义 5　设函数 $f(x)$ 在 D 上有定义. 若存在正常数 T，使得对 $\forall x \in D$，有 $x+T \in D$ 且 $f(x+T)=f(x)$，则 $f(x)$ 为周期函数，T 为 $f(x)$ 的周期.

图 0-23 所示为一个周期为 T 的周期函数.

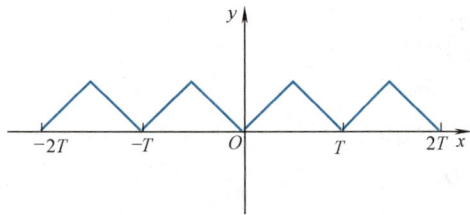

若 T 是 $f(x)$ 的周期，显然 nT（$n=1$，2，$\cdots$）都是 $f(x)$ 的周期. 通常所说的周期是指最小正周期. 例如，$\sin x$，$\cos x$ 是以 2π 为周期的周期函数；$\tan x$，$\cot x$ 是以 π 为周期的周期函数. 应当注意，并不是每一个周期函数都有最小正周期. 例如，常数函数以任一实数为它的周期. 再如，狄里克莱（Dirichlet）函数，任一有理数都是它的周期，但它们都没有最小正周期.

图　0-23

6. 复合函数和反函数

（1）复合函数. 函数除了四则运算之外，还有复合运算.

定义 6　设函数 $y=f(u)$ 定义在 U 上，函数 $u=\varphi(x)$ 定义在 X 上，记 $u=\varphi(x)$ 的值域为 $\varphi(X)$. 若 $\varphi(X) \subseteq U$，则在 X 上确定了一个新函数

$$y=f(\varphi(x))，\quad x \in X$$

称其为 $y=f(u)$ 和 $u=\varphi(x)$ 的**复合函数**. 有时也记为

$$y=f \cdot \varphi(x)，\quad x \in X$$

u 称为**中间变量**.

这种将一个函数"代入"另一个函数的步骤叫做函数的复合. 但它又不是简单的"代入"，只有当 $u=\varphi(x)$ 的值域 $\varphi(X)$ 与 $y=f(u)$ 的定义域 U 的交集非空（即 $\varphi(X) \cap U \neq \varnothing$）时，二者才能复合.

例 18　设函数 $y=\sin^2 u$，$u=x^2$，则复合而成的函数为 $y=\sin^2 x^2$，定义域为（$-\infty$，$+\infty$），与 $u=x^2$ 的定义域相同.

例 19　设 $y=\sqrt{u}$，$u=1-x^2$，则复合函数为 $y=\sqrt{1-x^2}$，定义

▶ 复合函数与反函数

域为 $-1 \leqslant x \leqslant 1$，与 $u = 1 - x^2$ 的定义域不同.

例 20 设函数 $y = \sqrt{1 - u^2}$，$u = x^2 + 2$. 由于函数 $u = x^2 + 2$ 的值域 $\varphi(X) = [2, +\infty)$，而 $y = \sqrt{1 - u^2}$ 的定义域 $U = [-1, 1]$，$\varphi(X) \cap U = \varnothing$，因此这两个函数不能进行复合.

复合函数也可由多个函数构成.

例 21 设函数 $y = \cos u$，$u = \sqrt{v}$，$v = x^2 + 1$，则复合函数为 $y = \cos \sqrt{x^2 + 1}$，定义域为 $(-\infty, +\infty)$.

我们不仅要会将几个简单函数复合成一个复合函数，而且要会将复合函数拆成几个简单函数，这对后面章节的学习尤为重要. 例如，函数 $y = \sqrt{\arctan(x^2 - 1)}$ 可以看作是由函数 $y = \sqrt{u}$，$u = \arctan v$，$v = x^2 - 1$ 复合而成的.

有时也会遇到分段函数的复合.

例 22 设函数 $f(x) = \begin{cases} 0 & x < 1 \\ 1 & x \geqslant 1 \end{cases}$，$g(x) = e^x$，求 $f(g(x))$，$g(f(x))$.

解
$$f(g(x)) = \begin{cases} 0 & g(x) < 1 \\ 1 & g(x) \geqslant 1 \end{cases}$$
$$= \begin{cases} 0 & e^x < 1 \\ 1 & e^x \geqslant 1 \end{cases}$$
$$= \begin{cases} 0 & x < 0 \\ 1 & x \geqslant 0 \end{cases}$$
$$g(f(x)) = e^{f(x)}$$
$$= \begin{cases} e^0 & x < 1 \\ e^1 & x \geqslant 1 \end{cases}$$
$$= \begin{cases} 1 & x < 1 \\ e & x \geqslant 1 \end{cases}$$

可见，一般情况下，$f \cdot g$ 和 $g \cdot f$ 是不同的.

(2) 反函数. 在函数关系中，自变量和因变量的关系是相对的，在不同的研究中，有时需要反过来研究自变量是怎样随因变量变化而变化的问题，这样就产生了反函数的概念. 一般定义如下：

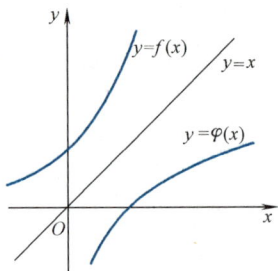

定义7　设函数 $y=f(x)$ 的定义域为 D，值域为 R．如果对于 R 中任意一个 y，在 D 中有且仅有一个 x 使 $f(x)=y$，从而 x 与 y 之间构成一一对应．若把 y 看作自变量，x 看作因变量，由此确定的函数关系 $x=\varphi(y)$ 称为函数 $y=f(x)$ 的 反函数．记作 $x=f^{-1}(y)$．

显然，如果 $x=\varphi(y)$ 是 $y=f(x)$ 的反函数，那么 $y=f(x)$ 也是 $x=\varphi(y)$ 的反函数．因此，$y=f(x)$ 与 $x=\varphi(y)$ 互为反函数．根据反函数的定义，函数 f 与其反函数 f^{-1} 的定义域和值域是互换的．并且 $y=f(x)$ 与 $x=f^{-1}(y)$ 在 xOy 平面上表示同一条曲线．

由于用什么字母表示反函数中的自变量和因变量是无关紧要的，且习惯上，常用 x 表示自变量，y 表示因变量，因此 $y=f(x)$ 的反函数 $x=\varphi(y)$ 有时也表示为 $y=\varphi(x)$．若将 $y=f(x)$ 与其反函数 $y=\varphi(x)$ 的图形画在同一坐标系中，两者图形关于直线 $y=x$ 对称，如图 0-24 所示．

图　0-24

例23　函数 $y=x^2$，$x\in[0,\ +\infty)$，有反函数 $x=\sqrt{y}$，$y\in[0,\ +\infty)$．

函数 $y=x^2$，$x\in(-\infty,\ 0)$，有反函数 $x=-\sqrt{y}$，$y\in[0,\ +\infty)$．

函数 $y=x^2$，$x\in(-\infty,\ +\infty)$ 没有反函数．这是由于对于一个给定的 y 值，有 $x=\pm\sqrt{y}$ 与之对应，x，y 之间的这种对应不是一一对应．

可见，并不是每个函数都有反函数．如果对于自变量所能取的每一个值，都有因变量的一个值与之对应，这样的函数关系称为单值函数．如果对于自变量所能取的每一个值都有因变量的多个值与之对应，这样的对应关系称为多值函数．例如，$x^2+y^2=1$ 对于 $x=\dfrac{\sqrt{2}}{2}$，对应的 y 值可取 $\dfrac{\sqrt{2}}{2}$ 和 $-\dfrac{\sqrt{2}}{2}$．本书主要讨论单值函数．我们约定，本书中的函数就是单值函数．由图 0-24 可验证下列性质：

若 $y=f(x)$ 是定义在 D 内的严格单调增加（或减少）函数，值域为 Y，则必存在反函数 $x=\varphi(y)$，它在 Y 内也是严格单调增加（或减少）的．

7. 初等函数

（1）基本初等函数．在中学数学里我们已经接触过幂函数、指

基本初等函数
与初等函数

数函数、对数函数、三角函数和反三角函数这五类函数，这里只对这些函数作一些简单的说明.

1）幂函数. 形如

$$y = x^\alpha \quad (\alpha \text{ 为常数})$$

的函数称为幂函数.

对于不同的 α，幂函数 $y = x^\alpha$ 的定义域是不同的. 当 α 为正整数时，$y = x^\alpha$ 的定义域是 $\mathbf{R}$；当 α 为负整数或零时，$y = x^\alpha$ 的定义域是 $\mathbf{R} \backslash \{0\}$；当 $\alpha = \dfrac{1}{2}$ 时，$y = x^{\frac{1}{2}}$ 的定义域是 $[0, +\infty)$；当 $\alpha = -\dfrac{1}{2}$ 时，$y = x^{-\frac{1}{2}}$ 的定义域是 $(0, +\infty)$. $y = x^\alpha (\alpha \in \mathbf{R})$ 的公共定义域是 $(0, +\infty)$.

当 α 取不同值时，幂函数的图形如图 0-25 和图 0-26 所示.

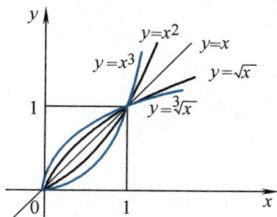

图　0-25

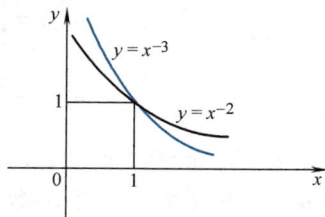

图　0-26

2）指数函数. 形如

$$y = a^x \quad (a > 0, \text{ 且 } a \neq 1)$$

的函数称为指数函数.

对 $\forall x \in \mathbf{R}$，有 $a^x > 0$，且 $a^0 = 1$，故指数函数的图形在 x 轴上方且通过点 $(0, 1)$.

当 $a > 1$ 时，$y = a^x$ 是单调增加函数；当 $0 < a < 1$ 时，$y = a^x$ 是单调减少函数，如图 0-27 所示.

工程上常用以常数 $e = 2.7182818 \cdots$ 为底的指数函数 $y = e^x$.

3）对数函数. 形如

$$y = \log_a x \quad (a > 0, \text{ 且 } a \neq 1)$$

的函数称为对数函数.

对数函数是指数函数 $y = a^x (a > 0, a \neq 1)$ 的反函数. 它的定义域为 $(0, +\infty)$，值域为 $\mathbf{R}$. $y = \log_a x$ 的图形与 $y = a^x$ 的图形关于直

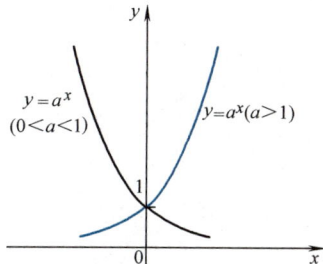

图　0-27

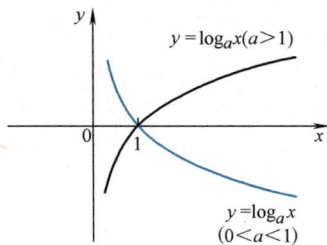

图 0-28

线 $y = x$ 对称，总位于 y 轴的右侧且通过点（1，0）. $a > 1$ 时，$y = \log_a x$ 是单调增加的；$0 < a < 1$ 时，$y = \log_a x$ 是单调减少函数. 如图 0-28 所示.

以 10 为底的对数表示为 $y = \log_{10} x = \lg x$. 以 e = 2.7182818… 为底的对数记为 $y = \log_e x = \ln x$，称为自然对数函数.

另外，对数还有下面的一些性质：

$$\ln(a \cdot b) = \ln a + \ln b$$

$$\ln\left(\frac{a}{b}\right) = \ln a - \ln b$$

$$\ln a^m = m \ln a$$

$$\log_a b = \frac{1}{\log_b a}$$

$$\log_a x = \frac{\log_b x}{\log_b a}（换底公式）$$

$$\log_a x = \frac{\ln x}{\ln a}$$

式中，$a > 0$，$a \neq 1$，$b > 0$，$b \neq 1$，$m \in \mathbf{R}$.

4）三角函数. 三角函数有：$y = \sin x$，$y = \cos x$，$y = \tan x$，$y = \cot x$，$y = \sec x$，$y = \csc x$. 它们都是周期函数.

现将三角函数的一些性质列在表 0-2 中，方便读者复习.

它们的关系是

$$\tan x = \frac{\sin x}{\cos x}, \quad \cot x = \frac{\cos x}{\sin x} = \frac{1}{\tan x}$$

$$\sec x = \frac{1}{\cos x}, \quad \csc x = \frac{1}{\sin x}$$

三角函数的图形，由于读者都比较熟悉，故在此省略.

5）反三角函数. 将三角函数的定义域限制在某一个单调区间上，就可以得到三角函数的反函数，称为反三角函数. 反三角函数主要有（在此只考虑主值函数）：

反正弦函数 $y = \arcsin x$，定义域为 [−1，1]，值域为 $\left[-\frac{\pi}{2}, \frac{\pi}{2}\right]$，它是将正弦函数 $y = \sin x$ 的定义域限制在 $\left[-\frac{\pi}{2}, \frac{\pi}{2}\right]$ 上的反函数.

表 0-2　三角函数的性质

函数名称	记　号	定　义　域	值　域	周　期	奇偶性
正弦函数	$y=\sin x$	$\mathbf{R}$	$[-1,1]$	2π	奇
余弦函数	$y=\cos x$	$\mathbf{R}$	$[-1,1]$	2π	偶
正切函数	$y=\tan x$	$\mathbf{R}\backslash\left\{\left(n+\dfrac{1}{2}\right)\pi,\ n\in\mathbf{Z}\right\}$	$\mathbf{R}$	π	奇
余切函数	$y=\cot x$	$\mathbf{R}\backslash\{n\pi,\ n\in\mathbf{Z}\}$	$\mathbf{R}$	π	奇
正割函数	$y=\sec x$	$\mathbf{R}\backslash\left\{\left(n+\dfrac{1}{2}\right)\pi,\ n\in\mathbf{Z}\right\}$	$\mathbf{R}\backslash(-1,1)$	2π	偶
余割函数	$y=\csc x$	$\mathbf{R}\backslash\{n\pi,\ n\in\mathbf{Z}\}$	$\mathbf{R}\backslash(-1,1)$	2π	奇

反余弦函数 $y=\arccos x$，定义域为 $[-1,1]$，值域为 $[0,\pi]$.

反正切函数 $y=\arctan x$，定义域为 $(-\infty,+\infty)$，值域为 $\left(-\dfrac{\pi}{2},\dfrac{\pi}{2}\right)$.

反余切函数 $y=\operatorname{arccot}x$，定义域为 $(-\infty,+\infty)$，值域为 $(0,\pi)$.

它们的图形如图 0-29 所示.

上述五种函数是研究其他函数的基础，称为基本初等函数. 对基本初等函数的简单性质和图形，要求读者能够熟练掌握.

（2）初等函数. 由常数及五种基本初等函数经过有限次四则运算和有限次复合所产生的并且可以用一个式子表示的函数称为**初等函数**. 不是初等函数的函数称为**非初等函数**.

例如，

$$y=\sqrt{1+(\ln\cos x)^2},\quad y=\frac{\sin^2 x+x^5-1}{\sqrt{x^2+2}}$$

都是初等函数.

函数 $y=\operatorname{sgn}x$，$y=[x]$ 都是非初等函数.

绝大多数的分段函数都是非初等函数，只有由绝对值函数派生出的分段函数可能是初等函数. 例如，函数

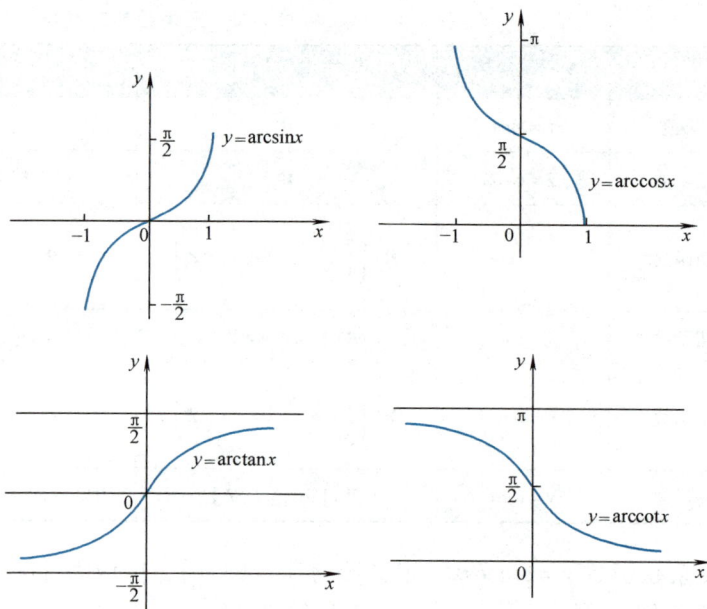

图　0-29

$$y = \begin{cases} x + 1 & x \leqslant 0 \\ 2x + 1 & x > 0 \end{cases}$$

可表示为 $y = \dfrac{1}{2}(3x + \sqrt{x^2}) + 1$，故为初等函数.

在工程技术中常用到一类初等函数，称为双曲函数．它们的定义如下：

双曲正弦函数　$\sinh x = \dfrac{\mathrm{e}^x - \mathrm{e}^{-x}}{2}$

双曲余弦函数　$\cosh x = \dfrac{\mathrm{e}^x + \mathrm{e}^{-x}}{2}$

双曲正切函数　$\tanh x = \dfrac{\sinh x}{\cosh x} = \dfrac{\mathrm{e}^x - \mathrm{e}^{-x}}{\mathrm{e}^x + \mathrm{e}^{-x}}$

双曲余切函数　$\coth x = \dfrac{1}{\tanh x} = \dfrac{\mathrm{e}^x + \mathrm{e}^{-x}}{\mathrm{e}^x - \mathrm{e}^{-x}}, \ x \neq 0$

这些函数的图形如图 0-30 所示．显然，$\sinh x$，$\tanh x$ 和 $\coth x$ 是奇函数，$\cosh x$ 是偶函数；$|\tanh x| < 1$ 是有界函数；在（0，$+\infty$）上，$\sinh x$，$\cosh x$，$\tanh x$ 严格单调增加，而 $\coth x$ 严格单调减少.

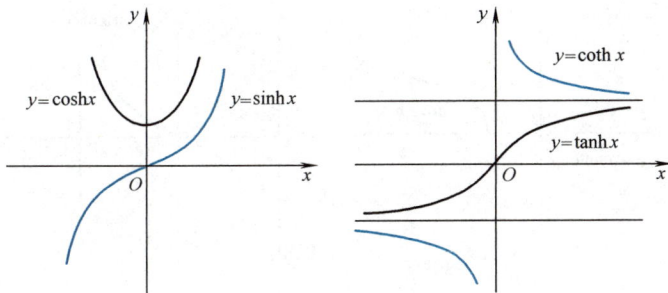

图 0-30

双曲函数有类似于三角函数的某些性质，利用定义，可以得到

$$\sinh(x \pm y) = \sinh x \cosh y \pm \cosh x \sinh y$$

$$\cosh(x \pm y) = \cosh x \cosh y \pm \sinh x \sinh y$$

$$\sinh 2x = 2\sinh x \cosh x$$

$$\cosh 2x = 2\cosh^2 x - 1$$

$$\cosh^2 x - \sinh^2 x = 1$$

双曲函数的反函数叫做反双曲函数. 双曲正弦函数、双曲余弦函数、双曲正切函数的反函数分别叫做反双曲正弦函数、反双曲余弦函数、反双曲正切函数，分别记作 arsinh$x$，arcosh$x$，artanh$x$. 利用求反函数的方法，由双曲函数可得到反双曲函数的表达式为

$$y = \text{arsinh}\, x = \ln\left(x + \sqrt{x^2 + 1}\right), \quad x \in (-\infty, +\infty)$$

$$y = \text{arcosh}\, x = \ln\left(x + \sqrt{x^2 - 1}\right), \quad x \in [1, +\infty)$$

$$y = \text{artanh}\, x = \frac{1}{2}\ln\frac{1+x}{1-x}, \quad x \in (-1, 1)$$

这三个函数的图形如图 0-31 所示.

下面以 $y = \text{arsinh}\, x$ 为例，求其表达式.

由 $y = \text{arsinh}\, x$ 的定义可知，$x = \sinh y$，即

$$x = \frac{e^y - e^{-y}}{2}$$

整理，化简得

$$(e^y)^2 - 2xe^y - 1 = 0$$

解出 e^y，得

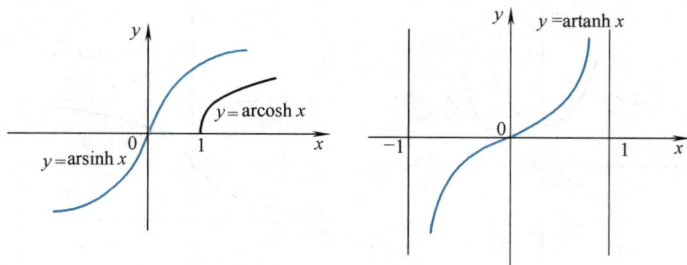

图 0-31

$$e^y = x \pm \sqrt{x^2 + 1}$$

因为 $e^y > 0$，所以上式应为

$$e^y = x + \sqrt{x^2 + 1}$$

于是得

$$y = \ln(x + \sqrt{x^2 + 1})$$

所以反双曲正弦函数 arsinh$x$ 的表达式为

$$y = \text{arsinh}x = \ln(x + \sqrt{x^2 + 1})$$

同理，可推出另外两个反双曲函数的表达式.

习 题 0

1. 解下列不等式，用区间表示 x 的范围.

(1) $\left| \dfrac{x}{1+x} \right| > \dfrac{x}{1+x}$　　(2) $|x-1| < |x+1|$

(3) $0 < |x-2| < 4$　　(4) $|x+1| \geqslant 2$

2. 求下列函数的定义域.

(1) $y = \dfrac{1}{\lg(x+1)}$　　(2) $y = \arccos \dfrac{2x}{1+x}$

(3) $y = \sqrt{\tan \dfrac{x}{2}}$　　(4) $y = \ln \dfrac{x+2}{x-1} + 3$

(5) $y = \arcsin(2 + 3^x)$

(6) $y = \sqrt{3-x} + \arctan \dfrac{1}{x}$

(7) $y = \sqrt{\sin x} + \sqrt{16 - x^2}$

(8) $y = \sqrt[3]{\dfrac{1}{x-2}} - \log_a(2x-3) \ (a > 1)$

(9) $y = \dfrac{1}{[x+1]}$

(10) $y = (x + |x|) \ \sqrt{x \sin^2 \pi x}$

3. 下列各组函数相同吗？

(1) $\lg(x^2)$ 与 $2\lg x$　　(2) $\sqrt{x^2}$ 与 x

(3) $\dfrac{x^2-1}{x+1}$ 与 $x-1$　　(4) $\sin(\arcsin x)$ 与 x

(5) 1 与 $\sec^2 x - \tan^2 x$　　(6) $\dfrac{\sqrt{x-1}}{\sqrt{x+1}}$ 与 $\sqrt{\dfrac{x-1}{x+1}}$

4. 设 $f(x) = \begin{cases} 2x & -1 < x < 0 \\ 2 & 0 \leqslant x < 1 \\ x-1 & 1 \leqslant x \leqslant 3 \end{cases}$，求 $f(3)$，$f(2), f(0), f(0.5), f(-0.5)$.

5. 设 $f(x) = \begin{cases} 2x+1 & x \geq 0 \\ x^2+4 & x < 0 \end{cases}$，求 $f(x-1)$ 和 $f(x+1)$．

6. 已知 $f\left(\dfrac{1}{x}\right) = x + \sqrt{1+x^2}$（$x < 0$），求 $f(x)$．

7.（1）设 $f(x-2) = x^2 - 2x + 3$，求 $f(x+2)$．

（2）设 $f\left(x + \dfrac{1}{x}\right) = x^2 + \dfrac{1}{x^2}$，求 $f(x)$．

（3）设 $f\left(\sin\dfrac{x}{2}\right) = 1 + \cos x$，求 $f(\cos x)$．

8. 若 $y = f(x)$ 的定义域是 $[0, 1]$，试求 $f(x^2)$、$f(\sin x)$、$f(x+a)$、$f(x+a) + f(x-a)$（$a > 0$）的定义域．

9. 画出下列方程所表示的曲线的图形．

（1）$\begin{cases} x = a(t - \sin t) \\ y = a(1 - \cos t) \end{cases}$（$a > 0$，$t \in [0, 2\pi]$）

（2）$\rho = \sin\theta$

（3）$\begin{cases} x = a\cos t \\ y = b\sin t \end{cases}$（$a, b > 0$，$t \in [0, 2\pi]$）

10. 下列函数是否具有奇偶性？

（1）$y = (1-x)^{\frac{2}{3}}(1+x)^{\frac{2}{3}}$

（2）$y = \ln(x + \sqrt{1+x^2})$

（3）$y = x\dfrac{e^x + 1}{e^x - 1}$

（4）$y = 2^x$

11. 证明：两个偶函数的乘积是偶函数，两个奇函数的乘积是偶函数，一个偶函数与一个奇函数的乘积是奇函数．

12. 对于任一定义在对称区间 $(-l, l)$ 上的函数 $f(x)$，证明：$g(x) = \dfrac{1}{2}[f(x) + f(-x)]$ 是偶函数，$h(x) = \dfrac{1}{2}[f(x) - f(-x)]$ 是奇函数．

13. 证明：任一定义在对称区间 $(-l, l)$ 上的函数 $f(x)$ 总可以表示为一个偶函数与一个奇函数的和．

14. 设函数 $y = f(x)$ 是以 T 为周期的周期函数，证明：函数 $f(\omega x)$（$\omega > 0$，常数）是以 T/ω 为周期的周期函数．

15. 已知 $f(x)$ 以 2 为周期，且

$$f(x) = \begin{cases} x^2 & -1 \leq x \leq 0 \\ 0 & 0 < x < 1 \end{cases}$$

在 $[-5, 5]$ 上画出 $y = f(x)$ 的图形．

16. 设 $f(x) = x^2$，$\varphi(x) = 2^x$，求 $f(\varphi(x))$，$\varphi(f(x))$．

17. 设 $f(x) = \dfrac{1}{1-x}$，求 $f(f(x))$，$f(f(f(x)))$．

18. 设 $f(x) = \dfrac{|x|}{x}$，$g(x) = \begin{cases} 1 & x < 10 \\ 5 & x > 10 \end{cases}$，证明：$g(x) = 2f(x-10) + 3$．

19. 设 $f(x) = \begin{cases} 1 & |x| < 1 \\ 0 & |x| = 1 \\ -1 & |x| > 1 \end{cases}$，$g(x) = e^x$，求 $f(g(x))$，$g(f(x))$，并作图．

20. 写出下列初等函数的复合过程．

（1）$y = e^{x^2}$

（2）$y = \tan^3(1 - 3x)$

（3）$y = (\sin\sqrt{1-2x})^2$

（4）$y = \arctan\sqrt[3]{\dfrac{x-1}{2}}$

（5）$y = 4^{(3x-2)^5}$

（6）$y = \ln(x + \sqrt{1+x^2})$

21. 已知 $y = u^2$，$u = \sqrt[3]{x+1}$，$x = \arcsin t$，把 y 表示为 t 的函数．

22. 求下列函数的反函数．

（1）$y = \dfrac{2^x + 1}{2^x}$　　　　（2）$y = 1 + \lg(x+2)$

（3）$y = \cosh x$（$x \in [0, +\infty)$）

（4）$f(x) = \begin{cases} 2x+1 & x \geq 0 \\ x^3 & x < 0 \end{cases}$

（5）$y = f(x) = \dfrac{ax - b}{cx - a}$

（6）$f(x) = \begin{cases} x & -\infty < x < 1 \\ x^2 & 1 \leq x \leq 4 \\ 2^x & 4 < x < +\infty \end{cases}$

23. 已知函数 $y = f(x)$ 的图形，作出下列各函数的图形.

(1) $y = -f(x)$ $y = f(-x)$

(2) $y = f(x - x_0)$ $y = y_0 + f(x)$

24. 自一圆铁片中心处剪下中心角为 α 的扇形，用此扇形铁片围成一个无底圆锥，试将此圆锥的容积 V 表示成角度 α 的函数（设圆铁片的半径为 R）.

第 1 章
极限与连续

高等数学的主要内容是微积分，微积分是一门以函数为研究对象，以极限方法为基本研究手段的数学学科．极限概念是深入研究函数变化性态的最基本的一个概念，是高等数学的主要运算——微分法和积分法的理论基础．因此，正确理解极限概念，熟练掌握极限运算方法，对学习微积分是非常重要的．

本章主要介绍极限的概念、性质和运算法则，两个重要极限，无穷大与无穷小，以及函数的连续性．连续性以极限概念为基础，连续函数也是我们研究的主要对象．

▶️ 极限与
连续知识框架 1

1.1 数列的极限

在众多的变量中，有一类变量显得特别重要，这种变量在它的变化过程中无限接近某一个常量，这就是极限现象．

例 1 我国古代数学家祖冲之利用割圆术思想，通过计算单位圆的内接正多边形和外切正多边形的边长，计算出 $3.1415926 < \pi < 3.1415927$．现在，在单位圆内分别作出正六边形、正十二边形、……，并以 x_1，x_2，$\cdots$，x_n，$\cdots$表示多边形的周长，则有

$$x_n = 6 \cdot 2^n \sin \frac{2\pi}{6 \cdot 2^n}, \quad n = 1, 2, 3, \cdots$$

由几何直观可见，圆内接正 $6 \cdot 2^{n-1}$ 边形的周长 x_n 随 n 增大而无限接近于单位圆周长 2π．

例 2 我国古代哲学家庄子在《天下篇》中曾说："一尺之

▶️ 极限思想的起源

棰，日取其半，万世不竭"，描述了截取过程中棒长剩余量的变化. 若用 x_1，x_2，x_3，$\cdots$ 分别表示每次截取之后剩余的棒长，则有

$$x_n = \frac{1}{2^n}, \ n = 1, \ 2, \ 3, \ \cdots$$

当 n 无限增加时，$\frac{1}{2^n}$ 无限接近于零.

以上两例都考虑了无穷多个数的变化趋势问题，这就是数列的极限.

1. 数列的概念

按一定的规律排列的无穷多个实数

$$x_1, \ x_2, \ x_3, \ \cdots, \ x_n, \ \cdots$$

称为 **数列**，简记为 $\{x_n\}$. 数列中的每一个数称为数列的 **项**，x_n 称为数列的 **第 n 项** 或 **通项**，n 称为数列的 **下标**. 例如，

$$\left\{\frac{1}{n}\right\}: 1, \ \frac{1}{2}, \ \frac{1}{3}, \ \cdots, \ \frac{1}{n}, \ \cdots$$

$$\left\{(-1)^{n+1}\frac{1}{n}\right\}: 1, \ -\frac{1}{2}, \ \frac{1}{3}, \ \cdots, \ (-1)^{n+1}\frac{1}{n}, \ \cdots$$

$$\left\{\frac{n}{n+1}\right\}: \frac{1}{2}, \ \frac{2}{3}, \ \frac{3}{4}, \ \cdots, \ \frac{n}{n+1}, \ \cdots$$

$$\left\{\frac{1}{2^n}\right\}: \frac{1}{2}, \ \frac{1}{2^2}, \ \frac{1}{2^3}, \ \cdots, \ \frac{1}{2^n}, \ \cdots$$

$$\left\{\frac{1}{2}\left[1+(-1)^n\right]\right\}: 0, \ 1, \ 0, \ 1, \ \cdots, \ \frac{1+(-1)^n}{2}, \ \cdots$$

$$\{2n-1\}: 1, \ 3, \ 5, \ \cdots, \ 2n-1, \ \cdots$$

若记 $x_n = f(n)$，数列 $\{x_n\}$ 也可以看作是以 n 为自变量的函数，其定义域为正整数集，故数列也称为整标函数. 和函数一样，数列也具有单调性、有界性等性质. 数列的有界性是对正整数集而言，因此若存在 $M > 0$，使 $|x_n| \leqslant M$，对 $n = 1$，2，$\cdots$ 皆成立. 则称数列 $\{x_n\}$ 是 **有界的**. 否则称数列 $\{x_n\}$ 是 **无界的**.

在数列 $\{x_n\}$ 中，保持原有顺序，依次取出无穷多项构成的新数列称为数列 $\{x_n\}$ 的 **子列**. 例如，

$$x_1, \ x_3, \ x_5, \ \cdots, \ x_{2n-1}, \ \cdots$$

$$x_3, \ x_6, \ x_9, \ \cdots, \ x_{3n}, \ \cdots$$

都是数列 $\{x_n\}$ 的子列. 一般记作

$$\{x_{n_k}\}:\ x_{n_1},\ x_{n_2},\ \cdots,\ x_{n_k},\ \cdots$$

考察上面六种具体数列，当 n 无限增大时，数列 $\left\{\dfrac{1}{n}\right\}$、$\left\{(-1)^{n+1}\dfrac{1}{n}\right\}$、$\left\{\dfrac{1}{2^n}\right\}$ 的通项无限接近于 0，数列 $\left\{\dfrac{n}{n+1}\right\}$ 的通项无限接近于 1，其余的数列没有这种变化趋势. 我们称数列无限接近的常数为数列的极限.

2. 数列极限的定义

所谓数列的极限问题，就是研究当 n 无限增大时，数列 $\{x_n\}$ 与一个常数 A 无限接近的变化趋势. 而数列 $\{x_n\}$ 无限接近于常数 A 的变化趋势又可以从数量关系上用数学语言加以精确描述.

例 3　数列 $x_n=(-1)^{n+1}\dfrac{1}{n}$，其极限为 0.

▶ 数列极限的定义

x_n 与 0 无限接近，可以用 x_n 与 0 的差的绝对值无限"变小"来刻画，而

$$|x_n-0|=\left|(-1)^{n+1}\dfrac{1}{n}\right|=\dfrac{1}{n}$$

于是，对于每一个预先给定的小正数 ε，在数列 $\{x_n\}$ 中总能找到这样一项 x_N，使得这项以后所有的项与 0 的差的绝对值都小于 ε，例如，

取 $\varepsilon=0.1$，要想使 $|x_n-0|<0.1$，即 $\dfrac{1}{n}<0.1$，只要 $n>10$ 即可，取 $N=10$，当 $n>N$ 时，有 $|x_n-0|=\dfrac{1}{n}<0.1$.

若取 $\varepsilon=10^{-2}$，则只要取 $N=100$，当 $n>N$ 时，就有 $|x_n-0|=\dfrac{1}{n}<10^{-2}$.

又若取 $\varepsilon=10^{-8}$，则只要取 $N=10^8$，当 $n>N$ 时，就有 $|x_n-0|=\dfrac{1}{n}<10^{-8}$.

现取任意给定的小正数 ε，要使 $|x_n-0|=\dfrac{1}{n}<\varepsilon$，只要 $n>\dfrac{1}{\varepsilon}$，这时取 $N=\left[\dfrac{1}{\varepsilon}\right]$，则当 $n>N$ 时，就有 $|x_n-0|=\dfrac{1}{n}<\varepsilon$ 成立.

可见，无论给定多小的正数 ε，总可以找到与 ε 有关的正整数 N，当 $n > N$ 时，就有 $|x_n - 0| < \varepsilon$ 成立．因此，$\{x_n\}$ 的极限是 0．

一般地，x_n 与 A 接近的程度用不等式 $|x_n - A| < \varepsilon$ 来刻画（这里 ε 为任意给定的小正数）．n 无限增大，用 n 大于某个给定的正整数 N 来描述．

综合上面的分析，可以用精炼的数学语言来表述数列极限的定义．

定义 设有数列 $\{x_n\}$ 和常数 A．如果对于任意给定的数 $\varepsilon > 0$，总存在正整数 N，使得当 $n > N$ 时，有

$$|x_n - A| < \varepsilon$$

则称数列 $\{x_n\}$ 以 A 为极限，记为

$$\lim_{n \to \infty} x_n = A \ \text{或} \ x_n \to A(n \to \infty)$$

也称数列 $\{x_n\}$ 收敛于 A．

如果数列没有极限，则称数列是发散的．

数列极限的定义也常用逻辑符号表述为：

$\forall \varepsilon > 0$，$\exists N \in \mathbf{N}_+$（自然数集），当 $n > N$ 时，恒有

$$|x_n - A| < \varepsilon$$

则称 A 为数列 $\{x_n\}$ 的极限．

从几何直观看，如果 $\{x_n\}$ 收敛于 A，则对于 A 点的任何一个 ε 邻域 $(A - \varepsilon, A + \varepsilon)$，都存在正整数 N，使第 N 项以后的点全部落入该邻域内（见图 1-1）．

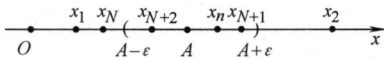

📺 数列极限的证明

图 1-1

例 4 设 $x_n = \dfrac{n}{n+1}$，观察得数列的极限为 1，用定义验证此结论．

证 对 $\forall \varepsilon > 0$，要使 $\left| \dfrac{n}{n+1} - 1 \right| < \varepsilon$，即 $\dfrac{1}{n+1} < \varepsilon$，只要 $n > \dfrac{1}{\varepsilon} - 1$．

取 $N = \left[\dfrac{1}{\varepsilon} \right] - 1$，则当 $n > N$ 时，有

$$\left| \dfrac{n}{n+1} - 1 \right| < \varepsilon$$

所以

$$\lim_{n \to \infty} x_n = \lim_{n \to \infty} \dfrac{n}{n+1} = 1$$

例 5 证明：$\lim\limits_{n \to \infty} \dfrac{2^n}{n!} = 0$．

证 当 $n > 2$ 时，有

$$\frac{2^n}{n!} = \frac{2 \cdot 2 \cdot 2 \cdots 2}{1 \cdot 2 \cdot 3 \cdots n} \leqslant \frac{2}{1} \cdot 1 \cdot 1 \cdots 1 \cdot \frac{2}{n} = \frac{4}{n}$$

对 $\forall \varepsilon > 0$，要使 $\left| \dfrac{2^n}{n!} - 0 \right| = \dfrac{2^n}{n!} < \varepsilon$，只要 $\dfrac{4}{n} < \varepsilon$，即 $n > \dfrac{4}{\varepsilon}$.

故只需取 $N = \max\left\{ \left[\dfrac{4}{\varepsilon} \right], \ 2 \right\}$，则当 $n > N$ 时，有

$$n > \frac{4}{\varepsilon}$$

$$\frac{2^n}{n!} < \varepsilon$$

所以

$$\lim_{n \to \infty} \frac{2^n}{n!} = 0$$

此例中，我们很难直接从 $\dfrac{2^n}{n!} < \varepsilon$ 中求得需要的 N，因此设法将不等式左端适当放大，然后再求 N，这种技巧在用定义验证数列极限时常用.

注意：数列极限的定义并没有给出求已知数列的极限的方法，我们只能用定义来验证某个数是否是数列的极限.

由数列极限的定义可以看出：

（1）一个数列有无极限，以及极限是什么数值，不在于它开始的任何有限项，而在于它某项以后的无限多项的变化情况，因此，改变、增添或去掉数列的有限多项均不影响其收敛、发散的性质.

（2）如果对于每一个 ε，都可确定一个 N，使满足 $n > N$ 的一切 n 都满足不等式

$$|x_n - A| < \varepsilon$$

显然，对于比 N 更大的 N_1，满足 $n > N_1$ 的一切 n 更满足不等式

$$|x_n - A| < \varepsilon$$

这表明，对于每个 ε，它所确定的 N 不惟一，定义中只要求找到一个这样的 N 即可，并不一定要求出最小的 N. 如在例 4 中，因为可取 $N = \left[\dfrac{1}{\varepsilon} \right] - 1$，所以也可取 $N = \left[\dfrac{1}{\varepsilon} \right]$，$\left[\dfrac{1}{\varepsilon} \right] + 1$，$\left[\dfrac{1}{\varepsilon} \right] + 2$，$\left[\dfrac{1}{\varepsilon} \right] + 3$ 等等.

3. 数列极限的性质

以下性质对于掌握数列极限的概念是很有用的.

定理 1 收敛数列的极限是惟一的. 即如果 $\lim\limits_{n\to\infty} x_n = A$，$\lim\limits_{n\to\infty} x_n = B$，则 $A = B$.

证 用反证法. 假设 $A \ne B$，不妨设 $A < B$.

由于 $\lim\limits_{n\to\infty} x_n = A$，对于 $\varepsilon = \dfrac{B-A}{2}$，存在正整数 N_1，使得当 $n > N_1$ 时，有

$$|x_n - A| < \frac{B-A}{2}$$

即

$$A - \frac{B-A}{2} < x_n < A + \frac{B-A}{2} = \frac{B+A}{2}$$

又由于 $\lim\limits_{n\to\infty} x_n = B$，对于 $\varepsilon = \dfrac{B-A}{2}$，存在正整数 N_2，使得当 $n > N_2$ 时，有

$$|x_n - B| < \frac{B-A}{2}$$

即

$$\frac{B+A}{2} = B - \frac{B-A}{2} < x_n < B + \frac{B-A}{2}$$

取 $N = \max\{N_1, N_2\}$，则当 $n > N$ 时，我们有 $n > N_1$ 且 $n > N_2$，因此既有 $x_n < \dfrac{B+A}{2}$，又有 $x_n > \dfrac{B+A}{2}$，这是不可能的. 故必有 $A = B$.

定理 2 收敛数列必定有界. 即如果 $\lim\limits_{n\to\infty} x_n = A$，则存在 $M > 0$，使得对于一切 n，都有 $|x_n| \le M$.

证 因为 $\lim\limits_{n\to\infty} x_n = A$，由数列极限的定义，对于 $\varepsilon = 1$，存在正整数 N，当 $n > N$ 时，有

$$|x_n - A| < 1$$

于是

$$|x_n| = |(x_n - A) + A| \le |x_n - A| + |A| < 1 + |A|$$

取 $M = \max\{|x_1|, |x_2|, \cdots, |x_N|, 1 + |A|\} > 0$，那么对于任意的正整数 n，都有 $|x_n| \le M$. 这就证明了收敛数列必定有界.

此定理说明，有界性是数列收敛的必要条件．若数列 $\{x_n\}$ 无界，则 $\{x_n\}$ 必发散．例如，$\{n\}$，$\left\{n\sin\dfrac{n\pi}{2}\right\}$ 无界，因而是发散的．但是应当注意，此定理的逆定理不真，即有界数列不一定收敛．例如，$\left\{\dfrac{1+(-1)^n}{2}\right\}$ 有界但不收敛．

由子列及数列极限的定义，易得如下定理．

定理 3　若数列 $\{x_n\}$ 的极限为 A，则 $\{x_n\}$ 的任一子数列也必有极限，且其极限也为 A．

此定理说明若一数列收敛，其任一子数列都收敛．反之，若某一子数列收敛，不能断定原数列收敛．若数列的某一子列发散，或数列的两个子列收敛于不同的极限，则可断言数列本身是发散的．

例如，数列 $\left\{\dfrac{1+(-1)^n}{2}\right\}$，它有两个子列

$$\{0,\ 0,\ \cdots,\ 0\},\quad \{1,\ 1,\ \cdots,\ 1\}$$

分别收敛于 0 和 1，故原数列发散．

数列极限的其他性质及运算法则，将在下一节函数的极限中一起介绍．

4. 数列收敛的准则

这里介绍两个判别数列收敛的准则．

设 $\{x_n\}$ 为一数列，如果 $x_n \leqslant x_{n+1}\,(n=1,\ 2,\ \cdots)$，则称数列 $\{x_n\}$ 是单调增数列；如果 $x_n \geqslant x_{n+1}\,(n=1,\ 2,\ \cdots)$，则称数列 $\{x_n\}$ 是单调减数列．单调增数列与单调减数列统称为单调数列．

对于单调数列，我们有下列收敛准则．

定理 4　**（单调有界准则）** 单调增加（或减少）且有上界（或下界）的数列必收敛．

此定理不作证明，只给出几何直观上的解释．从数轴上看，单调数列 $\{x_n\}$ 的点是沿一个方向移动的，这样只有两种可能：或者点 x_n 沿数轴移向无穷远，（$x_n \to +\infty$ 或 $x_n \to -\infty$）；或者 x_n 沿数轴无限趋近于某一定点，即数列 $\{x_n\}$ 有极限．又由于已知的数列 $\{x_n\}$ 是有界的，因此第一种可能不会发生，这就说明定理 4 的结论是正确的．

例 6　设 $y_n = \left(1+\dfrac{1}{n}\right)^n$，证明：数列 $\{y_n\}$ 存在极限．

数列收敛的准则

31

证　（1）先证 $\{y_n\}$ 单调增加. 利用二项式定理展开，有

$$y_n = \left(1 + \frac{1}{n}\right)^n = 1 + n \cdot \frac{1}{n} + \frac{n(n-1)}{2!} \cdot \frac{1}{n^2} + \cdots +$$

$$\frac{n(n-1)\cdots(n-n+1)}{n!}\left(\frac{1}{n}\right)^n$$

$$= 1 + 1 + \frac{1}{2!}\left(1 - \frac{1}{n}\right) + \frac{1}{3!}\left(1 - \frac{1}{n}\right)\left(1 - \frac{2}{n}\right) + \cdots +$$

$$\frac{1}{n!}\left(1 - \frac{1}{n}\right) \cdot \cdots \cdot \left(1 - \frac{n-1}{n}\right)$$

$$y_{n+1} = \left(1 + \frac{1}{n+1}\right)^{n+1}$$

$$= 1 + 1 + \frac{1}{2!}\left(1 - \frac{1}{n+1}\right) + \frac{1}{3!}\left(1 - \frac{1}{n+1}\right)\left(1 - \frac{2}{n+1}\right) + \cdots +$$

$$\frac{1}{n!}\left(1 - \frac{1}{n+1}\right) \cdot \cdots \cdot \left(1 - \frac{n-1}{n+1}\right) +$$

$$\frac{1}{(n+1)!}\left(1 - \frac{1}{n+1}\right) \cdot \cdots \cdot \left(1 - \frac{n}{n+1}\right)$$

比较 y_n 与 y_{n+1} 的表达式，除前两项以外 y_{n+1} 的各项都大于 y_n 的对应项，而且还多最后的正项，因此有 $y_n < y_{n+1}$. 这说明数列 $\{y_n\}$ 是单调增加的.

（2）证 $\{y_n\}$ 有界.

由 y_n 的表达式知

$$y_n < 1 + 1 + \frac{1}{2!} + \cdots + \frac{1}{n!}$$

$$< 1 + 1 + \frac{1}{1 \cdot 2} + \frac{1}{2 \cdot 3} + \frac{1}{3 \cdot 4} + \cdots + \frac{1}{(n-1) \cdot n}$$

$$= 1 + 1 + \left(1 - \frac{1}{2}\right) + \left(\frac{1}{2} - \frac{1}{3}\right) + \left(\frac{1}{3} - \frac{1}{4}\right) + \cdots + \left(\frac{1}{n-1} - \frac{1}{n}\right)$$

$$= 3 - \frac{1}{n} < 3$$

即数列 $\{y_n\}$ 有界.

综合上述证明过程（1）（2），根据单调有界准则知：数列 $\{y_n\}$ 收敛.

上述数列 $\{y_n\}$ 的极限通常用字母 e 来表示，这样我们得到一个常用的重要极限

$$\lim_{n\to\infty}\left(1+\frac{1}{n}\right)^n = e$$

e 是一个无理数, 值为 2.71828…. 以 e 为底的对数称为自然对数. 在自然科学中, 例如, 在研究镭的衰变、物体的冷却、细胞的繁殖等问题中, 都会遇到这个数.

定理 5 (夹逼准则) 设数列 $\{x_n\}$、$\{y_n\}$、$\{z_n\}$ 满足条件:

(1) $x_n \leqslant y_n \leqslant z_n (n = 1, 2, \cdots)$

(2) $\lim\limits_{n\to\infty} x_n = A$, $\lim\limits_{n\to\infty} z_n = A$

则数列 $\{y_n\}$ 极限存在, 且 $\lim\limits_{n\to\infty} y_n = A$.

证 因为 $\lim\limits_{n\to\infty} x_n = A$, $\lim\limits_{n\to\infty} z_n = A$, 所以 $\forall \varepsilon > 0$, $\exists$ 正整数 N_1, 使当 $n > N_1$ 时, 有 $|x_n - A| < \varepsilon$, 即

$$A - \varepsilon < x_n < A + \varepsilon$$

同样, $\exists$ 正整数 N_2, 使当 $n > N_2$ 时, 有 $|z_n - A| < \varepsilon$, 即

$$A - \varepsilon < z_n < A + \varepsilon$$

取 $N = \max\{N_1, N_2\}$, 则当 $n > N$ 时, 上述两个不等式同时成立, 从而有

$$A - \varepsilon < x_n \leqslant y_n \leqslant z_n < A + \varepsilon$$

即有

$$|y_n - A| < \varepsilon$$

故 $\lim\limits_{n\to\infty} y_n = A$.

例 7 证明: $\lim\limits_{n\to\infty} \sqrt[n]{1 + \frac{1}{n}} = 1$.

证 因为 n 是正整数, 故有

$$1 < \sqrt[n]{1 + \frac{1}{n}} < 1 + \frac{1}{n}$$

而 $\lim\limits_{n\to\infty}\left(1 + \frac{1}{n}\right) = 1$, 故由夹逼准则, 有

$$\lim_{n\to\infty} \sqrt[n]{1 + \frac{1}{n}} = 1$$

例 8 求极限 $\lim\limits_{n\to\infty} \frac{n!}{n^n}$.

解 因为 $0 < \dfrac{n!}{n^n} = \dfrac{n \cdot (n-1) \cdot \cdots \cdot 1}{n \cdot n \cdot \cdots \cdot n} < \dfrac{1}{n}$

又 $\lim\limits_{n\to\infty}\dfrac{1}{n}=0$，所以由夹逼准则，有 $\lim\limits_{n\to\infty}\dfrac{n!}{n^n}=0$.

应当注意：由于数列的极限与数列的前有限项无关，因此只要 n 充分大以后，数列满足上述两准则中的条件，结论仍成立.

为方便读者学习，列出一些常用的数列的极限.

$$\lim_{n\to\infty}\frac{1}{n^k}=0 \quad (k>0), \qquad \lim_{n\to\infty}a^n=0 \ (|a|<1)$$

$$\lim_{n\to\infty}\frac{a^n}{n!}=0 \quad (a\in\mathbf{R}), \qquad \lim_{n\to\infty}\sqrt[n]{a}=1 \ (a>0)$$

$$\lim_{n\to\infty}\sqrt[n]{n}=1, \qquad\qquad \lim_{n\to\infty}\frac{n!}{n^n}=0$$

习 题 1.1

1. 回答下列问题（可举例说明）.

（1）如果在 n 无限变大过程中，数列 y_n 的各项越来越接近 A，那么 y_n 是否一定以 A 为极限？

（2）设在常数 A 的无论怎样小的 ε 邻域内密集着数列 y_n 的无穷多个点，那么 y_n 是否以 A 为极限？

（3）设 $\lim\limits_{n\to\infty}y_n=A$，那么 y_n 中各项的值是否必须大于或小于 A？能否等于 A？

（4）有界数列是否一定有极限？无界数列是否一定无极限？

（5）单调数列是否一定有极限？

2. 设 $y_n=\dfrac{3n+2}{n+1}$

（1）求 $|y_{10}-3|$，$|y_{100}-3|$ 的值.

（2）求 N，使当 $n>N$ 时，恒有 $|y_n-3|<10^{-4}$.

（3）求 N，使当 $n>N$ 时，恒有 $|y_n-3|<\varepsilon$.

3. 用数列极限定义证明下列极限.

（1）$\lim\limits_{n\to\infty}(\sqrt{n+1}-\sqrt{n})=0$

（2）$\lim\limits_{n\to\infty}\left[\dfrac{1}{1\cdot2}+\dfrac{1}{2\cdot3}+\cdots+\dfrac{1}{(n-1)\cdot n}\right]=1$

4. 证明：数列

$$y_n=\frac{1}{1+2}+\frac{1}{1+2^2}+\cdots+\frac{1}{1+2^n}$$

存在极限.

5. 设 $y_1=10$，$y_{n+1}=\sqrt{6+y_n}(n=1,2,\cdots)$，试证：数列 $\{y_n\}$ 存在极限.

6. 设 $a_1=2$，$a_{n+1}=\dfrac{1}{2}\left(a_n+\dfrac{1}{a_n}\right)(n=1,2,\cdots)$，证明：$\lim\limits_{n\to\infty}a_n=1$.

7. 设 $x_1=1$，$x_2=1+\dfrac{x_1}{1+x_1}$，$\cdots$，$x_n=1+\dfrac{x_{n-1}}{1+x_{n-1}}$，求 $\lim\limits_{n\to\infty}x_n$.

8. 设 a_1，a_2，$\cdots$，a_m 为非负数，求证：

$$\lim_{n\to\infty}(a_1^n+a_2^n+\cdots+a_m^n)^{\frac{1}{n}}=\max_{1\le k\le m}\{a_k\}$$

9. 证明：若 $\lim\limits_{n\to\infty}y_n=A$ 且 $A>0$，则存在正整数 N，当 $n>N$ 时，恒有 $y_n>0$.

1.2 函数的极限

本节将数列极限的概念、理论和方法推广到一元函数. 数列是定义在正整数集 $\mathbf{N}_+$ 上的整标函数, 数列 $\{x_n\}$ 的极限研究的是当自变量 n "离散地" 取正整数且无限增大时, 函数值 $f(n)=x_n$ 是否无限接近某一常数 A. 抛开 $n\to\infty$ 这一特殊性, 可以引出函数极限的一般概念: 定义在区间上的函数 $f(x)$, 当自变量 x 在区间上 "连续地" 变化时, 函数 $f(x)$ 是否无限接近某一常数 A. 两者的不同主要表现在自变量的变化状态上, 前者是 "离散变量", 后者是 "连续变量". 根据自变量变化情况的不同, 函数极限主要讨论两类问题: 一是自变量趋于无穷大时函数的极限, 二是自变量趋于有限值时函数的极限.

1. 自变量 x 趋于无穷大时函数的极限

所谓自变量 x 趋于无穷大, 包括三种情况: ① x 取正值且其值无限增大, 也称 x 趋于 $+\infty$, 记作 $x\to+\infty$; ② x 取负值且 $|x|$ 无限增大, 也称 x 趋于 $-\infty$, 记作 $x\to-\infty$; ③ x 既可取正值也可取负值, 且 $|x|$ 无限增大, 也称 x 趋于 ∞, 记作 $x\to\infty$.

（1）$x\to+\infty$ 时, 函数极限的定义.

此时, 函数极限的定义完全类似于数列极限. 直观上, 如果当 $x\to+\infty$ 时, 函数 $f(x)$ 无限接近于某一常数 A, 则称 A 是 $f(x)$ 当 $x\to+\infty$ 时的极限. 为了精确地给出上述函数极限的定义, 关键在于刻画 "$x\to+\infty$" 和 "$f(x)$ 与 A 无限接近". 显然, 后者可用 "$\forall\varepsilon>0$, $|f(x)-A|<\varepsilon$" 来刻画. 而不等式 $|f(x)-A|<\varepsilon$ 成立是以 "x 取值足够大" 为条件的, 我们用 "存在一个正数 X, 使 $x>X$" 来刻画这一条件. 于是, 有下述定义.

定义1 设 $y=f(x)$ 是区间 $[a,+\infty)$ 上的函数, A 是一常数. 若对于任意给定的 $\varepsilon>0$, 存在一个正数 X, 使得当 $x>X$ 时, 有不等式

$$|f(x)-A|<\varepsilon$$

成立, 则称常数 A 为函数 $y=f(x)$ 当 $x\to+\infty$ 时的极限, 记作 $\lim\limits_{x\to+\infty}f(x)=A$. 有时也称 $f(x)$ 收敛于 A.

自变量趋于无穷时函数的极限

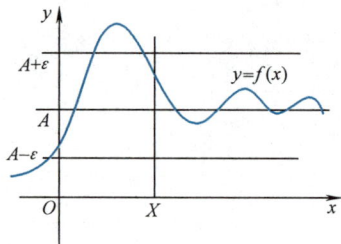

图 1-2

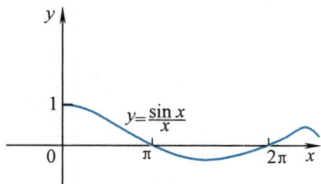

图 1-3

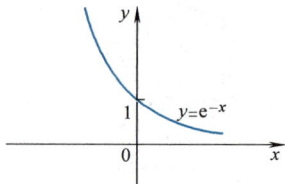

图 1-4

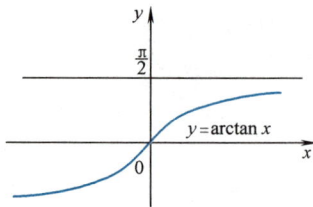

图 1-5

用逻辑符号写作：$\forall \varepsilon > 0$，$\exists X > 0$，当 $x > X$ 时，有 $|f(x) - A| < \varepsilon$.

几何上，$\lim\limits_{x \to +\infty} f(x) = A$ 的意义是：无论 $\varepsilon > 0$ 怎样小，总有正数 X 存在，使得当 $x > X$ 时，函数 $y = f(x)$ 的图形位于直线 $y = A + \varepsilon$，$y = A - \varepsilon$ 之间，如图 1-2 所示.

例 1 证明：$\lim\limits_{x \to +\infty} \dfrac{1}{x} = 0$.

证 设 ε 为任意给定的正数，要证存在正数 X，当 $x > X$ 时，不等式 $\left| \dfrac{1}{x} - 0 \right| < \varepsilon$ 成立.

要使 $\left| \dfrac{1}{x} - 0 \right| < \varepsilon$，即 $\dfrac{1}{x} < \varepsilon$，只要 $x > \dfrac{1}{\varepsilon}$. 取 $X = \dfrac{1}{\varepsilon}$，当 $x > X$ 时，恒有 $\dfrac{1}{x} < \varepsilon$ 成立. 由定义知：$\lim\limits_{x \to +\infty} \dfrac{1}{x} = 0$.

同样可以证明 $\lim\limits_{x \to +\infty} \dfrac{\sin x}{x} = 0$，$\lim\limits_{x \to +\infty} \mathrm{e}^{-x} = 0$，$\lim\limits_{x \to +\infty} \arctan x = \dfrac{\pi}{2}$，它们的图形（分别见图 1-3，图 1-4，图 1-5）也反映了这一变化趋势.

（2）$x \to -\infty$ 时，函数极限的定义.

此时，只要把定义 1 中的 "$x > X$" 改为 "$x < -X$" 即可.

定义 2 设 $y = f(x)$ 是区间 $(-\infty, a]$ 上的函数，A 是一常数. 若对于任意给定的 $\varepsilon > 0$，存在正数 X，使得当 $x < -X$ 时，有

$$|f(x) - A| < \varepsilon$$

成立，则称常数 A 为 $y = f(x)$ 当 $x \to -\infty$ 时的极限，记作 $\lim\limits_{x \to -\infty} f(x) = A$.

其几何意义是将图 1-2 中 y 轴右侧的图像反射到左侧.

类似地，可以证明 $\lim\limits_{x \to -\infty} \dfrac{1}{x} = 0$，$\lim\limits_{x \to -\infty} \dfrac{\sin x}{x} = 0$，$\lim\limits_{x \to -\infty} \mathrm{e}^{x} = 0$，$\lim\limits_{x \to -\infty} \arctan x = -\dfrac{\pi}{2}$.

（3）$x \to \infty$ 时，函数极限的定义.

此时，只要将 "$x > X$"、"$x < -X$" 改为 $|x| > X$ 即可.

定义 3 设 $y = f(x)$ 是 $(-\infty, -a] \cup [b, +\infty)$ $(a \geqslant 0, b > 0)$ 上的函数，A 是一常数. 若对于任意给定的 $\varepsilon > 0$，存在正数 X，使得当 $|x| > X$ 时，有

$$|f(x) - A| < \varepsilon$$

成立，则称 A 为 $y = f(x)$ 当 $x \to \infty$ 时的极限，记作 $\lim\limits_{x \to \infty} f(x) = A$.

其几何意义是将上述两种情况合在一起，如图 1-6 所示.

由以上定义，不难得出：

$$\lim_{x \to \infty} f(x) = A \text{ 当且仅当 } \lim_{x \to +\infty} f(x) = A \text{ 且 } \lim_{x \to -\infty} f(x) = A.$$

由图形可见：若 $\lim\limits_{x \to \infty} f(x) = A$，或者 $\lim\limits_{x \to +\infty} f(x) = A$，或者 $\lim\limits_{x \to -\infty} f(x) = A$，则 $y = A$ 是 $y = f(x)$ 的水平渐近线.

类似地，可以证明 $\lim\limits_{x \to \infty} \dfrac{1}{x} = 0$，$\lim\limits_{x \to \infty} \dfrac{\sin x}{x} = 0$，而 $\lim\limits_{x \to \infty} \arctan x$ 不存在.

2. 自变量 x 趋于有限值时函数的极限

自变量 x 和常数 a 任意接近，但 x 不取 a 值，这时记作 $x \to a$. 为了理解自变量的这种变化趋势，先看一个物理例子.

例 2　求自由落体的瞬时速度.

已知自由落体的路程函数为 $s(t) = \dfrac{1}{2}gt^2$，其中 t 为下落时刻，s 为下落距离. 当开始下落时，即 $t = 0$ 时，路程 $s = 0$，求 t_0 时刻的瞬时速度 $v(t_0)$.

解　自由落体运动是一种变速直线运动.

（1）求从 t_0 时刻至 t 时刻的平均速度 $\bar{v}$.

在 t_0 时刻，$s(t_0) = \dfrac{1}{2}gt_0^2$. 时间由 t_0 时刻变到 t 时刻，$s(t) = \dfrac{1}{2}gt^2$. 因此，平均速度为

$$\bar{v} = \frac{\dfrac{1}{2}gt^2 - \dfrac{1}{2}gt_0^2}{t - t_0} = \frac{1}{2}g(t + t_0), \quad t \neq t_0$$

设 t_0 固定，$\bar{v}$ 是 t 的函数. 显然，t 越接近 t_0，$\bar{v}(t)$ 越接近瞬时速度 $v(t_0)$.

（2）求瞬时速度 $v(t_0)$.

由（1）中讨论知：瞬时速度即为平均速度 $\bar{v}(t)$ 当 $t \to t_0$ 时的极限值，即

$$v(t_0) = \lim_{t \to t_0} \bar{v}(t) = \lim_{t \to t_0} \frac{1}{2}g(t + t_0)$$

以后可知，$v(t_0) = \dfrac{1}{2}g(t_0 + t_0) = gt_0$，这就是中学里学过的自由落体

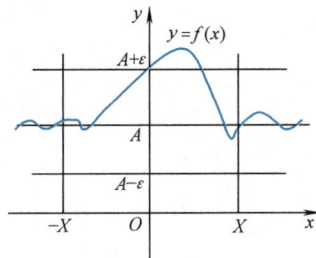

图　1-6

自变量趋于有限值时函数的极限

的速度公式. 此处 t 无限趋于 t_0 但 $t \neq t_0$，因为若 $t = t_0$，则无法计算平均速度 $\bar{v}$，从而无法得到瞬时速度 $v(t_0)$.

自变量趋于有限值时的函数极限和自变量趋于无穷大的情况类似，不同的仅是用不同的语言描述自变量的趋向. 当 $x \to a$ 时，为刻画 x 与 a 足够接近的程度，可以用绝对值不等式 $0 < |x - a| < \delta$ 表示，其中 δ 是小正数，$|x - a| > 0$ 表示不考虑 $x = a$ 的情况. 和 N、X 一样，δ 是由任意给定的 ε 确定的.

定义 4　设函数 $y = f(x)$ 在点 a 的某去心邻域内有定义，A 是常数. 若对于任意给定的 $\varepsilon > 0$，存在正数 δ，当 $0 < |x - a| < \delta$ 时，恒有

$$|f(x) - A| < \varepsilon$$

成立，则称常数 A 为函数 $y = f(x)$ 当 x 趋于 a 时的极限，记作 $\lim\limits_{x \to a} f(x) = A$，简记为 $f(x) \to A (x \to a)$.

此极限的几何意义是：对于任给的 $\varepsilon > 0$，总能找到一个 $\delta > 0$，使得在点 a 的 δ 去心邻域 $(a - \delta, a) \cup (a, a + \delta)$ 内，函数 $y = f(x)$ 的图形落在两直线 $y = A + \varepsilon$ 与 $y = A - \varepsilon$ 之间（见图 1-7）.

与前面类似，利用定义验证当 $x \to a$ 时 $f(x)$ 的极限是 A，关键在于设法由任给的 $\varepsilon > 0$，求出相应的 $\delta > 0$，使得当 $0 < |x - a| < \delta$ 时，不等式 $|f(x) - A| < \varepsilon$ 恒成立.

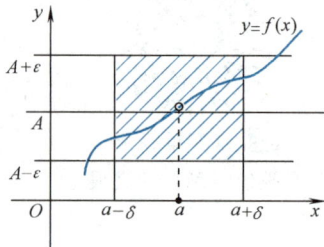

图　1-7

例 3　用定义验证 $\lim\limits_{x \to 1} \dfrac{x^2 - 1}{x - 1} = 2$.

证　对于任给的 $\varepsilon > 0$，要使

$$\left| \frac{x^2 - 1}{x - 1} - 2 \right| < \varepsilon$$

即 $|x - 1| < \varepsilon$，取 $\delta = \varepsilon$，则当 $0 < |x - 1| < \delta$ 时，有

$$\left| \frac{x^2 - 1}{x - 1} - 2 \right| = |x - 1| < \varepsilon$$

成立，故由定义知

$$\lim\limits_{x \to 1} \frac{x^2 - 1}{x - 1} = 2$$

例 4　用定义验证 $\lim\limits_{x \to 2} x^2 = 4$.

证　对于任给的 $\varepsilon > 0$，要使

$$|x^2 - 4| = |x + 2| \, |x - 2| < \varepsilon$$

由此不等式要找出 $|x - 2|$ 的范围是很困难的，因为 $|x - 2|$ 前还有一

个 $|x+2|$ 因子. 但是, 由于 x 是在 $a=2$ 的一个小邻域内考察, 例如, 限定 $|x-2|<1$, 由此可得 $x<3$, 故 $|x+2|<5$, 这样, 就有
$$|x^2-4|=|x+2||x-2|<5|x-2|$$

因此, 只要 $5|x-2|<\varepsilon$, 即 $|x-2|<\dfrac{\varepsilon}{5}$, 并且 $|x-2|<1$, 就有 $|x^2-4|<\varepsilon$.

取 $\delta=\min\left\{1,\dfrac{\varepsilon}{5}\right\}$, 则当 $0<|x-2|<\delta$ 时, 就有
$$|x^2-4|<\varepsilon$$
成立, 由定义知 $\lim\limits_{x\to 2}x^2=4$.

同样, 可以验证例 2 中的极限 $\lim\limits_{t\to t_0}\dfrac{1}{2}g(t+t_0)=gt_0$. 利用定义还可以证明极限
$$\lim\limits_{x\to 0}\sin x=0,\ \lim\limits_{x\to 0}\cos x=1,\ \lim\limits_{x\to 0}e^x=1$$
$$\lim\limits_{x\to a}x^3=a^3,\ \lim\limits_{x\to a}\sqrt{x}=\sqrt{a}\ (a\geqslant 0)$$
读者可自行验证.

对于函数 $y=x\sin\dfrac{1}{x}$, $y=\sin\dfrac{1}{x}$, 利用其图形 (见图 1-8, 图 1-9), 根据极限的几何意义, 易得
$$\lim\limits_{x\to 0}x\sin\dfrac{1}{x}=0,\ \lim\limits_{x\to 0}\sin\dfrac{1}{x}\text{不存在}$$

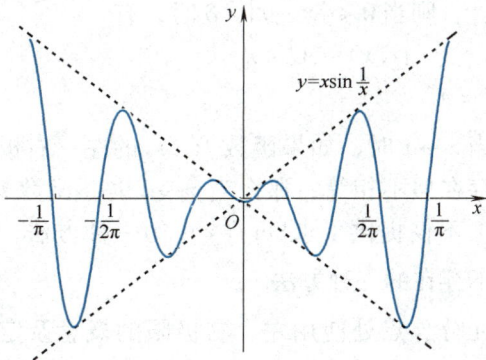

图　1-8

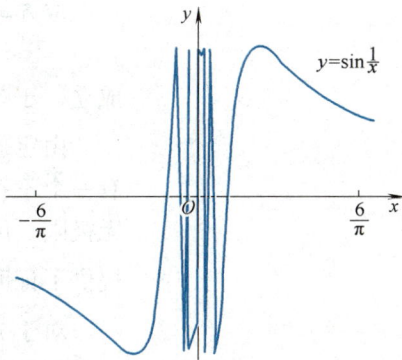

图　1-9

在定义 4 中，x 既从点 a 的左侧也从点 a 的右侧趋于 a. 但有时只能或只需要考虑 x 仅从点 a 的左侧趋于 a（记作 $x \to a^-$），或 x 仅从点 a 的右侧趋于 a（记作 $x \to a^+$）. 在 $x \to a^-$ 的情形，x 在点 a 的左侧，$x < a$，只要将定义 4 中的不等式 $0 < |x - a| < \delta$ 改为 $0 < a - x < \delta$，那么数值 A 就称为函数 $f(x)$ 当 $x \to a$ 时的左极限，记作 $\lim\limits_{x \to a^-} f(x) = A$ 或 $f(a^-) = A$，或 $f(a - 0) = A$.

类似地，对于 $x \to a^+$ 的情形，只要将定义 4 中的不等式 $0 < |x - a| < \delta$ 改为 $0 < x - a < \delta$，则 A 就称为函数 $f(x)$ 当 $x \to a$ 时的右极限，记作 $\lim\limits_{x \to a^+} f(x) = A$ 或 $f(a^+) = A$，或 $f(a + 0) = A$.

左极限与右极限统称为函数的单侧极限，它与函数极限有如下关系：

定理 1　函数 $f(x)$ 在 $x \to a$ 时的极限存在的充要条件是 $f(x)$ 在该点的左、右极限存在且相等. 即

$$\lim\limits_{x \to a} f(x) = A \Leftrightarrow \lim\limits_{x \to a^-} f(x) = A \text{ 且 } \lim\limits_{x \to a^+} f(x) = A$$

证　只证充分性，必要性留给读者自证.

设 $\lim\limits_{x \to a^+} f(x) = \lim\limits_{x \to a^-} f(x) = A$.

对于任意给定的 $\varepsilon > 0$，由左、右极限的定义，总存在正数 δ_1，δ_2，使

当 $0 < x - a < \delta_1$ 时，有 $|f(x) - A| < \varepsilon$.

当 $0 < a - x < \delta_2$ 时，有 $|f(x) - A| < \varepsilon$.

取 $\delta = \min\{\delta_1, \delta_2\}$，则当 $0 < |x - a| < \delta$ 时，有

$$|f(x) - A| < \varepsilon$$

成立，于是有 $\lim\limits_{x \to a} f(x) = A$.

由定理 1 可知，当 $x \to a$ 时，如果函数 $f(x)$ 的左、右极限至少有一个不存在，或都存在但不相等，那么当 $x \to a$ 时，函数 $f(x)$ 就无极限. 因此，定理 1 不仅提供了求 $\lim\limits_{x \to a} f(x)$ 的一种方法，而且还提供了证明 $\lim\limits_{x \to a} f(x)$ 不存在的一种方法.

对于分段函数，在分界点处使用左、右极限的概念及定理 1 是很方便的.

例 5　设函数 $f(x) = \begin{cases} x & x \geq 0 \\ -x & x < 0 \end{cases}$，讨论 $x \to 0$ 时，函数极限

的存在性.

解　由于
$$\lim_{x\to 0^-}f(x)=\lim_{x\to 0^-}(-x)=0$$
$$\lim_{x\to 0^+}f(x)=\lim_{x\to 0^+}x=0$$

因此，$\lim_{x\to 0}f(x)=0$.

例 6　讨论 $\lim_{x\to 0}\dfrac{|x|}{x}$ 的存在性.

解　函数 $\dfrac{|x|}{x}=\begin{cases}1 & x>0\\ -1 & x<0\end{cases}$

$$\lim_{x\to 0^+}\frac{|x|}{x}=\lim_{x\to 0^+}1=1$$
$$\lim_{x\to 0^-}\frac{|x|}{x}=\lim_{x\to 0^-}(-1)=-1$$

左、右极限都存在，但不相等，因此 $\lim_{x\to 0}\dfrac{|x|}{x}$ 不存在.

例 7　设函数 $f(x)=\begin{cases}x^2 & x<1\\ x & x>1\end{cases}$，求 $\lim_{x\to 1}f(x)$.

解　$\lim_{x\to 1^-}f(x)=\lim_{x\to 1^-}x^2=1$
$$\lim_{x\to 1^+}f(x)=\lim_{x\to 1^+}x=1$$

左、右极限存在且相等，故 $\lim_{x\to 1}f(x)=1$.

由上面两例可见：当 $x\to a$ 时，$f(x)$ 的极限存在与否与函数在点 a 处是否有定义无关.

3. 函数极限的性质

函数极限与数列极限相比，有类似的性质，且证明方法也类似.

定理 2　（极限的惟一性）　若在自变量的某种变化趋势下，$f(x)$ 有极限，则极限值必惟一.

定理 3　（局部有界性）　若当 $x\to a$ 时，$f(x)$ 有极限，则 $f(x)$ 在点 a 的某一去心邻域内有界. 若 $x\to\infty$ 时，$f(x)$ 有极限，则存在 $X>0$，当 $|x|>X$ 时，函数 $f(x)$ 有界.

定理 4　（保号性）　设 $\lim_{x\to a}f(x)=A$. 若 $A>0$（或 $A<0$），则在点 a 的某一去心邻域内，有 $f(x)>0$（或 $f(x)<0$）；若在点 a 的某一去心邻域内有 $f(x)\geq 0$（或 $f(x)\leq 0$），则必有 $A\geq 0$（或 $A\leq 0$）.

定理 5　（夹逼定理）　设在点 a 的某一去心邻域内，有

函数极限的性质

第 1 章　极限与连续

41

$$g(x) \leqslant f(x) \leqslant h(x)$$

且 $\lim\limits_{x \to a} g(x) = \lim\limits_{x \to a} h(x) = A$，则有 $\lim\limits_{x \to a} f(x) = A.$

这一性质不但可以用于判别极限的存在性，而且可以用来求极限.

例 8 证明：当 $0 < a < 1$ 时，$\lim\limits_{x \to +\infty} a^x = 0.$

证 设 n 为不超过 x 的最大整数，则

$$n \leqslant x < n+1$$
$$a^{n+1} < a^x \leqslant a^n$$

由于 $x \to +\infty$ 时有 $n \to +\infty$，且 $\lim\limits_{n \to +\infty} a^{n+1} = 0$，$\lim\limits_{n \to +\infty} a^n = 0.$ 由定理 5 知，$\lim\limits_{x \to +\infty} a^x = 0.$

函数极限与数列极限之间存在着密切的联系.

*定理 6 归并性（函数极限与数列极限的关系） 设 $f(x)$ 在点 a 的某一去心邻域内有定义，则 $\lim\limits_{x \to a} f(x) = A$ 的充要条件是 $\lim\limits_{n \to \infty} f(x_n) = A$，其中 $\{x_n\}$ 为点 a 的该去心邻域中的任何数列，且 $\lim\limits_{n \to \infty} x_n = a(x_n \neq a).$

根据定理 6，可以利用函数极限去求某些数列的极限，也可以用来验证某函数在自变量的某种变化趋势下极限不存在的情形. 例如，若存在数列 $\{x_n\}$，$\lim\limits_{n \to \infty} x_n = a(x_n \neq a)$，但 $\lim\limits_{n \to \infty} f(x_n)$ 不存在，或者存在两个数列 $\{x_n'\}$，$\{x_n''\}$，且 $\lim\limits_{n \to \infty} x_n' = a$，$\lim\limits_{n \to \infty} x_n'' = a$，但 $\lim\limits_{n \to \infty} f(x_n') \neq \lim\limits_{n \to \infty} f(x_n'')$，则可得到 $\lim\limits_{x \to a} f(x)$ 不存在.

*例 9 证明：$\lim\limits_{x \to 0} \sin \dfrac{1}{x}$ 不存在.

证 取 $x_n' = \dfrac{1}{n\pi}(n = 1, 2, \cdots)$，则 $x_n' \to 0$ 且 $x_n' \neq 0(n \to \infty)$，从而有

$$\lim\limits_{n \to \infty} \sin \frac{1}{x_n'} = \lim\limits_{n \to \infty} \sin(n\pi) = 0$$

再取 $x_n'' = \dfrac{1}{2n\pi + \dfrac{\pi}{2}}(n = 1, 2, \cdots)$，则 $x_n'' \to 0(n \to \infty)$，且 $x_n'' \neq 0$，从而有

$$\lim\limits_{n \to \infty} \sin \frac{1}{x_n''} = \lim\limits_{n \to \infty} \sin\left(2n\pi + \frac{\pi}{2}\right) = 1$$

由定理 6 可知：$\lim\limits_{x \to 0} \sin \dfrac{1}{x}$ 不存在.

习 题 1.2

1. 已知 $\lim\limits_{x\to 3}\dfrac{x-3}{x}=0$，$x$ 满足什么条件时，才能使 $\left|\dfrac{x-3}{x}\right|<0.001$？

2. 用函数极限的定义证明下列各式成立.

（1）$\lim\limits_{x\to 1}(3x-2)=1$　　（2）$\lim\limits_{x\to 9}\dfrac{x-9}{\sqrt{x}-3}=6$

（3）$\lim\limits_{x\to\infty}\dfrac{2-x}{x}=-1$　　（4）$\lim\limits_{x\to+\infty}\dfrac{\sin x}{\sqrt{x}}=0$

（5）$\lim\limits_{x\to 4}\sqrt{x}=2$　　（6）$\lim\limits_{x\to 0}e^{x}=1$

3. 证明：$\lim\limits_{x\to\infty}f(x)$ 存在的充要条件是 $\lim\limits_{x\to-\infty}f(x)$、$\lim\limits_{x\to+\infty}f(x)$ 都存在且相等.

4. 给出下列极限的定义.

（1）$\lim\limits_{x\to a^{+}}f(x)=A$

（2）$\lim\limits_{x\to a^{-}}f(x)=A$

5. 设 $f(x)=\begin{cases}-x+1 & 0\leqslant x<1\\ 1 & x=1\\ -x+3 & 1<x\leqslant 2\end{cases}$

画出 $y=f(x)$ 的图形；求 $x\to 1$ 时函数的左、右极限，并讨论极限的存在性.

6. 设 $f(x)=\begin{cases}\dfrac{1}{x-1} & x<0\\ 0 & x=0\\ x & 0<x<1\\ 1 & 1\leqslant x\leqslant 2\end{cases}$

求 $x\to 0$，$x\to 1$ 时函数的左、右极限，并讨论极限的存在性.

7. 证明函数极限的惟一性、局部有界性.

8. 若 $\lim\limits_{x\to a}f(x)=A$，用定义证明：$\lim\limits_{x\to a}\left|f(x)\right|=\left|A\right|$. 并举例说明反之未必成立.

*9. 证明：当 $x\to+\infty$ 时，$\sin\sqrt{x}$ 没有极限.

1.3　极限的运算法则

直接由定义出发证明或计算极限是不方便的，在大多数情形下也是不可行的. 本节讨论极限的四则运算法则和复合函数的极限运算法则，利用这些法则，可以求出某些函数的极限. 本书以后章节还将继续讨论求函数极限的其他方法.

为方便统一处理，约定以 $\lim f(x)$ 泛指上节中自变量的任意一种变化过程. 当然，在同一问题中，自变量的变化过程应当明确且一致（例如，同为 $x\to+\infty$，或同为 $x\to a$ 等）.

定理 1　（极限的四则运算法则）

设 $\lim f(x)=A$，$\lim g(x)=B$，那么

（1）$\lim[f(x)\pm g(x)]=\lim f(x)\pm\lim g(x)=A\pm B$

（2）$\lim[f(x)\cdot g(x)]=\lim f(x)\cdot\lim g(x)=A\cdot B$

(3) $\lim \dfrac{f(x)}{g(x)} = \dfrac{\lim f(x)}{\lim g(x)} = \dfrac{A}{B}(B \neq 0)$

证 以 $x \to a$ 这种变化过程为例进行证明. 其他情形类似可证.

(1) 任给 $\varepsilon > 0$，由极限的定义，存在 $\delta > 0$，使得当 $0 < |x - a| < \delta$ 时，恒有

$$|f(x) - A| < \frac{\varepsilon}{2}, \quad |g(x) - B| < \frac{\varepsilon}{2}$$

又

$$\begin{aligned}
\big|[f(x) \pm g(x)] - (A \pm B)\big| &= \big|[f(x) - A] \pm [g(x) - B]\big| \\
&\leqslant |f(x) - A| + |g(x) - B| \\
&< \frac{\varepsilon}{2} + \frac{\varepsilon}{2} = \varepsilon
\end{aligned}$$

从而由极限的定义，有

$$\lim_{x \to a}[f(x) \pm g(x)] = A \pm B$$

(2) 由已知条件知，$\forall \varepsilon > 0$，$\exists \delta_1 > 0$，使 $\forall x \in \mathring{N}(a, \delta_1)$，恒有

$$|f(x) - A| < \varepsilon, \quad |g(x) - B| < \varepsilon$$

又由于 $\lim\limits_{x \to a} f(x) = A$，所以当 $x \to a$ 时 $f(x)$ 有界，即 $\exists M > 0$，$\delta_2 > 0$，使 $\forall x \in \mathring{N}(a, \delta_2)$ 时，有 $|f(x)| \leqslant M$.

取 $\delta = \min\{\delta_1, \delta_2\}$，当 $x \in \mathring{N}(a, \delta)$ 时，有

$$\begin{aligned}
|f(x)g(x) - AB| &= \big|f(x)[g(x) - B] + B[f(x) - A]\big| \\
&\leqslant |f(x)||g(x) - B| + |B||f(x) - A| \\
&< (M + |B|)\,\varepsilon
\end{aligned}$$

由定义知，$\lim\limits_{x \to a} f(x)g(x) = AB$.

(3) 由已知条件知，$\forall \varepsilon > 0$，$\exists \delta_1 > 0$，使 $\forall x \in \mathring{N}(a, \delta_1)$，恒有

$$|f(x) - A| < \varepsilon, \quad |g(x) - B| < \varepsilon$$

不妨设 $B > 0$，由保号性知，$\exists \delta_2 > 0$，使 $\forall x \in \mathring{N}(a, \delta_2)$，恒有

$$|g(x)| > \frac{B}{2} > 0$$

取 $\delta = \min \{\delta_1, \delta_2\}$，当 $x \in \overset{\circ}{N}(a, \delta)$ 时，有

$$\left| \frac{f(x)}{g(x)} - \frac{A}{B} \right| = \frac{|f(x)B - g(x)A|}{|g(x)|B}$$

$$\leqslant \frac{B|f(x) - A| + |A||g(x) - B|}{|g(x)|B}$$

$$< \frac{2(B + |A|)}{B^2} \varepsilon$$

由定义知，$\lim\limits_{x \to a} \dfrac{f(x)}{g(x)} = \dfrac{A}{B}$ $(B \neq 0)$.

由定理 1 容易得下面几个推论：

推论 1 若 $\lim f(x) = A$，则

$$\lim[Cf(x)] = C \cdot \lim f(x) = CA, \quad C \text{ 为任意常数}$$

即常数因子可以提到极限符号外面.

推论 2 若 $\lim f_i(x) = A_i$，$i = 1, 2, \cdots, n$. $k_i \in \mathbf{R}$ 为常数，$i = 1, 2, \cdots, n$，则

$$\lim[k_1 f_1(x) \pm k_2 f_2(x) \pm \cdots \pm k_n f_n(x)]$$

$$= k_1 A_1 \pm k_2 A_2 \pm \cdots \pm k_n A_n$$

推论 3 若 $\lim f(x) = A$，则 $\lim[f(x)]^n = [\lim f(x)]^n = A^n$. 其中，$n$ 为某个确定的正整数.

定理 2（极限的复合运算法则） 设 $u = \varphi(x)$ 在点 $x = a$ 的某个去心邻域内有定义，且 $\varphi(x) \neq u_0$，$\lim\limits_{x \to a} \varphi(x) = u_0$，又 $\lim\limits_{u \to u_0} f(u) = A$，则 $\lim\limits_{x \to a} f[\varphi(x)] = \lim\limits_{u \to u_0} f(u) = A$.

证 按函数极限的定义，需要证：对于任给的 $\varepsilon > 0$，存在 $\delta > 0$，使得当 $0 < |x - a| < \delta$ 时，有

$$|f[\varphi(x)] - A| < \varepsilon$$

成立.

由于 $\lim\limits_{u \to u_0} f(u) = A$，那么由定义，对任给的 $\varepsilon > 0$，存在 $\eta > 0$，当 $0 < |u - u_0| < \eta$ 时，$|f(u) - A| < \varepsilon$ 成立.

又由于 $\lim\limits_{x \to a} \varphi(x) = u_0$，那么对于前面的 $\eta > 0$，存在 $\delta > 0$，当 $0 < |x - a| < \delta$ 时，有 $|\varphi(x) - u_0| < \eta$ 成立.

注意到 $\varphi(x) \neq u_0$，所以当 $0 < |x - a| < \delta$ 时，有 $0 < |u - u_0| = |\varphi(x) - u_0| < \eta$ 成立，从而有

▶️ 复合函数
极限运算法则

$$|f[\varphi(x)] - A| = |f(u) - A| < \varepsilon$$

成立. 因此结论成立.

数列极限也有类似的运算法则.

应用极限运算法则时要注意：①参加运算的函数必须是有限的，并且它们的极限都存在；②求商的极限时还要求分母的极限不能为零；③当条件不满足时，不能应用这些法则求极限.

例 1 求 $\lim\limits_{n \to \infty} \dfrac{2^n - 1}{2^n}$.

解 $\lim\limits_{n \to \infty} \dfrac{2^n - 1}{2^n} = \lim\limits_{n \to \infty}\left(1 - \dfrac{1}{2^n}\right) = 1 - \lim\limits_{n \to \infty}\dfrac{1}{2^n} = 1 - 0 = 1$

例 2 求 $\lim\limits_{x \to 2} \dfrac{x^2 + 1}{x^3 + 3x - 1}$.

解
$$\lim\limits_{x \to 2} \dfrac{x^2 + 1}{x^3 + 3x - 1} = \dfrac{\lim\limits_{x \to 2}(x^2 + 1)}{\lim\limits_{x \to 2}(x^3 + 3x - 1)}$$

$$= \dfrac{\lim\limits_{x \to 2}x^2 + \lim\limits_{x \to 2}1}{\lim\limits_{x \to 2}x^3 + \lim\limits_{x \to 2}(3x) - \lim\limits_{x \to 2}1}$$

$$= \dfrac{2^2 + 1}{2^3 + 3 \times 2 - 1} = \dfrac{5}{13}$$

由上例可见，多项式和有理分式函数在有定义的点 a 处求 $x \to a$ 的极限时，只要把 a 的值代入其中就可以了. 即有：设 $f(x) = a_0 x^n + a_1 x^{n-1} + \cdots + a_n$，则

$$\lim\limits_{x \to a} f(x) = f(a)$$

对有理分式函数 $R(x) = \dfrac{P(x)}{Q(x)}$，其中 $P(x)$，$Q(x)$ 都是多项式，且 $Q(a) \neq 0$，则

$$\lim\limits_{x \to a} R(x) = \lim\limits_{x \to a}\dfrac{P(x)}{Q(x)} = \dfrac{P(a)}{Q(a)} = R(a)$$

若 $Q(a) = 0$，则不能应用关于商的极限运算法则，需要用其他方法求极限.

例 3 求 $\lim\limits_{x \to 2} \dfrac{2 - x}{4 - x^2}$.

解 当 $x \to 2$ 时，分子、分母的极限都是零，这种形式称为 $\dfrac{0}{0}$ 型

▶ 极限的四则
运算法则应用举例

未定式，不能用商的极限运算法则. 但分子、分母有公因子（$x-2$），且求 $x \to 2$ 的极限时只考虑 $x \neq 2$ 的值，所以分式可约去不为零的公因子（$x-2$），故

$$\lim_{x \to 2}\frac{2-x}{4-x^2}=\lim_{x \to 2}\frac{2-x}{(2-x)(2+x)}=\lim_{x \to 2}\frac{1}{2+x}=\frac{1}{4}$$

例 4   求 $\lim\limits_{x \to -2}\dfrac{x^2+2x}{3x^2+x-10}$.

解 $\lim\limits_{x \to -2}\dfrac{x^2+2x}{3x^2+x-10}=\lim\limits_{x \to -2}\dfrac{x(x+2)}{(3x-5)(x+2)}=\lim\limits_{x \to -2}\dfrac{x}{3x-5}=\dfrac{2}{11}$

例 5   求 $\lim\limits_{x \to 0}\dfrac{\sqrt{x+1}-1}{x}$.

解 $\lim\limits_{x \to 0}\dfrac{\sqrt{x+1}-1}{x}=\lim\limits_{x \to 0}\dfrac{(\sqrt{x+1}-1)(\sqrt{x+1}+1)}{x(\sqrt{x+1}+1)}$

$$=\lim_{x \to 0}\frac{x}{x(\sqrt{x+1}+1)}$$

$$=\lim_{x \to 0}\frac{1}{(\sqrt{x+1}+1)}=\frac{1}{2}$$

例 6   求 $\lim\limits_{x \to \infty}\dfrac{x^2+x}{2x^2-1}$.

解   因为当 $x \to \infty$ 时分子、分母都是无穷大，这种形式称为 $\dfrac{\infty}{\infty}$ 型未定式，不能直接应用极限运算法则求其极限. 我们用分母中 x 的最高次幂（在这里是 x^2）去除分子、分母，然后取极限.

$$\lim_{x \to \infty}\frac{x^2+x}{2x^2-1}=\lim_{x \to \infty}\frac{1+\dfrac{1}{x}}{2-\dfrac{1}{x^2}}=\frac{1+\lim\limits_{x \to \infty}\dfrac{1}{x}}{2-\lim\limits_{x \to \infty}\dfrac{1}{x^2}}=\frac{1}{2}$$

例 7   求 $\lim\limits_{x \to \infty}\dfrac{3x^2+2x-1}{x^3-3x+5}$.

解   同例 6.

$$\lim_{x \to \infty}\frac{3x^2+2x-1}{x^3-3x+5}=\lim_{x \to \infty}\frac{\dfrac{3}{x}+\dfrac{2}{x^2}-\dfrac{1}{x^3}}{1-\dfrac{3}{x^2}+\dfrac{5}{x^3}}=\frac{0}{1}=0$$

由此可得一般性的结论为

$$\lim_{x \to \infty} \frac{a_0 x^m + a_1 x^{m-1} + \cdots + a_m}{b_0 x^n + b_1 x^{n-1} + \cdots + b_n} = \begin{cases} 0 & m < n \\ \dfrac{a_0}{b_0} & m = n \\ \infty \ (\text{不存在}) & m > n \end{cases}$$

式中，a_0，$b_0 \neq 0$.

例 8 求 $\lim\limits_{x \to +\infty} (\sqrt{x^2 + x} - \sqrt{x^2 + 1})$.

解 当 $x \to +\infty$ 时，$\sqrt{x^2 + x}$，$\sqrt{x^2 + 1}$ 都趋向 $+\infty$，二者的极限都不存在，不能用"减法法则"求极限. 初学者容易误认为它们相减的极限为 0. 应采用有理化方法，于是有

$$\lim_{x \to +\infty} (\sqrt{x^2 + x} - \sqrt{x^2 + 1}) = \lim_{x \to +\infty} \frac{x - 1}{\sqrt{x^2 + x} + \sqrt{x^2 + 1}}$$

$$= \lim_{x \to +\infty} \frac{1 - \dfrac{1}{x}}{\sqrt{1 + \dfrac{1}{x}} + \sqrt{1 + \dfrac{1}{x^2}}} = \frac{1}{2}$$

▶️ 复合函数极限
运算法则应用举例

例 9 求 $\lim\limits_{x \to 1} \left(\dfrac{1}{x - 1} - \dfrac{2}{x^2 - 1} \right)$.

解 因为当 $x \to 1$ 时，括号中的两项都以 ∞ 为极限，因此也不能直接利用"减法法则"求极限. 这类极限称为 $\infty - \infty$ 型未定式. 这类极限可利用通分化为 $\dfrac{0}{0}$ 型未定式，消去零因子后，再应用运算法则可以求出极限. 于是

$$\lim_{x \to 1} \left(\frac{1}{x - 1} - \frac{2}{x^2 - 1} \right) = \lim_{x \to 1} \frac{x + 1 - 2}{x^2 - 1}$$

$$= \lim_{x \to 1} \frac{x - 1}{(x - 1)(x + 1)} = \frac{1}{2}$$

例 10 求 $\lim\limits_{n \to \infty} \left(1 - \dfrac{1}{2^2} \right) \left(1 - \dfrac{1}{3^2} \right) \cdot \cdots \cdot \left(1 - \dfrac{1}{n^2} \right)$.

解 当 $n \to \infty$ 时，项数无限增多，因此不能应用定理逐项求极限，而应当这样做：

$$\lim_{n \to \infty} \left(1 - \frac{1}{2^2} \right) \left(1 - \frac{1}{3^2} \right) \cdot \cdots \cdot \left(1 - \frac{1}{n^2} \right)$$

$$= \lim_{n \to \infty} \frac{2^2 - 1}{2^2} \cdot \frac{3^2 - 1}{3^2} \cdot \cdots \cdot \frac{n^2 - 1}{n^2}$$

$$= \lim_{n \to \infty} \frac{1 \cdot 3}{2^2} \cdot \frac{2 \cdot 4}{3^2} \cdot \cdots \cdot \frac{(n-1) \cdot (n+1)}{n^2}$$

$$= \lim_{n \to \infty} \frac{n+1}{2n} = \frac{1}{2}$$

通过上述例题我们可以看出：可以直接用法则求出的极限是易于计算的. 不能直接用法则求的极限通常称为未定式问题，之所以称为未定式问题，是因为这类问题的极限是否存在，如果存在，极限值是什么，不能一概而论. 一般要先变形，如因式分解、无理式的有理化、分子、分母同除以某因子或通分等，然后再用极限运算法则计算.

习 题 1.3

求下列极限.

1. $\lim_{x \to 1} \dfrac{3x^2 - 1}{x^2 + 2x + 4}$

2. $\lim_{x \to 3} \dfrac{2x^2 - 7x + 3}{x^2 + 4x - 21}$

3. $\lim_{x \to \infty} \dfrac{3x^2 - 1}{x^2 - 2x + 3}$

4. $\lim_{x \to +\infty} \dfrac{\sqrt{x^2 + 1}}{x + 1}$

5. $\lim_{x \to 0} \dfrac{4x^3 + x}{5x^2 + 2x}$

6. $\lim_{x \to 0^+} \dfrac{x - \sqrt{x}}{\sqrt{x}}$

7. $\lim_{x \to 0} \dfrac{\sqrt{x^2 + 9} - 3}{x^2}$

8. $\lim_{x \to 2} \dfrac{\sqrt{x + 2} - 2}{\sqrt{x + 7} - 3}$

9. $\lim_{x \to 1} \left(\dfrac{1}{1 - x} - \dfrac{3}{1 - x^3} \right)$

10. $\lim_{h \to 0} \dfrac{(x + h)^2 - x^2}{h}$

11. $\lim_{x \to +\infty} \sqrt{x} \left(\sqrt{x + 1} - \sqrt{x} \right)$

12. $\lim_{x \to 1} \dfrac{x^m - 1}{x^n - 1}$ （$m \neq n$ 为正整数）

13. $\lim_{x \to +\infty} \dfrac{\sqrt{x + \sqrt{x + \sqrt{x}}}}{\sqrt{2x + 1}}$

14. $\lim_{x \to \infty} \dfrac{x + \cos x}{x - \cos x}$

15. $\lim_{x \to 1} \dfrac{x + x^2 + \cdots + x^n - n}{x - 1}$

16. $\lim_{x \to 0} \dfrac{(1 + mx)^n - (1 + nx)^m}{x^2}$ （$m \neq n$，为正整数）

17. $\lim_{n \to \infty} \dfrac{2^{n+1} + 3^{n+1}}{2^n + 3^n}$

18. $\lim_{n \to \infty} \dfrac{1 + 2 + 3 + \cdots + (n-1)}{n^2}$

19. $\lim_{n \to \infty} \dfrac{(n+1)(n+2)(n+3)}{3n^3}$

20. $\lim_{n \to \infty} \dfrac{\left(\sqrt{n^2 + 1} + n \right)^2}{\sqrt[3]{n^6 + 1}}$

21. $\lim_{n \to \infty} \left(1 + \dfrac{1}{2} + \cdots + \dfrac{1}{2^n} \right)$

22. $\lim_{n \to \infty} \left[\dfrac{1}{2!} + \dfrac{2}{3!} + \cdots + \dfrac{n}{(n+1)!} \right]$

23. $\lim_{n \to \infty} n \left(\dfrac{1}{n^2 + \pi} + \dfrac{1}{n^2 + 2\pi} + \cdots + \dfrac{1}{n^2 + n\pi} \right)$

1.4 两个重要极限

利用夹逼定理可以证明微积分中的两个重要极限，读者应牢记并能熟练地运用它们.

1. $\lim\limits_{x\to 0}\dfrac{\sin x}{x}=1$

在直角坐标系中作一单位圆，如图 1-10 所示.

先设 $0<x<\dfrac{\pi}{2}$，则有 $\triangle OAB$ 的面积 $<$ 扇形 OAB 的面积 $<\triangle OAC$

的面积，从而有 $\dfrac{1}{2}\sin x<\dfrac{1}{2}x<\dfrac{1}{2}\tan x$.

由于 $\sin x>0$，两边同除以 $\dfrac{1}{2}\sin x$，得

$$1<\frac{x}{\sin x}<\frac{1}{\cos x}\text{或 }\cos x<\frac{\sin x}{x}<1$$

因此，有

$$0<1-\frac{\sin x}{x}<1-\cos x=2\sin^2\frac{x}{2}<2\cdot\left(\frac{x}{2}\right)^2=\frac{x^2}{2}$$

由于 $\dfrac{\sin x}{x}$，x^2 都是偶函数，当 $-\dfrac{\pi}{2}<x<0$ 时，上述式子仍成立. 所以，当 $0<|x|<\dfrac{\pi}{2}$时，总有

$$0<1-\frac{\sin x}{x}<\frac{x^2}{2}$$

成立. 又 $\lim\limits_{x\to 0}\dfrac{x^2}{2}=0$，由夹逼定理得

$$\lim_{x\to 0}\left(1-\frac{\sin x}{x}\right)=0$$

即

$$\lim_{x\to 0}\frac{\sin x}{x}=1$$

上式中的 x 可以是任一趋于零的量，为此，可用一更引人注意的形式将此极限表示为

$$\lim_{\square\to 0}\frac{\sin\square}{\square}=1$$

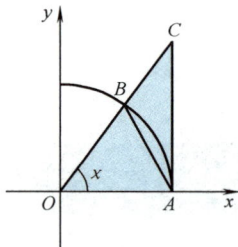

图　1-10

第一个重要
极限的证明

由上面的证明过程知以下不等式成立：

$$|\sin x| < |x| < |\tan x|, \quad 当 0 < |x| < \frac{\pi}{2} 时$$

$$0 < 1 - \cos x < \frac{x^2}{2}, \quad 当 0 < |x| < \frac{\pi}{2} 时$$

又由夹逼定理，可得

$$\lim_{x \to 0} \sin x = 0, \quad \lim_{x \to 0} \cos x = 1$$

由极限运算法则，易得 $\lim\limits_{x \to 0} \tan x = 0$.

例 1 求 $\lim\limits_{x \to 0} \dfrac{\sin 2x}{x}$.

解 $\lim\limits_{x \to 0} \dfrac{\sin 2x}{x} = \lim\limits_{x \to 0} \dfrac{\sin 2x}{2x} \cdot 2 \xlongequal{t = 2x} \lim\limits_{t \to 0} \dfrac{\sin t}{t} \cdot 2 = 2$

一般地，$\lim\limits_{x \to 0} \dfrac{\sin \alpha x}{x} = \alpha$，$\alpha$ 为非零常数.

例 2 求 $\lim\limits_{x \to 0} \dfrac{\tan x}{x}$.

解 $\lim\limits_{x \to 0} \dfrac{\tan x}{x} = \lim\limits_{x \to 0} \dfrac{\sin x}{x} \cdot \dfrac{1}{\cos x} = \lim\limits_{x \to 0} \dfrac{\sin x}{x} \cdot \lim\limits_{x \to 0} \dfrac{1}{\cos x} = 1$

例 3 求 $\lim\limits_{x \to 0} \dfrac{1 - \cos x}{x^2}$.

解 $\lim\limits_{x \to 0} \dfrac{1 - \cos x}{x^2} = \lim\limits_{x \to 0} \dfrac{2\sin^2 \dfrac{x}{2}}{x^2} = \lim\limits_{x \to 0} \left[\dfrac{\sin \dfrac{x}{2}}{\dfrac{x}{2}} \right]^2 \cdot \dfrac{1}{2} = \dfrac{1}{2}$

例 4 求 $\lim\limits_{x \to \pi} \dfrac{\tan x}{\sin x}$.

解 令 $t = \pi - x$，则

$$\lim_{x \to \pi} \frac{\tan x}{\sin x} = \lim_{t \to 0} \frac{\tan(\pi - t)}{\sin(\pi - t)}$$

$$= \lim_{t \to 0} \frac{-\tan t}{\sin t}$$

$$= -\lim_{t \to 0} \frac{1}{\cos t} = -1$$

例 5 求 $\lim\limits_{x \to 0} \dfrac{\cos x - \cos 2x}{x^2}$.

第一个重要
极限应用

解　$\lim\limits_{x\to 0}\dfrac{\cos x-\cos 2x}{x^2}=\lim\limits_{x\to 0}\dfrac{\cos x-1+1-\cos 2x}{x^2}$

$$=-\lim\limits_{x\to 0}\dfrac{1-\cos x}{x^2}+\lim\limits_{x\to 0}\dfrac{1-\cos 2x}{x^2}$$

$$=-\lim\limits_{x\to 0}\dfrac{2\sin^2\dfrac{x}{2}}{x^2}+\lim\limits_{x\to 0}\dfrac{2\sin^2 x}{x^2}$$

$$=-\dfrac{1}{2}+2=\dfrac{3}{2}$$

2. $\lim\limits_{x\to\infty}\left(1+\dfrac{1}{x}\right)^x=\mathrm{e}$

由 1.2 节例 6 可知：$\lim\limits_{n\to+\infty}\left(1+\dfrac{1}{n}\right)^n=\mathrm{e}$.

（1）先证 $\lim\limits_{x\to+\infty}\left(1+\dfrac{1}{x}\right)^x=\mathrm{e}$.

设 $n=[x]$，则 $n\leqslant x<n+1$，从而有

$$\left(1+\dfrac{1}{n+1}\right)^n<\left(1+\dfrac{1}{x}\right)^x<\left(1+\dfrac{1}{n}\right)^{n+1}$$

当 $x\to+\infty$ 时，$n\to+\infty$，并且

$$\lim\limits_{n\to+\infty}\left(1+\dfrac{1}{n+1}\right)^n=\lim\limits_{n\to+\infty}\dfrac{\left(1+\dfrac{1}{n+1}\right)^{n+1}}{1+\dfrac{1}{n+1}}=\mathrm{e}$$

$$\lim\limits_{n\to+\infty}\left(1+\dfrac{1}{n}\right)^{n+1}=\lim\limits_{n\to+\infty}\left(1+\dfrac{1}{n}\right)^n\cdot\left(1+\dfrac{1}{n}\right)=\mathrm{e}$$

所以有

$$\lim\limits_{x\to+\infty}\left(1+\dfrac{1}{x}\right)^x=\mathrm{e}$$

（2）再证 $\lim\limits_{x\to-\infty}\left(1+\dfrac{1}{x}\right)^x=\mathrm{e}$.

令 $t=-x$，则当 $x\to-\infty$ 时，$t\to+\infty$，从而有

$$\lim\limits_{x\to-\infty}\left(1+\dfrac{1}{x}\right)^x=\lim\limits_{t\to+\infty}\left(1-\dfrac{1}{t}\right)^{-t}=\lim\limits_{t\to+\infty}\left(\dfrac{t}{t-1}\right)^t$$

$$=\lim\limits_{t\to+\infty}\left[\left(1+\dfrac{1}{t-1}\right)^{t-1}\cdot\left(1+\dfrac{1}{t-1}\right)\right]$$

$$=\mathrm{e}$$

▶ 第二个重要
极限证明

综上所述，即得

$$\lim_{x \to \infty} \left(1 + \frac{1}{x} \right)^x = e$$

同样，上式可以写成

$$\lim_{\square \to \infty} \left(1 + \frac{1}{\square} \right)^{\square} = e$$

的形式.

例6 求 $\lim\limits_{x \to 0} (1 + x)^{\frac{1}{x}}$.

解 $\lim\limits_{x \to 0} (1 + x)^{\frac{1}{x}} = \lim\limits_{t \to \infty} \left(1 + \frac{1}{t} \right)^t = e$

由此可见，该极限还可以写成

$$\lim_{\square \to 0} (1 + \square)^{\frac{1}{\square}} = e$$

的形式.

例7 求 $\lim\limits_{x \to \infty} \left(1 + \frac{3}{x} \right)^x$.

解 这种形式的极限称为 1^∞ 型未定式. 有

$$\lim_{x \to \infty} \left(1 + \frac{3}{x} \right)^x = \lim_{x \to \infty} \left[\left(1 + \frac{3}{x} \right)^{\frac{x}{3}} \right]^3 = e^3$$

一般地，$\lim\limits_{x \to \infty} \left(1 + \frac{\alpha}{x} \right)^x = e^\alpha$，其中 α 为实数.

例8 求 $\lim\limits_{x \to \infty} \left(\frac{x+1}{x-2} \right)^x$.

解 $\lim\limits_{x \to \infty} \left(\frac{x+1}{x-2} \right)^x = \lim\limits_{x \to \infty} \dfrac{\left(1 + \dfrac{1}{x} \right)^x}{\left(1 - \dfrac{2}{x} \right)^x} = \dfrac{\lim\limits_{x \to \infty} \left(1 + \dfrac{1}{x} \right)^x}{\lim\limits_{x \to \infty} \left[\left(1 - \dfrac{2}{x} \right)^{-\frac{x}{2}} \right]^{-2}} = \dfrac{e}{e^{-2}} = e^3$

例9 求 $\lim\limits_{x \to +\infty} \left(1 - \frac{1}{x} \right)^{\sqrt{x}}$.

解 $\lim\limits_{x \to +\infty} \left(1 - \frac{1}{x} \right)^{\sqrt{x}}$

$= \lim\limits_{x \to +\infty} \left(1 + \frac{1}{\sqrt{x}} \right)^{\sqrt{x}} \cdot \left(1 - \frac{1}{\sqrt{x}} \right)^{\sqrt{x}}$

$= e \cdot e^{-1} = 1$

例10 求 $\lim\limits_{x \to 0} (1 + \tan x)^{\cot x}$.

▶️ 第二个重要
极限应用

解　$\lim\limits_{x \to 0}(1 + \tan x)^{\cot x} = \lim\limits_{x \to 0}(1 + \tan x)^{\frac{1}{\tan x}}$

$= e$　（当 $x \to 0$ 时，$\tan x \to 0$）

例 11　求 $\lim\limits_{x \to 0}(\cos^2 x)^{\frac{1}{\sin^2 x}}$.

解　令 $y = \sin^2 x$，当 $x \to 0$ 时，$y \to 0$. 所以

$$\lim_{x \to 0}(\cos^2 x)^{\frac{1}{\sin^2 x}} = \lim_{y \to 0}(1 - y)^{\frac{1}{y}}$$

$$= \lim_{y \to 0}\left[(1 - y)^{-\frac{1}{y}}\right]^{-1} = e^{-1}$$

在求函数极限时，常会遇到形如 $[f(x)]^{g(x)}\,(f(x) \neq 1)$ 的函数（称为**幂指函数**）的极限问题. 我们可以证明以下结论：

定理　设 $\lim f(x) = A > 0$，$\lim g(x) = B$，则

$$\lim[f(x)]^{g(x)} = A^B$$

证　从极限定义出发可以证明下面两个结论（证明留给读者）：

（1）如果 $\lim f(x) = A > 0$，则 $\lim \ln f(x) = \ln A$.

（2）如果 $\lim f(x) = A$，则 $\lim e^{f(x)} = e^A$.

由 $\lim f(x) = A > 0$，$\lim g(x) = B$ 及上述结论（1）推出

$$\lim g(x) \cdot \ln f(x) = B \cdot \ln A$$

又由结论（2）得

$$\lim [f(x)]^{g(x)} = \lim e^{g(x) \cdot \ln f(x)} = e^{B \cdot \ln A} = A^B$$

例 12　求 $\lim\limits_{x \to 0}(1 + \sin x)^{\frac{1}{2x}}$.

解　由于　　$(1 + \sin x)^{\frac{1}{2x}} = \left[(1 + \sin x)^{\frac{1}{\sin x}}\right]^{\frac{\sin x}{2x}}$

又　　　　　$\lim\limits_{x \to 0}(1 + \sin x)^{\frac{1}{\sin x}} = e > 0$，$\lim\limits_{x \to 0}\dfrac{\sin x}{2x} = \dfrac{1}{2}$

所以，由上述定理有

$$\lim_{x \to 0}(1 + \sin x)^{\frac{1}{2x}} = \lim_{x \to 0}\left[(1 + \sin x)^{\frac{1}{\sin x}}\right]^{\frac{\sin x}{2x}}$$

$$= \left[\lim_{x \to 0}(1 + \sin x)^{\frac{1}{\sin x}}\right]^{\lim\limits_{x \to 0}\frac{\sin x}{2x}}$$

$$= e^{\frac{1}{2}}$$

习 题 1.4

1. 求下列函数的极限.

（1）$\lim\limits_{x \to 0} \dfrac{\tan kx}{x}$ （k 为常数）

（2）$\lim\limits_{x \to 0^+} \dfrac{x}{\sqrt{1 - \cos x}}$

（3）$\lim\limits_{x \to 0} \dfrac{\tan x - \sin x}{x^3}$

（4）$\lim\limits_{x \to \pi} \dfrac{\sin 2x}{\sin 3x}$

（5）$\lim\limits_{x \to 0^+} \dfrac{\cos x - 1}{x^{\frac{3}{2}}}$

（6）$\lim\limits_{x \to 1}(1 - x)\tan\dfrac{\pi x}{2}$

（7）$\lim\limits_{x \to 0} x \cot 2x$

（8）$\lim\limits_{x \to 0} \dfrac{\sqrt{2} - \sqrt{1 + \cos x}}{\sin^2 x}$

（9）$\lim\limits_{x \to \alpha} \dfrac{\sin x - \sin \alpha}{x - \alpha}$

（10）$\lim\limits_{x \to \infty} x \arcsin \dfrac{n}{x}$ （$n \in \mathbf{N}_+$）

（11）$\lim\limits_{x \to 0} \dfrac{\sqrt{2 + \tan x} - \sqrt{2 + \sin x}}{x^3}$

（12）$\lim\limits_{x \to \frac{\pi}{6}} \tan 3x \cdot \tan\left(\dfrac{\pi}{6} - x\right)$

（13）$\lim\limits_{x \to \frac{\pi}{3}} \dfrac{1 - 2\cos x}{\sin\left(x - \dfrac{\pi}{3}\right)}$

（14）$\lim\limits_{x \to 0}(1 - x)^{\frac{1}{x}}$

（15）$\lim\limits_{x \to \infty}\left(\dfrac{x}{1 + x}\right)^x$

（16）$\lim\limits_{x \to \infty}\left(\dfrac{3 - 2x}{2 - 2x}\right)^x$

（17）$\lim\limits_{x \to 0}\left(1 + \dfrac{x}{2}\right)^{\frac{x-1}{x}}$

（18）$\lim\limits_{x \to \infty}\left(\dfrac{x^2}{x^2 - 1}\right)^x$

（19）$\lim\limits_{x \to \infty}\left(\dfrac{x^2 - 1}{x^2 + 1}\right)^{x^2}$

（20）$\lim\limits_{x \to 0} \dfrac{\arcsin x}{x}$

2. 已知 $\lim\limits_{x \to \infty}\left(\dfrac{x - 2}{x}\right)^{kx} = \dfrac{1}{e}$，求常数 k.

3. 讨论函数 $f(x) = \begin{cases} \dfrac{\sin x}{x} & x < 0 \\ (1 + x)^{\frac{1}{x}} & x > 0 \end{cases}$，当 $x \to 0$ 时，极限是否存在.

4. 计算 $\lim\limits_{n \to \infty} \cos\dfrac{\theta}{2}\cos\dfrac{\theta}{2^2} \cdot \cdots \cdot \cos\dfrac{\theta}{2^n}$，$\theta$ 为任意非零常数.

1.5 无穷小与无穷大

无穷小量与无穷大量在极限理论中有着重要作用，本节重点讨论无穷小量的概念与无穷小量的阶.

1. 无穷小量与无穷大量

定义 1 在自变量的某种趋势下，以零为极限的函数 $\alpha(x)$ 称为无穷小量，简称**无穷小**.

例如，当 $x \to 0$ 时，x^2，$\sin x$，$\tan x$，$1 - \cos x$ 都是无穷小量；当 $x \to \infty$ 时，$\dfrac{1}{x}$，$\dfrac{\sin x}{x}$，e^{-x^2} 是无穷小量；当 $n \to \infty$ 时，$\dfrac{1}{\sqrt{n}}$ 是无穷小量.

应当注意：无穷小量是一个变量，不能将其与绝对值很小的常数混为一谈. 任何非零常数，无论其绝对值如何小，都不是无穷小量. 0 是一个特殊的无穷小量.

▶ 无穷小与
无穷大的定义与关系

一个函数是否为一个无穷小量, 与自变量的变化趋势有关. 例如, 函数 $\dfrac{1}{x}$, 当 $x \to \infty$ 时, $\dfrac{1}{x}$ 是无穷小; 当 $x \to x_0 (x_0 \neq 0)$ 时, $\dfrac{1}{x} \to \dfrac{1}{x_0}$ 不是无穷小.

在自变量的某种变化趋势下, 若函数的绝对值无限增大, 则称函数为无穷大量. 以 $x \to a$ 为例叙述定义如下:

定义 2 设函数 $f(x)$ 在点 a 的某一去心邻域内有定义, 若对于任意给定的 $M > 0$, 存在 $\delta > 0$, 当 $0 < |x - a| < \delta$ 时, 有 $|f(x)| > M$, 则称当 $x \to a$ 时, 函数 $f(x)$ 是无穷大量, 简称 **无穷大**. 记作 $\lim\limits_{x \to a} f(x) = \infty$.

例如,
$$\lim_{x \to 0} \frac{1}{x} = \infty, \quad \lim_{x \to -\infty} e^{-x} = \infty$$
$$\lim_{x \to \frac{\pi}{2}} \tan x = \infty, \quad \lim_{x \to \infty} x^2 = \infty$$
$$\lim_{n \to \infty} \ln n = +\infty, \quad \lim_{x \to 0^+} \ln x = -\infty$$
$$\lim_{x \to 0^-} \cot x = -\infty$$

若 $\lim\limits_{x \to a} f(x) = +\infty$ (或 $\lim\limits_{x \to a} f(x) = -\infty$), 则称 $f(x)$ 当 $x \to a$ 时为正无穷大 (或负无穷大).

在定义 2 中, 将 $x \to a$ 换为 $x \to a^+$, $x \to a^-$, $x \to +\infty$, $x \to -\infty$, $x \to \infty$, 以及 $n \to \infty$ 可以定义相应形式的无穷大量, 请读者自行完成.

应当注意: 无穷大不是数, 它是变量变化趋势的一种描述, 无论多大的数都不是无穷大. 函数是无穷大, 说明函数极限不存在. 同时, 一个函数是否为无穷大量, 也与自变量的变化趋势有关.

由定义可知: 无穷大量一定无界, 但无界变量不一定是无穷大量. 例如, 函数 $f(x) = x\cos x$, 当 $x \to \infty$ 时, 它是无界变量, 但不是无穷大量 (见图 1-11).

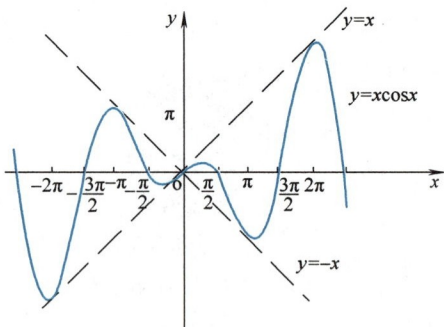

图 1-11

若 $\lim\limits_{x \to a^+} f(x) = +\infty \ (-\infty)$, 或 $\lim\limits_{x \to a^-} f(x) = +\infty \ (-\infty)$, 则直线 $x = a$ 为曲线 $y = f(x)$ 的 **垂直渐近线** (见图 1-12). 若 $\lim\limits_{x \to +\infty} f(x) = A$, 或 $\lim\limits_{x \to -\infty} f(x) = A$, 则直线 $y = A$ 是曲线 $y = f(x)$ 的 **水平渐近线** (见

图 1-13）.

无穷大量与无穷小量之间有一种简单的关系，即

定理 1　在自变量的某种变化趋势下，若 $f(x)$ 为无穷大，则 $\dfrac{1}{f(x)}$ 为无穷小；若 $f(x)$ 为无穷小，且 $f(x) \neq 0$，则 $\dfrac{1}{f(x)}$ 为无穷大.

定理 1 的证明留给读者完成.

2. 无穷小的阶及其比较

在自变量 x 的某种变化趋势下，设 $\alpha(x)$，$\beta(x)$ 都是无穷小，其比值 $\dfrac{\alpha(x)}{\beta(x)}$ 可能出现各种情况. 例如，当 $x \to 0$ 时，x，x^2，$\sin x$ 都是无穷小，但它们的商 $\dfrac{x^2}{x} \to 0$，$\dfrac{\sin x}{x} \to 1$，$\dfrac{x}{x^2} \to \infty$. 这是因为它们趋于 0 的快慢程度（速度）不同. 比较无穷小趋于零的速度是个重要问题，为此人们引进了无穷小量的阶的概念.

定义 3　设 $\alpha(x)$，$\beta(x)$ 都是无穷小（在自变量的同一种变化趋势之下），且 $\beta(x) \neq 0$，$\lim \dfrac{\alpha(x)}{\beta(x)} = A$.

（1）若 $A = 0$，则称 $\alpha(x)$ 是 $\beta(x)$ 的**高阶无穷小**，记作 $\alpha(x) = o(\beta(x))$.

（2）若 $A = C$（C 为非零常数），则称 $\alpha(x)$ 与 $\beta(x)$ 是**同阶无穷小**，记作 $\alpha(x) = O(\beta(x))$.

（3）若 $A = 1$，则称 $\alpha(x)$ 与 $\beta(x)$ 是**等价无穷小**，记作 $\alpha(x) \sim \beta(x)$.

（4）若 $\lim \dfrac{\alpha(x)}{[\beta(x)]^k} = C$（$C$ 为非零常数），$k > 0$，则称 $\alpha(x)$ 是关于 $\beta(x)$ 的 **k 阶无穷小**.

（5）若 $A = \infty$，则称 $\alpha(x)$ 是 $\beta(x)$ 的**低阶无穷小**.

一般地，当 $x \to 0$ 时，取 $\beta(x) = x$ 为标准无穷小；当 $x \to a$ 时，取 $\beta(x) = (x - a)$ 为标准无穷小；当 $x \to \infty$ 时，取 $\beta(x) = \dfrac{1}{x}$ 为标准无穷小. 若 $\alpha(x)$ 是标准无穷小 $\beta(x)$ 的 k 阶无穷小，则称在自变量 x 的这种趋势下，$\alpha(x)$ 是 k 阶无穷小.

例 1　试比较当 $x \to 0$ 时，$\alpha(x) = \sin x$，$\beta(x) = x$ 的阶.

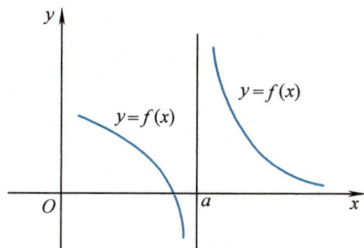

图　1-12

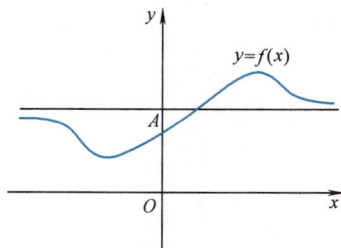

图　1-13

▶️ 无穷小的阶及其比较

解 由 $\lim\limits_{x\to 0}\dfrac{\sin x}{x}=1$，知 $\sin x$ 是 x 的等价无穷小，即 $\sin x \sim x$．当 $x \to 0$ 时，$\sin x$ 是 1 阶无穷小．

例 2 确定当 $x \to 0$ 时，$\sqrt[3]{x}\sin^2 x$ 的阶．

解 由于 $\lim\limits_{x\to 0}\dfrac{\sqrt[3]{x}\sin^2 x}{x^{\frac{7}{3}}}=\lim\limits_{x\to 0}\dfrac{\sin^2 x}{x^2}=1$，所以 $\sqrt[3]{x}\sin^2 x$ 是 $\dfrac{7}{3}$ 阶无穷小．

例 3 当 $x \to 0$ 时，试确定 $1-\cos x$ 的阶数．

解 由于 $\lim\limits_{x\to 0}\dfrac{1-\cos x}{x^2}=\lim\limits_{x\to 0}\dfrac{2\sin^2\dfrac{x}{2}}{x^2}=\dfrac{1}{2}$

故当 $x \to 0$ 时，$1-\cos x$ 是 2 阶无穷小．

$$1-\cos x = O(x^2)，\quad 1-\cos x \sim \dfrac{1}{2}x^2$$

例 4 当 $x \to 0$ 时，比较 $\sqrt[n]{1+x^2}-1$ 与 x^2 的阶（n 为正整数）．

解 由于 $\dfrac{\sqrt[n]{1+x^2}-1}{x^2}$

$$=\dfrac{x^2}{x^2\left[(\sqrt[n]{1+x^2})^{n-1}+(\sqrt[n]{1+x^2})^{n-2}+\cdots+1\right]}$$

所以

$$\lim\limits_{x\to 0}\dfrac{\sqrt[n]{1+x^2}-1}{x^2}$$

$$=\lim\limits_{x\to 0}\dfrac{1}{(\sqrt[n]{1+x^2})^{n-1}+(\sqrt[n]{1+x^2})^{n-2}+\cdots+1}$$

$$=\dfrac{1}{n}$$

所以，当 $x \to 0$ 时，$\sqrt[n]{1+x^2}-1$ 与 x^2 是同阶无穷小，即 $\sqrt[n]{1+x^2}-1 = O(x^2)$，$\sqrt[n]{1+x^2}-1$ 是 2 阶无穷小，且 $\sqrt[n]{1+x^2}-1 \sim \dfrac{1}{n}x^2$．

对于等价无穷小量，我们有

定理 2 设 α 与 β 是两个无穷小量，则 $\alpha \sim \beta$ 的充要条件是：$\alpha-\beta=o(\alpha)$ 或 $\alpha-\beta=o(\beta)$．

证 **必要性** 由于 $\alpha \sim \beta$，即 $\lim\dfrac{\beta}{\alpha}=1$，所以

$$\lim \frac{\alpha - \beta}{\alpha} = \lim \left(1 - \frac{\beta}{\alpha} \right) = 0$$

即 $\alpha - \beta = o(\alpha)$. 同理可证 $\alpha - \beta = o(\beta)$.

充分性 由于 $\alpha - \beta = o(\alpha)$, 即 $\lim \frac{\alpha - \beta}{\alpha} = 0$, 所以

$$\lim \frac{\beta}{\alpha} = \lim \frac{\beta - \alpha + \alpha}{\alpha} = \lim \left(-\frac{\alpha - \beta}{\alpha} + 1 \right) = 1$$

即 $\alpha \sim \beta$. 由 $\alpha - \beta = o(\beta)$, 同样可证 $\alpha \sim \beta$.

由此定理易见: 若 $\alpha \sim \beta$, 则 $\alpha - \beta$ 是对 α 或 β 的高阶无穷小. 当 $\alpha \sim \beta$ 时, 有 $\alpha = \beta + o(\alpha)$ 或 $\alpha = \beta + o(\beta)$, 此时我们又称 β 是 α 的主要部分或 α 是 β 的主要部分.

例如, 当 $n \to \infty$ 时, 由于 $\alpha = \frac{1}{n}$ 与 $\beta = \frac{n+1}{n^2}$ 是等价无穷小, 故 α 是 β 的主要部分. 因为

$$\frac{n+1}{n^2} = \frac{1}{n} + \frac{1}{n^2} = \frac{1}{n} + o\left(\frac{1}{n} \right)$$

3. 无穷小的运算

关于函数的极限与无穷小的关系, 有下列定理:

定理 3 在自变量的某种变化趋势下, 函数 $f(x)$ 的极限为 A 的充要条件是 $f(x)$ 可以表示为 A 与一无穷小量 $\alpha(x)$ 的和, 即 $f(x) = A + \alpha(x)$ (其中, $\alpha(x)$ 为无穷小).

证 以 $x \to a$ 的情形为例, 其他情形类似可证.

必要性 设 $\lim\limits_{x \to a} f(x) = A$, 则 $\lim\limits_{x \to a} [f(x) - A] = 0$. 令 $\alpha(x) = f(x) - A$, 则 $\alpha(x)$ 当 $x \to a$ 时是无穷小, 并且 $f(x) = A + \alpha(x)$.

充分性 设 $f(x) = A + \alpha(x)$, $\alpha(x)$ 当 $x \to a$ 时是无穷小, 则 $\lim\limits_{x \to a} f(x) = \lim\limits_{x \to a} [A + \alpha(x)] = A$.

这个定理阐明了函数的极限与无穷小间的关系. 根据这个定理, 也可以从无穷小量出发来定义极限.

利用极限的四则运算法则及极限的概念, 不难证明下面的定理.

定理 4 在自变量的相同变化趋势下,

(1) 有限个无穷小量的代数和仍为无穷小量.

(2) 有限个无穷小量的积仍为无穷小量.

(3) 无穷小量与有界函数的乘积仍为无穷小量.

▶️ 无穷小运算性质

例 5　求 $\lim\limits_{x\to 0}x\sin\dfrac{1}{x}$.

解　$\lim\limits_{x\to 0}x=0$，即 x 为无穷小量.

又 $\left|\sin\dfrac{1}{x}\right|\le 1$，即 $\sin\dfrac{1}{x}$ 为有界变量，故由定理 4 的（3）得

$$\lim\limits_{x\to 0}x\sin\dfrac{1}{x}=0$$

同样可得：当 $n\to\infty$ 时，$\dfrac{1}{n}+\dfrac{1}{\sqrt{n}}$，$\dfrac{1}{n\sqrt{n}}$ 是无穷小量；当 $x\to 0$ 时，

$x+\sin x$，$x\cos x$ 是无穷小量；当 $x\to +\infty$ 时，$\dfrac{1}{x}+\mathrm{e}^{-x}$，$\mathrm{e}^{-x}(1+\cos x)$

是无穷小量.

特别需要指出的是：等价无穷小具有替换性，在极限运算中意义重大.

定理 5　设 $\alpha(x)$，$\tilde{\alpha}(x)$，$\beta(x)$，$\tilde{\beta}(x)$ 在自变量的同一种变化趋势下都是无穷小量，且 $\alpha(x)\sim\tilde{\alpha}(x)$，$\beta(x)\sim\tilde{\beta}(x)$，如果 $\lim\dfrac{\tilde{\alpha}(x)}{\tilde{\beta}(x)}$ 存在，则 $\lim\dfrac{\alpha(x)}{\beta(x)}$ 也存在，而且

$$\lim\dfrac{\alpha(x)}{\beta(x)}=\lim\dfrac{\tilde{\alpha}(x)}{\tilde{\beta}(x)}$$

▶ 等价无穷
小代换定理

证　$\lim\dfrac{\alpha(x)}{\beta(x)}=\lim\dfrac{\alpha(x)}{\tilde{\alpha}(x)}\cdot\dfrac{\tilde{\alpha}(x)}{\tilde{\beta}(x)}\cdot\dfrac{\tilde{\beta}(x)}{\beta(x)}$

$\qquad\qquad=\lim\dfrac{\alpha(x)}{\tilde{\alpha}(x)}\cdot\lim\dfrac{\tilde{\alpha}(x)}{\tilde{\beta}(x)}\cdot\lim\dfrac{\tilde{\beta}(x)}{\beta(x)}$

$\qquad\qquad=1\cdot\lim\dfrac{\tilde{\alpha}(x)}{\tilde{\beta}(x)}\cdot 1$

$\qquad\qquad=\lim\dfrac{\tilde{\alpha}(x)}{\tilde{\beta}(x)}$

由定理 5 及极限运算法则可得

推论 1 若 $\lim \tilde{\alpha}(x)f(x)$ 存在，$\alpha(x) \sim \tilde{\alpha}(x)$，则 $\lim \alpha(x)f(x)$ 也存在，且 $\lim \alpha(x)f(x) = \lim \tilde{\alpha}(x)f(x)$.

推论 2 若 $\alpha(x) \sim \tilde{\alpha}(x)$，$\beta(x) \sim \tilde{\beta}(x)$，$\lim \dfrac{\tilde{\alpha}(x)}{\tilde{\beta}(x)} f(x)$ 存在，则 $\lim \dfrac{\alpha(x)}{\beta(x)} f(x)$ 也存在，且 $\lim \dfrac{\alpha(x)}{\beta(x)} f(x) = \lim \dfrac{\tilde{\alpha}(x)}{\tilde{\beta}(x)} f(x)$.

这表明：在求某些极限时，分子、分母或乘积因子都可用它们的等价无穷小替换. 如果这种替换的无穷小选得恰当，就可使极限计算大为简化.

例 6 求 $\lim\limits_{x \to 0} \dfrac{\sqrt{1+x^2}-1}{x^2}$.

解 由于当 $x \to 0$ 时，$\sqrt{1+x^2}-1 \sim \dfrac{x^2}{2}$，对分子用等价无穷小替换，得

$$\lim_{x \to 0} \frac{\sqrt{1+x^2}-1}{x^2} = \lim_{x \to 0} \frac{\frac{1}{2}x^2}{x^2} = \frac{1}{2}$$

例 7 求 $\lim\limits_{x \to 0} \dfrac{\tan^3 x}{\sin(2x^3)}$.

解 由于当 $x \to 0$ 时，$\tan^3 x \sim x^3$，$\sin(2x^3) \sim 2x^3$，故

$$\lim_{x \to 0} \frac{\tan^3 x}{\sin(2x^3)} = \lim_{x \to 0} \frac{x^3}{2x^3} = \frac{1}{2}$$

例 8 求 $\lim\limits_{x \to 0^+} \dfrac{1-\sqrt{\cos x}}{1-\cos\sqrt{x}}$.

解 由于 $1-\sqrt{\cos x} = \dfrac{1-\cos x}{1+\sqrt{\cos x}}$，而当 $x \to 0^+$ 时，

$$1-\cos x \sim \frac{1}{2}x^2$$

$$1-\cos\sqrt{x} \sim \frac{1}{2}x$$

故有

$$\lim_{x \to 0^+} \frac{1 - \sqrt{\cos x}}{1 - \cos \sqrt{x}} = \lim_{x \to 0^+} \frac{1 - \cos x}{(1 + \sqrt{\cos x})(1 - \cos \sqrt{x})}$$

$$= \lim_{x \to 0^+} \frac{\dfrac{1}{2}x^2}{(1 + \sqrt{\cos x}) \cdot \dfrac{1}{2}x}$$

$$= \lim_{x \to 0^+} \frac{x}{1 + \sqrt{\cos x}} = 0$$

值得注意的是：上面的等价无穷小替换只能对分子、分母中的无穷小因子进行替换，若所求极限表达式中含有函数的加减法运算，则一般不能对其中的被加与被减函数进行无穷小替换，否则就会产生错误.

例9　求 $\displaystyle\lim_{x \to 0} \frac{\tan x - \sin x}{x^3}$.

解　当 $x \to 0$ 时有 $\tan x \sim x$，$\sin x \sim x$，若此时作无穷小替换，就有

$$\lim_{x \to 0} \frac{\tan x - \sin x}{x^3} = \lim_{x \to 0} \frac{x - x}{x^3} = 0$$

这是错误的.

正确的做法是

$$\lim_{x \to 0} \frac{\tan x - \sin x}{x^3} = \lim_{x \to 0} \frac{\sin x (1 - \cos x)}{\cos x \cdot x^3}$$

$$\xlongequal{\sin x \sim x, 1 - \cos x \sim \frac{1}{2}x^2} \lim_{x \to 0} \frac{x \cdot \dfrac{1}{2}x^2}{\cos x \cdot x^3}$$

$$= \frac{1}{2}$$

记住一些常用的等价无穷小对我们进行极限运算是有益的. 这里将常用的等价无穷小作一个归纳，请读者自行证明.

当 $x \to 0$ 时，有

$$\sin x \sim x, \qquad\qquad \tan x \sim x$$

$$e^x - 1 \sim x, \qquad\qquad a^x - 1 \sim x \ln a \,(a > 0,\ a \neq 1)$$

$$1 - \cos x \sim \frac{1}{2}x^2, \qquad (1 + x)^\alpha - 1 \sim \alpha x \qquad (\alpha \neq 0)$$

$$\arcsin x \sim x, \qquad\qquad \arctan x \sim x$$

$$\sqrt[n]{1 + x} - 1 \sim \frac{1}{n}x, \qquad \ln(1 + x) \sim x$$

1. 下列函数在指定的变化过程中哪些是无穷小量，哪些是无穷大量？

（1）$\dfrac{x-2}{x}(x \to 0)$

（2）$\ln x(x \to 0^+)$

（3）$e^{\frac{1}{x}}(x \to 0^+)$

（4）$e^{\frac{1}{x}}(x \to 0^-)$

（5）$1 - e^{\frac{1}{x^2}}(x \to \infty)$

（6）$\tan x\left(x \to -\dfrac{\pi}{2}\right)$

2. 下列函数在 x 的什么趋势之下为无穷小量，什么趋势之下为无穷大量？

（1）$\dfrac{x+1}{x^3-1}$

（2）$\sqrt{3x-2}$

（3）$\dfrac{x^2-1}{x-2}$

（4）e^{-x}

（5）$\dfrac{\sin x}{1+\cos x}(0 \leqslant x \leqslant 2\pi)$

3. 下列各题中的无穷小量是等价无穷小、同阶无穷小、还是高阶无穷小？

（1）$\sqrt{1+x}-1$ 与 $x(x \to 0)$

（2）$\sqrt{x^2+2}-\sqrt{x^2+1}$ 与 $\dfrac{1}{x^2}(x \to \infty)$

（3）$\dfrac{1-x}{1+x}$ 与 $1-\sqrt{x}(x \to 1)$

（4）$\arcsin x$ 与 $x(x \to 0)$

（5）$\arctan x$ 与 $x(x \to 0)$

（6）$\sin^p x$ 与 $x(p>0)(x \to 0)$

（7）$x^2 + x^3\sin\dfrac{1}{x}$ 与 $x^2(x \to 0)$

（8）$\sqrt{x+\sqrt{x}}$ 与 $\sqrt[8]{x}(x \to 0^+)$

4. 当 $x \to 0^+$ 时，试确定下列无穷小量的阶.

（1）$\sqrt{x}+\sin x$

（2）$\sqrt{x}+x+3x^2$

（3）$\sqrt{x+\sqrt{x+\sqrt{x}}}$

（4）$x^{\frac{3}{4}} - x^{\frac{1}{3}}$

（5）$\tan x - \sin x$

（6）$\sqrt[3]{\cos x}-1$

（7）$\sqrt{1+\tan^2 x}-1$

（8）$\sqrt{1+\tan x}-\sqrt{1+\sin x}$

5. 利用等价无穷小的替换性质，求下列极限.

（1）$\lim\limits_{x \to 0}\dfrac{\tan 2x}{5x}$

（2）$\lim\limits_{x \to 0}\dfrac{\sin(x^n)}{(\tan x)^m}$ （m，n 为正整数）

（3）$\lim\limits_{x \to 0}\dfrac{1-\cos mx}{(\sin x)^2}$

（4）$\lim\limits_{x \to 0}\dfrac{\tan x - \sin x}{\sin^3 x}$

（5）$\lim\limits_{x \to 0}\dfrac{\sqrt{1+\tan^2 x}-1}{x\sin x}$

（6）$\lim\limits_{x \to 0}\dfrac{5x^2-2(1-\cos^2 x)}{6x^3+4\sin^2 x}$

（7）$\lim\limits_{x \to 0}\dfrac{\sqrt{1+x\sin x}-1}{e^{x^2}-1}$

（8）$\lim\limits_{x \to 0}\dfrac{\sqrt{1+x}+\sqrt{1-x}-2}{x^2}$

1.6 函数的连续性

在自然界中，物体温度随着时间的变化而连续地变化；运动物体的运行路程随着时间的增长而连续不断地增长；物体的体积随着温度的升高而连续不断地增大. 这种现象在函数关系上的反映就是函数的连续性. 本节讨论连续函数的概念及基本性质, 函数间断点及其分类, 闭区间上连续函数的一些重要性质.

1. 函数连续的概念

设函数 $y=f(x)$ 在 x_0 点的某一邻域内有定义, 当自变量由 x_0 变到 x 时, 函数值从 $f(x_0)$ 变到 $f(x)$. 称 $\Delta x=x-x_0$ 为自变量 x 的增量, 增量 Δx 可正、可负. 称 $\Delta y=f(x)-f(x_0)=f(x_0+\Delta x)-f(x_0)$ 为函数的增量. 函数连续的含义是指当自变量 x 发生微小改变时, 相应的函数值的改变也很微小. 于是, 得到函数在一点处连续的定义.

定义 1 设函数 $y=f(x)$ 在点 x_0 的某个邻域内有定义, 当点 x 在点 x_0 的增量 $\Delta x \to 0$ 时, 函数的相应增量 $\Delta y \to 0$, 即 $\lim\limits_{\Delta x \to 0}\Delta y=0$, 则称函数 $y=f(x)$ 在 x_0 点**连续**, x_0 称为 $f(x)$ 的**连续点**.

若令 $x_0+\Delta x=x$, $\Delta y=f(x_0+\Delta x)-f(x_0)=f(x)-f(x_0)$, $\lim\limits_{\Delta x \to 0}\Delta y=0$ 就变为 $\lim\limits_{x \to x_0}f(x)=f(x_0)$.

于是得到函数 $f(x)$ 在 x_0 点连续的定义的另一种叙述:

定义 2 若 $\lim\limits_{x \to x_0}f(x)=f(x_0)$, 则称函数 $f(x)$ 在 x_0 点**连续**.

由定义 2 可见, 函数 $f(x)$ 在 x_0 点连续包含了**三个条件**:

(1) $f(x)$ 在 x_0 点有确定的函数值, 即 $f(x)$ 在点 x_0 处有定义.

(2) 极限 $\lim\limits_{x \to x_0}f(x)$ 存在.

(3) 极限 $\lim\limits_{x \to x_0}f(x)$ 等于函数值 $f(x_0)$.

这三个条件中只要有一条不成立, 函数 $f(x)$ 在 x_0 点必不连续. 类似于左极限和右极限, 还可以定义函数的左连续与右连续.

定义 3 如果 $\lim\limits_{x \to x_0^-}f(x)=f(x_0)$, 则称函数 $f(x)$ 在 x_0 点**左连续**; 如果 $\lim\limits_{x \to x_0^+}f(x)=f(x_0)$, 则称函数 $f(x)$ 在 x_0 点**右连续**. 左、右连续统称为单侧连续.

显然, 我们有:

定理 1 $f(x)$ 在点 x_0 连续的充要条件是: $f(x)$ 在 x_0 点既是左连续的, 又是右连续的.

此定理常用来判别分段函数在分界点处的连续性.

如果函数 $f(x)$ 在开区间 (a, b) 内每一点都连续, 则称 $f(x)$

在开区间（a，b）内连续；如果 $f(x)$ 在开区间（a，b）内连续，在 a 点右连续，在 b 点左连续，则称 $f(x)$ 在闭区间 $[a，b]$ 上连续.

一个区间上的连续函数的图形是一条连续而不间断的曲线，如图 1-14 所示.

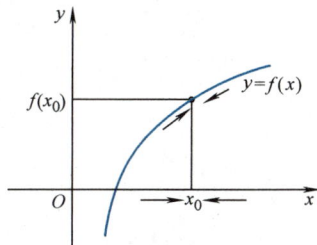

图 1-14

例 1 设 $f(x) = \begin{cases} x\sin\dfrac{1}{x} & x \neq 0 \\ 0 & x = 0 \end{cases}$，讨论 $f(x)$ 在点 $x = 0$ 处的连续性.

解 因为 $\lim\limits_{x \to 0} f(x) = \lim\limits_{x \to 0} x\sin\dfrac{1}{x} = 0$，又 $f(0) = 0$，所以有 $\lim\limits_{x \to 0} f(x) = f(0)$. 由连续的定义知，$f(x)$ 在 $x = 0$ 处连续.

例 2 证明：幂函数 x^n（n 为正整数）在（$-\infty$，$+\infty$）内连续.

证 根据连续函数的定义，只要证明 x^n 在（$-\infty$，$+\infty$）内处处连续即可.

任取 $x_0 \in （-\infty，+\infty）$，则有

$$\lim_{x \to x_0} x^n = （\lim_{x \to x_0} x）^n = x_0^n$$

从而 x^n 在 x_0 点处连续. 而 x_0 是（$-\infty$，$+\infty$）内任意一点，因此 x^n 在（$-\infty$，$+\infty$）内连续.

例 3 证明：指数函数 $y = e^x$ 在定义域内连续.

证 任取 $x_0 \in （-\infty，+\infty）$，则有

$$\Delta y = e^{x_0 + \Delta x} - e^{x_0} = e^{x_0}（e^{\Delta x} - 1）$$

利用定义已证 $\lim\limits_{\Delta x \to 0} e^{\Delta x} = 1$（见习题 1.2 第 2 题（6）），得

$$\lim_{\Delta x \to 0} \Delta y = \lim_{\Delta x \to 0} e^{x_0}（e^{\Delta x} - 1） = e^{x_0} \cdot \lim_{\Delta x \to 0}（e^{\Delta x} - 1） = 0$$

由 x_0 的任意性，得 $y = e^x$ 在（$-\infty$，$+\infty$）内连续.

例 4 证明：正弦函数 $y = \sin x$ 在定义域内连续.

证 任取 $x_0 \in （-\infty，+\infty）$，则有

$$\Delta y = \sin（x_0 + \Delta x） - \sin x_0 = 2\cos\left（x_0 + \frac{\Delta x}{2}\right）\sin\frac{\Delta x}{2}$$

由于 $\lim\limits_{\Delta x \to 0} \sin\dfrac{\Delta x}{2} = 0$，$\left|\cos\left（x_0 + \dfrac{\Delta x}{2}\right）\right| \leqslant 1$，故有

$$\lim_{\Delta x \to 0} \Delta y = \lim_{\Delta x \to 0} 2\cos\left(x_0 + \frac{\Delta x}{2}\right)\sin\frac{\Delta x}{2} = 0$$

由 x_0 的任意性，得 $y = \sin x$ 在（$-\infty$，$+\infty$）内连续.

类似可证，余弦函数 $y = \cos x$ 也是（$-\infty$，$+\infty$）内的连续函数.

2. 初等函数的连续性

利用极限的运算法则，可以得到：

定理 2　若 $f(x)$、$g(x)$ 在 x_0 点连续，则 $f(x)$ 与 $g(x)$ 的和、差、积、商（分母不为零）在 x_0 点连续.

定理 3　若函数 $f[g(x)]$ 在 x_0 点的某一邻域内有定义，$y = f(u)$ 在 u_0 点连续，$u = g(x)$ 在 x_0 点连续，且 $u_0 = g(x_0)$，则复合函数 $f[g(x)]$ 在 x_0 点连续.

定理 3 的结论可以写成 $\lim\limits_{x \to x_0} f[g(x)] = f[g(x_0)] = f\left[\lim\limits_{x \to x_0} g(x)\right]$，这表明在定理 3 的条件下，函数符号 f 可以与极限号交换次序.

对于反函数的连续性，不加证明地给出下列结果：

定理 4　设函数 $y = f(x)$ 在某一区间上严格单调、连续，则其反函数 $x = \varphi(y)$ 在对应区间上严格单调、连续.

例 5　证明：幂函数 $y = x^{\alpha}$（$\alpha \in \mathbf{R}$）在（0，$+\infty$）上连续.

证　由于 $y = x^{\alpha} = e^{\alpha \ln x}$，而 $\alpha \ln x$ 和 e^u 皆为连续函数，故由定理 3 得：$y = x^{\alpha}$ 在（0，$+\infty$）上连续.

类似可得：三角函数、反三角函数、指数函数和对数函数在定义域内都是连续的. 因此，有结论：**基本初等函数在其定义域内都是连续的**.

又由于连续函数经有限次四则运算和有限次复合运算之后仍为连续函数，因此又得到：**所有初等函数在其定义区间内是连续的**.

根据上面的结论知，对于初等函数 $f(x)$，若 x_0 点是 $f(x)$ 的连续点，则由连续的定义有 $\lim\limits_{x \to x_0} f(x) = f(x_0)$. 因此求 $\lim\limits_{x \to x_0} f(x)$ 就等价于求 $f(x)$ 在其连续点 x_0 处的函数值 $f(x_0)$.

例 6　求 $\lim\limits_{x \to 1} \dfrac{x^2 + \ln(2-x)}{4\arctan x}$.

解　因为 $\dfrac{x^2 + \ln(2-x)}{4\arctan x}$ 是初等函数，$x = 1$ 是其定义区间内的点，

初等函数的连续性

所以该函数在 $x = 1$ 处连续，所以有

$$\lim_{x \to 1} \frac{x^2 + \ln(2 - x)}{4\arctan x} = \left[\frac{x^2 + \ln(2 - x)}{4\arctan x}\right]_{x=1} = \frac{1}{\pi}$$

例7 求 $\lim\limits_{x \to 0} \dfrac{\ln(1 + x)}{x}$.

解 $\lim\limits_{x \to 0} \dfrac{\ln(1 + x)}{x} = \lim\limits_{x \to 0} \ln(1 + x)^{\frac{1}{x}}$

$$= \ln\left[\lim_{x \to 0}(1 + x)^{\frac{1}{x}}\right] \quad (\text{因为} \ln x \text{在 e 处连续})$$

$$= \ln e = 1$$

利用对数的换底公式，可得

$$\lim_{x \to 0} \frac{\log_a(1 + x)}{x} = \frac{1}{\ln a}$$

例8 求 $\lim\limits_{x \to 0} \dfrac{a^x - 1}{x}$ ($a > 0$ 且 $a \neq 1$).

解 令 $t = a^x - 1$，则 $x = \log_a(1 + t)$.

$$\lim_{x \to 0} \frac{a^x - 1}{x} = \lim_{t \to 0} \frac{t}{\log_a(1 + t)} = \ln a$$

当 $a = e$ 时，有 $\lim\limits_{x \to 0} \dfrac{e^x - 1}{x} = 1$.

例9 求 $\lim\limits_{x \to 0} \dfrac{(1 + x)^\alpha - 1}{x}$ (α 为常数).

解 由上例知：$\lim\limits_{x \to 0} \dfrac{e^x - 1}{x} = 1$，所以当 $x \to 0$ 时，$e^x - 1 \sim x$.

$$\lim_{x \to 0} \frac{(1 + x)^\alpha - 1}{x} = \lim_{x \to 0} \frac{e^{\alpha \ln(1 + x)} - 1}{x}$$

$$= \lim_{x \to 0} \frac{\alpha \ln(1 + x)}{x} = \alpha$$

注意：上述第二个等号成立是因为：$x \to 0$ 时，$\alpha \ln(1 + x) \to 0$，有

$$e^{\alpha \ln(1 + x)} - 1 \sim \alpha \ln(1 + x)$$

由例7、例8、例9可得

当 $x \to 0$ 时，$\ln(1 + x) \sim x$，$\log_a(1 + x) \sim \dfrac{1}{\ln a} x$，$a^x - 1 \sim x \ln a$，

$e^x - 1 \sim x$，$(1 + x)^\alpha - 1 \sim \alpha x$.

例10 求 $\lim\limits_{x \to 0} \dfrac{e^{\alpha x} - e^{\beta x}}{x}$ (α, β 为常数).

解　$\lim\limits_{x \to 0} \dfrac{e^{\alpha x} - e^{\beta x}}{x} = \lim\limits_{x \to 0} \left(\dfrac{e^{\alpha x} - 1}{x} - \dfrac{e^{\beta x} - 1}{x} \right)$

$$= \lim_{x \to 0} \frac{e^{\alpha x} - 1}{x} - \lim_{x \to 0} \frac{e^{\beta x} - 1}{x}$$

$$= \lim_{x \to 0} \frac{\alpha x}{x} - \lim_{x \to 0} \frac{\beta x}{x}$$

$$= \alpha - \beta$$

例 11　求 $\lim\limits_{x \to \frac{\pi}{3}} \dfrac{8\cos^2 x - 2\cos x - 1}{2\cos^2 x + \cos x - 1}$.

解　$\lim\limits_{x \to \frac{\pi}{3}} \dfrac{8\cos^2 x - 2\cos x - 1}{2\cos^2 x + \cos x - 1}$

$$= \lim_{x \to \frac{\pi}{3}} \frac{(2\cos x - 1)(4\cos x + 1)}{(2\cos x - 1)(\cos x + 1)}$$

$$= \lim_{x \to \frac{\pi}{3}} \frac{4\cos x + 1}{\cos x + 1} = \frac{4 \times \dfrac{1}{2} + 1}{\dfrac{1}{2} + 1} = 2$$

3. 函数的间断点及其分类

函数 $f(x)$ 在 x_0 点处连续必须同时满足三个条件，如果其中有一个条件不满足，即发生下面三种情况中的任意一种：

（1）$f(x)$ 在 x_0 点无定义.

（2）$f(x)$ 在 x_0 点有定义但在 x_0 点极限 $\lim\limits_{x \to x_0} f(x)$ 不存在.

（3）$f(x)$ 在 x_0 点有定义，$\lim\limits_{x \to x_0} f(x)$ 存在，但 $\lim\limits_{x \to x_0} f(x) \neq f(x_0)$.

那么，$f(x)$ 在 x_0 点就不连续.

函数 $f(x)$ 的不连续点 x_0 称为 $f(x)$ 的 **间断点**.

通常将间断点分为两类. 设 x_0 是 $f(x)$ 的间断点.

（1）如果函数 $f(x)$ 在 x_0 点的左、右极限都存在，则称 x_0 是 $f(x)$ 的 **第一类间断点**.

（2）如果 $f(x)$ 在 x_0 点的左、右极限中至少有一个不存在，则称 x_0 是 $f(x)$ 的 **第二类间断点**.

对于第一类间断点，我们又可以将它分为两种情况：

1）如果极限 $\lim\limits_{x \to x_0} f(x)$ 存在（即 $f(x)$ 在 x_0 点的左、右极限都存在且相等），但是 $\lim\limits_{x \to x_0} f(x) \neq f(x_0)$，或者 $f(x)$ 在点 x_0 处没有定义，

间断点及其分类 A

间断点及其分类 B

则称 x_0 是 $f(x)$ 的一个 **可去间断点**.

当 x_0 是 $f(x)$ 的可去间断点时，如果在点 x_0 补充或改变 $f(x)$ 在 x_0 点处的函数值，即令

$$f(x_0) = \lim_{x \to x_0} f(x)$$

则 x_0 就变成了 $f(x)$ 的一个连续点. 这就是为什么将这种间断点称为可去间断点的理由.

例12 函数

$$f(x) = \begin{cases} \dfrac{\sin x}{x} & x \neq 0 \\ 0 & x = 0 \end{cases}$$

$f(x)$ 在 $x_0 = 0$ 点有定义，且 $\lim\limits_{x \to 0} f(x) = \lim\limits_{x \to 0} \dfrac{\sin x}{x} = 1$，但是极限值与函数值不相等，因此，$x = 0$ 是 $f(x)$ 的第一类间断点，且是可去间断点（见图 1-15）.

若重新修改 $f(x)$ 在 $x_0 = 0$ 点的定义，令

$$f(x) = \begin{cases} \dfrac{\sin x}{x} & x \neq 0 \\ 1 & x = 0 \end{cases}$$

此时，则 $f(x)$ 在 $x = 0$ 点处连续.

2）如果两个单侧极限 $\lim\limits_{x \to x_0^-} f(x)$、$\lim\limits_{x \to x_0^+} f(x)$ 都存在但不相等，则函数值在 x_0 点发生跳跃，此时称 x_0 是 $f(x)$ 的 **跳跃型间断点**.

例13 函数 $f(x) = \arctan \dfrac{1}{x}$，$f(x)$ 在 $x = 0$ 点无定义，且

$$\lim_{x \to 0^+} \arctan \frac{1}{x} = \frac{\pi}{2}$$

$$\lim_{x \to 0^-} \arctan \frac{1}{x} = -\frac{\pi}{2}$$

$f(x)$ 在 $x = 0$ 点左、右极限都存在但不相等，所以 $x = 0$ 是 $f(x)$ 的第一类间断点，且是跳跃型间断点（见图 1-16）.

例14 函数

$$f(x) = \begin{cases} x^2 & x \leqslant 0 \\ x + 2 & x > 0 \end{cases}$$

$f(x)$ 在 $x = 0$ 点有定义，且

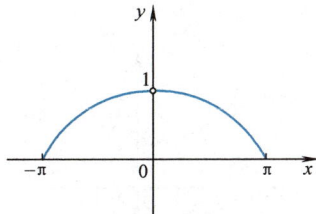

图　1-15

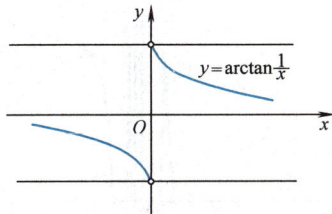

图　1-16

$$\lim_{x \to 0^+} f(x) = \lim_{x \to 0^+} (x+2) = 2$$

$$\lim_{x \to 0^-} f(x) = \lim_{x \to 0^-} x^2 = 0$$

所以 $\lim_{x \to 0} f(x)$ 不存在. $f(x)$ 在 $x=0$ 点的左、右极限都存在但不相等，所以 $x=0$ 是 $f(x)$ 的第一类间断点，且是跳跃型间断点（见图 1-17）.

对于第二类间断点，我们也有两种特殊类型：一类是当 $x \to x_0$（或 $x \to x_0^+$，$x \to x_0^-$）时，$f(x) \to \infty$，这种使函数值趋于无穷大的间断点，称为**无穷型间断点**；一类是当 $x \to x_0$ 时，函数值 $f(x)$ 无限次地在两个不同数之间变动，这种间断点称为**振荡型间断点**. 当然第二类间断点还包括其他有名称或无名称的间断点.

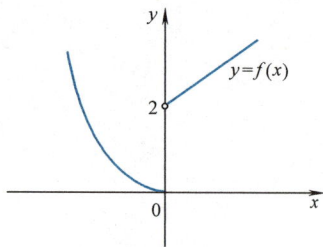

图 1-17

例 15 函数 $f(x) = \dfrac{1}{x}$，由于函数 $f(x)$ 在 $x=0$ 点无定义，且 $\lim_{x \to 0^+} f(x) = +\infty$，$\lim_{x \to 0^-} f(x) = -\infty$，$\lim_{x \to 0^+} f(x)$，$\lim_{x \to 0^-} f(x)$ 都不存在，故 $x=0$ 是 $f(x)$ 的第二类间断点，且是无穷型间断点（见图 1-18）.

例 16 函数 $f(x) = \begin{cases} \sin \dfrac{1}{x} & x \neq 0 \\ 0 & x = 0 \end{cases}$，$f(x)$ 在 $x=0$ 点有定义，

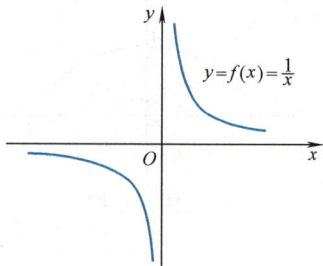

图 1-18

但 $\lim_{x \to 0} \sin \dfrac{1}{x}$ 不存在，所以 $f(x)$ 在 $x=0$ 点间断. 又当 $x \to 0$ 时，函数值在 -1 与 $+1$ 之间变动无穷多次，所以 $x=0$ 是第二类间断点，且是振荡型间断点（见图 1-19）.

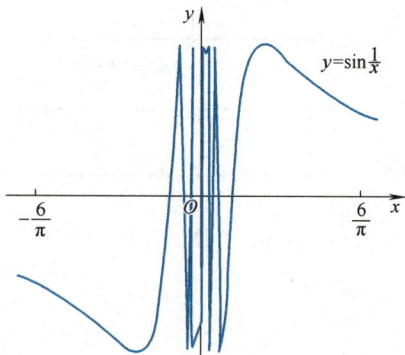

图 1-19

例 17 讨论函数 $f(x) = \begin{cases} \dfrac{\sqrt{1+x}-1}{x} & x > 0 \\ \dfrac{1}{2} & x = 0 \\ e^{-\frac{1}{x}} & x < 0 \end{cases}$ 的连续性.

解 当 $x > 0$ 时，$f(x) = \dfrac{\sqrt{1+x}-1}{x}$ 是初等函数.

当 $x < 0$ 时，$f(x) = e^{-\frac{1}{x}}$ 也是初等函数.

由初等函数的连续性知它们都是连续的. 因此，只需讨论函数在"交接点" $x=0$ 处的情况.

由已知条件，有 $f(0) = \dfrac{1}{2}$，又

$$\lim_{x \to 0^+} f(x) = \lim_{x \to 0^+} \frac{\sqrt{1+x}-1}{x} = \lim_{x \to 0^+} \frac{\frac{1}{2}x}{x} = \frac{1}{2} = f(0)$$

所以，$f(x)$ 在 $x = 0$ 处右连续.

又

$$\lim_{x \to 0^-} f(x) = \lim_{x \to 0^-} e^{-\frac{1}{x}} \xlongequal{\diamondsuit u = -\frac{1}{x}} \lim_{u \to +\infty} e^u = +\infty$$

此时左极限不存在，所以 $f(x)$ 在 $x = 0$ 点处不连续，$x = 0$ 是 $f(x)$ 的第二类间断点，且是无穷型间断点.

4. 闭区间上连续函数的性质

定义在闭区间上的连续函数有很多在理论和应用中都十分重要的性质，这里不加证明地给出闭区间上连续函数的两个重要性质：**最值性与介值性**. 以后会多次用到这两个性质，请读者认真体会.

定义 4 设函数 $f(x)$ 在区间 I 上有定义. 如果存在一点 $x_1 \in I$，使得对于一切 $x \in I$，都有 $f(x_1) \geqslant f(x)$ 成立，则称 x_1 是 $f(x)$ 在区间 I 上的最大值点，$f(x_1)$ 称为函数 $f(x)$ 在区间 I 上的最大值，记为 $f(x_1) = \max\limits_{x \in I} f(x)$；如果存在一点 $x_2 \in I$，使得对于一切 $x \in I$，都有 $f(x_2) \leqslant f(x)$ 成立，则称 x_2 为函数 $f(x)$ 在区间 I 上的最小值点，$f(x_2)$ 为函数 $f(x)$ 在区间 I 上的最小值，记为 $f(x_2) = \min\limits_{x \in I} f(x)$.

定理 5 （**最大最小值定理**）闭区间上的连续函数 $f(x)$ 必定在该区间上取得最大值和最小值. 即若 $f(x)$ 在闭区间 $[a, b]$ 上连续，则存在 $x_1, x_2 \in [a, b]$，使得

$$f(x_1) = \max_{x \in [a,b]} f(x)$$
$$f(x_2) = \min_{x \in [a,b]} f(x)$$

由此可得：

推论 1 闭区间上的连续函数 $f(x)$ 在该区间上必是有界函数.

定理 5 中的条件"闭区间"和"连续性"是必不可少的，例如，函数 $y = x^2$ 在开区间 $(0, 1)$ 内连续，$f(x)$ 在 $(0, 1)$ 内没有最大值或最小值. 又如函数

$$f(x) = \begin{cases} x+1 & -1 \leqslant x < 0 \\ 0 & x = 0 \\ x-1 & 0 < x \leqslant 1 \end{cases}$$

▶ 闭区间上
连续函数的性质

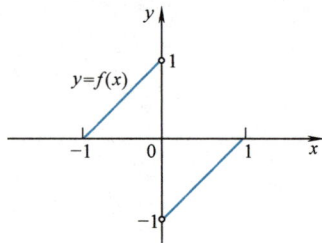

图　1-20

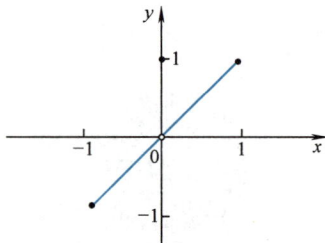

图　1-21

在 $[-1，1]$ 上有间断点 $x=0$，函数 $f(x)$ 在 $[-1，1]$ 上既没有最大值，也没有最小值（见图1-20）.

"闭区间"和"连续性"仅是定理的充分条件，而不是必要条件. 例如，函数 $y=\sin x$ 在开区间 $(0，2\pi)$ 内连续，但它在 $x=\dfrac{\pi}{2}$ 处取得最大值1，在 $x=\dfrac{3\pi}{2}$ 处取得最小值 -1，又如函数

$$f(x)=\begin{cases}x & x\in[-1，1]，x\neq 0 \\ 1 & x=0\end{cases}$$

在闭区间 $[-1，1]$ 上有间断点 $x=0$，但它在 $x=-1$ 处取得最小值 -1，在 $x=0$，$x=1$ 处取得最大值（见图1-21）.

定理6　（**介值定理**）闭区间上的连续函数可以取得介于区间端点的两个不同函数值之间的任何值.

设 $y=f(x)$ 在闭区间 $[a，b]$ 上连续，常数 μ 满足不等式 $f(a)<\mu<f(b)$ 或 $f(a)>\mu>f(b)$，则至少存在一点 $\xi\in(a，b)$，使得 $f(\xi)=\mu$（见图1-22）.

当 $f(a)$ 和 $f(b)$ 异号时，可取 $\mu=0$. 这表明，函数 $f(x)$ 在 $(a，b)$ 内有零点，即方程 $f(x)=0$ 在 $(a，b)$ 内有根. 因此我们有：

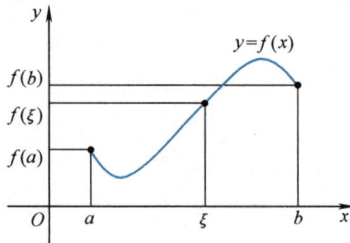

图　1-22

推论2　（**零点定理或根的存在定理**）如果 $f(x)$ 在 $[a，b]$ 上连续，且 $f(a)\cdot f(b)<0$（即 $f(a)$ 与 $f(b)$ 异号），则在 $(a，b)$ 内至少存在一点 ξ，使得 $f(\xi)=0$.

推论2的几何意义是：一条连续不间断的曲线从上（或下）半平面到达下（或上）半平面时，至少穿过 x 轴一次.

根的存在定理常用来判断方程的根的存在性.

例18　证明：方程 $x^3-8x+1=0$ 在区间 $(0，1)$ 内至少有一个根.

证　设 $f(x)=x^3-8x+1$，则 $f(x)$ 在 $[0，1]$ 上连续. 又 $f(0)=1>0$，$f(1)=-6<0$，即有 $f(0)\cdot f(1)<0$. 由根的存在定理知，至少存在一点 $\xi\in(0，1)$，使 $f(\xi)=0$，即方程 $x^3-8x+1=0$ 在 $(0，1)$ 内至少有一个根 ξ.

例19　设函数 $f(x)$ 和 $g(x)$ 在 $[a，b]$ 上连续，且 $f(a)<g(a)$，$f(b)>g(b)$，证明：在 $(a，b)$ 内至少存在一点 ξ，使 $f(\xi)=$

▶ 闭区间上连续
函数性质应用举例

$g(\xi)$.

证 设 $F(x)=f(x)-g(x)$，则 $F(x)$ 在 $[a,b]$ 上连续，且 $F(a)=f(a)-g(a)<0$，$F(b)=f(b)-g(b)>0$，即 $F(a)$ 与 $F(b)$ 异号．由零点定理知，至少存在一点 $\xi\in(a,b)$，使 $F(\xi)=0$，即 $f(\xi)=g(\xi)$．

由最值定理和介值定理可得：

推论 3 若 $f(x)$ 在 $[a,b]$ 上连续，记 $M=\max\limits_{x\in[a,b]}f(x)$ 为最大值，$m=\min\limits_{x\in[a,b]}f(x)$ 为最小值，常数 μ 满足 $m\leqslant\mu\leqslant M$，则至少存在一点 $\xi\in[a,b]$，使得 $f(\xi)=\mu$．即闭区间上的连续函数必取得介于最大值与最小值之间的任何值．

例 20 设 $f(x)$ 在 $[a,b]$ 上连续，$\alpha,\beta>0$，证明：存在 $\xi\in[a,b]$，使得 $f(\xi)=\dfrac{\alpha f(a)+\beta f(b)}{\alpha+\beta}$．

证 （1）若 $f(a)=f(b)$，则取 $\xi=a$ 或 $\xi=b$ 即可．

（2）不妨设 $f(a)<f(b)$，（$f(a)>f(b)$ 可类似证明）．

令
$$\mu=\frac{\alpha f(a)+\beta f(b)}{\alpha+\beta}$$

显然有 $f(a)<\mu<f(b)$，于是由介值定理知，至少存在一点 $\xi\in(a,b)$，使 $f(\xi)=\mu$．

综合（1）（2）可知，存在 $\xi\in[a,b]$，使 $f(\xi)=\dfrac{\alpha f(a)+\beta f(b)}{\alpha+\beta}$．

习 题 1.6

1. 讨论下列函数在指定点的连续性．若是间断点，说明它的类型．

（1）$y=\sqrt{x}$；$x=1$，$x=0$

（2）$f(x)=\dfrac{x-3}{x^2-9}$；$x=3$，$x=-3$

（3）$y=\cos x$；$x=x_0(x_0\in\mathbf{R})$

（4）$y=\mathrm{e}^{\frac{1}{x-1}}$；$x=1$

（5）$f(x)=\begin{cases}\dfrac{x^2}{3} & -1\leqslant x\leqslant 0\\ 3-x & 0<x\leqslant 1\end{cases}$；$x=0$

（6）$f(x)=\begin{cases}\dfrac{\tan x}{x} & x\neq k\pi\ \ k=0,\ \pm1,\ \pm2,\ \cdots;\\ 0 & x=k\pi,\ x=k\pi+\dfrac{\pi}{2}\end{cases}$

2. 指出下列函数的间断点，并说明它的类型．

（1）$f(x)=\dfrac{1}{x^2-1}$　　（2）$f(x)=\mathrm{e}^{\frac{1}{x}}$

（3）$f(x)=\dfrac{1-\cos x}{x^2}$　　（4）$f(x)=x\cos^2\dfrac{1}{x}$

（5）$f(x)=\dfrac{1}{1+2^{\frac{1}{x-1}}}$

（6）$f(x) = \begin{cases} e^x - 1 & x \leqslant 0 \\ 2x - 1 & x > 0 \end{cases}$

3. 求下列函数的极限.

（1）$\lim\limits_{x \to 0} \dfrac{e^x - \sqrt{x+1}}{x}$ 　　（2）$\lim\limits_{x \to \frac{\pi}{4}} \ln(\tan x)$

（3）$\lim\limits_{x \to +\infty} \dfrac{\ln(1+x) - \ln x}{x}$

（4）$\lim\limits_{x \to 0} \dfrac{\ln(1+x)}{\sqrt{1+x} - 1}$

（5）$\lim\limits_{x \to 0} \dfrac{\ln(a+x) - \ln a}{x}$

（6）$\lim\limits_{x \to e} \dfrac{\ln x - 1}{x - e}$

（7）$\lim\limits_{x \to +\infty} \left(\sqrt{1 - \dfrac{1}{x}} - 1 \right) x$

（8）$\lim\limits_{x \to 0} \dfrac{\sin(\sin x)}{\ln(1+x)}$ 　　（9）$\lim\limits_{x \to 0} (\cos x)^{\frac{4}{x^2}}$

（10）$\lim\limits_{x \to +\infty} \left(\sqrt{x^2 + x} - \sqrt{x^2 - x} \right)$

（11）$\lim\limits_{x \to +\infty} \ln(1 + 2^x) \, \ln\left(1 + \dfrac{3}{x} \right)$

（12）$\lim\limits_{x \to 0} \dfrac{3\sin x + x^2 \cos \dfrac{1}{x}}{(1 + \cos x) \, \ln(1+x)}$

（13）$\lim\limits_{n \to \infty} \dfrac{\tan^3 \dfrac{1}{n} \cdot \arctan \dfrac{3}{n\sqrt{n}}}{\sin \dfrac{3}{n^3} \cdot \tan \dfrac{1}{\sqrt{n}} \cdot \arcsin \dfrac{7}{n}}$

4. 证明：方程 $\sin x - x + 1 = 0$ 在 0 和 π 之间有实根.

5. 证明：方程 $x - a\sin x - b = 0 (a, b > 0)$ 至少有一个正根，且不大于 $a + b$.

6. 设 $f(x)$ 在 $[0, 1]$ 上连续，且 $0 \leqslant f(x) \leqslant 1$，证明：在 $[0, 1]$ 上至少有一点 ξ，使 $f(\xi) = \xi$.

7. 设 $f(x)$ 在 $[0, 2a]$ 上连续，$f(0) = f(2a)$，$f(a) \neq f(0)$，求证：至少存在一点 $\xi \in (0, a)$，使得 $f(\xi) = f(\xi + a)$.

8. 求证：方程 $x^3 + px + q = 0 (p > 0)$ 有且只有一个实根.

9. 一个登山运动员从早上 7:00 开始攀登某座山峰，在下午 7:00 到达山顶，第二天早上 7:00 再从山顶开始沿着上山的路下山，下午 7:00 到达山脚. 试利用介值定理说明：这个运动员在这两天的某一相同时刻经过登山路线的同一地点.

1.7 综合例题

极限与连续
知识框架 2

例 1 　求极限 $\lim\limits_{n \to +\infty} \dfrac{\sqrt[3]{n^2} \sin(n^2)}{n - 1}$.

解　$\lim\limits_{n \to +\infty} \dfrac{\sqrt[3]{n^2} \sin(n^2)}{n - 1} = \lim\limits_{n \to +\infty} \dfrac{n^{-\frac{1}{3}} \sin(n^2)}{1 - \dfrac{1}{n}}$

$= \lim\limits_{n \to +\infty} \dfrac{1}{\sqrt[3]{n} \left(1 - \dfrac{1}{n} \right)} \sin(n^2) = 0$

利用无穷小与有界变量的乘积仍然是无穷小.

例 2 　求 $\lim\limits_{n \to \infty} n^{\frac{3}{2}} \left(\sqrt{n^3 + 1} - \sqrt{n^3 - 2} \right)$.

解　$\lim\limits_{n\to\infty}n^{\frac{3}{2}}(\sqrt{n^3+1}-\sqrt{n^3-2})$

$=\lim\limits_{n\to\infty}\dfrac{n^{\frac{3}{2}}[(n^3+1)-(n^3-2)]}{\sqrt{n^3+1}+\sqrt{n^3-2}}$

$=\lim\limits_{n\to\infty}\dfrac{3}{\sqrt{1+\dfrac{1}{n^3}}+\sqrt{1-\dfrac{2}{n^3}}}=\dfrac{3}{2}$

极限与
连续典型例题 1

例 3　设 $a\neq\dfrac{1}{2}$，求 $\lim\limits_{n\to\infty}\ln\left[\dfrac{n-2na+1}{n(1-2a)}\right]^n$.

解　$\lim\limits_{n\to\infty}\ln\left[\dfrac{n-2na+1}{n(1-2a)}\right]^n=\lim\limits_{n\to\infty}n\ln\left[\dfrac{n-2na+1}{n(1-2a)}\right]$

$=\lim\limits_{n\to\infty}n\ln\left[1+\dfrac{1}{n(1-2a)}\right]$

因为 $n\to\infty$ 时，$\dfrac{1}{n(1-2a)}\to0$，在上式右端利用等价无穷小代换

（$u\to0$ 时，$\ln(1+u)\sim u$），得

$$原式=\lim\limits_{n\to\infty}n\cdot\dfrac{1}{n(1-2a)}=\dfrac{1}{1-2a}$$

极限与连续
典型例题 2

例 4　求 $\lim\limits_{n\to\infty}\dfrac{x}{1+x^n}(x\neq-1)$.

解　$\lim\limits_{n\to\infty}\dfrac{x}{1+x^n}=\begin{cases}0 & x=0\text{ 或 }|x|>1\\ x & 0<|x|<1\\ \dfrac{1}{2} & x=1\end{cases}$

例 5　求 $\lim\limits_{n\to\infty}n(a^{\frac{1}{n}}-1)(a>0,\ a\neq1)$.

解　$\lim\limits_{n\to\infty}n(a^{\frac{1}{n}}-1)=\lim\limits_{n\to\infty}\dfrac{a^{\frac{1}{n}}-1}{\dfrac{1}{n}}=\ln a$

此例中用到了极限 $\lim\limits_{x\to0}\dfrac{a^x-1}{x}=\ln a$.

例 6　设 $x_n=\dfrac{1}{\sqrt{n^2+1}}+\dfrac{1}{\sqrt{n^2+2}}+\cdots+\dfrac{1}{\sqrt{n^2+n}}$，求 $\lim\limits_{n\to\infty}x_n$.

解　由于 x_n 满足不等式

$$\dfrac{n}{\sqrt{n^2+n}}\leqslant\dfrac{1}{\sqrt{n^2+1}}+\dfrac{1}{\sqrt{n^2+2}}+\cdots+\dfrac{1}{\sqrt{n^2+n}}\leqslant\dfrac{n}{\sqrt{n^2+1}}$$

而
$$\lim_{n\to\infty}\frac{n}{\sqrt{n^2+n}}=\lim_{n\to\infty}\frac{1}{\sqrt{1+\dfrac{1}{n}}}=1$$

$$\lim_{n\to\infty}\frac{n}{\sqrt{n^2+1}}=\lim_{n\to\infty}\frac{1}{\sqrt{1+\dfrac{1}{n^2}}}=1$$

故由夹逼定理有
$$\lim_{n\to\infty}x_n=1$$

例 7　设 $x_n=\sqrt[n]{a^n+b^n}$，$0<a<b$，求 $\lim\limits_{n\to\infty}x_n$.

解　由于 x_n 满足不等式
$$b=\sqrt[n]{b^n}\leqslant\sqrt[n]{a^n+b^n}\leqslant\sqrt[n]{2b^n}=\sqrt[n]{2}b$$

又因为
$$\lim_{n\to\infty}b=b\,,\ \lim_{n\to\infty}\sqrt[n]{2}\cdot b=b$$

所以
$$\lim_{n\to\infty}x_n=\lim_{n\to\infty}\sqrt[n]{a^n+b^n}=b$$

例 8　证明：数列 $y_n=\dfrac{a^n}{n!}(a>0)$ 存在极限，且极限为 0.

证　（1）证 $\{y_n\}$ 单调下降（从某一项开始）.

由于
$$y_{n+1}=\frac{a^{n+1}}{(n+1)!}=\frac{a}{n+1}\cdot\frac{a^n}{n!}=\frac{a}{n+1}y_n$$

当 $n+1>a$ 时，有 $y_{n+1}<y_n$，即 $\{y_n\}$ 从某一项（$n>a-1$）开始单调下降.

（2）证 $\{y_n\}$ 有下界

由 y_n 的表达式，知 $y_n>0$. 因此由单调有界准则知，$\lim\limits_{n\to\infty}y_n=\lim\limits_{n\to\infty}\dfrac{a^n}{n!}$ 存在.

（3）求 $\lim\limits_{n\to\infty}\dfrac{a^n}{n!}$.

设 $\lim\limits_{n\to\infty}\dfrac{a^n}{n!}=A$，而 $y_{n+1}=\dfrac{a}{n+1}y_n$，两端取极限，得
$$\lim_{n\to\infty}y_{n+1}=\lim_{n\to\infty}\frac{a}{n+1}\cdot\lim_{n\to\infty}y_n$$

即 $A = 0 \cdot A$，从而 $A = 0$.

例 9 设 $0 < x_1 < 3$，$x_{n+1} = \sqrt{x_n(3 - x_n)}$（$n = 1$，$2$，$\cdots$），证明：数列 $\{x_n\}$ 的极限存在. 并求此极限.

证 （1）先证 $\{x_n\}$ 有界.

由 $0 < x_1 < 3$，知 x_1、$3 - x_1$ 皆为正数，故

$$0 < x_2 = \sqrt{x_1(3 - x_1)} \leqslant \frac{1}{2}(x_1 + 3 - x_1) = \frac{3}{2}$$

由数学归纳法，设 $0 < x_n \leqslant \frac{3}{2}$，则由于 x_n、$3 - x_n$ 皆为正数，故

$$0 < x_{n+1} = \sqrt{x_n(3 - x_n)} \leqslant \frac{1}{2}(x_n + 3 - x_n) = \frac{3}{2}$$

于是，数列 $\{x_n\}$ 是有上界的正数列.

（2）再证 $\{x_n\}$ 单调.

$n > 1$ 时，

$$\begin{aligned}
x_{n+1} - x_n &= \sqrt{x_n(3 - x_n)} - x_n \\
&= \frac{x_n(3 - 2x_n)}{\sqrt{x_n(3 - x_n)} + x_n} \geqslant 0
\end{aligned}$$

故数列 $\{x_n\}$ 单调增加.

根据单调有界准则知数列 $\{x_n\}$ 收敛.

（3）求 $\lim\limits_{n \to \infty} x_n$.

设 $\lim\limits_{n \to \infty} x_n = A$，在 $x_{n+1} = \sqrt{x_n(3 - x_n)}$ 中，令 $n \to \infty$，得

$$A = \sqrt{A(3 - A)}$$

由此可解得 $A = \frac{3}{2}$，$A = 0$（舍去），故

$$\lim\limits_{n \to \infty} x_n = \frac{3}{2}$$

注：也可以这样来证数列 $\{x_n\}$ 单调增加.

由于 $0 < x_n \leqslant \frac{3}{2}$（$n > 1$），故

$$\frac{x_{n+1}}{x_n} = \frac{\sqrt{x_n(3 - x_n)}}{x_n} = \sqrt{\frac{3}{x_n} - 1} \geqslant 1$$

所以，数列 $\{x_n\}$ 单调增加.

例 10 求 $\lim\limits_{x\to 0}\dfrac{1-\sqrt{1-x^2}}{\mathrm{e}^x-\cos x}.$

解 $\lim\limits_{x\to 0}\dfrac{1-\sqrt{1-x^2}}{\mathrm{e}^x-\cos x}=\lim\limits_{x\to 0}\dfrac{-\left(\sqrt{1-x^2}-1\right)}{\left(\mathrm{e}^x-1\right)+\left(1-\cos x\right)}$

$$=-\lim\limits_{x\to 0}\dfrac{\dfrac{\sqrt{1-x^2}-1}{x}}{\dfrac{\mathrm{e}^x-1}{x}+\dfrac{1-\cos x}{x}}$$

而

$$\lim\limits_{x\to 0}\dfrac{\sqrt{1-x^2}-1}{x}=\lim\limits_{x\to 0}\dfrac{-\dfrac{1}{2}x^2}{x}=0$$

$$\lim\limits_{x\to 0}\dfrac{\mathrm{e}^x-1}{x}=1,\ \lim\limits_{x\to 0}\dfrac{1-\cos x}{x}=\lim\limits_{x\to 0}\dfrac{\dfrac{1}{2}x^2}{x}=0$$

故由极限的运算法则，有

$$原式=\dfrac{0}{1+0}=0$$

例 11 求 $\lim\limits_{x\to 0^+}\left(\cos\sqrt{x}\right)^{\frac{\pi}{x}}.$

解 $\lim\limits_{x\to 0^+}\left(\cos\sqrt{x}\right)^{\frac{\pi}{x}}=\lim\limits_{x\to 0^+}\left[1+\cos\sqrt{x}-1\right]^{\frac{1}{\cos\sqrt{x}-1}\cdot\frac{\cos\sqrt{x}-1}{x}\cdot\pi}$

而

$$\lim\limits_{x\to 0^+}\left[1+\cos\sqrt{x}-1\right]^{\frac{1}{\cos\sqrt{x}-1}}=\mathrm{e}>0$$

$$\lim\limits_{x\to 0^+}\dfrac{\cos\sqrt{x}-1}{x}\cdot\pi=-\pi\lim\limits_{x\to 0^+}\dfrac{1-\cos\sqrt{x}}{x}$$

$$=-\pi\lim\limits_{x\to 0^+}\dfrac{\dfrac{1}{2}(\sqrt{x})^2}{x}$$

$$=-\dfrac{\pi}{2}$$

所以，原式 $=\mathrm{e}^{-\frac{\pi}{2}}.$

例 12 求 $\lim\limits_{x\to 0}\left(\dfrac{2+\mathrm{e}^{\frac{1}{x}}}{1+\mathrm{e}^{\frac{4}{x}}}+\dfrac{\sin x}{|x|}\right).$

解 因为 $x\to 0^+$ 时，$\mathrm{e}^{\frac{1}{x}}\to+\infty$；$x\to 0^-$ 时，$\mathrm{e}^{\frac{1}{x}}\to 0$，所以应分别

求左、右极限.

$$\lim_{x \to 0^+} \left(\frac{2 + e^{\frac{1}{x}}}{1 + e^{\frac{4}{x}}} + \frac{\sin x}{|x|} \right) = \lim_{x \to 0^+} \left(\frac{2e^{-\frac{4}{x}} + e^{-\frac{3}{x}}}{e^{-\frac{4}{x}} + 1} + \frac{\sin x}{x} \right) = 1$$

$$\lim_{x \to 0^-} \left(\frac{2 + e^{\frac{1}{x}}}{1 + e^{\frac{4}{x}}} + \frac{\sin x}{|x|} \right) = \lim_{x \to 0^-} \left(\frac{2 + e^{\frac{1}{x}}}{1 + e^{\frac{4}{x}}} - \frac{\sin x}{x} \right) = 2 - 1 = 1$$

所以
$$\lim_{x \to 0} \left(\frac{2 + e^{\frac{1}{x}}}{1 + e^{\frac{4}{x}}} + \frac{\sin x}{|x|} \right) = 1$$

例 13 已知 $\lim\limits_{x \to \infty} \left(\dfrac{x^2}{x+1} - ax - b \right) = 0$，其中 a，b 为常数，求 a，b.

解 由于 $\lim\limits_{x \to \infty} \left(\dfrac{x^2}{x+1} - ax - b \right) = 0$，所以

$$\lim_{x \to \infty} \frac{\dfrac{x^2}{x+1} - ax - b}{x} = \lim_{x \to \infty} \left(\frac{x}{x+1} - a \right) = 0$$

得
$$a = \lim_{x \to \infty} \frac{x}{x+1} = 1$$

再由 $\lim\limits_{x \to \infty} \left(\dfrac{x^2}{x+1} - x - b \right) = 0$，得

$$b = \lim_{x \to \infty} \left(\frac{x^2}{x+1} - x \right) = \lim_{x \to \infty} \frac{-x}{x+1} = -1$$

所以，$a = 1$，$b = -1$.

例 14 已知 $\lim\limits_{x \to a} \dfrac{x^2 + bx + 3b}{x - a} = 8$，求常数 a，b.

解 由于当 $x \to a$ 时分母 $x - a$ 趋于 0，极限值为确定值 8，故此极限式必为 $\dfrac{0}{0}$ 型未定式极限. 对分子进行因式分解，可得

$$x^2 + bx + 3b = (x - a)(x + c) \quad (c \text{ 为待定常数})$$
$$= x^2 + (c - a)x - ac$$

比较两边系数，得

$$\begin{cases} c - a = b \\ -ac = 3b \end{cases}$$

再由

$$\lim_{x \to a} \frac{x^2 + bx + 3b}{x - a} = \lim_{x \to a}(x + c) = a + c$$

得 $a + c = 8$. 解方程组

$$\begin{cases} c - a = b \\ -ac = 3b \\ a + c = 8 \end{cases}$$

得 $a = 6$，$b = -4$，或 $a = -4$，$b = 16$.

此题也可先将假分式分解为一整式与一真分式的和再计算.

例 15 已知 $\lim\limits_{x \to 0} \dfrac{\sqrt{1 + \dfrac{f(x)}{\sin(x)}} - 1}{x(e^x - 1)} = A \neq 0$，求 c 及 k，使 $f(x) \sim cx^k$

（当 $x \to 0$ 时）.

解 由于 $\lim\limits_{x \to 0} \dfrac{\sqrt{1 + \dfrac{f(x)}{\sin(x)}} - 1}{x(e^x - 1)}$ 存在且不为零，又分母是无穷

小，故

$$\lim_{x \to 0}\left(\sqrt{1 + \frac{f(x)}{\sin x}} - 1 \right) = 0$$

进而

$$\lim_{x \to 0} \frac{f(x)}{\sin(x)} = 0$$

由

$$A = \lim_{x \to 0} \frac{\sqrt{1 + \dfrac{f(x)}{\sin x}} - 1}{x(e^x - 1)} = \lim_{x \to 0} \frac{\dfrac{1}{2} \cdot \dfrac{f(x)}{\sin x}}{x \cdot x} = \lim_{x \to 0} \frac{f(x)}{2x^3}$$

得

$$\lim_{x \to 0} \frac{f(x)}{2Ax^3} = 1$$

故当 $x \to 0$ 时，$f(x) \sim 2Ax^3$. 所以 $c = 2A$，$k = 3$.

例 16 设 $f(x) = \begin{cases} \dfrac{2}{x}\sin x & x < 0 \\ a & x = 0 \\ x\sin\dfrac{1}{x} + 2 & x > 0 \end{cases}$，试确定 a 的值，使

$f(x)$ 在 $x = 0$ 处连续.

解 由于 $\quad \lim\limits_{x \to 0^-} f(x) = \lim\limits_{x \to 0^-} \dfrac{2}{x}\sin x = 2$

$$\lim_{x \to 0^+} f(x) = \lim_{x \to 0^+} \left(x \sin \frac{1}{x} + 2 \right) = 2$$

故当 $a = 2$ 时, $f(x)$ 在 $x = 0$ 点连续.

例 17 求函数 $f(x) = \dfrac{1}{1 - e^{\frac{x}{1-x}}}$ 的间断点, 并指出其类型.

解 当 $x = 0$、$x = 1$ 时, 函数无定义, 这两点是函数的间断点.

因为 $\lim\limits_{x \to 0} f(x) = \lim\limits_{x \to 0} \dfrac{1}{1 - e^{\frac{x}{1-x}}} = \infty$, 所以 $x = 0$ 是函数的第二类间断点

(无穷型). 又因为

$$\lim_{x \to 1^-} \frac{x}{1-x} = +\infty, \quad \lim_{x \to 1^+} \frac{x}{1-x} = -\infty$$

所以有

$$\lim_{x \to 1^-} f(x) = \lim_{x \to 1^-} \frac{1}{1 - e^{\frac{x}{1-x}}} = 0$$

$$\lim_{x \to 1^+} f(x) = \lim_{x \to 1^+} \frac{1}{1 - e^{\frac{x}{1-x}}} = 1$$

故 $x = 1$ 是 $f(x)$ 的第一类间断点 (跳跃型).

例 18 求极限 $\lim\limits_{t \to x} \left(\dfrac{\sin t}{\sin x} \right)^{\frac{x}{\sin t - \sin x}}$, 记此极限为 $f(x)$, 求函数 $f(x)$

的间断点并指出其类型.

解 $f(x) = \lim\limits_{t \to x} \left(\dfrac{\sin t}{\sin x} \right)^{\frac{x}{\sin t - \sin x}}$

$\qquad = \lim\limits_{t \to x} \left(1 + \dfrac{\sin t - \sin x}{\sin x} \right)^{\frac{\sin x}{\sin t - \sin x} \cdot \frac{x}{\sin x}}$

$\qquad = e^{\frac{x}{\sin x}}$

函数 $\sin x$ 的零点 $x = 0$、$k\pi$ ($k = \pm 1, \pm 2, \cdots$) 即为 $f(x)$ 的间断点.

当 $x = 0$ 时, 由于

$$\lim_{x \to 0} f(x) = e^{\lim\limits_{x \to 0} \frac{x}{\sin x}} = e$$

所以, $x = 0$ 是 $f(x)$ 的第一类间断点 (可去型).

当 $x = k\pi$ ($k = \pm 1, \pm 2, \cdots$) 时, 由于

$$\lim_{x \to 2k\pi^+} f(x) = +\infty, \quad \lim_{x \to 2k\pi^-} f(x) = 0$$

$$\lim_{x \to (2k+1)\pi^-} f(x) = +\infty, \quad \lim_{x \to (2k+1)\pi^+} f(x) = 0$$

故 $x = k\pi$ ($k = \pm 1, \pm 2, \cdots$) 是 $f(x)$ 的第二类间断点（无穷型）．

例 19 设函数 $f(x)$ 在 $(-\infty, +\infty)$ 内有定义，对任何实数 x, y 满足关系式

$$f(x + y) = f(x) + f(y)$$

且 $f(x)$ 在 $x = 0$ 点连续．试证：$f(x)$ 在 $(-\infty, +\infty)$ 内处处连续．

证 任取 $x_0 \in (-\infty, +\infty)$，设 Δx 为增量，那么

$$f(x_0 + \Delta x) = f(x_0) + f(\Delta x)$$

由于 $f(x)$ 在 $x = 0$ 点连续，故有 $\lim\limits_{\Delta x \to 0} f(\Delta x) = f(0)$．从而得

$$\lim_{\Delta x \to 0} f(x_0 + \Delta x) = \lim_{\Delta x \to 0} f(x_0) + \lim_{\Delta x \to 0} f(\Delta x)$$

$$= f(x_0) + f(0)$$

$$= f(x_0 + 0)$$

$$= f(x_0)$$

所以 $f(x)$ 在点 x_0 连续，又由 x_0 的任意性知，$f(x)$ 在 $(-\infty, +\infty)$ 内处处连续．

例 20 设函数 $f(x)$ 在 $[a, b]$ 上连续，且函数的值域也是 $[a, b]$，证明：至少存在一点 $\xi \in [a, b]$，使 $f(\xi) = \xi$，其中 $b > a$．

证 设 $F(x) = f(x) - x$，则 $F(x)$ 在 $[a, b]$ 上连续．

若 $F(a) = 0$（或 $F(b) = 0$），即 $f(a) = a$（或 $f(b) = b$），令 $\xi = a$（或 $\xi = b$）即可得结论．

若 $F(a) \neq 0$ 且 $F(b) \neq 0$，即 $f(a) \neq a$ 且 $f(b) \neq b$，由 $a \leqslant f(x) \leqslant b$，知 $f(a) > a$，$f(b) < b$，即 $F(a) > 0$ 且 $F(b) < 0$．由根的存在定理知，至少存在一点 $\xi \in (a, b)$，使 $F(\xi) = 0$，即 $f(\xi) = \xi$．

综合上述情况，即可得结论．

例 21 设函数 $f(x)$ 在 $(-\infty, +\infty)$ 上连续，且 $\lim\limits_{x \to \infty} f(x)$ 存在，证明：$f(x)$ 在 $(-\infty, +\infty)$ 上有界．

证　由于 $\lim\limits_{x\to\infty}f(x)$ 存在，设极限值为 A. 那么对于 $\varepsilon=1$，存在 $X>0$，当 $|x|>X$ 时，有

$$|f(x)-A|<\varepsilon=1$$

$$|f(x)|=|f(x)-A+A|\leqslant|f(x)-A|+|A|<1+|A|$$

又在闭区间 $[-X,\ X]$ 上，$f(x)$ 连续，所以 $f(x)$ 在 $[-X,\ X]$ 上有界，即存在 $M_1>0$，使得当 $x\in[-X,\ X]$ 时，$|f(x)|\leqslant M_1$.

取 $M=\max\{1+|A|,\ M_1\}>0$，则对于任意 $x\in(-\infty,\ +\infty)$，有

$$|f(x)|\leqslant M$$

即 $f(x)$ 在 $(-\infty,\ +\infty)$ 上有界.

习　题　1.7

1. 求下列各极限.

(1) $\lim\limits_{n\to\infty}\left(1-\dfrac{1}{\sqrt[n]{2}}\right)\cos n$

(2) $\lim\limits_{x\to\infty}\dfrac{(2x-1)^{30}\cdot(3x-2)^{20}}{(2x+1)^{50}}$

(3) $\lim\limits_{n\to\infty}\left(\dfrac{1^2}{n^3}+\dfrac{2^2}{n^3}+\cdots+\dfrac{n^2}{n^3}\right)$

(4) $\lim\limits_{x\to0}\dfrac{1-\cos x}{(e^x-1)\ \ln(1+x)}$

(5) $\lim\limits_{x\to0}(1+\sin x)^{\cot x}$

(6) $\lim\limits_{x\to1}\left(\dfrac{1+x}{2+x}\right)^{\frac{1-\sqrt{x}}{1-x}}$

(7) $\lim\limits_{n\to\infty}\left(\dfrac{\sqrt[n]{a}+\sqrt[n]{b}}{2}\right)^n$ $(a>0,\ b>0)$

(8) $\lim\limits_{x\to\infty}\left(\dfrac{1}{x}+2^{\frac{1}{x}}\right)^x$

(9) $\lim\limits_{x\to0}\dfrac{2^{\sin x}-2^{\tan x}}{(e^{x^2}-1)\ (\sqrt{1+\sin x}-1)}$

(10) $\lim\limits_{x\to0}[1+\ln(1+x)]^{\frac{1}{x}}$

(11) $\lim\limits_{x\to-\infty}\dfrac{\sqrt{4x^2+x-1}+x-1}{\sqrt{x^2+\sin x}}$

(12) $\lim\limits_{x\to0}(\cos x)^{\frac{1}{\ln(1+x^2)}}$

(13) $\lim\limits_{x\to0}(1+3x)^{\frac{2}{\sin x}}$

(14) $\lim\limits_{x\to1}\dfrac{\sqrt{3-x}-\sqrt{1+x}}{x^2+x-2}$

(15) $\lim\limits_{x\to0}\left[e^{x+1}(1+e^x\sin^2x)^{\frac{1}{\sqrt{1+x^2}-1}}\right]$

2. 设 $f(x)=\lim\limits_{n\to\infty}\dfrac{\ln(e^x+x^n)}{\sqrt{n}}$，求 $f(x)$ 的定义域.

3. 设 $x_1=\sqrt{a}$，$x_2=\sqrt{a+x_1}$，$\cdots$，$x_n=\sqrt{a+x_{n-1}}$，$\cdots$，其中 $a>0$，求 $\lim\limits_{n\to\infty}x_n$.

4. 设当 $x\to0$ 时，$(1-\cos x)\ln(1+x^2)$ 是比 $x\sin x^n$ 高阶的无穷小，而 $x\sin x^n$ 是比 $(e^{x^2}-1)$ 高阶的无穷小，求正整数 n 的值.

5. 选择 a 的值，使下列函数在其定义域内处处连续.

(1) $f(x)=\begin{cases}e^x & x<0\\ a+x & x\geqslant0\end{cases}$

(2) $f(x)=\begin{cases}\dfrac{2}{x} & x\geqslant1\\ a\cos\pi x & x<1\end{cases}$

（3）$f(x) = \begin{cases} e^x(\sin x + \cos x) & x > 0 \\ 2x + a & x \leqslant 0 \end{cases}$

（4）$f(x) = \begin{cases} \dfrac{1 - e^{\tan x}}{\arcsin \dfrac{x}{2}} & x > 0 \\ ae^{2x} & x \leqslant 0 \end{cases}$

6. 求常数 a 的值.

（1）$\lim\limits_{x \to \infty} \left(\dfrac{x + a}{x - a} \right)^x = 9$

（2）$\lim\limits_{x \to \infty} \left(\dfrac{x + 2a}{x - a} \right)^x = 8$

（3）当 $x \to 0$ 时，$(1 - ax^2)^{\frac{1}{4}} - 1$ 与 $x\tan x$ 是等价无穷小.

7. 已知 $\lim\limits_{x \to 0} \dfrac{\sqrt{1 + \dfrac{f(x)}{\tan x}} - 1}{x \ln(1 + x)} = A \neq 0$，求 c 及 k，使 $f(x) \sim cx^k$（当 $x \to 0$ 时）.

8. 设函数

$$f(x) = \begin{cases} \dfrac{\sin(ax)}{\sqrt{1 - \cos x}} & x < 0 \\ b & x = 0 \\ \dfrac{1}{x}\left[\ln x - \ln(x^2 + x) \right] & x > 0 \end{cases}$$

当 a，b 为何值时，$f(x)$ 在点 $x = 0$ 处连续?

9. 试求常数 a，b 的值，使得下列等式成立.

（1）$\lim\limits_{x \to \infty} \left(\dfrac{x^2 + 1}{x + 1} - ax - b \right) = 0$

（2）$\lim\limits_{x \to +\infty} \left(\sqrt{x^2 - x + 1} - ax + b \right) = 0$

10. 确定常数 c，使极限 $\lim\limits_{x \to \infty} \left[(x^5 + 7x^4 + 2)^c - x \right]$ 存在，且不为零，并求极限值.

11. 求下列函数的间断点，并指出间断点的类型.

（1）$f(x) = \lim\limits_{n \to \infty} \dfrac{(1 - x^{2n})x}{1 + x^{2n}}$

（2）$f(x) = \begin{cases} e^{\frac{1}{x - 1}} & x > 0 \text{ 且 } x \neq 1 \\ \ln(1 + x) & -1 < x \leqslant 0 \end{cases}$

（3）$f(x) = \dfrac{\sqrt{1 + x} - \sqrt[3]{1 + x}}{\sin x}$

12. 设 $f(x) = \lim\limits_{n \to \infty} \dfrac{x^{2n - 1} + ax^2 + bx}{x^{2n} + 1}$ 为连续函数，试确定 a，b 的值.

13. 设函数 $f(x)$ 对一切 x_1，x_2 满足等式 $f(x_1 + x_2) = f(x_1) \cdot f(x_2)$，且 $f(x)$ 在 $x = 0$ 点连续. 证明：$f(x)$ 在任一点 x 处都连续.

14. 证明：若 $f(x)$ 在 $[a, b]$ 上连续，且 $a < x_1 < x_2 < \cdots < x_n < b$，则在 $[x_1, x_n]$ 上必有一点 ξ，使 $f(\xi) = \dfrac{1}{n}\left[f(x_1) + f(x_2) + \cdots + f(x_n) \right]$.

15. 设 $f(x)$ 在 (a, b) 内连续，$f(a^+)$，$f(b^-)$ 存在，证明：$f(x)$ 在 (a, b) 内有界.

16. 设函数 $f(x) = x^n + a_1 x^{n-1} + \cdots + a_{n-1}x + a_n$（$a_1$，$a_2$，$\cdots$，$a_n$ 为实常数），证明：

（1）若 $a_n > 0$，且 n 为奇数，则方程 $f(x) = 0$ 至少有一负根.

（2）若 $a_n < 0$，则方程 $f(x) = 0$ 至少有一正根.

（3）若 $a_n < 0$，且 n 为偶数，则方程 $f(x) = 0$ 至少有一个正根和一个负根.

第2章

导数与微分

微分学和积分学是高等数学中的两个基本内容，它们利用极限理论从局部和整体两个方面对函数变化性态进行深入细致的研究. 本章研究的导数与微分两个概念，是一元函数微分学中最基本的概念. 它们来源于各种不同的实际问题，这些实际问题从数学上最终归结为：①求给定函数 $y=f(x)$ 相对于自变量 x 的变化率；②当自变量 x 发生微小变化时，求函数 y 的改变量的近似值. 本章以极限概念为基础，引入导数与微分的定义，建立导数与微分运算的一般方法，并介绍它们的一些简单应用.

▶ 导数与微分
知识框架

2.1 导数概念

1. 导数概念的背景

首先研究几个实际问题.

例 1　求变速直线运动的瞬时速度.

设一物体做变速直线运动，其位移 s 随时间 t 的变化规律为 $s = s(t)$，此时物体的运动是时快时慢的，即位移随时间 t 的变化是非均匀的. 那么该如何描述物体运动的快慢呢? 又怎样确定物体在某一时刻的运动速度?

如果物体做匀速直线运动，则位移 s 是时间 t 的线性函数 $s = s(t) = at + b$. 位移 s 随着时间 t 的变化是均匀的，即在相同的时间间隔内，位移的改变量是相同的. 设物体从时刻 t_0 开始运动至时刻 t，时间间隔 $\Delta t = t - t_0$，物体的位移也有相应的改变量

▶ 引出导数
概念的两个例子

$$\Delta s = s(t) - s(t_0) = a\Delta t$$

物体运动速度可以表示为

$$v = \frac{s(t) - s(t_0)}{t - t_0} = \frac{a \cdot \Delta t}{\Delta t} = a$$

这说明匀速运动物体的运动速度是常数.

若物体做变速直线运动，位移 s 随时间 t 的变化是非均匀的，即在相同时间间隔内位移的变化不一定相同. 为描述物体运动的快慢程度，我们研究物体从 t_0 时刻运动至 t 时刻的平均速度

$$\bar{v} = \frac{s(t) - s(t_0)}{t - t_0} = \frac{\Delta s}{\Delta t}$$

比值 $\frac{\Delta s}{\Delta t}$ 反映的只是从 t_0 至 t 这段时间间隔内物体运动的平均速度，它并不能完全代表 t_0 时刻物体运动的情况，且随着 Δt 的变化而改变. 如果 $|\Delta t|$ 较大，在这一时间间隔内，物体运动的快慢已发生了很大的变化，平均速度 $\frac{\Delta s}{\Delta t}$ 当然不能反映 t_0 时刻物体运动的情况. 如果 $|\Delta t|$ 很小，在这一时间间隔内，物体运动的快慢变化不大，则平均速度 $\frac{\Delta s}{\Delta t}$ 虽不能准确描述 t_0 时刻物体运动的情况，却在相当大的程度上反映了 t_0 时刻物体的运动情况. 而且 $|\Delta t|$ 越小，平均速度 $\frac{\Delta s}{\Delta t}$ 就越准确地反映物体在 t_0 时刻的运动情况. 这说明若极限 $\lim\limits_{\Delta t \to 0} \frac{\Delta s}{\Delta t}$ 存在，可将其作为 t_0 时刻物体运动快慢程度的定量表征，并称为 t_0 时刻物体运动的瞬时速度，记作 $v(t_0)$. 即瞬时速度

$$v(t_0) = \lim_{\Delta t \to 0} \frac{\Delta s}{\Delta t} = \lim_{t \to t_0} \frac{s(t) - s(t_0)}{t - t_0}$$

例 2 平面曲线的切线问题.

初等数学只解决了像圆一类较为简单的曲线的切线问题. 一般曲线的切线问题需要极限这一概念. 下面给出切线的一般定义. 如图 2-1 所示，设有曲线 C 及曲线上一点 M，在曲线 C 上另取一点 N，作曲线的割线 MN. 当点 N 沿曲线 C 趋向于点 M 时，如果割线 MN 绕点 M 旋转而趋向某一极限位置 MT，则称直线 MT 为曲线 C 在点 M 处的**切线**.

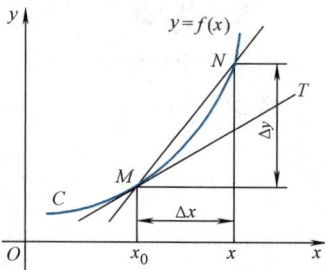

图 2-1

设曲线 C 的方程为 $y = f(x)$，曲线 C 上一点 M 的坐标为 (x_0, y_0)，其中 $y_0 = f(x_0)$. 根据上述定义，曲线 C 在点 M 处的切线如果存在，该切线的斜率可通过计算割线斜率的极限而得到. 设曲线 C 上另一点 N 的坐标为 (x, y)，则割线 MN 的斜率

$$k_{MN} = \frac{y - y_0}{x - x_0} = \frac{f(x) - f(x_0)}{x - x_0} = \frac{\Delta y}{\Delta x}$$

其中 $\Delta x = x - x_0$，$\Delta y = f(x) - f(x_0)$. 当点 N 沿曲线 C 趋向于点 M（即 $x \to x_0$）时，如果上式的极限存在，记为 k，则有

$$k = \lim_{x \to x_0} \frac{f(x) - f(x_0)}{x - x_0} = \lim_{\Delta x \to 0} \frac{\Delta y}{\Delta x}$$

此极限 k 即为曲线 C 在点 M 处切线的斜率. 切线 MT 的方程为

$$y - f(x_0) = k(x - x_0)$$

例 3　细棒的线密度问题.

如果细棒上质量分布是均匀的，即任取细棒上长度相等的两段，其质量都相等，它的线密度就是单位长度的细棒的质量. 若棒的长度为 l，棒的质量为 M，则线密度

$$\rho = \frac{M}{l}$$

是一个平均量.

现细棒上质量分布非均匀，细棒上不同部位单位长度的质量不相同，平均线密度 $\rho = \dfrac{M}{l}$ 不能很好地反映细棒的质量分布情况，为此引入细棒在各点的线密度概念.

取细棒的轴线为 x 轴，棒的左端点为原点（见图 2-2）. 设棒上任一点的坐标为 x，对应于区间 $[0, x]$ 的细棒的质量 $m = m(x)$ 是定义在区间 $[0, l]$ 上的函数. 考虑一小段细棒 $[x_0, x_0 + \Delta x]$，相应的质量

$$\Delta m = m(x_0 + \Delta x) - m(x_0)$$

这一小段细棒的平均线密度为

$$\overline{\rho} = \frac{\Delta m}{\Delta x} = \frac{m(x_0 + \Delta x) - m(x_0)}{\Delta x}$$

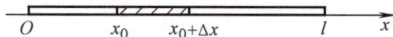

图　2-2

令 $\Delta x \to 0$，若平均线密度 $\overline{\rho} = \dfrac{\Delta m}{\Delta x}$ 的极限存在，我们称该极限值为细

棒在点 x_0 处的**线密度**，即

$$\rho(x_0) = \lim_{\Delta x \to 0} \frac{\Delta m}{\Delta x} = \lim_{\Delta x \to 0} \frac{m(x_0 + \Delta x) - m(x_0)}{\Delta x}$$

上述几个实际问题，在计算上都归结为极限问题

$$\lim_{x \to x_0} \frac{f(x) - f(x_0)}{x - x_0}$$

其中，$\dfrac{f(x) - f(x_0)}{x - x_0} = \dfrac{\Delta y}{\Delta x}$ 是函数的增量与自变量增量之比，表示函数的平均变化率，所得极限值表示函数关于自变量在点 x_0 处的变化率. 因此，瞬时速度 $v(t_0)$ 是位移函数 $s(t)$ 关于时间在 t_0 时刻的变化率；曲线 $y = f(x)$ 在点 $M(x_0, f(x_0))$ 处切线的斜率是函数 $f(x)$ 在点 x_0 处的变化率；线密度 $\rho(x_0)$ 是质量函数 $m(x)$ 关于长度 x 在点 x_0 处的变化率. 还可以举出很多有关变化率的实例. 抛开不同实际问题中变化率的具体内容，抓住它们的共性，我们得到函数的导数概念.

2. 导数定义

定义 1　设函数 $y = f(x)$ 在点 x_0 的某个邻域内有定义. 当自变量 x 在点 x_0 处取增量 Δx 时，函数 y 得到增量 $\Delta y = f(x_0 + \Delta x) - f(x_0)$. 如果当 $\Delta x \to 0$ 时，极限

$$\lim_{\Delta x \to 0} \frac{\Delta y}{\Delta x}$$

存在，则称函数 $y = f(x)$ 在点 x_0 处**可导**，并称该极限值为函数 $y = f(x)$ 在点 x_0 处的**导数**，记作

$$f'(x_0), \quad y'\Big|_{x=x_0}, \quad \frac{\mathrm{d}y}{\mathrm{d}x}\Big|_{x=x_0} \text{ 或 } \frac{\mathrm{d}f(x)}{\mathrm{d}x}\Big|_{x=x_0}$$

即

$$f'(x_0) = \lim_{\Delta x \to 0} \frac{\Delta y}{\Delta x} = \lim_{\Delta x \to 0} \frac{f(x_0 + \Delta x) - f(x_0)}{\Delta x}$$

如果上述定义中的极限不存在，则称函数 $y = f(x)$ 在点 x_0 处不可导.

例 4　求函数 $f(x) = ax + b$ 在点 $x = 1$ 处的导数.

解　由定义，得

导数的定义

$$f'(1) = \lim_{\Delta x \to 0} \frac{f(1 + \Delta x) - f(1)}{\Delta x}$$

$$= \lim_{\Delta x \to 0} \frac{a(1 + \Delta x) + b - (a \cdot 1 + b)}{\Delta x}$$

$$= \lim_{\Delta x \to 0} \frac{a \cdot \Delta x}{\Delta x}$$

$$= \lim_{\Delta x \to 0} a = a$$

事实上，$f(x)$ 在任意点 x 处的导数皆为 a，这说明直线 $y = ax + b$ 的切线即为自身.

例 5　证明：函数 $y = f(x) = |x|$ 在点 $x = 0$ 处不可导.

证　因为

$$\frac{\Delta y}{\Delta x} = \frac{f(0 + \Delta x) - f(0)}{\Delta x} = \frac{|\Delta x|}{\Delta x}$$

所以

$$\lim_{\Delta x \to 0^+} \frac{\Delta y}{\Delta x} = \lim_{\Delta x \to 0^+} \frac{|\Delta x|}{\Delta x} = 1$$

$$\lim_{\Delta x \to 0^-} \frac{\Delta y}{\Delta x} = \lim_{\Delta x \to 0^-} \frac{|\Delta x|}{\Delta x} = -1$$

即当 $\Delta x \to 0$ 时，极限 $\lim_{\Delta x \to 0} \frac{\Delta y}{\Delta x}$ 不存在，函数 $y = |x|$ 在点 $x = 0$ 处不可导.

如果函数 $y = f(x)$ 在开区间 (a, b) 内的每一点都可导，则称函数在开区间 (a, b) 内可导. 此时，对于任一 $x \in (a, b)$，都有 $f(x)$ 的一个导数值 $f'(x)$ 与之对应，从而得到一个定义在 (a, b) 内的由函数 $f(x)$ 导出的新函数，称其为 $f(x)$ 的导函数，简称为导数，记作 $f'(x)$，y' 或 $\frac{\mathrm{d}y}{\mathrm{d}x}$.

例 6　求下列函数的导数.

（1）$y = C$（C 为常数）

（2）$y = x^n$（n 为正整数）

（3）$y = \sin x$

（4）$y = a^x$（$a > 0$，$a \neq 1$）

（5）$y = \log_a x$（$a > 0$，$a \neq 1$）

解　（1）对于任一 $x \in (-\infty, +\infty)$，都有 $y = C$，故当 x 有增量 Δx 时，y 的增量 $\Delta y = 0$. 所以

$$y' = (C)' = \lim_{\Delta x \to 0} \frac{\Delta y}{\Delta x} = \lim_{\Delta x \to 0} 0 = 0$$

（2）对于任一 $x \in (-\infty, +\infty)$，函数 $y = x^n$ 在点 x 处有增量 Δx，那么

$$y'(x) = \lim_{\Delta x \to 0} \frac{(x + \Delta x)^n - x^n}{\Delta x}$$

$$= \lim_{\Delta x \to 0} \frac{x^n + nx^{n-1}\Delta x + \frac{n(n-1)}{2!}x^{n-2}\Delta x^2 + \cdots + (\Delta x)^n - x^n}{\Delta x}$$

$$= \lim_{\Delta x \to 0} \left[nx^{n-1} + \frac{n(n-1)}{2!}x^{n-2}\Delta x + \cdots + (\Delta x)^{n-1} \right]$$

$$= nx^{n-1}$$

更一般地，对于幂函数 $y = x^\alpha$（α 为实数），有

$$(x^\alpha)' = \alpha x^{\alpha-1}$$

这一公式的证明将在以后讨论.

（3）任取 $x \in (-\infty, +\infty)$，有

$$y'(x) = \lim_{\Delta x \to 0} \frac{\sin(x + \Delta x) - \sin x}{\Delta x}$$

$$= \lim_{\Delta x \to 0} \frac{2\cos\left(x + \frac{\Delta x}{2}\right)\sin\frac{\Delta x}{2}}{\Delta x}$$

$$= \lim_{\Delta x \to 0} \cos\left(x + \frac{\Delta x}{2}\right) \cdot \frac{\sin\frac{\Delta x}{2}}{\frac{\Delta x}{2}} = \cos x$$

类似地，可得 $(\cos x)' = -\sin x$.

（4）任取 $x \in (-\infty, +\infty)$，有

$$y'(x) = \lim_{\Delta x \to 0} \frac{a^{x+\Delta x} - a^x}{\Delta x}$$

$$= \lim_{\Delta x \to 0} \frac{a^x(a^{\Delta x} - 1)}{\Delta x} = a^x \cdot \lim_{\Delta x \to 0} \frac{a^{\Delta x} - 1}{\Delta x}$$

$$= a^x \cdot \ln a$$

特别地，当 $a = e$ 时，有 $(e^x)' = e^x$.

（5）任取 $x \in (0, +\infty)$，有

$$y'(x) = (\log_a x)' = \lim_{\Delta x \to 0} \frac{\log_a(x + \Delta x) - \log_a x}{\Delta x}$$

$$= \lim_{\Delta x \to 0} \frac{1}{\Delta x} \log_a \left(1 + \frac{\Delta x}{x}\right)$$

$$= \lim_{\Delta x \to 0} \frac{1}{x} \log_a \left(1 + \frac{\Delta x}{x}\right)^{\frac{x}{\Delta x}}$$

$$= \frac{1}{x} \log_a e$$

$$= \frac{1}{x \ln a}$$

特别地，对于以 e 为底的自然对数，有

$$(\ln x)' = \frac{1}{x}$$

由于函数 $f(x)$ 在点 x_0 处的导数

$$f'(x_0) = \lim_{\Delta x \to 0} \frac{f(x_0 + \Delta x) - f(x_0)}{\Delta x}$$

是一个极限，而极限存在的充要条件是左、右极限存在且相等，因此，利用单侧极限可以给出单侧导数的定义.

定义 2　设函数 $y = f(x)$ 在点 x_0 的某一单侧邻域 $[x_0, x_0 + \delta)$（或 $(x_0 - \delta, x_0]$）内有定义，函数 $f(x)$ 在点 x_0 处有增量 $\Delta x > 0$（或 $\Delta x < 0$）. 如果极限

$$\lim_{\Delta x \to 0^+} \frac{f(x_0 + \Delta x) - f(x_0)}{\Delta x} \left(或 \lim_{\Delta x \to 0^-} \frac{f(x_0 + \Delta x) - f(x_0)}{\Delta x}\right)$$

存在，则称该极限为函数 $y = f(x)$ 在点 x_0 处的**右导数**（或**左导数**），记作 $f'_+(x_0)$（或 $f'_-(x_0)$）.

由函数极限存在的条件，我们得到：

定理 1　函数 $y = f(x)$ 在点 x_0 处可导（即 $f'(x_0)$ 存在）的充要条件是左、右导数 $f'_-(x_0)$、$f'_+(x_0)$ 存在且相等.

例 5 中的函数 $y = |x|$ 在点 $x = 0$ 处不可导是由于函数在该点处左、右导数存在，但不相等.

例 7　设函数

$$f(x) = \begin{cases} x^3 & x < 0 \\ x^2 & x \geqslant 0 \end{cases}$$

研究函数在点 $x=0$ 处的可导性.

解　注意到 $f(0)=0$，于是

$$f'_-(0)=\lim_{\Delta x\to 0^-}\frac{f(\Delta x)-f(0)}{\Delta x}=\lim_{\Delta x\to 0^-}\frac{\Delta x^3}{\Delta x}$$
$$=\lim_{\Delta x\to 0^-}\Delta x^2=0$$

$$f'_+(0)=\lim_{\Delta x\to 0^+}\frac{f(\Delta x)-f(0)}{\Delta x}=\lim_{\Delta x\to 0^+}\frac{\Delta x^2}{\Delta x}$$
$$=\lim_{\Delta x\to 0^+}\Delta x=0$$

所以 $f'(0)=0$，即 $f(x)$ 在点 $x=0$ 处可导.

应当注意的是：左导数 $f'_-(x_0)$ 不同于导函数 $f'(x)$ 在点 x_0 处的左极限 $f'(x_0^-)$；右导数 $f'_+(x_0)$ 不同于导函数 $f'(x)$ 在点 x_0 处的右极限 $f'(x_0^+)$. 证明见 3.1 节例 4.

定理 2　设函数 $f(x)$ 在区间 $[x_0-h,\ x_0]$ （或 $[x_0,\ x_0+h]$）上连续 $(h>0)$，且当 $x<x_0$ （或 $x>x_0$）时存在导数 $f'(x)$. 如果

$$f'(x_0^-)=\lim_{x\to x_0^-}f'(x)=A(\text{或}f'(x_0^+)=\lim_{x\to x_0^+}f'(x)=A)$$

则函数 $f(x)$ 在点 x_0 处的左导数 （或右导数） 存在，且

$$f'_-(x_0)=f'(x_0^-)=A(\text{或}f'_+(x_0)=f'(x_0^+)=A)$$

讨论分段函数在分段点处的导数时，一般可按定义计算分段点的导数或左、右导数. 也可根据定理 2，当 $f(x)$ 在分段点连续时，求导函数 $f'(x)$ 在分段点处的极限值或左、右极限值.

例 8　判断函数

$$f(x)=\begin{cases}\sin x & x\geqslant 0\\ x^4 & x<0\end{cases}$$

在点 $x=0$ 处的连续性和可导性.

解　（1）连续性. 由于

$$\lim_{x\to 0^+}f(x)=\lim_{x\to 0^+}\sin x=0$$
$$\lim_{x\to 0^-}f(x)=\lim_{x\to 0^-}x^4=0$$

且 $f(0)=0$，故得

$$\lim_{x\to 0}f(x)=f(0)$$

即 $f(x)$ 在点 $x=0$ 处连续.

（2）可导性.

方法 1　用定义求左、右导数．由于

$$f'_+(0) = \lim_{x \to 0^+} \frac{f(x) - f(0)}{x - 0} = \lim_{x \to 0^+} \frac{\sin x}{x} = 1$$

$$f'_-(0) = \lim_{x \to 0^-} \frac{f(x) - f(0)}{x - 0} = \lim_{x \to 0^-} \frac{x^4}{x} = \lim_{x \to 0^-} x^3 = 0$$

$f'_+(0) \neq f'_-(0)$，从而 $f(x)$ 在点 $x = 0$ 处不可导．

方法 2　先求出当 $x \neq 0$ 时，$f(x)$ 的导函数，再计算 $f'(x)$ 在点 $x = 0$ 处的左、右极限．由于 $f(x)$ 在点 $x = 0$ 处连续，当 $x > 0$ 时，$f'(x) = \cos x$；当 $x < 0$ 时，$f'(x) = 4x^3$．从而

$$f'(0^+) = \lim_{x \to 0^+} f'(x) = \lim_{x \to 0^+} \cos x = 1$$
$$f'(0^-) = \lim_{x \to 0^-} f'(x) = \lim_{x \to 0^-} 4x^3 = 0$$

所以，$f'_+(0) = f'(0^+) = 1$，$f'_-(0) = f'(0^-) = 0$，左、右导数存在但不相等，故 $f(x)$ 在点 $x = 0$ 处不可导．

3. 导数的几何意义

我们知道：函数 $y = f(x)$ 在 x_0 处的导数 $f'(x_0)$ 在几何上表示曲线 $y = f(x)$ 在点 $M(x_0, f(x_0))$ 处的切线的斜率，即

$$f'(x_0) = \tan \alpha$$

其中，α 是 $M(x_0, f(x_0))$ 处的切线与 x 轴正向的夹角（见图 2-3）．

如果函数 $f(x)$ 在点 x_0 处连续，但极限

$$\lim_{x \to x_0} \frac{f(x) - f(x_0)}{x - x_0} = \infty$$

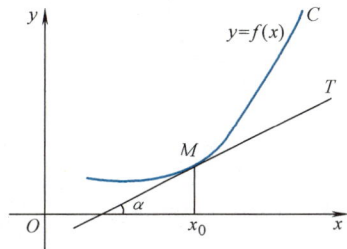

图　2-3

不存在，$f(x)$ 在 x_0 处不可导．为方便起见，亦称 $f(x)$ 在 x_0 处有无穷导数，此时，函数 $y = f(x)$ 在点 $M(x_0, f(x_0))$ 处的切线与 x 轴正向夹角为 $\frac{\pi}{2}$，平行于 y 轴．例如，函数 $y = \sqrt[3]{x}$，$y = \sqrt{|x|}$ 在原点 $O(0, 0)$ 处连续，导数为无穷大，且以 y 轴为切线（见图 2-4）．

若已求得函数 $y = f(x)$ 在 x_0 处的导数 $f'(x_0)$，可得曲线在点 $M(x_0, f(x_0))$ 处的切线方程为

$$y - f(x_0) = f'(x_0)(x - x_0)$$

法线方程为

$$y - f(x_0) = -\frac{1}{f'(x_0)}(x - x_0) \quad (f'(x_0) \neq 0)$$

▶ 导数的意义

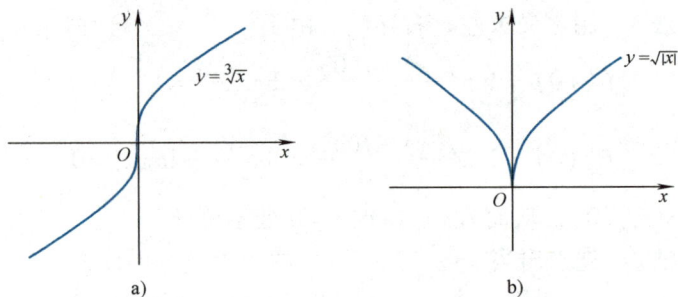

图　2-4

例9　求指数函数 $y = e^x$ 在点 $M(1, e)$ 处的切线方程和法线方程.

解　指数函数 $y = e^x$ 在点 M 处的导数为

$$y'\big|_{x=1} = e^x\big|_{x=1} = e$$

所以切线方程为

$$y - e = e\ (x - 1)$$

即

$$ex - y = 0$$

法线方程为

$$y - e = -\frac{1}{e}\ (x - 1)$$

即

$$x + ey - e^2 - 1 = 0$$

例10　已知函数 $y = f(x)$ 的图形如图 2-5 所示，试画出导函数 $f'(x)$ 的草图.

解　观察 $y = f(x)$ 的图形，估计曲线上每一点 $(x, f(x))$ 处切线的斜率.

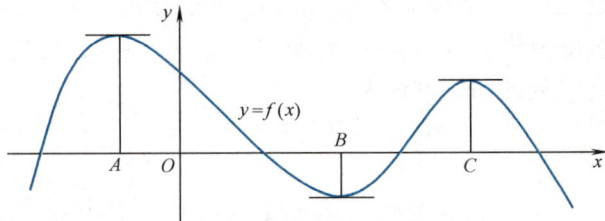

图　2-5

在 A，B，C 三点处，曲线有水平切线，从而相应的 $f'(x)=0$；当 x 落在区间 $(-\infty，A)$ 及 $(B，C)$ 内时，曲线单调增加，切线与 x 轴正向夹角小于 $\dfrac{\pi}{2}$，相应点处切线的斜率为正，即 $f'(x)>0$；当 x 落在区间 $(A，B)$ 及 $(C，+\infty)$ 内时，曲线单调减少，切线与 x 轴正向夹角大于 $\dfrac{\pi}{2}$，相应点处切线的斜率为负，即 $f'(x)<0$. 从而大致可画出 $f'(x)$ 的草图（见图 2-6）.

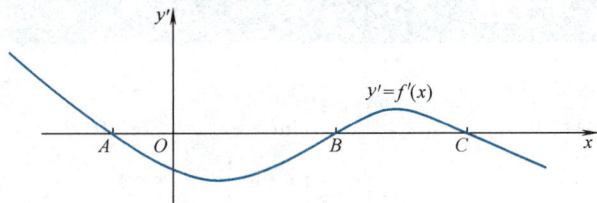

图 2-6

4. 可导性与连续性的关系

由导数的定义可知，若 $f(x)$ 在点 x_0 处可导，则极限 $f'(x_0)=\lim\limits_{\Delta x\to 0}\dfrac{\Delta y}{\Delta x}$ 存在，那么

$$
\begin{aligned}
\lim_{\Delta x\to 0}\left[f(x_0+\Delta x)-f(x_0)\right] &= \lim_{\Delta x\to 0}\Delta x\cdot\frac{f(x_0+\Delta x)-f(x_0)}{\Delta x}\\
&= \lim_{\Delta x\to 0}\Delta x\cdot\lim_{\Delta x\to 0}\frac{\left[f(x_0+\Delta x)-f(x_0)\right]}{\Delta x}\\
&= 0\cdot f'(x_0)=0
\end{aligned}
$$

即 $f(x)$ 在点 x_0 处连续. 从而得

定理 3 若函数 $y=f(x)$ 在点 x_0 处可导，则函数在该点处连续.

但由例 5 和例 8 知，函数在某点连续未必在该点可导.

例 11 研究函数

$$
f(x)=\begin{cases}x\sin\dfrac{1}{x} & x\neq 0\\[2mm] 0 & x=0\end{cases}
$$

在点 $x=0$ 处的连续性与可导性.

解 由于

$$
\lim_{x\to 0}f(x)=\lim_{x\to 0}x\sin\frac{1}{x}=0
$$

可导与
连续的关系

且 $f(0) = 0$. 由连续函数的定义知，函数 $f(x)$ 在点 $x = 0$ 处是连续的．又因为

$$\frac{f(0 + \Delta x) - f(0)}{\Delta x} = \frac{\Delta x \sin \dfrac{1}{\Delta x} - 0}{\Delta x} = \sin \frac{1}{\Delta x}$$

极限 $\lim\limits_{\Delta x \to 0} \sin \dfrac{1}{\Delta x}$ 不存在，所以 $f(x)$ 在点 $x = 0$ 处不可导．

习　题　2.1

1. 有一质量分布不均匀的细杆 AB，长 10cm，AM 段质量与从 A 到点 M 的距离平方成正比，并且已知一段 $AM = 2$cm 的质量等于 8g，试求

（1）$AM = 2$cm 一段上的平均线密度．

（2）全杆的平均线密度．

（3）在 AM 等于 4cm 的点 M 处的线密度．

（4）在任意点 M 处的线密度．

2. 若质点运动规律为 $s = vt - \dfrac{1}{2}gt^2$，求

（1）在 $t_0 = 1$，$t = 1 + \Delta t$ 之间的平均速度（$\Delta t = 0.5, 0.1, 0.05, 0.01$）．

（2）在 $t_0 = 1$ 时，质点的瞬时速度．

3. 利用导数定义，求下列函数在指定点 x_0 处的导数．

（1）$f(x) = \dfrac{1}{x^2}$，$x_0 = 1$

（2）$f(x) = \dfrac{1}{\sqrt{x}}$，$x_0 = 4$

（3）$f(x) = x|x|$，$x_0 = 0$

（4）$f(x) = \cos x$，$x_0 = \dfrac{\pi}{4}$

4. 利用定义求下列函数的导函数．

（1）$y = \sin 2x$ 　　　　（2）$y = e^{\alpha x}$

5. 求下列分段函数在分段点处的左、右导数，并指出函数在该点的可导性．

（1）$y = \begin{cases} x & x \geqslant 0 \\ x^2 & x < 0 \end{cases}$

（2）$y = \begin{cases} x & x < 0 \\ \ln(1 + x) & x \geqslant 0 \end{cases}$

（3）$y = \begin{cases} x^2 \sin \dfrac{1}{x} & x \neq 0 \\ 0 & x = 0 \end{cases}$

（4）$y = \begin{cases} \sin x & x \in [0, \pi] \\ -\sin x & x \in [-\pi, 0) \end{cases}$

6. 设函数 $f(x)$ 在点 x_0 处可导，试用 $f'(x_0)$ 表示下列极限．

（1）$\lim\limits_{h \to 0} \dfrac{f(x_0 + 2h) - f(x_0)}{h}$

（2）$\lim\limits_{h \to 0} \dfrac{f(x_0) - f(x_0 - h)}{h}$

（3）$\lim\limits_{n \to \infty} n \left[f\left(x_0 - \dfrac{1}{n}\right) - f(x_0) \right]$

（4）$\lim\limits_{h \to 0} \dfrac{f(x_0 + 2h) - f(x_0 - h)}{h}$

7. 设函数 $f(x) = \begin{cases} x^2 + 2 & x \leqslant 1 \\ ax + b & x > 1 \end{cases}$，$a$，$b$ 取何值时，$f(x)$ 在点 $x = 1$ 处连续且可导？

8. 求曲线 $y = \sin x$ 在点 $\left(\dfrac{\pi}{4}, \dfrac{\sqrt{2}}{2}\right)$ 处的切线方程和法线方程．

9. 求垂直于直线 $2x - 6y + 1 = 0$ 且与曲线 $y = x^3 + 3x^2 - 5$ 相切的直线方程．

10. 讨论函数 $f(x) = \begin{cases} \ln(1 + x) & -1 < x < 0 \\ \sqrt{1 + x} - \sqrt{1 - x} & x \geqslant 0 \end{cases}$

在点 $x=0$ 处的连续性与可导性.

11. 如果 $f(x)$ 是偶函数, 且 $f'(0)$ 存在, 证明: $f'(0)=0$.

12. 如果 $f(x)$ 是奇函数, 且 $f'(x_0)=1$, 求 $f'(-x_0)$.

13. 设 $f(0)=0$, $f'(0)$ 存在, 求极限 $\lim\limits_{x\to 0}\dfrac{f(x)}{x}$.

14. 设 $f(x)$ 在区间 $[-\delta,\ \delta]$ 内有定义, 且当 $x\in(-\delta,\ \delta)$ 时, 恒有 $|f(x)|\leqslant x^2$, 证明: $f(x)$ 在点 $x=0$ 处可导. 并求 $f'(0)$.

15. 设函数 $y=x^{\frac{1}{3}}$, 试画出导函数的草图.

16. 图 2-7 中, a、b、c、d 是函数 $y=f(x)$ 的图形, (1)、(2)、(3)、(4) 是导函数的图形, 选择编号, 使函数与导函数的图形相匹配.

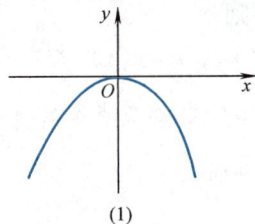

(1)

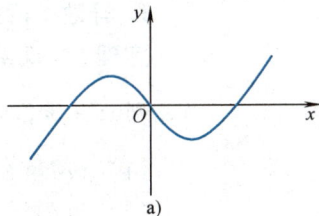

a)

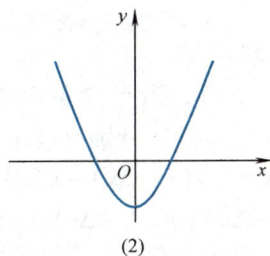

(2)

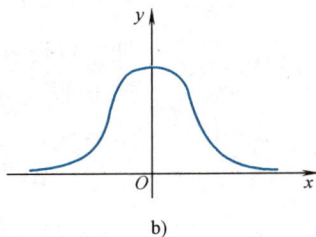

b)

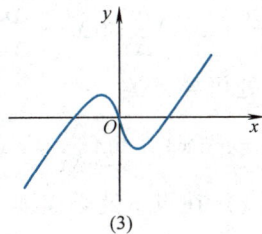

(3)

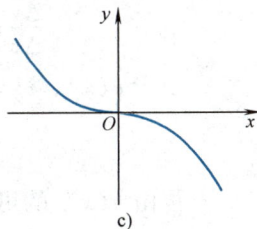

c)

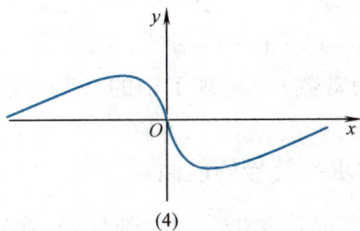

(4)

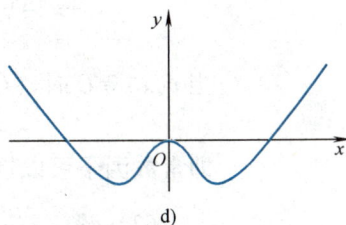

d)

图　2-7

2.2 求导法则和求导基本公式

由 2.1 节我们已发现，按定义求一个函数的导数一般是很麻烦的. 本节将介绍一些求导数的运算法则，运用这些法则，可以方便快捷地求出初等函数的导数.

1. 导数的四则运算法则

定理 1 设函数 $u = u(x)$，$v = v(x)$ 都在点 x 处可导，α，β 是常数，则 $\alpha u + \beta v$，uv，$\dfrac{u}{v}(v \neq 0)$ 也都在点 x 处可导，且有

（1）$(\alpha u + \beta v)' = \alpha u' + \beta v'$

（2）$(uv)' = u'v + uv'$

（3）$\left(\dfrac{u}{v}\right)' = \dfrac{u'v - uv'}{v^2}$

证 仅证（2）和（3）.

（2）设 $y = u(x) \cdot v(x)$，当自变量有增量 Δx 时，函数 $u = u(x)$，$v = v(x)$ 及 $y = u(x) \cdot v(x)$ 分别有增量 Δu、Δv 和 Δy. 且

$$\begin{aligned}
\Delta y &= u(x + \Delta x) \cdot v(x + \Delta x) - u(x) \cdot v(x) \\
&= (u(x) + \Delta u)(v(x) + \Delta v) - u(x) \cdot v(x) \\
&= v(x)\Delta u + u(x)\Delta v + \Delta u \cdot \Delta v
\end{aligned}$$

$$\frac{\Delta y}{\Delta x} = v(x) \cdot \frac{\Delta u}{\Delta x} + u(x)\frac{\Delta v}{\Delta x} + \Delta u \cdot \frac{\Delta v}{\Delta x}$$

由于 $u(x)$，$v(x)$ 在点 x 处可导，故

$$\lim_{\Delta x \to 0} \frac{\Delta u}{\Delta x} = u'(x)，\quad \lim_{\Delta x \to 0} \frac{\Delta v}{\Delta x} = v'(x)$$

再由 $u(x)$ 的可导性得 $u(x)$ 在点 x 处必连续，即有 $\lim\limits_{\Delta x \to 0} \Delta u = 0$. 于是

$$\lim_{\Delta x \to 0} \frac{\Delta y}{\Delta x} = \lim_{\Delta x \to 0}\left[v(x) \cdot \frac{\Delta u}{\Delta x} + u(x) \cdot \frac{\Delta v}{\Delta x} + \Delta u \cdot \frac{\Delta v}{\Delta x}\right]$$
$$= u'(x) \cdot v(x) + u(x) \cdot v'(x)$$

当 $v(x) \equiv C$ 时（C 为常数），定理 1 中的（2）变为

$$(Cu)' = Cu'$$

即常数因子可以提到求导符号的前面.

（3）设 $y = \dfrac{u(x)}{v(x)}(v(x) \neq 0)$. 由于 $v'(x)$ 存在，$v(x)$ 在点 x 处

必连续，并且由于$v(x)\neq0$，当$|\Delta x|$充分小时，有$v(x+\Delta x)\neq0$，从而y的增量

$$\Delta y = \frac{u(x+\Delta x)}{v(x+\Delta x)} - \frac{u(x)}{v(x)}$$

$$= \frac{u(x+\Delta x)\cdot v(x) - u(x)\cdot v(x+\Delta x)}{v(x)\cdot v(x+\Delta x)}$$

$$= \frac{[u(x)+\Delta u]v(x) - u(x)[v(x)+\Delta v]}{v(x)\cdot v(x+\Delta x)}$$

$$= \frac{\Delta u\cdot v(x) - u(x)\cdot\Delta v}{v(x)\cdot v(x+\Delta x)}$$

由 $u(x)$、$v(x)$ 在点 x 处可导及 $v(x)$ 在该点连续，有

$$\lim_{\Delta x\to0}\frac{\Delta y}{\Delta x} = \lim_{\Delta x\to0}\frac{\dfrac{\Delta u}{\Delta x}\cdot v(x) - u(x)\cdot\dfrac{\Delta v}{\Delta x}}{v(x)\cdot v(x+\Delta x)}$$

$$= \frac{u'(x)\cdot v(x) - u(x)\cdot v'(x)}{v^2(x)}$$

特别地，当 $u(x)\equiv1$ 时，有

$$\left(\frac{1}{v}\right)' = -\frac{v'}{v^2}$$

定理 1 中的（1）和（2）可以推广到有限个函数的情形，如

$$(\alpha u + \beta v + \gamma w)' = \alpha u' + \beta v' + \gamma w'$$
$$(uvw)' = u'\cdot v\cdot w + u\cdot v'\cdot w + u\cdot v\cdot w'$$

例 1 设 $y = x^3 - 2a^x + \sin x$，求 y' 及 $y'|_{x=1}$.

解 $y' = (x^3)' - 2(a^x)' + (\sin x)'$

$\qquad = 3x^2 - 2a^x\cdot\ln a + \cos x$

$y'|_{x=1} = 3 - 2a\ln a + \cos 1$

例 2 设 $y = \ln x(\cos x - \sin x)$，求 y'.

解 $y' = (\ln x)'\cdot(\cos x - \sin x) + \ln x\cdot(\cos x - \sin x)'$

$\qquad = \frac{1}{x}(\cos x - \sin x) + \ln x[(\cos x)' - (\sin x)']$

$\qquad = \frac{1}{x}(\cos x - \sin x) - \ln x(\sin x + \cos x)$

例 3 求 $y = \tan x$ 的导数.

解　$y' = (\tan x)' = \left(\dfrac{\sin x}{\cos x}\right)'$

$$= \dfrac{(\sin x)'\cos x - \sin x(\cos x)'}{\cos^2 x}$$

$$= \dfrac{\cos^2 x + \sin^2 x}{\cos^2 x} = \dfrac{1}{\cos^2 x} = \sec^2 x$$

类似地，$(\cot x)' = -\dfrac{1}{\sin^2 x} = -\csc^2 x$

例 4　求函数 $y = \sec x$ 的导数.

解　$y' = (\sec x)' = \left(\dfrac{1}{\cos x}\right)'$

$$= -\dfrac{(\cos x)'}{\cos^2 x} = -\dfrac{-\sin x}{\cos^2 x} = \tan x \cdot \sec x$$

类似地，$(\csc x)' = -\cot x \cdot \csc x.$

例 5　设某物体沿直线运动的规律是 $s(t) = 3t^4 - 12t^3 + 12t^2$，问该物体何时向前运动？何时向后运动？

解　物体运动的速度是

$$v(t) = \dfrac{\mathrm{d}s}{\mathrm{d}t} = 12t^3 - 36t^2 + 24t$$

$$= 12t(t-1)(t-2)$$

当 $v(t) > 0$ 时，物体向前运动，当 $v(t) < 0$ 时，物体向后运动.

解不等式

$$v(t) = 12t(t-1)(t-2) > 0$$

及

$$v(t) = 12t(t-1)(t-2) < 0$$

并注意时间 $t > 0$，知当 $t \in (0, 1) \cup (2, +\infty)$ 时，物体向前运动；当 $t \in (1, 2)$ 时，物体向后运动.

2. 反函数的求导法则

由第 1 章知识，若原来的函数 $x = \varphi(y)$ 在某一区间 D_y 上严格单调、连续，则其反函数 $y = f(x)$ 在 $x = \varphi(y)$ 的值域 D_x 上也严格单调、连续.

现设 $x = \varphi(y)$ 在点 $(\varphi(y), y)$ 处可导. 问反函数 $y = f(x)$ 在

对应点 $(x, f(x))$ 是否也可导．若可导，$f'(x)$ 和 $\varphi'(y)$ 有何关系？

几何上，函数 $x = \varphi(y)$ 与反函数 $y = f(x)$ 表示 xOy 平面上的同一条曲线（见图 2-8）．

若函数 $x = \varphi(y)$ 在 y 处可导，即曲线 C 在点 (x, y) 处的切线存在，且切线的斜率为

$$\varphi'(y) = \tan\beta$$

其中，β 为切线与 y 轴正向的夹角．另一方面，曲线 C 也是函数 $y = f(x)$ 的几何表示，过曲线 C 上的点 (x, y) 处的切线存在，即表示函数 $y = f(x)$ 在 x 处可导，且

$$f'(x) = \tan\alpha$$

其中，α 是切线与 x 轴正向的夹角．由于 $\alpha + \beta = \dfrac{\pi}{2}$，即 $\tan\alpha \cdot \tan\beta = 1$，故有

$$f'(x) = \frac{1}{\varphi'(y)}$$

定理 2　设函数 $x = \varphi(y)$ 在某区间 D_y 上严格单调、连续．若 $x = \varphi(y)$ 在点 y 处可导，且 $\varphi'(y) \neq 0$，则其反函数 $y = \varphi^{-1}(x) = f(x)$ 在对应点 x 处也可导，且

$$f'(x) = \frac{1}{\varphi'(y)} \text{ 或} \frac{\mathrm{d}y}{\mathrm{d}x} = \frac{1}{\dfrac{\mathrm{d}x}{\mathrm{d}y}}$$

证　反函数 $y = \varphi^{-1}(x) = f(x)$ 的存在性，严格单调性及连续性由第 1 章的结论已知．现设 x 的增量 $\Delta x \neq 0$，则反函数 $y = f(x)$ 有增量 Δy．由严格单调性知，当 $\Delta x \neq 0$ 时，$\Delta y \neq 0$．再由连续性，当 $\Delta x \to 0$ 时，$\Delta y \to 0$．于是

$$\lim_{\Delta x \to 0} \frac{\Delta y}{\Delta x} = \lim_{\Delta y \to 0} \frac{1}{\dfrac{\Delta x}{\Delta y}} = \frac{1}{\varphi'(y)}$$

即

$$f'(x) = \frac{1}{\varphi'(y)}$$

此法则说明，严格单调连续函数的反函数的导数等于原来函数导数的倒数．

例 6　利用反函数求导法则，求 $y = \ln x$ 的导数．

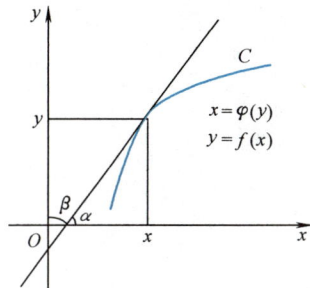

图　2-8

解　对数函数 $y = \ln x$ 是指数函数 $x = \mathrm{e}^y$ 的反函数，由定理 2，有

$$y'_x = (\ln x)' = \frac{1}{(\mathrm{e}^y)'} = \frac{1}{\mathrm{e}^y} = \frac{1}{x}$$

这与前面用定义推出的公式一致.

例 7　求反正弦函数 $y = \arcsin x (\, |x| < 1\,)$ 的导数.

解　函数 $y = \arcsin x$ 是 $x = \sin y$ 的反函数. 函数 $x = \sin y$ 在区间 $\left(-\dfrac{\pi}{2}, \dfrac{\pi}{2} \right)$ 内严格单调、连续、可导，且 $(\sin y)' = \cos y > 0$. 因此，在对应区间 $(-1, 1)$ 内，有

$$(\arcsin x)' = \frac{1}{(\sin y)'} = \frac{1}{\cos y} = \frac{1}{\sqrt{1 - \sin^2 y}} = \frac{1}{\sqrt{1 - x^2}}$$

即

$$(\arcsin x)' = \frac{1}{\sqrt{1 - x^2}}$$

类似地，可得 $(\arccos x)' = \dfrac{-1}{\sqrt{1 - x^2}} \ (\, |x| < 1\,)$.

例 8　求反正切函数 $y = \arctan x \ (\, |x| < +\infty\,)$ 的导数.

解　函数 $y = \arctan x \ (-\infty < x < +\infty)$ 是 $x = \tan y$ $\left(-\dfrac{\pi}{2} < y < \dfrac{\pi}{2} \right)$ 的反函数，$x = \tan y$ 在区间 $\left(-\dfrac{\pi}{2}, \dfrac{\pi}{2} \right)$ 内严格单调、连续、可导，且

$$(\tan y)' = \sec^2 y > 0$$

所以，函数 $y = \arctan x$ 在 $(-\infty, +\infty)$ 内每一点处可导，并且

$$y' = (\arctan x)' = \frac{1}{(\tan y)'} = \frac{1}{\sec^2 y} = \frac{1}{1 + x^2}$$

即

$$(\arctan x)' = \frac{1}{1 + x^2}$$

类似地，

$$(\operatorname{arccot} x)' = -\frac{1}{1 + x^2} \quad (\, |x| < +\infty\,)$$

3. 复合函数的求导法则（链式法则）

假设函数 $u = \varphi(x)$ 在点 x 处可导，函数 $y = f(u)$ 在对应点 u 处可导，下面讨论复合函数 $y = f\,[\,\varphi(x)\,]$ 在点 x 处的可导性.

设自变量 x 有增量 Δx，中间变量 $u = \varphi(x)$ 有对应的增量 Δu，继而有函数 $y = f(u)$ 的增量 Δy. 由于 $y = f(u)$ 在点 u 处可导，故有

$$\lim_{\Delta u \to 0} \frac{\Delta y}{\Delta u} = f'(u)$$

根据极限存在准则，有

$$\frac{\Delta y}{\Delta u} = f'(u) + \alpha$$

其中，α 为无穷小量，即 $\lim\limits_{\Delta u \to 0} \alpha = 0$. 当 $\Delta u \neq 0$ 时，上式可写作

$$\Delta y = f'(u) \cdot \Delta u + \alpha \cdot \Delta u$$

当 $\Delta x \neq 0$ 时，有

$$\frac{\Delta y}{\Delta x} = f'(u) \cdot \frac{\Delta u}{\Delta x} + \alpha \cdot \frac{\Delta u}{\Delta x}$$

由于 $u = \varphi(x)$ 在点 x 处可导，故连续，从而当 $\Delta x \to 0$ 时，$\Delta u \to 0$，进而有 $\alpha \to 0$，于是

$$\lim_{\Delta x \to 0} \frac{\Delta y}{\Delta x} = f'(u) \cdot \lim_{\Delta x \to 0} \frac{\Delta u}{\Delta x} + \lim_{\Delta x \to 0} \left(\alpha \cdot \frac{\Delta u}{\Delta x} \right)$$
$$= f'(u) \cdot \varphi'(x)$$

即

$$y'_x = f'(u) \cdot \varphi'(x)$$

定理 3 若函数 $u = \varphi(x)$ 在点 x 可导，函数 $y = f(u)$ 在其对应点 $u = \varphi(x)$ 处可导，则复合函数 $y = f(\varphi(x))$ 在点 x 处也可导，且

$$(f(\varphi(x)))' = f'(u) \cdot \varphi'(x)$$

或

$$\frac{\mathrm{d}y}{\mathrm{d}x} = \frac{\mathrm{d}y}{\mathrm{d}u} \cdot \frac{\mathrm{d}u}{\mathrm{d}x}$$

复合函数的求导法则也称为链式法则. 此法则可以推广到两个以上函数复合的情况，例如，若 $y = f(u)$，$u = \varphi(v)$，$v = \psi(x)$，则复合函数 $y = f(\varphi(\psi(x)))$ 的导数为

$$y'_x = f'(u) \cdot \varphi'(v) \cdot \psi'(x)$$

即

$$\frac{\mathrm{d}y}{\mathrm{d}x} = \frac{\mathrm{d}y}{\mathrm{d}u} \cdot \frac{\mathrm{d}u}{\mathrm{d}v} \cdot \frac{\mathrm{d}v}{\mathrm{d}x}$$

例 9 导出幂函数 $y = x^{\alpha}$（$x > 0$）的求导公式.

解 由于 $x^{\alpha} = \mathrm{e}^{\ln x^{\alpha}} = \mathrm{e}^{\alpha \ln x}$，因此函数可以看成由

$$y = e^u, \quad u = \alpha \ln x$$

复合而成，从而有

$$y'_x = (x^\alpha)' = (e^u)'_u \cdot (\alpha \ln x)'_x$$

$$= e^u \cdot \alpha \cdot \frac{1}{x} = e^{\alpha \ln x} \cdot \frac{\alpha}{x}$$

$$= x^\alpha \cdot \frac{\alpha}{x} = \alpha x^{\alpha - 1}$$

例 10　设 $z = \cos(\sin^2 x^3)$，求 $\dfrac{dz}{dx}$.

解　函数可看成由函数

$$z = \cos u, \quad u = v^2, \quad v = \sin w, \quad w = x^3$$

复合而成，由链式法则，有

$$\frac{dz}{dx} = (\cos u)'_u \cdot (v^2)'_v \cdot (\sin w)'_w \cdot (x^3)'_x$$

$$= -\sin u \cdot (2v) \cdot \cos w \cdot (3x^2)$$

$$= -6x^2 \cos x^3 \cdot \sin x^3 \cdot \sin(\sin^2 x^3)$$

$$= -3x^2 \sin 2x^3 \cdot \sin(\sin^2 x^3)$$

一般地，我们不必要求写出具体的复合关系，只要记住哪些是中间变量，将中间变量的表达式看成一个整体，由外向内，一层层地逐个求导，不脱节，不遗漏.

例 11　求函数 $y = \ln(x + \sqrt{1 + x^2})$ 的导数.

解　$y' = \dfrac{1}{x + \sqrt{1 + x^2}} \cdot (x + \sqrt{1 + x^2})'$

$$= \frac{1}{x + \sqrt{1 + x^2}} \left[1 + \frac{1}{2\sqrt{1 + x^2}} \cdot (1 + x^2)' \right]$$

$$= \frac{1}{x + \sqrt{1 + x^2}} \left(1 + \frac{x}{\sqrt{1 + x^2}} \right)$$

$$= \frac{1}{x + \sqrt{1 + x^2}} \cdot \frac{\sqrt{1 + x^2} + x}{\sqrt{1 + x^2}}$$

$$= \frac{1}{\sqrt{1 + x^2}}$$

例 12　求双曲函数的导数.

解 $(\sinh x)' = \left[\dfrac{1}{2}(e^x - e^{-x})\right]' = \dfrac{1}{2}(e^x + e^{-x}) = \cosh x$

$(\cosh x)' = \left[\dfrac{1}{2}(e^x + e^{-x})\right]' = \dfrac{1}{2}(e^x - e^{-x}) = \sinh x$

$(\tanh x)' = \left(\dfrac{\sinh x}{\cosh x}\right)' = \dfrac{\cosh^2 x - \sinh^2 x}{\cosh^2 x} = \dfrac{1}{\cosh^2 x}$

$(\coth x)' = \left(\dfrac{\cosh x}{\sinh x}\right)' = \dfrac{\sinh^2 x - \cosh^2 x}{\sinh^2 x} = -\dfrac{1}{\sinh^2 x}$

例 13 求函数 $y = \arctan\dfrac{a+x}{1-ax}$ 的导数.

解 $y' = \dfrac{1}{1 + \left(\dfrac{a+x}{1-ax}\right)^2}\left(\dfrac{a+x}{1-ax}\right)'$

$= \dfrac{(1-ax)^2}{(1-ax)^2 + (a+x)^2} \cdot \dfrac{1 - ax - (a+x)(-a)}{(1-ax)^2}$

$= \dfrac{1+a^2}{(1+a^2)(1+x^2)} = \dfrac{1}{1+x^2}$

函数 $y = \arctan\dfrac{a+x}{1-ax}$ 与函数 $y = \arctan x$ 表达式不同，但导数相同，试研究这两个函数之间的关系.

例 14 求函数 $y = \ln|x|$ 的导数.

解 当 $x > 0$ 时，

$$y' = (\ln x)' = \dfrac{1}{x}$$

当 $x < 0$ 时，

$$y' = (\ln(-x))' = \dfrac{1}{-x}(-x)'$$

$$= \dfrac{1}{-x} \cdot (-1) = \dfrac{1}{x}$$

故只要 $|x| \neq 0$，总有

$$(\ln|x|)' = \dfrac{1}{x}$$

一般地，若函数 $f(x)$ 可导，当 $f(x) \neq 0$ 时，函数 $\ln|f(x)|$ 也可导，且有

$$(\ln|f(x)|)' = \frac{f'(x)}{f(x)}$$

4. 基本导数公式

将前面已求得的基本初等函数的导数公式及求导法则归纳如下：

（1）基本初等函数的导数公式.

$(C)' = 0$（C 为常数）

$(x^{\alpha})' = \alpha x^{\alpha-1}$ （α 为实数）

$(a^x)' = a^x \cdot \ln a$ （$a>0$，$a \neq 1$），$(e^x)' = e^x$

$(\log_a x)' = \dfrac{1}{x \ln a}$ （$a>0$，$a \neq 1$），$(\ln x)' = \dfrac{1}{x}$，$(\ln|x|)' = \dfrac{1}{x}$

$(\sin x)' = \cos x$，$(\cos x)' = -\sin x$

$(\tan x)' = \sec^2 x$，$(\cot x)' = -\csc^2 x$

$(\sec x)' = \sec x \cdot \tan x$

$(\csc x)' = -\csc x \cdot \cot x$

$(\arcsin x)' = \dfrac{1}{\sqrt{1-x^2}}$ 　　 （$|x|<1$）

$(\arccos x)' = -\dfrac{1}{\sqrt{1-x^2}}$ 　　 （$|x|<1$）

$(\arctan x)' = \dfrac{1}{1+x^2}$

$(\text{arccot}\, x)' = -\dfrac{1}{1+x^2}$

$(\sinh x)' = \cosh x$，$(\cosh x)' = \sinh x$

$(\tanh x)' = \dfrac{1}{\cosh^2 x}$，$(\coth x)' = -\dfrac{1}{\sinh^2 x}$

（2）函数的四则运算的求导法则.

设函数 $u = u(x)$，$v = v(x)$ 在点 x 处可导，则

$(Cu(x))' = Cu'(x)$ 　　（C 为常数）

$(u(x) \pm v(x))' = u'(x) \pm v'(x)$

$(u(x) \cdot v(x))' = u'(x)v(x) + u(x)v'(x)$

$\left(\dfrac{u(x)}{v(x)}\right)' = \dfrac{u'(x)v(x) - u(x)v'(x)}{v^2(x)}$ （$v(x) \neq 0$）

（3）反函数求导法则.

设函数 $x = \varphi(y)$ 及 $y = f(x)$ 互为反函数，$\varphi'(y)$ 存在且不为

▶️ 几个基本初等
函数的导数

▶️ 反函数的求导法则

零，则

$$f'(x) = \frac{1}{\varphi'(y)} \quad \text{或} \quad \frac{dy}{dx} = \frac{1}{\dfrac{dx}{dy}}$$

(4) 复合函数求导法则.

设函数 $u = \varphi(x)$ 在点 x 处可导，$y = f(u)$ 在对应点 u 处可导，则

$$y'_x = f'(u) \cdot \varphi'(x) \quad \text{或} \quad \frac{dy}{dx} = \frac{dy}{du} \cdot \frac{du}{dx}$$

▶️ 复合函数的
求导法则

例 15　设函数 $f(x)$ 可导，$y = f(e^x) \cdot e^{f(x)}$，求 $\dfrac{dy}{dx}$.

解　$y' = (f(e^x))' \cdot e^{f(x)} + f(e^x) \cdot (e^{f(x)})'$

　　$= f'(e^x) \cdot (e^x)' \cdot e^{f(x)} + f(e^x) \cdot e^{f(x)} \cdot f'(x)$

　　$= (f'(e^x) \cdot e^x + f(e^x) \cdot f'(x)) e^{f(x)}$

例 16　设函数 $f(x) = \arccos\,(\cos x^2)$，求 $f'(x)$.

解　由于 $(\arccos u)' = \dfrac{-1}{\sqrt{1-u^2}}$ 仅对 $u \in (-1,\ 1)$ 成立，所以当且仅当 $x^2 \neq k\pi (k = 0,\ 1,\ 2,\ \cdots)$ 时，函数 $f(x)$ 可导，且

$$f'(x) = -\frac{1}{\sqrt{1 - (\cos x^2)^2}} \cdot (-\sin x^2) \cdot 2x$$

$$= \frac{2x \sin x^2}{|\sin x^2|}$$

例 17　设幂指函数 $f(x) = u(x)^{v(x)}$，其中 $u = u(x)$ 与 $v = v(x)$ 皆为可导函数，且 $u(x) > 0$，求 $f'(x)$.

解　由于

$$u\,(x)^{v(x)} = e^{v(x)\ln u(x)}$$

所以

$$f'(x) = e^{v(x)\ln u(x)} \left[v'(x)\ln u(x) + \frac{v(x)u'(x)}{u(x)} \right]$$

$$= u(x)^{v(x)} \left[v'(x)\ln u(x) + \frac{v(x)u'(x)}{u(x)} \right]$$

例 18　设函数 $f(x) = \begin{cases} \dfrac{\sin^2 x}{x} & x \neq 0 \\[2mm] 0 & x = 0 \end{cases}$，求 $f'(x)$.

▶️ 分段函数的导数

解 当 $x \neq 0$ 时，$f(x) = \dfrac{\sin^2 x}{x}$，那么有

$$f'(x) = \left(\frac{\sin^2 x}{x}\right)' = \frac{(2\sin x \cos x)x - \sin^2 x}{x^2}$$

$$= \frac{\sin 2x}{x} - \frac{\sin^2 x}{x^2}$$

当 $x = 0$ 时，

$$f'(0) = \lim_{x \to 0} \frac{f(x) - f(0)}{x - 0} = \lim_{x \to 0} \frac{\dfrac{\sin^2 x}{x} - 0}{x}$$

$$= \lim_{x \to 0} \frac{\sin^2 x}{x^2} = 1$$

所以

$$f'(x) = \begin{cases} \dfrac{\sin 2x}{x} - \dfrac{\sin^2 x}{x^2} & x \neq 0 \\ 1 & x = 0 \end{cases}$$

例 19 试求过原点且与曲线 $y = \dfrac{x+9}{x+5}$ 相切的直线方程.

解 设直线方程为 $y = kx$，切点为 (x_0, y_0). 而

$$y' = \left(1 + \frac{4}{x+5}\right)' = -\frac{4}{(x+5)^2}$$

故 k，x_0，y_0 满足方程组

$$\begin{cases} y_0 = kx_0 \\ y_0 = \dfrac{x_0 + 9}{x_0 + 5} \\ k = \dfrac{-4}{(x_0 + 5)^2} \end{cases}$$

经计算，得

$$\begin{cases} x_1 = -3 \\ y_1 = 3 \\ k_1 = -1 \end{cases}, \qquad \begin{cases} x_2 = -15 \\ y_2 = \dfrac{3}{5} \\ k_2 = -\dfrac{1}{25} \end{cases}.$$

所以，直线 $y = -x$ 切曲线于点 $(-3, 3)$，直线 $y = -\dfrac{1}{25}x$ 切曲线于点

$\left(-15, \dfrac{3}{5}\right).$

例 20 设直线 $y = 2x + b$ 是抛物线 $y = x^2$ 在某点处的法线，求常数 b.

解 曲线 $y = x^2$ 的导数为 $y' = 2x$，过曲线上 (x, y) 点的法线的斜率为 $-\dfrac{1}{2x}$. 已知直线的斜率为 2，设直线与曲线的交点为 (x_0, y_0)，得

$$-\frac{1}{2x_0} = 2$$

即 $x_0 = -\dfrac{1}{4}$. 再由

$$2x_0 + b = y_0 = x_0{}^2$$

得

$$b = \frac{9}{16}$$

习 题 2.2

1. 求下列函数的导数.

（1）$y = \dfrac{1}{\sqrt{x}} + \dfrac{1}{2}\sqrt[3]{x}$

（2）$y = x^4 \sin^2 x$

（3）$y = \dfrac{1}{1 + \sqrt{x}} + \dfrac{1}{1 - \sqrt{x}}$

（4）$y = x\ln x - x^n \lg x$

（5）$y = x\tan x - 5x + 3$

（6）$y = \dfrac{\sin x}{x^4}\ln\dfrac{1}{x}$

（7）$y = 2^x \cdot x^4 \cdot \sec x$

（8）$y = 10^x \cdot \sec x + \dfrac{\cos x}{x}$

（9）$y = (\sqrt{x} + 1)\left(\dfrac{1}{\sqrt{x}} - \dfrac{1}{x}\right)$

（10）$y = \dfrac{1}{x + \sin x}$

（11）$y = \dfrac{x\sin x + \cos x}{x\sin x - \cos x}$

（12）$y = \dfrac{xe^x - \ln x}{\sin x}$

（13）$y = \dfrac{2}{\tan x} + \dfrac{\cot x}{2}$

（14）$y = \dfrac{1 + \tan x}{\sqrt[3]{x}} + \ln\sqrt{x}$

2. 求下列复合函数的导数.

（1）$y = e^{3\sqrt{x}}$

（2）$y = \sin xe^{\cos x}$

（3）$y = \arccos\sqrt{x}$

（4）$y = \left(\dfrac{x + 1}{x^2 + 1}\right)^2$

（5）$y = e^{-2x^3} \cdot \sin\dfrac{x}{2}$

（6）$y = \dfrac{\arcsin\sqrt{x}}{\arccos\sqrt{x}}$

（7）$y = \sin^2(\cos 3x)$

（8）$y = \ln(x + \sqrt{x^2 + a^2})$

（9）$y = \sqrt{x + \sqrt{x + \sqrt{x}}}$

（10）$y = \arcsin x^2 - xe^{x^2}$

（11）$y = \dfrac{1}{4}\ln\dfrac{1+x}{1-x} - \dfrac{1}{2}\arctan x$

（12）$y = \ln(\sinh x) + \dfrac{1}{2\sinh^2 x}$

（13）$y = \dfrac{1}{2}\ln\left|\dfrac{a+x}{a-x}\right|$

（14）$y = e^{ax}(\cos bx + \sin bx)$

（15）$y = \dfrac{x}{2}\sqrt{a^2 - x^2} + \dfrac{a^2}{2}\arcsin\dfrac{x}{a}$ （$a > 0$）

（16）$y = \dfrac{\sqrt{1+x} - \sqrt{1-x}}{\sqrt{1+x} + \sqrt{1-x}}$

3. 求下列函数在给定点处的导数.

（1）$y = x\sin x + \dfrac{1}{2}\cos x$，求 $\left.\dfrac{dy}{dx}\right|_{x=\frac{\pi}{4}}$.

（2）$y = \dfrac{3}{5-x} + \dfrac{1}{5}x^3$，求 $f'(0)$ 和 $f'(1)$.

（3）$y = e^{3(\sin 2x)^2}$，求 $y'\left(\dfrac{\pi}{6}\right)$.

（4）$y = \log_x(\ln x)$，求 $y'(e)$.

（5）$y = \ln\sin\left(x - \dfrac{1}{x}\right)$，求 $\left.y'\right|_{x=2}$.

（6）$f(x) = \begin{cases} 3x - 3 & x \leqslant 1 \\ 3x^2 - 3x & x > 1 \end{cases}$，求 $f'(1)$.

4. 已知 $f(x)$，$g(x)$ 可导，求下列函数的导数.

（1）$y = xf\left(\dfrac{1}{x}\right)$

（2）$y = f[f(x)]$

（3）$y = f(e^{f(x)})\, e^{f(e^x)}$

（4）$y = f(\sin^2 x) + f(\cos^2 x)$

（5）$y = \sqrt{f^2(x) + g^2(x)}$

（6）$y = \arctan\dfrac{f(x)}{g(x)}$

（7）$y = \sqrt[g(x)]{f(x)}$ （$g(x) \neq 0$，$f(x) > 0$）

（8）$y = \log_{g(x)}f(x)$ （$g(x) > 0$，$f(x) > 0$）

5. 设 $y = f\left(\dfrac{3x-2}{3x+2}\right)$，且 $f'(x) = \arctan x$，求 $\left.\dfrac{dy}{dx}\right|_{x=0}$.

6. 设 $f(x) = \max\{x^2, 2\}$，求 $f'(x)$.

7. 设 $y = f\left(\arcsin\dfrac{1}{x}\right)$，$f'\left(\dfrac{\pi}{6}\right) = 1$，求 $\left.\dfrac{dy}{dx}\right|_{x=2}$.

8. 试求曲线 $y = e^{-x} \cdot \sqrt[3]{x+1}$ 在点 （-1，0）及点 （0，1）处的切线方程和法线方程.

9. 设曲线 $y = \dfrac{1}{2}(x^2 + 1)$ 和曲线 $y = 1 + \ln x$ 相切，求切点及公切线方程.

10. 已知曲线 $y = x^3 + bx$ 与曲线 $y = ax^2 + c$ 都经过点 （-1，0），且在点（-1，0）有公切线，求 a，b，c 的值.

2.3 隐函数和参数方程确定的函数的导数

1. 隐函数的导数

在两个变量 x，y 之间，如果一个变量 y 能用另一变量 x 的表达式明显地表示出来，如 $y = x^2 - \cos x$、$y = \sqrt{x^2 + 1}$ 等，则称这种关系确定了 y 是 x 的显函数. 有时，变量 y 与变量 x 的对应关系是由一个方程 $F(x, y) = 0$ 确定的，即当 x 在某一区间取定任何一个值时，相应地，

隐函数求导法

有满足方程 $F(x, y) = 0$ 的唯一的 y 值存在, 这时就称方程 $F(x, y) = 0$ 在该区间内确定了一个变量 y 关于变量 x 的隐函数 $y = f(x)$. 例如, 方程 $xy + e^{x+y} = e$ 确定了变量 y 是变量 x 的隐函数, 但却不能将其用 x 的表达式明显地表示出来.

一个方程 $F(x, y) = 0$ 能否确定出一个隐函数与表达式 $F(x, y)$ 有关, 此处不作深入讨论. 这里假定方程 $F(x, y) = 0$ 已确定了变量 y 是变量 x 的隐函数 $y = f(x)$, 并且 $y = f(x)$ 可导, 问题是如何求出其导函数.

设方程 $F(x, y) = 0$ 确定 y 是 x 的函数 $y = f(x)$, 即有 $F(x, f(x)) \equiv 0$, 并且 $y = f(x)$ 可导. 为求出 y', 只需将方程 $F(x, y) = 0$ 两端对 x 求导, 将 y 视为 x 的函数, 利用复合函数求导法则计算. 再解出 y', 即得隐函数 $y = f(x)$ 的导数.

例 1　求由 $xy - e^x + e^y = 0$ 所确定的隐函数 $y = y(x)$ 的导数, 并计算 $\dfrac{dy}{dx}\Big|_{x=0}$.

解　方程两边关于 x 求导, 注意 y 是 x 的函数, 得

$$y + xy' - e^x + e^y \cdot y' = 0$$

当 $x + e^y \neq 0$ 时, 有

$$y' = \frac{e^x - y}{x + e^y}$$

又当 $x = 0$ 时, 由方程式解得 $y = 0$, 所以

$$\frac{dy}{dx}\Big|_{\substack{x=0 \\ y=0}} = 1$$

例 2　证明: 曲线 $\sqrt{x} + \sqrt{y} = \sqrt{a}$ 上任意点的切线在两坐标轴上截距的和等于 a.

解　任取曲线上的一点 $M_0(x_0, y_0)$. 对曲线方程两端求导, 得

$$\frac{1}{2\sqrt{x}} + \frac{1}{2\sqrt{y}} \cdot y' = 0$$

$$y' = -\sqrt{\frac{y}{x}}$$

在 M_0 处, 有 $y'|_{M_0} = -\sqrt{\dfrac{y_0}{x_0}}$, 所以过 M_0 点的切线方程为

$$y - y_0 = -\sqrt{\frac{y_0}{x_0}}\ (x - x_0)$$

即

$$\frac{x}{x_0 + \sqrt{x_0 y_0}} + \frac{y}{y_0 + \sqrt{x_0 y_0}} = 1$$

切线在两坐标轴上截距的和为

$$(y_0 + \sqrt{x_0 y_0}) + (x_0 + \sqrt{x_0 y_0}) = x_0 + 2\sqrt{x_0 y_0} + y_0$$

$$= (\sqrt{x_0} + \sqrt{y_0})^2 = (\sqrt{a})^2 = a$$

对于某些函数，利用所谓对数求导法求导数比用通常的方法简便. 这种方法是在 $y = f(x)$ 的两边取对数，将显函数转化为隐函数，利用隐函数求导法，求出 y 的导数.

例 3 求 $y = x^{\cos x}\ (x > 0)$ 的导数.

解 这是幂指函数，在表达式两边取对数，有

$$\ln y = \cos x \cdot \ln x$$

两边关于 x 求导数，得

$$\frac{y'}{y} = -\sin x \ln x + \frac{\cos x}{x}$$

所以

$$y' = y\left(\frac{\cos x}{x} - \sin x \ln x\right)$$

$$= x^{\cos x}\left(\frac{\cos x}{x} - \sin x \ln x\right)$$

对于一般的幂指函数

$$y = u(x)^{v(x)}\ (u(x) > 0)$$

其中 $u(x)$、$v(x)$ 可导. 由对数求导法，可得

$$y' = u(x)^{v(x)}\left[v'(x)\ln u(x) + \frac{v(x)u'(x)}{u(x)}\right]$$

当函数是几个因子的乘、除、乘方、开方的复杂表达式时，用对数求导法较方便.

例 4 求函数 $y = 2^x \sin x \cdot \sqrt{\dfrac{x^2 + 1}{1 - 5x}}$ 的导数.

解 设 $\sin x > 0$，取对数

$$\ln y = x\ln 2 + \ln\sin x + \frac{1}{2}\left[\ln(x^2 + 1) - \ln(1 - 5x)\right]$$

对数求导法

两端对 x 求导，有

$$\frac{y'}{y} = \ln2 + \frac{\cos x}{\sin x} + \frac{1}{2}\Big[\frac{1}{x^2+1}\cdot 2x - \frac{1}{1-5x}\cdot(-5)\Big]$$

所以

$$y' = y\Big[\ln2 + \cot x + \frac{x}{x^2+1} + \frac{5}{2(1-5x)}\Big]$$

$$= 2^x\cdot\sin x\cdot\sqrt{\frac{x^2+1}{1-5x}}\Big[\ln2 + \cot x + \frac{x}{x^2+1} + \frac{5}{2(1-5x)}\Big]$$

当 $\sin x < 0$ 时，可得同样结论.

2. 参数方程求导法

在几何与物理问题中，常使用参数方程. 例如，椭圆 $\dfrac{x^2}{a^2} + \dfrac{y^2}{b^2} = 1$ 的参数方程是

$$\begin{cases} x = a\cos t \\ y = b\sin t \end{cases} \quad (0 \leqslant t < 2\pi)$$

一般地，由参数方程

$$\begin{cases} x = \varphi(t) \\ y = \psi(t) \end{cases} \quad (\alpha \leqslant t \leqslant \beta)$$

确定的变量 y 与变量 x 之间的函数关系是通过参变量 t 建立的，这样产生的函数称为由参数方程所确定的函数. 下面讨论如何求由参数方程确定的函数的导数.

最自然的想法是消去参数 t，得到 y 与 x 之间的关系式，无论这种关系式体现为显函数还是隐函数，都可求得导函数 $\dfrac{\mathrm{d}y}{\mathrm{d}x}$. 但消去参数可能很繁杂，因此有必要研究由参数方程本身来求它所确定函数的导数.

定理　若函数 $\varphi(t)$，$\psi(t)$ 都可导，且 $\varphi'(t) \neq 0$，则由参数方程

$$\begin{cases} x = \varphi(t) \\ y = \psi(t) \end{cases} \quad (\alpha \leqslant t \leqslant \beta)$$

确定的函数 $y = f(x)$ 可导，且有

$$\frac{\mathrm{d}y}{\mathrm{d}x} = \frac{\psi'(t)}{\varphi'(t)}$$

参数方程确定
函数求导法

证　记 $x = \varphi(t)$ 的反函数为 $t = \varphi^{-1}(x)$，于是 $y = \psi(\varphi^{-1}(x))$.
由复合函数及反函数的求导法知

$$\frac{\mathrm{d}y}{\mathrm{d}x} = \frac{\mathrm{d}y}{\mathrm{d}t} \cdot \frac{\mathrm{d}t}{\mathrm{d}x} = \frac{\mathrm{d}y}{\mathrm{d}t} \cdot \frac{1}{\dfrac{\mathrm{d}x}{\mathrm{d}t}} = \frac{\psi'(t)}{\varphi'(t)}$$

例 5　求摆线 $\begin{cases} x = a(t - \sin t) \\ y = a(1 - \cos t) \end{cases}$ $(0 \leqslant t \leqslant 2\pi)$ 上斜率为 1 的
切线.

解　摆线上任一点 (x, y) 处的切线的斜率为

$$\frac{\mathrm{d}y}{\mathrm{d}x} = \frac{[a(1 - \cos t)]'}{[a(t - \sin t)]'} = \frac{a\sin t}{a(1 - \cos t)} = \cot\frac{t}{2}$$

令 $\dfrac{\mathrm{d}y}{\mathrm{d}x} = 1$，解得 $t = \dfrac{\pi}{2}$，它对应摆线上的点 $\left(a\left(\dfrac{\pi}{2} - 1\right), a\right)$，故斜率为
1 的切线为

$$y - a = x - a\left(\frac{\pi}{2} - 1\right)$$

即

$$x - y = a\left(\frac{\pi}{2} - 2\right)$$

例 6　求心形线 $\rho = 1 + \sin\theta$ 在 $\theta = \dfrac{\pi}{3}$ 处的法线方程.

解　由直角坐标与极坐标的关系，得心形线在直角坐标系中的
参数方程

$$\begin{cases} x = \rho(\theta)\cos\theta = (1 + \sin\theta)\cos\theta \\ y = \rho(\theta)\sin\theta = (1 + \sin\theta)\sin\theta \end{cases}$$

$$\frac{\mathrm{d}y}{\mathrm{d}x} = \frac{\cos\theta\sin\theta + (1 + \sin\theta)\cos\theta}{\cos\theta\cos\theta + (1 + \sin\theta)(-\sin\theta)} = \frac{\sin 2\theta + \cos\theta}{\cos 2\theta - \sin\theta}$$

当 $\theta = \dfrac{\pi}{3}$ 时，

$$x = \left(1 + \sin\frac{\pi}{3}\right)\cos\frac{\pi}{3} = \frac{1}{2}\left(1 + \frac{\sqrt{3}}{2}\right)$$

$$y = \left(1 + \sin\frac{\pi}{3}\right)\sin\frac{\pi}{3} = \frac{\sqrt{3}}{2}\left(1 + \frac{\sqrt{3}}{2}\right)$$

▶ 极坐标确定
曲线的切线斜率

$$\frac{\mathrm{d}y}{\mathrm{d}x} = \frac{\sin\left(2 \cdot \frac{\pi}{3}\right) + \cos\frac{\pi}{3}}{\cos\left(2 \cdot \frac{\pi}{3}\right) - \sin\frac{\pi}{3}} = -1$$

故法线方程为

$$y - \frac{\sqrt{3}}{2}\left(1 + \frac{\sqrt{3}}{2}\right) = x - \frac{1}{2}\left(1 + \frac{\sqrt{3}}{2}\right)$$

即

$$4x - 4y + \sqrt{3} + 1 = 0$$

3. 相关变化率问题

实际问题中还会出现这样一类问题:在变化过程中,变量 x 与 y 都随另一变量 t 而变化,即 $x = x(t)$,$y = y(t)$,而变量 x 与 y 之间又存在着相互依赖关系,从而变化率 $\frac{\mathrm{d}x}{\mathrm{d}t}$ 与 $\frac{\mathrm{d}y}{\mathrm{d}t}$ 之间也存在一定关系,这两个相互依赖的变化率称为相关变化率. 相关变化率问题研究的就是这两个变化率之间的关系,以便从其中一个变化率求出另一个变化率.

▶ 相关变化率问题

解决相关变化率问题,一般可采用以下步骤:

(1) 建立变量 x 与 y 之间的关系式 $F(x, y) = 0$.

(2) 按复合函数及隐函数求导法将关系式 $F(x, y) = 0$ 两端对参变量 t 求导,得变化率 $\frac{\mathrm{d}x}{\mathrm{d}t}$ 与 $\frac{\mathrm{d}y}{\mathrm{d}t}$ 之间的关系.

(3) 解出待求变化率.

例 7 一长 10m 的梯子斜靠在墙上顺墙下滑. 已知当梯子上端离地面 6m 时,梯子上端沿墙面下滑的速率为 2m/s,问此时梯子下端滑动的速率是多少?

解 设在时刻 t,梯子下端离墙的距离为 x,上端离地面的距离为 y,如图2-9所示. 因梯子长度为 10m,故有

$$x^2 + y^2 = 100$$

两边对 t 求导,得相关变化率 $\frac{\mathrm{d}x}{\mathrm{d}t}$ 与 $\frac{\mathrm{d}y}{\mathrm{d}t}$ 的关系式

$$2x\frac{\mathrm{d}x}{\mathrm{d}t} + 2y\frac{\mathrm{d}y}{\mathrm{d}t} = 0$$

从中解得

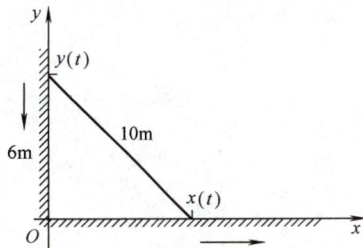

图 2-9

$$\frac{\mathrm{d}x}{\mathrm{d}t} = -\frac{y}{x} \cdot \frac{\mathrm{d}y}{\mathrm{d}t}$$

当 $y = 6$ 时，$x = 8$，$\frac{\mathrm{d}y}{\mathrm{d}t} = -2$，代入上式右端，得

$$\frac{\mathrm{d}x}{\mathrm{d}t} = \frac{3}{2}$$

即梯子下端以 $1.5\mathrm{m/s}$ 的速率向右滑行.

例 8　如图 2-10 所示，一气球从距离观察员 500m 处离开地面垂直上升，当气球高度为 500m 时，其上升速率为 140m/min. 此时气球与观察员之间的距离增加率是多少？观察员视线的仰角增加率是多少？

解　设气球上升 t（以 min 为单位）后，其高度为 h（以 m 为单位），观察员与气球间的距离为 l（以 m 为单位），观察员视线的仰角为 α（以 rad 为单位），则有

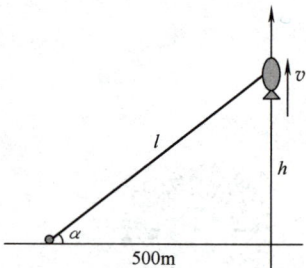

图　2-10

$$l = \sqrt{500^2 + h^2}$$

对 t 求导，得

$$\frac{\mathrm{d}l}{\mathrm{d}t} = \frac{h}{\sqrt{500^2 + h^2}} \cdot \frac{\mathrm{d}h}{\mathrm{d}t}$$

设当 $t = t_0$ min 时，气球升空高度为 500m，且

$$\left.\frac{\mathrm{d}h}{\mathrm{d}t}\right|_{t=t_0} = 140\mathrm{m/min}$$

故有

$$\left.\frac{\mathrm{d}l}{\mathrm{d}t}\right|_{t=t_0} = \frac{500}{\sqrt{500^2 + 500^2}} \times 140\mathrm{m/min} = 70\sqrt{2}\mathrm{m/min}$$

又

$$\tan\alpha = \frac{h}{500}$$

两边对 t 求导，得

$$\sec^2\alpha \cdot \frac{\mathrm{d}\alpha}{\mathrm{d}t} = \frac{1}{500} \cdot \frac{\mathrm{d}h}{\mathrm{d}t}$$

当 $h = 500\mathrm{m}$ 时，$\frac{\mathrm{d}h}{\mathrm{d}t} = 140\mathrm{m/min}$，$\sec^2\alpha = 2$，代入上式，得

$$2 \cdot \frac{\mathrm{d}\alpha}{\mathrm{d}t} = \frac{1}{500} \cdot 140$$

所以

$$\frac{\mathrm{d}\alpha}{\mathrm{d}t} = \frac{70}{500}\mathrm{rad/min} = 0.14\mathrm{rad/min}.$$

即此时气球与观察员之间的距离增加率是 $70\sqrt{2}\,\mathrm{m/min}$，观察员视线仰角的增加率是 0.14rad/min.

例 9 设手表的分针长 10mm，时针长 6mm，两针尖之间距离为 l，2 点钟时，l 关于时间的变化率是多少？

解 设 A 和 B 分别为分针和时针所在的位置，θ_1 和 θ_2 分别为分针和时针与垂直线的夹角，如图 2-11 所示.

由题意知：$OB = 6\mathrm{mm}$，$OA = 10\mathrm{mm}$，$\dfrac{\mathrm{d}\theta_1}{\mathrm{d}t} = -2\pi\mathrm{rad/h}$（负号是因为 θ_1 随 t 的增加而减小），$\dfrac{\mathrm{d}\theta_2}{\mathrm{d}t} = \dfrac{\pi}{6}\mathrm{rad/h}$. 要求当 $\theta_1 = 0$，$\theta_2 = \dfrac{\pi}{3}$ 时的变化率 $\dfrac{\mathrm{d}l}{\mathrm{d}t}$. 根据余弦定律

图 2-11

$$l^2 = 10^2 + 6^2 - 2 \cdot 10 \cdot 6\cos(\theta_1 + \theta_2)$$

两边对 t 求导得

$$2 \cdot l \cdot \frac{\mathrm{d}l}{\mathrm{d}t} = 120\sin(\theta_1 + \theta_2) \cdot \left(\frac{\mathrm{d}\theta_1}{\mathrm{d}t} + \frac{\mathrm{d}\theta_2}{\mathrm{d}t}\right)$$

即

$$\frac{\mathrm{d}l}{\mathrm{d}t} = \frac{60}{l} \cdot \sin(\theta_1 + \theta_2) \cdot \left(\frac{\mathrm{d}\theta_1}{\mathrm{d}t} + \frac{\mathrm{d}\theta_2}{\mathrm{d}t}\right)$$

当 $\theta_1 = 0$，$\theta_2 = \dfrac{\pi}{3}$ 时，

$$l = \sqrt{10^2 + 6^2 - 2 \cdot 10 \cdot 6\cos\frac{\pi}{3}} = 2\sqrt{19}$$

所以

$$\frac{\mathrm{d}l}{\mathrm{d}t} = \frac{60}{2\sqrt{19}} \cdot \sin\frac{\pi}{3} \cdot \left(-2\pi + \frac{\pi}{6}\right)\mathrm{mm/h}$$

$$= -\frac{55\sqrt{3}\pi}{2\sqrt{19}}\mathrm{mm/h}$$

$$\approx -0.572\mathrm{mm/min}$$

即 2 点整时，两针尖以大约 0.572mm/min 的速率靠近.

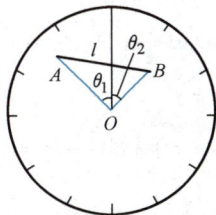

习 题 2.3

1. 求下列隐函数的导数.

（1）$x e^y + y e^x = 6$

（2）$y = 1 - x e^y$

（3）$y = x \sin y$

（4）$e^y = \sin(x + y)$

（5）$\arctan \dfrac{y}{x} = \ln \sqrt{x^2 + y^2}$

（6）$x^y = y^x$

2. 设 $\sin(st) + \ln(s - t) = t$，求 $\dfrac{ds}{dt} \bigg|_{t=0}$ 的值.

3. 求曲线 $x^3 + y^3 - 3xy = 0$ 在点 $(\sqrt[3]{2}, \sqrt[3]{4})$ 处的切线方程和法线方程.

4. 用对数求导法计算下列函数的导数.

（1）$y = (\sin x)^{\cos x}$ $(\sin x > 0)$

（2）$y = \dfrac{(3 - x)^4 \sqrt{x + 2}}{(x + 1)^5}$

（3）$y = \sqrt[5]{\dfrac{x - 5}{\sqrt[3]{x^2 + 2}}}$

（4）$y = (\tan 2x)^{\cot \frac{x}{2}}$

（5）$y = x^{x^2} + 2^{x^x}$

5. 求由下列参数方程所确定函数的导数 $\dfrac{dy}{dx}$.

（1）$\begin{cases} x = a \cos^3 t \\ y = b \sin^3 t \end{cases}$

（2）$\begin{cases} x = \theta(1 - \sin\theta) \\ y = \theta \cos\theta \end{cases}$

（3）$\begin{cases} x = t e^{-t} \\ y = e^t \end{cases}$

（4）$\begin{cases} x = \ln(1 + t^2) \\ y = t - \arctan t \end{cases}$

6. 设有参数方程 $\begin{cases} x = f(t) - \pi \\ y = f(e^{3t} - 1) \end{cases}$，其中 $f(x)$ 可导，且 $f'(0) \neq 0$，求 $\dfrac{dy}{dx} \bigg|_{t=0}$ 的值.

7. 已知参数方程为 $\begin{cases} x = e^t \cos t \\ y = e^t \sin t \end{cases}$，求 $t = \dfrac{\pi}{6}$ 处的导数 $\dfrac{dy}{dx}$.

8. 求参数方程 $\begin{cases} x = \dfrac{3at}{1 + t^2} \\ y = \dfrac{3at^2}{1 + t^2} \end{cases}$ 在 $t = 2$ 处的切线方程和法线方程.

9. 求对数螺线 $\rho = e^\theta$ 在点 $(\rho, \theta) = \left(e^{\frac{\pi}{2}}, \dfrac{\pi}{2} \right)$ 处切线的直角坐标方程.

10. 设球的半径以速率 v 变化，求球的体积和表面积的变化速率.

11. 一倒置圆锥形容器的底半径为 2m，高为 4m，水以 $2 \text{m}^3/\text{min}$ 的速率注入容器，求水深 3m 时，水面上升的速率.

12. 落在平静水面上的石头，产生同心波纹. 若最外一圈波半径的增长率总是 6m/s，问在 2s 末，扰动水面面积的增长率为多少？

13. 一架巡逻直升机在距地面 3km 的高度以 120km/h 的常速沿着一水平笔直的高速路飞行，飞行员观察到迎面驶来一辆汽车，通过雷达测出直升机与汽车间的距离为 5km，且此距离以 160km/h 的速率减少. 试求汽车行驶的速度.

2.4 高阶导数

1. 高阶导数

我们知道，变速直线运动的速度 $v(t)$ 是位置函数 $s(t)$ 对时间 t 的导数，即 $v(t) = \dfrac{\mathrm{d}s}{\mathrm{d}t}$. 而加速度 $a(t)$ 又是速度 $v(t)$ 对时间 t 的变化率，即

$$a(t) = \frac{\mathrm{d}v}{\mathrm{d}t} = \frac{\mathrm{d}}{\mathrm{d}t}\left(\frac{\mathrm{d}s}{\mathrm{d}t}\right)$$

▶ 高阶导数的概念

这种一阶导数的导数 $\dfrac{\mathrm{d}}{\mathrm{d}t}\left(\dfrac{\mathrm{d}s}{\mathrm{d}t}\right)$ 称为 s 对 t 的二阶导数.

定义　若函数 $y = f(x)$ 在点 x 的某一邻域内可导，且极限

$$\lim_{\Delta x \to 0}\frac{f'(x + \Delta x) - f'(x)}{\Delta x}$$

存在，则称该极限值为函数 $f(x)$ 在点 x 处的二阶导数，记作

$$f''(x), \quad y'', \quad \frac{\mathrm{d}^2 y}{\mathrm{d}x^2} \text{或} \frac{\mathrm{d}^2 f(x)}{\mathrm{d}x^2}$$

类似地，可以定义三阶导数甚至更高阶导数，二阶导数的导数称为三阶导数，三阶导数的导数称为四阶导数. 一般地，$(n-1)$ 阶导数的导数称为 n 阶导数，分别记作

$$f'''(x), \quad y''', \quad \frac{\mathrm{d}^3 y}{\mathrm{d}x^3} \text{或} \frac{\mathrm{d}^3 f(x)}{\mathrm{d}x^3}$$

$$f^{(4)}(x), \quad y^{(4)}, \quad \frac{\mathrm{d}^4 y}{\mathrm{d}x^4} \text{或} \frac{\mathrm{d}^4 f(x)}{\mathrm{d}x^4}$$

及

$$f^{(n)}(x), \quad y^{(n)}, \quad \frac{\mathrm{d}^n y}{\mathrm{d}x^n} \text{或} \frac{\mathrm{d}^n f(x)}{\mathrm{d}x^n}$$

二阶及二阶以上的导数统称为高阶导数. 为方便计，我们规定 $f^{(0)}(x) = f(x)$.

例 1　求 $y = \dfrac{1}{1 + x}$ 的三阶导数 $y^{(3)}$.

解　$y' = -\dfrac{1}{(1 + x)^2}$

$$y'' = \frac{(-1)(-2)}{(1+x)^3} = \frac{2}{(1+x)^3}$$

$$y^{(3)} = \frac{2(-3)}{(1+x)^4} = -\frac{6}{(1+x)^4}$$

例 2 证明下列初等函数的 n 阶导数公式.

(1) $(x^\alpha)^{(n)} = \alpha(\alpha-1) \cdot \cdots \cdot (\alpha-n+1) \, x^{\alpha-n} (\alpha \in \mathbf{R}, \ x > 0)$

(2) $(\sin x)^{(n)} = \sin\left(x + n \cdot \frac{\pi}{2}\right)$

(3) $(\cos x)^{(n)} = \cos\left(x + n \cdot \frac{\pi}{2}\right)$

(4) $(a^x)^{(n)} = a^x (\ln a)^n$

　　特别地, $(e^x)^{(n)} = e^x$

(5) $(\ln(1+x))^{(n)} = (-1)^{n-1} \dfrac{(n-1)!}{(1+x)^n} \ (x > -1)$

证 仅证 (2) 与 (5), 其余留给读者.

(2) 由于

$$(\sin x)' = \cos x = \sin\left(x + \frac{\pi}{2}\right)$$

$$(\sin x)'' = \left[\sin\left(x + \frac{\pi}{2}\right)\right]' = \cos\left(x + \frac{\pi}{2}\right) = \sin\left(x + 2 \cdot \frac{\pi}{2}\right)$$

假设 $(\sin x)^{(n-1)} = \sin\left(x + (n-1) \cdot \frac{\pi}{2}\right)$ 成立, 则

$$(\sin x)^{(n)} = \left[\sin\left(x + (n-1) \cdot \frac{\pi}{2}\right)\right]' = \cos\left(x + (n-1) \cdot \frac{\pi}{2}\right)$$

$$= \sin\left(x + n \cdot \frac{\pi}{2}\right)$$

由数学归纳法知 (2) 对于任何正整数 n 皆成立.

(5) 由于

$$[\ln(1+x)]' = \frac{1}{1+x}$$

$$[\ln(1+x)]'' = \left(\frac{1}{1+x}\right)' = -\frac{1}{(1+x)^2}$$

$$[\ln(1+x)]^{(3)} = \left[-\frac{1}{(1+x)^2}\right]' = (-1)^2 \frac{1 \times 2}{(1+x)^3}$$

▶❚ 几个简单
函数的高阶导数

与（2）类似，由数学归纳法可得

$$[\ln(1+x)]^{(n)} = (-1)^{n-1}\frac{(n-1)!}{(1+x)^n}$$

例 3　设函数 $y = f(x)$ 二阶可导，求 $y = f(\sin x)$ 的二阶导数.

解　由于函数 $y = f(\sin x)$ 是由 $y = f(u)$，$u = \sin x$ 复合而成的，则有

$$y' = f'(u) \cdot (\sin x)' = \cos x f'(\sin x)$$

将 $f'(\sin x)$ 仍视为复合函数，有

$$\begin{aligned}
y'' &= [\cos x f'(\sin x)]' \\
&= (\cos x)' f'(\sin x) + \cos x [f'(\sin x)]' \\
&= -\sin x f'(\sin x) + \cos x [f''(\sin x) \cdot (\sin x)'] \\
&= -\sin x f'(\sin x) + \cos^2 x \cdot f''(\sin x)
\end{aligned}$$

2. 莱布尼茨公式

设函数 $u = u(x)$ 和 $v = v(x)$ 都有 n 阶导数，显然有

$$[\alpha u(x) + \beta v(x)]^{(n)} = \alpha u^{(n)}(x) + \beta v^{(n)}(x)$$

对于乘积 $y = u \cdot v$ 的情况，有

$$(u \cdot v)' = u' \cdot v + u \cdot v'$$
$$(u \cdot v)'' = u''v + 2u'v' + uv''$$
$$(u \cdot v)''' = u'''v + 3u''v' + 3u'v'' + uv'''$$

上述形式与二项式展开式相似，利用数学归纳法可证

$$(u \cdot v)^{(n)} = \sum_{k=0}^{n} C_n^k u^{(n-k)} v^{(k)}$$

$$= u^{(n)}v + nu^{(n-1)}v' + \frac{n(n-1)}{2!}u^{(n-2)}v'' + \cdots +$$

$$\frac{n(n-1)\cdot \cdots \cdot(n-k+1)}{k!}u^{(n-k)}v^{(k)} + \cdots + uv^{(n)}$$

此式称为莱布尼茨公式.

例 4　设 $y = x^2\cos x$，求 $y^{(20)}$.

解　设 $u = \cos x$，$v = x^2$，则 $u^{(k)} = \cos\left(x + k \cdot \dfrac{\pi}{2}\right)$，$v' = 2x$，$v'' = 2$，$v^{(k)} = 0 (k \geqslant 3)$，代入莱布尼茨公式，得

乘积的高阶导数

$$y^{(20)} = (\cos x)^{(20)} \cdot x^2 + C_{20}^1 (\cos x)^{(19)} \cdot 2x + C_{20}^2 (\cos x)^{(18)} \cdot 2$$

$$= x^2 \cos\left(x + 20 \cdot \frac{\pi}{2}\right) + 40x\cos\left(x + 19 \cdot \frac{\pi}{2}\right) + 380\cos\left(x + 18 \cdot \frac{\pi}{2}\right)$$

$$= x^2 \cos x + 40x\sin x - 380\cos x$$

3. 隐函数和参数方程确定的函数的高阶导数

求隐函数的二阶导数仍用隐函数求导法，即对求过一阶导数的方程两边继续求导，但应注意 y、y' 仍是 x 的函数.

例 5 设 $y = y(x)$ 由方程 $xy + e^y - 1 = 0$ 确定，求 y'' 和 $y''(0)$.

解 方程两边对 x 求导，得

$$y + xy' + e^y y' = 0 \qquad\qquad ①$$

将上式两端再对 x 求导，注意 y、y' 仍是 x 的函数，有

$$y' + y' + xy'' + e^y(y')^2 + e^y y'' = 0$$

解得

$$y'' = -\frac{y'(2 + e^y y')}{x + e^y} \qquad\qquad ②$$

再由式①解出

$$y' = \frac{-y}{x + e^y}$$

将其代入式②，得

$$y'' = \frac{y(2x + 2e^y - ye^y)}{(x + e^y)^3}$$

当 $x = 0$ 时，由原方程得 $y = 0$，代入上式有

$$y''(0) = 0$$

有些显函数，求高阶导数时还是化为隐函数计算较方便.

例 6 设 $y = \arctan x$，求 $y^{(n)}(0)$.

解

$$y' = \frac{1}{1 + x^2}$$

将其化为隐函数形式，得

$$(1 + x^2)y' = 1$$

在上述方程两端关于 x 求 $n - 1$ 阶导数，运用莱布尼茨公式，有

$$(1 + x^2)y^{(n)} + (n-1)y^{(n-1)} \cdot 2x + \frac{(n-1)(n-2)}{2}y^{(n-2)} \cdot 2 = 0$$

▶️ 隐函数的二阶导数

令 $x = 0$，得
$$y^{(n)}(0) = -(n-1)(n-2)y^{(n-2)}(0)$$
注意到当 $x = 0$ 时，$y^{(0)}(0) = y(0) = 0$，$y'(0) = 1$，所以
$$y^{(n)}(0) = \begin{cases} 0 & n = 2k \\ (-1)^{\frac{n-1}{2}}(n-1)! & n = 2k-1 \end{cases}, \quad k = 1, 2, \cdots$$

对于参数方程
$$\begin{cases} x = \varphi(t) \\ y = \psi(t) \end{cases} \quad (\alpha \leqslant t \leqslant \beta)$$

确定的函数 $y = y(x)$，我们已有 $\dfrac{dy}{dx} = \dfrac{\psi'(t)}{\varphi'(t)}$．

由于 $\dfrac{dy}{dx}$ 仍是 t 的函数，其参数形式方程为
$$\begin{cases} x = \varphi(t) \\ \dfrac{dy}{dx} = \dfrac{\psi'(t)}{\varphi'(t)} \end{cases}$$

用参数方程确定函数的求导法则，得
$$\frac{d^2 y}{dx^2} = \frac{\dfrac{d}{dt}\left(\dfrac{dy}{dx}\right)}{\dfrac{dx}{dt}} = \frac{\left[\dfrac{\psi'(t)}{\varphi'(t)}\right]'_t}{\varphi'(t)}$$

$$= \frac{\psi''(t)\varphi'(t) - \psi'(t)\varphi''(t)}{[\varphi'(t)]^3}$$

例 7 设参数方程 $\begin{cases} x = \arctan t \\ y = \ln(1 + t^2) \end{cases}$ 确定函数 $y = y(x)$，求 $\dfrac{d^2 y}{dx^2}\bigg|_{t=0}$．

解 由于
$$y' = \frac{dy}{dx} = \frac{dy}{dt} \bigg/ \frac{dx}{dt} = \frac{\dfrac{2t}{1+t^2}}{\dfrac{1}{1+t^2}} = 2t$$

则有
$$\begin{cases} x = \arctan t \\ y' = 2t \end{cases}$$

▶ 参数方程确定

函数的二阶导数

再按参数方程确定函数的求导法则，得

$$y'' = \frac{\mathrm{d}\left(\dfrac{\mathrm{d}y}{\mathrm{d}x}\right)}{\mathrm{d}x} = \frac{\mathrm{d}\left(\dfrac{\mathrm{d}y}{\mathrm{d}x}\right)}{\mathrm{d}t} \bigg/ \frac{\mathrm{d}x}{\mathrm{d}t}$$

$$= \frac{2}{\dfrac{1}{1+t^2}} = 2(1+t^2)$$

故

$$\frac{\mathrm{d}^2 y}{\mathrm{d}x^2}\bigg|_{t=0} = 2$$

也可将 t 视为中间变量，用复合函数、反函数求导法则计算高阶导数.

例 8 设函数 $y = y(x)$ 由参数方程 $\begin{cases} x = a(t - \sin t) \\ y = a(1 - \cos t) \end{cases}$ 确定，求二阶导数 $\dfrac{\mathrm{d}^2 y}{\mathrm{d}x^2}$.

解 由于 $\dfrac{\mathrm{d}y}{\mathrm{d}x} = \cot\dfrac{t}{2}$，故

$$\frac{\mathrm{d}^2 y}{\mathrm{d}x^2} = \frac{\mathrm{d}}{\mathrm{d}x}\left(\cot\frac{t}{2}\right)$$

$$= \frac{\mathrm{d}}{\mathrm{d}t}\left(\cot\frac{t}{2}\right) \cdot \frac{\mathrm{d}t}{\mathrm{d}x}$$

$$= \frac{\mathrm{d}}{\mathrm{d}t}\left(\cot\frac{t}{2}\right) \cdot \frac{1}{\dfrac{\mathrm{d}x}{\mathrm{d}t}}$$

$$= \frac{-\dfrac{1}{2}\csc^2\dfrac{t}{2}}{a(1 - \cos t)}$$

$$= -\frac{1}{4a\sin^4\dfrac{t}{2}}$$

例 9 设参数方程 $\begin{cases} x = \mathrm{e}^t \\ \mathrm{e}^t + \mathrm{e}^y = 2 \end{cases}$ 确定函数 $y = y(x)$，求 $\dfrac{\mathrm{d}^2 y}{\mathrm{d}x^2}\bigg|_{t=0}$.

解　由于参数方程中第二式是隐式方程，$\dfrac{\mathrm{d}y}{\mathrm{d}t}$应按隐函数求导法计算.

在方程 $\mathrm{e}^{t} + \mathrm{e}^{y} = 2$ 两端关于 t 求导，得

$$\mathrm{e}^{t} + \mathrm{e}^{y} \cdot \frac{\mathrm{d}y}{\mathrm{d}t} = 0$$

解得

$$\frac{\mathrm{d}y}{\mathrm{d}t} = -\mathrm{e}^{t-y}$$

所以

$$\frac{\mathrm{d}y}{\mathrm{d}x} = \frac{\mathrm{d}y}{\mathrm{d}t} \Big/ \frac{\mathrm{d}x}{\mathrm{d}t} = \frac{-\mathrm{e}^{t-y}}{\mathrm{e}^{t}} = -\mathrm{e}^{-y}$$

再对 x 求导，有

$$\begin{aligned}
\frac{\mathrm{d}^{2}y}{\mathrm{d}x^{2}} &= \frac{\mathrm{d}}{\mathrm{d}x}(-\mathrm{e}^{-y}) \\
&= \frac{\mathrm{d}}{\mathrm{d}y}(-\mathrm{e}^{-y}) \cdot \frac{\mathrm{d}y}{\mathrm{d}x} \\
&= \mathrm{e}^{-y} \cdot (-\mathrm{e}^{-y}) \\
&= -\mathrm{e}^{-2y}
\end{aligned}$$

当 $t = 0$ 时，由参数方程得 $y = 0$，故

$$\frac{\mathrm{d}^{2}y}{\mathrm{d}x^{2}}\bigg|_{t=0} = -1$$

习　题　2.4

1. 求下列函数的高阶导数.

（1）$y = \mathrm{e}^{-\sin x}$，求 y''.

（2）$y = \ln(x + \sqrt{x^{2}+1})$，求 y''.

（3）$y = \mathrm{e}^{2x} \cdot \sin(2x+1)$，求 y''.

（4）$y = \dfrac{1}{4}\ln\dfrac{1+x}{1-x} - \dfrac{1}{2}\arctan x$，求 y''.

（5）$y = \ln\dfrac{a+bx}{a-bx}$，求 $y^{(n)}$.

（6）$y = \sin^{4}x - \cos^{4}x$，求 $y^{(n)}$.

（7）$y = \dfrac{2x+2}{x^{2}+2x-3}$，求 $y^{(n)}$.

（8）$y = \mathrm{e}^{ax}\sin bx$，求 $y^{(n)}$.

（9）$y = \dfrac{1-x}{1+x}$，求 $y^{(n)}$.

（10）$y = (x^{2}+x+1)\sin x$，求 $y^{(15)}$.

2. 设函数 $f(x)$ 二阶可导，求下列函数的二阶导数.

（1）$y = f(e^{-x})$

（2）$y = \ln f(x)$ （$f(x) > 0$）

（3）$y = e^{f(x)}$

（4）$y = f(\ln^2 x)$

3. 设函数 $f(x)$ 有任意阶导数，且 $f'(x) = f^2(x)$，求 $f^{(n)}(x)$.

4. 求下列隐函数的二阶导数.

（1）$y = \sin(x + y)$

（2）$\ln\sqrt{x^2 + y^2} = \arctan\dfrac{y}{x}$

（3）$y = 1 + xe^y$

（4）$xy = e^{x+y}$

5. 设函数 $y = y(x)$ 由方程 $xy - \sin(\pi y^2) = 0$ 确定，求 $\dfrac{d^2 y}{dx^2}\bigg|_{y=1}$.

6. 求 $y = x + x^5$（$x \in (-\infty, +\infty)$）的反函数的二阶导数.

7. 求下列由参数方程确定的函数的高阶导数.

（1）$\begin{cases} x = a\cos^3 t \\ y = a\sin^3 t \end{cases}$，求 $\dfrac{d^2 y}{dx^2}$.

（2）$\begin{cases} x = 1 - e^{C\theta} \\ y = C\theta + e^{-C\theta} \end{cases}$，其中 C 是常数，求 $\dfrac{d^3 y}{dx^3}$.

（3）$\begin{cases} x = f'(t) \\ y = tf'(t) - f(t) \end{cases}$，其中 $f''(t)$ 存在且不为 0，求 $\dfrac{d^2 y}{dx^2}$.

（4）$\begin{cases} x = e^{-t} \\ y = 2te^{2t} \end{cases}$，求 $\dfrac{d^3 y}{dx^3}$.

8. 验证：由参数方程 $\begin{cases} x = e^t \sin t \\ y = e^t \cos t \end{cases}$ 所确定的函数 $y = y(x)$ 满足关系

$$(x + y)^2 \frac{d^2 y}{dx^2} = 2\left(x \frac{dy}{dx} - y\right)$$

9. 设参数方程 $\begin{cases} x = 3t^2 + 2t + 3 \\ e^x \sin t - y + 1 = 0 \end{cases}$ 确定函数 $y = y(x)$，求 $\dfrac{d^2 y}{dx^2}\bigg|_{t=0}$.

2.5 函数的微分

1. 微分的概念

首先观察一个实例，分析由于自变量的微小变化引起函数值的微小变化. 设一边长为 x_0 的正方形铁片，受热后，边长由 x_0 增长到 $x_0 + \Delta x$，问此金属片的面积改变了多少？

正方形面积的增量为

$$\Delta A = (x_0 + \Delta x)^2 - x_0^2 = 2x_0 \Delta x + (\Delta x)^2$$

这一增量可分为两部分，第一部分 $2x_0\Delta x$ 是 Δx 的线性函数；第二部分当 $\Delta x \to 0$ 时，$(\Delta x)^2$ 是 Δx 的高阶无穷小量. 当 $|\Delta x|$ 很小时，面积的增量可用第一部分近似，即

▶ 微分的概念

$$\Delta A \approx 2x_0 \Delta x$$

且$|\Delta x|$越小，近似程度越好，对于一般的函数$y = f(x)$，我们给出下面的概念.

定义 设函数$y = f(x)$在点x_0的某一邻域内有定义，当自变量在点x_0处有增量Δx时（点$x_0 + \Delta x$仍在该邻域内），如果函数的增量可表示为

$$\Delta y = f(x_0 + \Delta x) - f(x_0) = A \cdot \Delta x + o(\Delta x) \quad (\Delta x \to 0) \qquad (2\text{-}1)$$

其中，A是与Δx无关的量，$o(\Delta x)$是Δx的高阶无穷小量，那么称函数$y = f(x)$在点x_0处是可微的，$A \cdot \Delta x$称为函数$y = f(x)$在点x_0处关于自变量的增量Δx的**微分**，记作$\mathrm{d}y$，即

$$\mathrm{d}y = A \cdot \Delta x$$

由上述定义，一个自然的问题是可微函数需要满足什么条件？如果函数$y = f(x)$在点x_0处可微，与Δx无关的常数A又是什么？我们先假设$y = f(x)$在点x_0处可微，那么定义中的式（2-1）成立，即存在与Δx无关的A，使得

$$\Delta y = A \cdot \Delta x + o(\Delta x)$$

成立，从而有

$$\frac{\Delta y}{\Delta x} = A + \frac{o(\Delta x)}{\Delta x}$$

于是当$\Delta x \to 0$时，得到

$$f'(x_0) = \lim_{\Delta x \to 0} \frac{\Delta y}{\Delta x} = \lim_{\Delta x \to 0} \left[A + \frac{o(\Delta x)}{\Delta x} \right] = A$$

这说明如果函数$y = f(x)$在点x_0处可微，那么函数$y = f(x)$在点x_0处一定可导，且$f'(x_0) = A$. 反之，如果函数$y = f(x)$在点x_0处可导，即有

$$\lim_{\Delta x \to 0} \frac{\Delta y}{\Delta x} = f'(x_0)$$

成立. 根据极限与无穷小的关系，上式可写成

$$\frac{\Delta y}{\Delta x} = f'(x_0) + \alpha$$

其中α是无穷小量（当$\Delta x \to 0$时），从而有

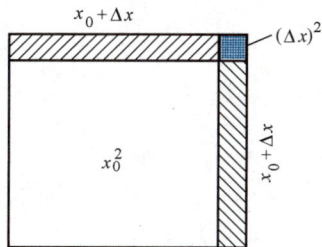

图 2-12

$$\Delta y = f'(x_0) \cdot \Delta x + \alpha \cdot \Delta x$$
$$= f'(x_0)\Delta x + o(\Delta x)$$

由于 $f'(x_0)$ 与 Δx 无关，因此 $y = f(x)$ 在点 x_0 处可微，并且

$$dy = f'(x_0)\Delta x$$

综上分析，有

定理 函数 $y = f(x)$ 在点 x_0 可微的充分必要条件是 $y = f(x)$ 在点 x_0 处可导，且 $A = f'(x_0)$，即

$$dy = f'(x_0)\ \Delta x$$

如果函数 $y = f(x)$ 在区间 I 上每一点都可微，则称函数在区间 I 上可微，并将函数在点 $x \in I$ 处微分记作 $dy = f'(x)\Delta x$.

一般将自变量的增量 Δx 视为自变量的微分，记作 dx，即

$$\Delta x = dx$$

事实上，对于函数 $y = f(x) = x$，有

$$dy = dx$$

另一方面

$$dy = f'(x)\Delta x = (x)'\Delta x - \Delta x$$

于是

$$dx = \Delta x$$

因此，函数的微分表达式又可记作

$$dy = f'(x)dx$$

由于 dx 与 dy 分别表示自变量 x 与因变量 y 的微分，导数就可以表示为这两个微分之商，即

$$\frac{dy}{dx} = f'(x)$$

▶️ 微分与导数及
微分的几何意义

故导数也称为微商．在此之前我们将 $\dfrac{dy}{dx}$ 看做导数的整体记号，现在可将其视为分式．

为进一步理解微分的含义，下面研究微分的几何意义．设函数 $y = f(x)$ 的图形是一条光滑曲线，对于自变量的值 x_0，曲线上有一确定的点 $M(x_0, y_0)$，当自变量 x 有微小增量 Δx 时，得到曲线上另一点 $N(x_0 + \Delta x, y_0 + \Delta y)$．由图 2-13 可见

$$MQ = \Delta x$$
$$QN = \Delta y$$

过点 M 作曲线的切线 MT，则有

$$QP = MQ \cdot \tan\alpha = \Delta x \cdot f'(x_0)$$

即
$$dy = QP$$

这说明：当 Δy 是曲线 $y = f(x)$ 上的点的纵坐标的增量时，dy 就是曲线的切线上的点的纵坐标的增量，当 $|\Delta x|$ 很小时，$|\Delta y - dy|$ 比 $|\Delta x|$ 小得多．因此在点 M 附近，可以用切线段近似曲线段．

图 2-13

2. 微分的计算

由于 $dy = f'(x)dx$，因此由导数的基本公式和运算法则，不难得到下面的基本微分公式和微分运算法则．

（1）基本微分公式．

1）$d(C) = 0$（C 为常数）

2）$d(x^\alpha) = \alpha x^{\alpha-1}dx$（$\alpha$ 为常数）

3）$d(a^x) = a^x \cdot \ln a\, dx$（$a > 0$，$a \neq 1$）

4）$d(e^x) = e^x dx$

5）$d(\log_a x) = \dfrac{1}{x\ln a}dx$（$a > 0$，$a \neq 1$）

6）$d(\ln x) = \dfrac{1}{x}dx$

7）$d(\sin x) = \cos x\, dx$

8）$d(\cos x) = -\sin x\, dx$

9）$d(\tan x) = \sec^2 x\, dx$

10）$d(\cot x) = -\csc^2 x\, dx$

11）$d(\sec x) = \sec x \cdot \tan x\, dx$

12）$d(\csc x) = -\csc x \cdot \cot x\, dx$

13）$d(\arcsin x) = \dfrac{1}{\sqrt{1 - x^2}}dx$（$|x| < 1$）

14）$d(\arccos x) = -\dfrac{1}{\sqrt{1 - x^2}}dx$（$|x| < 1$）

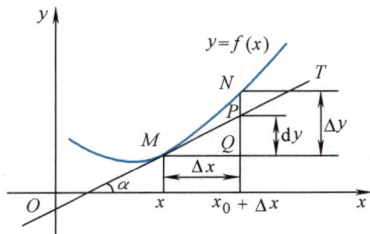

微分的运算法则

15）$\mathrm{d}(\arctan x) = \dfrac{1}{1+x^2}\mathrm{d}x$

16）$\mathrm{d}(\mathrm{arccot}\,x) = -\dfrac{1}{1+x^2}\mathrm{d}x$

（2）微分的四则运算法则.

设 $u(x)$ 与 $v(x)$ 在点 x 处可微，α、β 是常数，由微分定义和求导公式知 $\alpha u(x) \pm \beta v(x)$、$u(x) \cdot v(x)$、$u(x)/v(x)(v(x)\neq 0)$ 在点 x 处也可微，且

$$\mathrm{d}(\alpha u \pm \beta v) = \alpha \mathrm{d}u \pm \beta \mathrm{d}v$$

$$\mathrm{d}(u \cdot v) = v\mathrm{d}u + u\mathrm{d}v$$

$$\mathrm{d}\left(\frac{u}{v}\right) = \frac{v\mathrm{d}u - u\mathrm{d}v}{v^2}$$

▶️ 微分在近似计算中的应用

例1　求函数 $y = x^3$ 的增量 Δy 与微分 $\mathrm{d}y$：

（1）当 x 与 Δx 为任意值时；（2）当 $x = 1$，$\Delta x = 0.1$ 时.

解　（1）函数的增量

$$\begin{aligned}\Delta y &= (x + \Delta x)^3 - x^3 \\ &= 3x^2\Delta x + 3x(\Delta x)^2 + (\Delta x)^3\end{aligned}$$

函数的微分

$$\mathrm{d}y = y'\Delta x = 3x^2\Delta x = 3x^2\mathrm{d}x$$

（2）当 $x = 1$，$\Delta x = 0.1$ 时，

$$\begin{aligned}\Delta y &= 3 \times 1^2 \times 0.1 + 3 \times 1 \times (0.1)^2 + 0.1^3 \\ &= 0.331\end{aligned}$$

$$\mathrm{d}y = 3 \times 1^2 \times 0.1 = 0.3$$

即用 $\mathrm{d}y$ 近似 Δy 所产生的误差为 0.031.

例2　求下列函数的微分.

（1）$y = x^2\sin x$　　（2）$y = \dfrac{\cos x}{\ln x}$.

解　（1）$\begin{aligned}\mathrm{d}y &= \sin x\mathrm{d}(x^2) + x^2\mathrm{d}(\sin x) \\ &= 2x\sin x\mathrm{d}x + x^2\cos x\mathrm{d}x \\ &= x(2\sin x + x\cos x)\mathrm{d}x\end{aligned}$

（2）$\mathrm{d}y = \dfrac{\ln x\mathrm{d}(\cos x) - \cos x\mathrm{d}(\ln x)}{\ln^2 x}$

$$= \frac{-\ln x \cdot \sin x \mathrm{d}x - \cos x \cdot \dfrac{1}{x} \mathrm{d}x}{\ln^2 x}$$

$$= -\frac{x\ln x \cdot \sin x + \cos x}{x\ln^2 x} \mathrm{d}x$$

（3）复合函数的微分法则.

设 $y = f(u)$，$u = \varphi(x)$，则复合函数的导数为

$$\frac{\mathrm{d}y}{\mathrm{d}x} = f'(\varphi(x)) \cdot \varphi'(x)$$

所以复合函数的微分为

$$\mathrm{d}y = f'(\varphi(x)) \cdot \varphi'(x) \mathrm{d}x$$

由于 $f'(\varphi(x))$ 可记为 $f'(u)$，$\varphi'(x)\mathrm{d}x = \mathrm{d}u$，上式也可写作

$$\mathrm{d}y = f'(u)\mathrm{d}u$$

注意到这里的 u 是中间变量，不是自变量. 由此可见，不论 u 是自变量，还是中间变量，微分形式 $\mathrm{d}y = f'(u)\mathrm{d}u$ 保持不变，这一性质称为**一阶微分形式的不变性**.

例 3 求函数 $y = \mathrm{e}^{1-3x}\cos x^2$ 的微分.

解
$$\begin{aligned}
\mathrm{d}y &= \cos x^2 \mathrm{d}(\mathrm{e}^{1-3x}) + \mathrm{e}^{1-3x}\mathrm{d}(\cos x^2) \\
&= \cos x^2 \cdot \mathrm{e}^{1-3x}\mathrm{d}(1-3x) + \mathrm{e}^{1-3x}(-\sin x^2)\mathrm{d}(x^2) \\
&= -3\cos x^2 \cdot \mathrm{e}^{1-3x}\mathrm{d}x - 2x\sin x^2 \mathrm{e}^{1-3x}\mathrm{d}x \\
&= -\mathrm{e}^{1-3x}(3\cos x^2 + 2x\sin x^2)\mathrm{d}x
\end{aligned}$$

例 4 已知方程 $x^2 y^3 - xy + x^2 = 0$ 确定函数 $y = y(x)$，利用微分运算法则求 $y'(x)$.

解 先在方程两端求微分，再解出微商 $\dfrac{\mathrm{d}y}{\mathrm{d}x}$.

$$\mathrm{d}(x^2 y^3) - \mathrm{d}(xy) + \mathrm{d}(x^2) = 0$$

$$y^3 \mathrm{d}(x^2) + x^2 \mathrm{d}(y^3) - y\mathrm{d}x - x\mathrm{d}y + 2x\mathrm{d}x = 0$$

$$2xy^3 \mathrm{d}x + 3x^2 y^2 \mathrm{d}y - y\mathrm{d}x - x\mathrm{d}y + 2x\mathrm{d}x = 0$$

解出

$$\frac{\mathrm{d}y}{\mathrm{d}x} = \frac{y - 2xy^3 - 2x}{3x^2 y^2 - x}$$

3. 微分的应用

我们已知, 若函数 $y = f(x)$ 在点 x_0 处可微, 则当 $|\Delta x| = |x - x_0|$ 很小时, 可用微分 dy 近似增量 Δy, 即

$$f(x) - f(x_0) \approx f'(x_0)(x - x_0)$$

或

$$f(x) \approx f(x_0) + f'(x_0)(x - x_0) \tag{2-2}$$

当 $f(x_0)$, $f'(x_0)$ 容易计算时, 便可用式 (2-2) 计算 $f(x)$ 的近似值. 用微分进行近似计算的基本思想就是: 在微小局部用线性函数近似给定的函数.

例 5 求 $\sin 33°$ 的近似值.

解 将角度 $33°$ 化为弧度制, 得

$$33° = \frac{\pi}{6} + \frac{3\pi}{180} = \frac{\pi}{6} + \frac{\pi}{60}$$

取 $f(x) = \sin x$, 由近似计算式 (2-2) 得

$$\sin x \approx \sin x_0 + \cos x_0 \cdot (x - x_0)$$

这里 $x_0 = \frac{\pi}{6}$, $x = \frac{\pi}{6} + \frac{\pi}{60}$, 代入得

$$\sin 33° \approx \sin \frac{\pi}{6} + \frac{\pi}{60} \cos \frac{\pi}{6}$$

$$= \frac{1}{2} + \frac{\pi}{60} \times \frac{\sqrt{3}}{2} \approx 0.5453$$

若在近似计算式 (2-2) 中取 $x_0 = 0$, 则可得到一些常用的近似公式:

$$\sin x \approx x, \qquad \tan x \approx x$$

$$\arcsin x \approx x, \qquad \arctan x \approx x$$

$$e^x \approx 1 + x, \qquad \ln(1 + x) \approx x$$

$$(1 + x)^\alpha \approx 1 + \alpha x \ (\alpha \text{ 为实数})$$

例 6 在半径为 1cm, 高为 2cm 的正圆锥表面镀一层 0.01cm 厚的纯铜, 估计需用多少克的铜 (铜的密度为 8.9g/cm^3)?

解 镀层的体积等于两个同轴圆锥体的体积之差, 也就是锥体体积 $V = \frac{1}{3}\pi R^2 h$ 在 $h = 2\text{cm}, R_0 = 1\text{cm}$, R 的增量 $\Delta R = 0.01\text{cm}$ 时的增量 ΔV.

微分在误差估计中的应用

$$\Delta V \approx dV = V'(R_0) \cdot \Delta R$$

$$= \frac{2}{3}\pi R_0 h \cdot \Delta R \approx 0.0419 \text{cm}^3$$

故大约需要纯铜

$$0.0419 \times 8.9\text{g} \approx 0.3729\text{g}$$

微分还可用来作误差分析，设有一个量的精确值为 x，经测量或计算只能得到其近似值 $\tilde{x}$．称 $x - \tilde{x}$ 为近似值 $\tilde{x}$ 的绝对误差．绝对误差与 $\tilde{x}$ 之比 $\frac{x-\tilde{x}}{\tilde{x}}$ 称为近似值 $\tilde{x}$ 的相对误差．实际工作中，一个量的精确值往往是无法得到的，只能估计出 $|x - \tilde{x}|$ 的上界，称为近似值 $\tilde{x}$ 的绝对误差限，记作 $\varepsilon(\tilde{x})$，并将 $\frac{\varepsilon(\tilde{x})}{|\tilde{x}|}$ 作为 $\tilde{x}$ 的相对误差限，记作 $\varepsilon_r(\tilde{x})$．

设有函数 $y = f(x)$，当准确值 x 被近似值 $\tilde{x}$ 代替时，得到 y 的近似值 $\tilde{y} = f(\tilde{x})$．故由 $\tilde{x}$ 引起的近似值 $\tilde{y}$ 的绝对误差

$$\Delta y = f(x) - f(\tilde{x}) \approx f'(\tilde{x})(x - \tilde{x})$$

从而

$$|\Delta y| \approx |f'(\tilde{x})||x - \tilde{x}| \leqslant |f'(\tilde{x})| \cdot \varepsilon(\tilde{x})$$

所以可取

$$\varepsilon(\tilde{y}) = |f'(\tilde{x})| \cdot \varepsilon(\tilde{x})$$

$$\varepsilon_r(\tilde{y}) = \frac{\varepsilon(\tilde{y})}{|\tilde{y}|} = \frac{|f'(\tilde{x})| \cdot \varepsilon(\tilde{x})}{|f(\tilde{x})|}$$

$$= \left|\frac{\tilde{x}f'(\tilde{x})}{f(\tilde{x})}\right|\varepsilon_r(\tilde{x})$$

例 7 测量得圆板的直径 $\tilde{x} = 5.2\text{cm}$，其绝对误差限 $\varepsilon(\tilde{x}) = 0.05\text{cm}$，试估计圆板面积的绝对误差限和相对误差限．

解 圆板面积为 $y = \frac{\pi}{4}x^2$，则

$$\varepsilon(\tilde{y}) = |y'|\varepsilon(\tilde{x}) = \frac{\pi}{2}\tilde{x}\varepsilon(\tilde{x})$$

$$= \frac{\pi}{2} \times 5.2 \times 0.05\,\mathrm{cm}^2 \approx 0.41\,\mathrm{cm}^2$$

$$\varepsilon_r(\tilde{y}) = \frac{\varepsilon(\tilde{y})}{|\tilde{y}|} = \frac{2\varepsilon(\tilde{x})}{|\tilde{x}|}$$

$$= 2 \times \frac{0.05}{5.2} \approx 0.0192$$

习　题　2.5

1. 设函数 $y = \ln(1+x)$，计算在点 $x = 1$ 处当 Δx 分别等于 0.1、0.01 时的增量 Δy 和微分 $\mathrm{d}y$.

2. 在括号内填入适当的函数，使等式成立.

(1) $\mathrm{d}(\quad) = \sin wx\,\mathrm{d}x$

(2) $\mathrm{d}(\quad) = \dfrac{1}{1+x}\mathrm{d}x$

(3) $\mathrm{d}(\quad) = \mathrm{e}^{-3x}\mathrm{d}x$

(4) $\mathrm{d}(\quad) = (x^3 + \cos 2x)\mathrm{d}x$

3. 计算下列函数的微分.

(1) $y = \arctan\dfrac{1+\mathrm{e}^x}{1-\mathrm{e}^x}$

(2) $y = 2^{-\frac{1}{\sin x}}$

(3) $y = \arcsin\sqrt{1-x^2}$

(4) $y = f(1-2x) - \cos[f(x)]$

4. 求下列方程确定的隐函数的微分.

(1) $2^{xy} = x + y$

(2) $x^3 + y^3 - \sin 3x + 6y = 0$

(3) $\arctan\dfrac{y}{x} = \ln\sqrt{x^2 + y^2}$

(4) $\mathrm{e}^x \sin y - \mathrm{e}^{-y}\cos x = 0$

5. 求由参数方程 $\begin{cases} x = t^3 - 3t \\ y = 2t^3 - 3t^2 - 12t \end{cases}$ 确定的函数 $y = y(x)$ 当 $t = 0$ 时的微分.

6. 试给出下列函数在指定点邻近的线性近似式.

(1) $y = \mathrm{e}^x$，$x_0 = 0$

(2) $y = \arccos\dfrac{1}{\sqrt{x}}$，$x_0 = 2$

(3) $y = \mathrm{e}^{-x}\sin(3-x)$，$x_0 = 0$

(4) $y = \ln^2(1+x^2)$，$x_0 = 1$

7. 计算下列近似值.

(1) $\sqrt[4]{1.02}$　　(2) $\arctan 1.05$

8. 计算球体体积时，若要求相对误差不超过 0.02，测量直径的相对误差不能超过多少？

2.6　综合例题

导数与微分典型例题 1

例 1　设 $f(x_0) = 0$，则 $f'(x_0) = 0$ 是 $|f(x)|$ 在点 x_0 处可导的（　）条件.

A. 充分非必要　　　　B. 必要非充分

C. 充分且必要　　　　D. 既非充分也非必要

解　由于 $|f(x)|$ 在点 x_0 处可导，由定义知，极限

$$\lim_{x \to x_0} \frac{|f(x)| - |f(x_0)|}{x - x_0} = \lim_{x \to x_0} \frac{|f(x)|}{x - x_0}$$

存在，即左、右极限

$$\lim_{x \to x_0^-} \frac{|f(x)|}{x - x_0} \leqslant 0, \ \lim_{x \to x_0^+} \frac{|f(x)|}{x - x_0} \geqslant 0$$

存在且相等，这等价于

$$\lim_{x \to x_0} \frac{|f(x)|}{x - x_0} = 0$$

即

$$\lim_{x \to x_0} \frac{|f(x) - f(x_0)|}{|x - x_0|} = 0$$

因此当 $f(x_0) = 0$ 时，$|f(x)|$ 在点 x_0 处可导的充要条件为

$$\lim_{x \to x_0} \frac{f(x) - f(x_0)}{x - x_0} = f'(x_0) = 0$$

故结论为 C.

例 2　设 $f(x)$ 与 $g(x)$ 是恒大于零的可导函数，且 $f'(x)g(x) - f(x) \cdot g'(x) < 0 (a \leqslant x \leqslant b)$，则当 $a < x < b$ 时，有（　　　）.

A. $f(x)g(b) > f(b)g(x)$　　　B. $f(x)g(a) > f(a)g(x)$

C. $f(x)g(x) > f(b)g(b)$　　　D. $f(x)g(x) < f(a)g(a)$

解　由条件 $f'(x)g(x) - f(x)g'(x) < 0$，可得

$$\left[\frac{f(x)}{g(x)}\right]' = \frac{f'(x)g(x) - f(x)g'(x)}{g^2(x)} < 0$$

从而 $\dfrac{f(x)}{g(x)}$ 在区间 $[a, b]$ 上单调减少（参阅 2.1 节例 10），于是

$$\frac{f(a)}{g(a)} > \frac{f(x)}{g(x)} > \frac{f(b)}{g(b)}$$

又 $g(x) > 0$ $(a \leqslant x \leqslant b)$，故有

$$f(a)g(x) > f(x)g(a), \ f(x)g(b) > g(x)f(b)$$

故结论为 A.

例 3　设函数 $f(x)$ 在 $x = a$ 处可导，$f(a) > 0$，求极限

$$\lim_{n \to \infty} \left[\frac{f\left(a + \dfrac{1}{n}\right)}{f(a)} \right]^n.$$

解 这是 1^∞ 型极限. 由于

$$\left[\frac{f\left(a + \dfrac{1}{n}\right)}{f(a)} \right]^n = e^{\frac{\ln f\left(a + \frac{1}{n}\right) - \ln f(a)}{\frac{1}{n}}}$$

由数列极限与函数极限的关系及导数定义，有

$$\lim_{n \to \infty} \frac{\ln f\left(a + \dfrac{1}{n}\right) - \ln f(a)}{\dfrac{1}{n}} = \left[\ln f(x) \right]' \bigg|_{x = a}$$

$$= \frac{f'(a)}{f(a)}$$

从而原极限

$$\lim_{n \to \infty} \left[\frac{f\left(a + \dfrac{1}{n}\right)}{f(a)} \right]^n = e^{\lim\limits_{n \to \infty} \frac{\ln f\left(a + \frac{1}{n}\right) - \ln f(a)}{\frac{1}{n}}} = e^{\frac{f'(a)}{f(a)}}$$

例 4 若函数 $f(x)$ 满足

$$f(x + 1) = af(x)$$

且 $f'(0) = b$，其中 a, b 为常数. 求证：$f(x)$ 在点 $x = 1$ 处可导. 并计算 $f'(1)$.

解 首先在等式 $f(1 + x) = af(x)$ 中令 $x = 0$，得

$$f(1) = af(0)$$

再由导数定义

$$f'(1) = \lim_{x \to 0} \frac{f(1 + x) - f(1)}{1 + x - 1} = \lim_{x \to 0} \frac{af(x) - af(0)}{x}$$

$$= a \cdot \lim_{x \to 0} \frac{f(x) - f(0)}{x} = a \cdot f'(0) = ab$$

例 5 设函数 $f(x)$ 满足 $f(0) = 0, f'(0) = b$，若函数

$$F(x) = \begin{cases} \dfrac{f(x) + a\sin x}{x} & x \neq 0 \\ A & x = 0 \end{cases}$$

在点 $x = 0$ 处连续，求 A 的值.

解 由于 $F(x)$ 在 $x = 0$ 处连续，那么

导数与微分
典型例题 2

$$A = \lim_{x \to 0} F(x) = \lim_{x \to 0} \frac{f(x) + a\sin x}{x}$$

$$= \lim_{x \to 0} \frac{f(x)}{x} + \lim_{x \to 0} a \cdot \frac{\sin x}{x}$$

$$= \lim_{x \to 0} \frac{f(x) - f(0)}{x - 0} + a \cdot 1$$

$$= f'(0) + a = b + a$$

例 6　设 a，b 为常数，$b < 0$，函数

$$f(x) = \begin{cases} x^a \sin(x^b) & x > 0 \\ 0 & x \leqslant 0 \end{cases}$$

问在什么条件下，在点 $x = 0$ 处

（1）$f(x)$ 不连续；

（2）$f(x)$ 连续但不可微；

（3）$f(x)$ 可微，但 $f'(x)$ 无界；

（4）$f'(x)$ 连续.

▶ 导数与微分

典型例题 3

解　（1）当 $a < 0$ 时，极限

$$\lim_{x \to 0^+} f(x) = \lim_{x \to 0^+} x^a \sin(x^b)$$

不存在，故此时 $f(x)$ 在点 $x = 0$ 处不连续；

当 $a = 0$ 时，由于 $b < 0$，极限

$$\lim_{x \to 0^+} f(x) = \lim_{x \to 0^+} \sin(x^b)$$

不存在，故 $a = 0$ 时，$f(x)$ 在点 $x = 0$ 处不连续.

（2）当 $0 < a \leqslant 1$ 时，

$$\lim_{x \to 0^+} f(x) = \lim_{x \to 0^+} x^a \sin(x^b) = 0 = f(0)$$

所以，$f(x)$ 在点 $x = 0$ 处连续. 但由于

$$\lim_{x \to 0^+} \frac{f(x) - f(0)}{x} = \lim_{x \to 0^+} x^{a-1} \sin(x^b)$$

当 $a - 1 \leqslant 0$ 时，上述极限不存在. 故当 $0 < a \leqslant 1$ 时，$f(x)$ 在点 $x = 0$ 处连续但不可微.

（3）当 $1 < a < 1 - b$ 时，

$$f'_+(0) = \lim_{x \to 0^+} \frac{f(x) - f(0)}{x} = \lim_{x \to 0^+} x^{a-1} \sin(x^b) = 0$$

$$f'_-(0) = \lim_{x \to 0^-} \frac{f(x) - f(0)}{x} = 0$$

所以，$f(x)$ 在该点可微．

又当 $x > 0$ 时，

$$f'(x) = ax^{a-1}\sin(x^b) + bx^{a+b-1}\cos(x^b)$$

注意到 $a > 1$，那么

$$\lim_{x \to 0^+} f'(x) = \lim_{x \to 0^+} bx^{a+b-1}\cos(x^b)$$

当 $a + b - 1 < 0$ 时，上式无界，极限不存在．所以当 $1 < a < 1 - b$ 时，$f(x)$ 在点 $x = 0$ 处可微，但 $f'(x)$ 在该点附近无界．

（4）当 $a > 1 - b$ 时，由（3）可知 $f'(0) = 0$，且

$$\lim_{x \to 0^+} f'(x) = \lim_{x \to 0^+} bx^{a+b-1}\cos(x^b) = 0$$

$$\lim_{x \to 0^-} f'(x) = 0$$

故当 $a > 1 - b$ 时，$f'(x)$ 在点 $x = 0$ 处连续．

例 7　设 $y = 2^{|\sin x|}$，求 y'

解　将函数改写成 $y = 2^{\sqrt{\sin^2 x}}$，那么

$$y' = 2^{\sqrt{\sin^2 x}} \cdot \ln 2 \frac{2\sin x \cos x}{2\sqrt{\sin^2 x}} \quad (\sin x \neq 0)$$

$$= \ln 2 \cdot \sin 2x \cdot 2^{\sqrt{\sin^2 x}} \cdot \frac{1}{2|\sin x|}$$

例 8　设函数 $y = [f(x^2)]^{\frac{1}{x}}$，$f$ 为可微函数，求 $\mathrm{d}y$．

解　对 y 取对数，有

$$\ln y = \frac{1}{x}\ln f(x^2)$$

则

$$\frac{y'}{y} = -\frac{1}{x^2}\ln f(x^2) + \frac{1}{x} \cdot \frac{1}{f(x^2)} \cdot f'(x^2) \cdot 2x$$

$$y' = [f(x^2)]^{\frac{1}{x}}\left[\frac{2f'(x^2)}{f(x^2)} - \frac{\ln f(x^2)}{x^2}\right]$$

$$\mathrm{d}y = [f(x^2)]^{\frac{1}{x}}\left[\frac{2f'(x^2)}{f(x^2)} - \frac{\ln f(x^2)}{x^2}\right]\mathrm{d}x$$

例 9　设函数 $y = \arctan\dfrac{\sqrt{x^2 + 2}}{x} - \dfrac{1}{2}\ln\left(\dfrac{\sqrt{x^2 + 2} - x}{\sqrt{x^2 + 2} + x}\right)$，求 $y'(x)$．

解　引入变量 $u = \dfrac{\sqrt{x^2 + 2}}{x}$，则

$$y = \arctan u - \frac{1}{2}\ln\frac{u-1}{u+1}$$

$$= \arctan u - \frac{1}{2}\ln(u-1) + \frac{1}{2}\ln(u+1)$$

所以

$$y' = \left[\frac{1}{1+u^2} + \frac{1}{2(u+1)} - \frac{1}{2(u-1)}\right] \cdot u'$$

$$= \frac{2}{1-u^4} \cdot u'$$

$$= \frac{2}{1 - \dfrac{(x^2+2)^2}{x^4}} \cdot \frac{\dfrac{x^2}{\sqrt{x^2+2}} - \sqrt{x^2+2}}{x^2}$$

$$= \frac{x^2}{(x^2+1)\sqrt{x^2+2}}$$

例 10　求由方程 $2y - x = (x-y)\ln(x-y)$ 确定的函数 $y = y(x)$ 的微分 $\mathrm{d}y$.

解　在方程两端直接求微分，得

$$2\mathrm{d}y - \mathrm{d}x = (\mathrm{d}x - \mathrm{d}y)\ln(x-y) + (x-y)\frac{\mathrm{d}x - \mathrm{d}y}{(x-y)}$$

即

$$[3 + \ln(x-y)]\mathrm{d}y = [2 + \ln(x-y)]\mathrm{d}x$$

所以

$$\mathrm{d}y = \frac{2 + \ln(x-y)}{3 + \ln(x-y)}\mathrm{d}x$$

例 11　函数 $y = y(x)$ 由参数方程组 $\begin{cases} x^2 + t^2 = 1 \\ xyt = 2 \end{cases}$ 确定，求 y'_x.

解　对两个参数方程式按隐函数求导法计算对 x 的导数，得

$$2x + 2t \cdot t'_x = 0, \quad yt + xy'_x t + xyt'_x = 0$$

消去 t'_x，得

$$yt^2 + xt^2 y'_x - x^2 y = 0$$

所以

$$y'_x = \frac{y(x^2 - t^2)}{xt^2}$$

例 12　设函数 $f(x)$ 二阶可导，$f'(x) \neq 0$，其反函数 $f^{-1}(x)$ 存在．求 $\dfrac{\mathrm{d}^2}{\mathrm{d}x^2}\left[f^{-1}(x)\right]$．

解　设 $x = f(y)$ 的反函数为 $y = f^{-1}(x)$，那么

$$\frac{\mathrm{d}y}{\mathrm{d}x} = \frac{\mathrm{d}\left[f^{-1}(x)\right]}{\mathrm{d}x} = \frac{1}{\dfrac{\mathrm{d}x}{\mathrm{d}y}} = \frac{1}{f'(y)} = \frac{1}{f'(f^{-1}(x))}$$

$$\frac{\mathrm{d}^2 y}{\mathrm{d}x^2} = \frac{\mathrm{d}^2\left[f^{-1}(x)\right]}{\mathrm{d}x^2} = \frac{\mathrm{d}}{\mathrm{d}x}\left[\frac{1}{f'(y)}\right]$$

$$= \frac{\mathrm{d}}{\mathrm{d}y}\left[\frac{1}{f'(y)}\right] \cdot \frac{\mathrm{d}y}{\mathrm{d}x}$$

$$= -\frac{1}{\left[f'(y)\right]^2} \cdot f''(y) \cdot \frac{1}{f'(y)}$$

$$= -\frac{f''(f^{-1}(x))}{\left[f'(f^{-1}(x))\right]^3}$$

例 13　设 $f(x)$ 在点 $x = a$ 处连续，$F(x) = f(x)\sin(x - a)$，求 $F'(a)$．

解　由于 $f(x)$ 在点 $x = a$ 处未必可导，故应从定义出发计算．

$$F'(a) = \lim_{\Delta x \to 0} \frac{F(a + \Delta x) - F(a)}{\Delta x} = \lim_{\Delta x \to 0} \frac{f(a + \Delta x)\sin\Delta x}{\Delta x}$$

$$= \lim_{\Delta x \to 0} f(a + \Delta x) \cdot \frac{\sin\Delta x}{\Delta x} = f(a)$$

例 14　设 $f(x)$ 是周期为 5 的连续函数，它在 $x = 0$ 的某一邻域内满足关系式

$$f(1 + \sin x) - 3f(1 - \sin x) = 8x + \alpha(x)$$

其中 $\alpha(x)$ 是 x 的高阶无穷小（$x \to 0$），$f(x)$ 在点 $x = 1$ 处可导，求曲线 $y = f(x)$ 在 $(6, f(6))$ 处的切线方程．

解　首先由关系式得

$$\lim_{x \to 0}\left[f(1 + \sin x) - 3f(1 - \sin x)\right] = \lim_{x \to 0}\left[8x + \alpha(x)\right]$$

即 $f(1) - 3f(1) = 0$．所以 $f(1) = 0$．另一方面，

$$\lim_{x \to 0} \frac{f(1 + \sin x) - 3f(1 - \sin x)}{\sin x} = \lim_{x \to 0}\left[\frac{8x}{\sin x} + \frac{\alpha(x)}{x} \cdot \frac{x}{\sin x}\right] = 8$$

令 $t = \sin x$，有

$$8 = \lim_{x \to 0} \frac{f(1 + \sin x) - 3f(1 - \sin x)}{\sin x}$$

$$= \lim_{t \to 0} \frac{f(1 + t) - 3f(1 - t)}{t}$$

$$= \lim_{t \to 0} \left[\frac{f(1 + t) - f(1)}{t} + 3 \cdot \frac{f(1 - t) - f(1)}{-t} \right]$$

$$= 4f'(1)$$

所以, $f'(1) = 2$, 再由 $f(x + 5) = f(x)$, 得 $f(6) = f(1) = 0$,

$$f'(6) = \lim_{x \to 0} \frac{f(6 + x) - f(6)}{x}$$

$$= \lim_{x \to 0} \frac{f(1 + x) - f(1)}{x} = f'(1) = 2$$

所以切线方程为

$$y = 2(x - 6)$$

即

$$2x - y - 12 = 0$$

例 15 设 $f(x) = \begin{cases} x\arctan \dfrac{1}{x^2} & x \neq 0 \\ 0 & x = 0 \end{cases}$, 试讨论 $f'(x)$ 在 $x = 0$

处的连续性.

解 当 $x \neq 0$ 时,

$$f'(x) = \arctan \frac{1}{x^2} - \frac{2x^2}{1 + x^4}$$

当 $x = 0$ 时,

$$f'(0) = \lim_{x \to 0} \frac{f(x) - f(0)}{x}$$

$$= \lim_{x \to 0} \frac{x\arctan \dfrac{1}{x^2}}{x} = \frac{\pi}{2}$$

而

$$\lim_{x \to 0} f'(x) = \lim_{x \to 0} \left(\arctan \frac{1}{x^2} - \frac{2x^2}{1 + x^4} \right) = \frac{\pi}{2}$$

所以, $f'(x)$ 在点 $x = 0$ 处连续.

例 16 设有装满水的正圆锥形漏斗，顶部直径为 12cm，深 18cm，下接直径为 10cm 的圆柱形水桶．当漏斗水深为 12cm 时，水平面下降速率为 1cm/s，试求此时水桶的水平面上升的速率．

解 设在时刻 t，圆锥形漏斗中水面高 $h(t)$，水面半径 $r(t)$，水桶中水高 $H(t)$，如图 2-14 所示．那么，由 $\dfrac{r}{h} = \dfrac{6}{18}$，得

$$r = \frac{1}{3}h$$

设水桶中水全部由漏斗中水注入，得关系式

$$\pi \cdot 5^2 H(t) = \frac{1}{3}\pi \cdot 6^2 \cdot 18 - \frac{1}{3}\pi r^2(t) h(t)$$

即

$$75H(t) = 648 - \frac{1}{9}h^3(t)$$

两边对 t 求导，得

$$H'(t) = -\frac{1}{3 \times 75}h^2(t) \cdot h'(t)$$

当 $h = 12$，$h'(t) = -1$ 时，

$$H'(t) = \frac{12^2}{3 \times 75} = \frac{16}{25}$$

即水桶中水面上升的速率为 $\dfrac{16}{25}$cm/s.

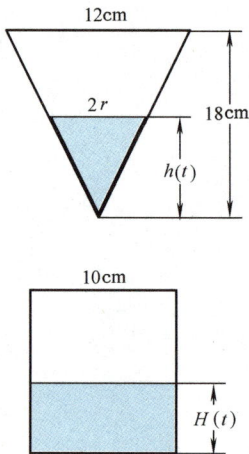

图 2-14

习 题 2.6

1. 选择题

（1）函数 $f(x) = (x^2 - x - 2)|x^3 - x|$ 有（　　）个不可导点．

A. 3　　B. 2　　C. 1　　D. 0

（2）设 $f(x) = 3x^2 + x^2|x|$，则使 $f^{(n)}(0)$ 存在的最高阶数 $n = $（　　）．

A. 0　　B. 1　　C. 2　　D. 3

（3）若 $f(x) = -f(-x)$，在 $(0, +\infty)$ 内，$f'(x) > 0$，$f''(x) > 0$，则 $f(x)$ 在 $(-\infty, 0)$ 内（　　）．

A. $f'(x) < 0$，$f''(x) < 0$

B. $f'(x) < 0$，$f''(x) > 0$

C. $f'(x) > 0$，$f''(x) < 0$

D. $f'(x) > 0$，$f''(x) > 0$

（4）设 $f(x)$ 在定义域内可导，$y = f(x)$ 的图形如图 2-15 所示，则 $f'(x)$ 的图形（见图 2-16）为（　　）．

2. 设函数 $f(x) = \varphi(a + bx) - \varphi(a - bx)$，其中 $b \neq 0$，$\varphi(x)$ 在 $(-\infty, +\infty)$ 上有定义，且在点 a 处可导，求 $f'(0)$.

3. 设函数 $f(x) = \begin{cases} e^{-x^2} - 1 & x \leqslant 0 \\ \ln(1+x) & x > 0 \end{cases}$，讨论 $f(x)$ 在点 $x = 0$ 处的连续性与可导性.

4. 设函数 $f(x) = \begin{cases} \ln(1+2x) & -\dfrac{1}{2} < x \leqslant 1 \\ ax + b & x > 1 \end{cases}$，问 a，b 取何值时，$f(x)$ 在点 $x = 1$ 处可导？

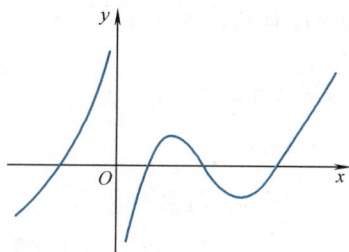

图 2-15

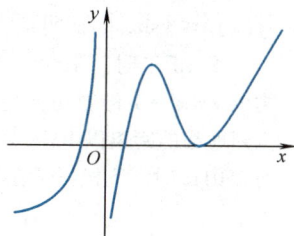

A

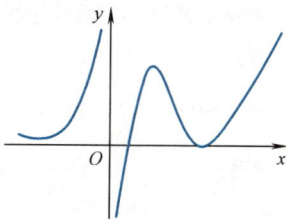

B

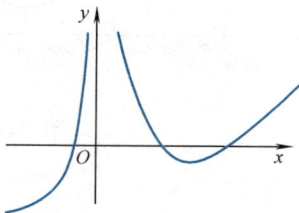

C

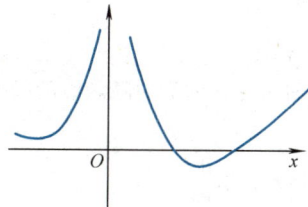

D

图 2-16

5. 设函数 $f(x) = \begin{cases} e^x & x < 0 \\ ax^2 + bx + c & x \geqslant 0 \end{cases}$，试确定 a，b，c 的值使得 $f''(0)$ 存在.

6. 设函数 $f(x) = \begin{cases} a + bx^2 & |x| \leqslant c \\ \dfrac{m^2}{|x|} & |x| > c \end{cases}$，其中 $c > 0$，试求 a，b 的值，使 $f(x)$ 在点 $x = c$，$x = -c$ 处可导.

7. 设函数 $f(t) = \lim\limits_{x \to \infty} t\left(1 + \dfrac{1}{x}\right)^{2xt}$，求 $f'(t)$.

8. 已知 $f(1) = 0$，$f'(1) = 2$，求 $\lim\limits_{x \to 0} \dfrac{f(\sin^2 x + \cos x)}{x\tan x}$.

9. 设函数 $\varphi(x)$ 在点 $x = a$ 处连续，讨论函数 $f(x) = |x - a|\varphi(x)$ 在点 $x = a$ 处的可导性.

10. 设函数 $f(x)$ 在 $(-\infty, +\infty)$ 上有定义，对

任何 x，$y \in (-\infty, +\infty)$ 有 $f(x+y) = f(x)f(y)$，且 $f'(0) = 1$. 证明：当 $x \in (-\infty, +\infty)$ 时，$f'(x) = f(x)$.

11. 求下列函数的导数.

（1）$y = \arccos \dfrac{1}{|x|}$

（2）$y = e^{\sin^2 x} + \sqrt{\cos x 2}^{\sqrt{\cos x}}$

（3）$y = \dfrac{x}{2}\sqrt{x^2 + a^2} + \dfrac{a^2}{2}\ln(x + \sqrt{x^2 + a^2})$

（4）$y = \dfrac{2}{\sqrt{a^2 - b^2}}\arctan\left(\sqrt{\dfrac{a-b}{a+b}}\tan\dfrac{x}{2}\right)$ $(a > b > 0)$

12. 设函数 $f(x)$，$g(x)$ 可导，求下列函数的导数.

（1）$y = e^{f(x^2)}g(\arccos\sqrt{x})$

（2）$y = \dfrac{2^x g(\sinh x)}{\ln f(x)}$ $\quad (f(x) > 0)$

13. 求下列函数的指定导数.

（1）$y = \ln\sqrt{\dfrac{1-x}{1+x}}$，求 $y''\Big|_{x=0}$.

（2）$y = \sin(f(x^2))$，求 y''.

（3）$y = \dfrac{1}{a^2 - b^2 x^2}$，求 $y^{(n)}$.

（4）$y = x^{n-1}\ln x$，求 $y^{(n)}$.

14. 设函数 $f(x)$ 二阶可导，求下列隐函数的指定导数.

（1）$y^2 f(x) + x f(y) = x^2$，求 $\dfrac{\mathrm{d}y}{\mathrm{d}x}$.

（2）$xe^{f(y)} = e^y$，求 $\dfrac{\mathrm{d}^2 y}{\mathrm{d}x^2}(f'(x) \neq 1)$.

15. 设函数 $y = y(x)$ 由方程组
$$\begin{cases} x^2 + 5xt + 4t^3 = 0 \\ e^y + y(t-1) + \ln t = 1 \end{cases}$$
确定，求 $\dfrac{\mathrm{d}y}{\mathrm{d}x}\Big|_{t=1}$.

16. 设函数 $f(x)$ 可导，且 $f(x) \neq 0$，证明：曲线 $y_1 = f(x)$，$y_2 = f(x)\sin x$ 在交点处相切.

17. 设曲线 $f(x) = x^n$ 在点 $(1, 1)$ 处的切线与 x 轴的交点为 $(\xi_n, 0)$，求 $\lim\limits_{n\to\infty} f(\xi_n)$.

18. 设函数 $f(x) = a_1\sin x + a_2\sin 2x + \cdots + a_n\sin nx$（$a_i$ 为实数，$i = 1, 2, \cdots, n$），且 $|f(x)| \leqslant |\sin x|$. 证明：$|a_1 + 2a_2 + \cdots + na_n| \leqslant 1$.

19. 正午时，阳光垂直射向地面，一飞机沿抛物线 $y = x^2 + 1$ 的轨道向地面俯冲（见图 2-17），飞机到地面的距离以 100m/s 的速度减少. 问飞机距地面 2501m 时，飞机影子在地面上移动的速度是多少？

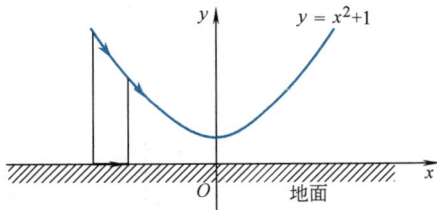

图 2-17

第 3 章

微分中值定理及其应用

上一章介绍了导数概念及其简单应用，本章将介绍微分中值定理及泰勒定理，并运用这些定理进一步研究函数的性态．这些定理本质上是利用导数（包括高阶导数）的性质来推断函数本身的性态，深刻地揭示了导数与函数之间的关系，是研究函数性态的理论基础．

▶️ 中值定理知识框架

3.1 微分中值定理

1. 函数的极值与费马（Fermat）定理

首先，我们引入函数的极值概念．

定义 设函数 $f(x)$ 定义在区间 I 上，点 $x_0 \in I$，若存在点 x_0 的某一邻域 $U(x_0, \delta) \subset I$，使得对于任意的 $x \in U(x_0, \delta)$，恒有

$$f(x) \leqslant f(x_0) \quad (或 f(x) \geqslant f(x_0))$$

则称 $f(x_0)$ 为函数 $f(x)$ 的一个极大值（或极小值），点 x_0 称为 $f(x)$ 的极大（或极小）值点．

▶️ 费马定理与
罗尔中值定理

函数的极大值与极小值统称为**极值**，极大值点与极小值点统称为**极值点**．

如图 3-1 所示，点 x_1，x_3，x_5 是函数 $f(x)$ 的极大值点，点 x_2，x_4，x_6 是函数 $f(x)$ 的极小值点．由于极值 $f(x_0)$ 是相对于 x_0 的某一邻域 $U(x_0, \delta)$ 而言的，故极值是一个局部性质；而最值（最大值或最小值）是对于函数 $f(x)$ 在整个定义域内的函数值而言的，故最值是一个整体性质．由于极值的局部性，极小值不一定比极大值小，如图 3-1 中，$f(x_6) > f(x_3)$．

另一方面，由图 3-1 可见，若 $f(x)$ 在极值点 x_0 处可导，则在

该点处的切线是水平的. 从而有

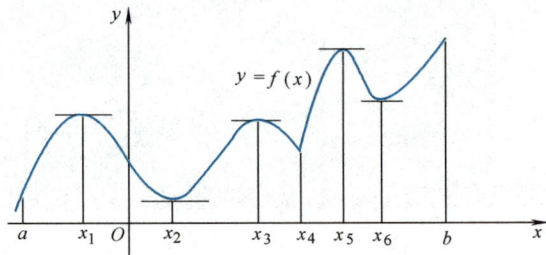

图　3-1

定理 1　（费马定理）设函数 $y = f(x)$ 在点 x_0 处可导，若 x_0 是函数的极值点，则 $f'(x_0) = 0$.

证　不妨设点 x_0 是 $f(x)$ 的极大值点，由定义知，存在 $\delta > 0$，对于 $\forall x \in U(x_0, \delta)$，有 $f(x) \leqslant f(x_0)$. 所以当 $x > x_0$，且 $x \in U(x_0, \delta)$ 时，有

$$\frac{f(x) - f(x_0)}{x - x_0} \leqslant 0$$

右导数

$$f'_+(x_0) = \lim_{x \to x_0^+} \frac{f(x) - f(x_0)}{x - x_0} \leqslant 0$$

当 $x < x_0$，且 $x \in U(x_0, \delta)$ 时，有

$$\frac{f(x) - f(x_0)}{x - x_0} \geqslant 0$$

左导数

$$f'_-(x_0) = \lim_{x \to x_0^-} \frac{f(x) - f(x_0)}{x - x_0} \geqslant 0$$

由于 $f'(x_0)$ 存在，因此有

$$0 \geqslant f'_+(x_0) = f'(x_0) = f'_-(x_0) \geqslant 0$$

即

$$f'(x_0) = 0$$

通常称一阶导数 $f'(x_0) = 0$ 的点 x_0 为 $f(x)$ 的驻点. 但函数在极值点处未必一定可导. 如图 3-1 中的点 x_4 是 $f(x)$ 的极小值点，但 $f'(x_4)$ 不存在.

2. 罗尔（Roll）定理

定理 2　（罗尔定理）如果函数 $f(x)$ 在闭区间 $[a, b]$ 上连续，在开区间 (a, b) 内可导，并且满足条件 $f(a) = f(b)$，则至少存在一点 $\xi \in (a, b)$，使得 $f'(\xi) = 0$.

证　由于 $f(x)$ 在闭区间 $[a, b]$ 上连续，所以 $f(x)$ 必在 $[a, b]$ 上达到它的最大值 M 与最小值 m.

（1）若 $M = m$，则 $f(x)$ 在 $[a, b]$ 上恒为常数，$f(x) \equiv M$，故对于 $\forall \xi \in (a, b)$，有 $f'(\xi) = 0$.

（2）若 $M > m$，由于 $f(a) = f(b)$，则 $f(x)$ 的最大值 M 与最小值 m 中至少有一个不等于 $f(a)$. 不妨设 $M \neq f(a)$，则在开区间 (a, b) 内至少存在一点 ξ，使 $f(\xi) = M$，由费马定理知，必有 $f'(\xi) = 0$.

罗尔定理有明显的几何意义：对于闭区间 $[a, b]$ 上的连续曲线，若曲线上每一点（端点除外）都有不垂直于 x 轴的切线，且 $f(a) = f(b)$，则曲线上至少有一点处的切线平行于 x 轴（见图 3-2）.

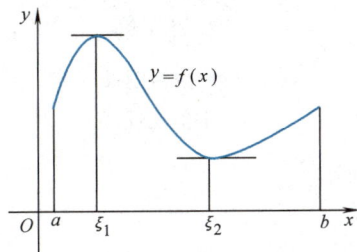

图　3-2

应当注意的是：定理 2 的三个条件中，缺少任何一个，都可能导致定理的结论不成立. 例如，函数 $f_1(x) = |x|$ 在闭区间 $[-1, 1]$ 上连续，且 $f(-1) = f(1)$，但函数在点 $x = 0$ 处不可导，不存在点 $\xi \in (-1, 1)$，使 $f_1'(\xi) = 0$. 又如函数 $f_2(x) = x$ 在闭区间 $[-1, 1]$ 上连续，在 $(-1, 1)$ 内可导，但 $f_2(-1) \neq f_2(1)$，也不存在点 $\xi \in (-1, 1)$，使 $f_2'(\xi) = 0$. 再如函数

$$f_3(x) = \begin{cases} x^2 & 0 \leq x < 1 \\ 0 & x = 1 \end{cases}$$

在区间 $(0, 1)$ 内可导，且 $f_3(0) = f_3(1)$，但在闭区间 $[0, 1]$ 的右端点 $x = 1$ 处不连续，同样也不存在 $\xi \in (0, 1)$，使 $f_3'(\xi) = 0$.

此外，定理 2 的条件仅是充分的. 即使定理 2 中的三个条件都不满足，定理的结论仍可能成立. 例如，函数

$$f(x) = \begin{cases} x^2 & -1 \leq x < \dfrac{1}{2} \\ 1 - x & \dfrac{1}{2} \leq x \leq 1 \end{cases}$$

不满足定理 2 中三个条件，却有 $\xi = 0$，使 $f'(\xi) = 0$（见图 3-3）.

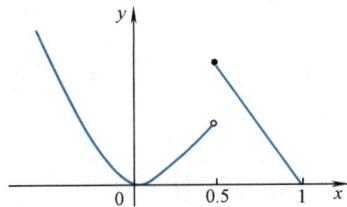

图　3-3

例 1　证明：方程 $x^3 + 3x - 2 = 0$ 有且仅有一个实根.

解　设 $f(x) = x^3 + 3x - 2$，则函数 $f(x)$ 的零点就是方程的根.

显然，$f(x)$ 是 $(-\infty, +\infty)$ 上的连续函数，且 $f(0) = -2 < 0$，$f(1) = 2 > 0$. 由连续函数的介值定理知，存在 $c \in (0, 1)$，使 $f(c) = 0$，即函数 $f(x)$ 在 $(0, 1)$ 内至少有一个实根.

下面用反证法证明根的惟一性.

假设 $f(x)$ 有两个实根 c_1，c_2，不妨设 $c_1 < c_2$. 由于函数 $f(x)$ 在 $[c_1, c_2]$ 上连续，在 (c_1, c_2) 内可导，且 $f(c_1) = f(c_2) = 0$，根据罗尔定理知，存在 $\xi \in (c_1, c_2)$，使得 $f'(\xi) = 0$. 但 $f'(x) = 3x^2 + 3 > 0$，与结论 $f'(\xi) = 0$ 矛盾. 故假设不成立，即 $f(x) = 0$ 仅有一个实根.

3. 拉格朗日（Lagrange）定理

定理 3 （拉格朗日定理）若函数 $f(x)$ 在闭区间 $[a, b]$ 上连续，在开区间 (a, b) 内可导，则至少存在一点 $\xi \in (a, b)$，使得

$$f'(\xi) = \frac{f(b) - f(a)}{b - a} \tag{3-1}$$

分析 定理要求证明：存在 $\xi \in (a, b)$ 满足导数方程

$$f'(x) - \frac{f(b) - f(a)}{b - a} = 0$$

即

$$\left[f(x) - \frac{f(b) - f(a)}{b - a} x \right]' = 0$$

因此，可令函数

$$F(x) = f(x) - \frac{f(b) - f(a)}{b - a} x$$

问题就转化为证明 $F(x)$ 是否满足罗尔定理的条件.

证 设函数

$$F(x) = f(x) - \frac{f(b) - f(a)}{b - a} x$$

由定理的条件得 $F(x)$ 在闭区间 $[a, b]$ 上连续，在开区间 (a, b) 内可导，且

$$F(a) = \frac{bf(a) - af(b)}{b - a} = F(b)$$

即 $F(x)$ 在区间 $[a, b]$ 上满足罗尔定理的条件. 故存在 $\xi \in (a, b)$，使得 $F'(\xi) = 0$，即

$$f'(\xi) - \frac{f(b) - f(a)}{b - a} = 0$$

拉格朗日
中值定理

$$f'(\xi) = \frac{f(b) - f(a)}{b - a}$$

显然，罗尔定理是拉格朗日定理的特殊情形. 拉格朗日定理中的条件也是充分而非必要的，且定理中的两个条件也是缺少一个都可能使结论不成立.

拉格朗日定理的几何意义：设曲线 $y = f(x)$ 如图 3-4 所示，曲线上经过点 $A(a, f(a))$ 及点 $B(b, f(b))$ 的弦 AB 的斜率为 $\frac{f(b) - f(a)}{b - a}$. 如果曲线上除端点外处处有不垂直于 x 轴的切线，那么曲线 $y = f(x)$ 上至少存在一点 $C(\xi, f(\xi))$，使得曲线在该点的切线平行于弦 AB.

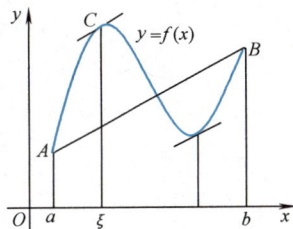

图 3-4

拉格朗日定理中的公式也称为拉格朗日公式，可以写作

$$f(b) - f(a) = f'(\xi)(b - a), \quad \xi \in (a, b) \tag{3-2}$$

由于 ξ 是区间 (a, b) 内的一个点，故可找到 $\theta \in (0, 1)$，使 $\xi = a + \theta(b - a)$，那么拉格朗日公式还可写成

$$f(b) - f(a) = f'[a + \theta(b - a)](b - a), \quad \theta \in (0, 1) \tag{3-3}$$

若令 $a = x$，$b = x + \Delta x$，则拉格朗日公式改写为

$$f(x + \Delta x) - f(x) = f'(x + \theta \Delta x) \cdot \Delta x, \quad \theta \in (0, 1) \tag{3-4}$$

推论 1 若 $f(x)$ 在区间 (a, b) 内可导，且 $f'(x) \equiv 0$，则 $f(x)$ 在 (a, b) 内为一常数.

证 任取 $x_1, x_2 \in (a, b)$，不妨设 $x_1 < x_2$，那么 $f(x)$ 在区间 $[x_1, x_2]$ 上满足拉格朗日定理的条件，于是有 $\xi \in (x_1, x_2)$，使

$$f(x_2) - f(x_1) = f'(\xi)(x_2 - x_1)$$

注意到 $f'(\xi) = 0$，得 $f(x_2) - f(x_1) = 0$，即

$$f(x_2) = f(x_1)$$

故 $f(x)$ 在区间 (a, b) 内为一常数.

推论 2 若函数 $f(x)$、$g(x)$ 在区间 (a, b) 内可导，且恒有 $f'(x) = g'(x)$，则在区间 (a, b) 内，$f(x) = g(x) + C$，其中 C 为一常数.

证 令函数 $F(x) = f(x) - g(x)$，用推论 1 即可.

推论 3 若函数 $f(x)$ 在闭区间 $[a, b]$ 上连续，在开区间 (a, b) 内可导，则 $f(x)$ 在区间 $[a, b]$ 上单调增加（或减少）的充分必要条件是在 (a, b) 内有 $f'(x) \geq 0$（或 $f'(x) \leq 0$）.

证 设 $y = f(x)$ 在 $[a, b]$ 上单调增加，$x, x + \Delta x \in (a, b)$，

则当 $\Delta x > 0$ 时，$\Delta y \geqslant 0$；当 $\Delta x < 0$ 时，$\Delta y \leqslant 0$，于是

$$f'(x) = \lim_{\Delta x \to 0} \frac{\Delta y}{\Delta x} \geqslant 0$$

反之，若在 (a, b) 内恒有 $f'(x) \geqslant 0$，在 $[a, b]$ 中任取两点 x_1，x_2，$x_1 < x_2$，由于 $f(x)$ 在区间 $[x_1, x_2]$ 上满足拉格朗日定理条件，则有 $\xi \in (x_1, x_2)$ 使

$$f(x_2) - f(x_1) = f'(\xi)(x_2 - x_1) \geqslant 0$$

即

$$f(x_2) \geqslant f(x_1)$$

$f(x)$ 在 $[a, b]$ 上单调增加. 类似可证单调减少的情形.

特别地，若在 (a, b) 中恒有 $f'(x) > 0$（或 $f'(x) < 0$），则 $f(x)$ 为 $[a, b]$ 上的严格单调增加（或减少）函数.

例2　对于函数 $y = x^3$，在区间 $[0, 1]$ 上验证拉格朗日中值定理，并求出相应的 ξ.

解　显然函数 $y = x^3$ 在区间 $[0, 1]$ 上连续，在开区间 $(0, 1)$ 内可导. 由拉格朗日中值定理知存在 $\xi \in (0, 1)$，使

$$1^3 - 0^3 = 3\xi^2(1 - 0)$$

所以 $\xi = \dfrac{1}{\sqrt{3}}$，拉格朗日中值定理成立.

例3　证明：$\arctan x + \operatorname{arccot} x = \dfrac{\pi}{2}$，$x \in (-\infty, +\infty)$

证　设函数 $F(x) = \arctan x + \operatorname{arccot} x$，由于

$$F'(x) = \frac{1}{1 + x^2} - \frac{1}{1 + x^2} = 0, \ x \in (-\infty, +\infty)$$

所以

$$F(x) = \arctan x + \operatorname{arccot} x \equiv C \ (C \text{ 为常数})$$

又 $F(1) = \dfrac{\pi}{2}$，所以 $C = \dfrac{\pi}{2}$，即

$$\arctan x + \operatorname{arccot} x = \frac{\pi}{2}, \ x \in (-\infty, +\infty)$$

例4　若函数 $f(x)$ 在区间 $[x_0, x_0 + \delta]$（$\delta > 0$）上连续，在 $(x_0, x_0 + \delta)$ 内可导，且 $\lim\limits_{x \to x_0^+} f'(x)$ 存在（或为 ∞），则

$$f'_+(x_0) = \lim_{x \to x_0^+} f'(x) = f'(x_0^+)$$

此例题即是第 2 章 2.1 节中的定理 2

证 任取 $x \in (x_0, x_0 + \delta)$，则 $f(x)$ 在区间 $[x_0, x]$ 上满足拉格朗日定理的条件，于是存在 $\xi \in (x_0, x)$ 使得

$$\frac{f(x) - f(x_0)}{x - x_0} = f'(\xi)$$

因此

$$\begin{aligned}
f'_+(x_0) &= \lim_{x \to x_0^+} \frac{f(x) - f(x_0)}{x - x_0} \\
&= \lim_{x \to x_0^+} f'(\xi) \qquad (\xi \in (x_0, x)) \\
&= \lim_{x \to x_0^+} f'(x) \\
&= f'(x_0^+)
\end{aligned}$$

同理可证：若函数 $f(x)$ 在 $[x_0 - \delta, x_0]$（$\delta > 0$）上连续，在 $(x_0 - \delta, x_0)$ 上可导，且 $\lim\limits_{x \to x_0^-} f'(x)$ 存在（或为 ∞），则

$$f'_-(x_0) = \lim_{x \to x_0^-} f'(x) = f'(x_0^-)$$

例5 设 $\dfrac{a_n}{n+1} + \dfrac{a_{n-1}}{n} + \cdots + \dfrac{a_1}{2} + a_0 = 0$，证明：方程 $f(x) = a_n x^n + a_{n-1} x^{n-1} + \cdots + a_1 x + a_0 = 0$ 在区间 $(0, 1)$ 内至少有一个根，其中 a_0, a_1, $\cdots$, a_n 为常数.

证 分析题中所给的条件及 $f(x)$ 的表达式，可设函数 $F(x) = \dfrac{a_n}{n+1} x^{n+1} + \dfrac{a_{n-1}}{n} x^n + \cdots + \dfrac{a_1}{2} x^2 + a_0 x$，那么 $F'(x) = f(x)$，而且 $F(x)$ 在区间 $[0, 1]$ 上连续，在开区间 $(0, 1)$ 内可导，$F(0) = F(1) = \dfrac{a_n}{n+1} + \dfrac{a_{n-1}}{n} + \cdots + a_0 = 0$. 由罗尔定理知，至少存在一点 $\xi \in (0, 1)$，使得

$$F'(\xi) = f(\xi) = a_n \xi^n + a_{n-1} \xi^{n-1} + \cdots + a_1 \xi + a_0 = 0$$

即 $\xi \in (0, 1)$ 是方程 $f(x) = 0$ 的一个根.

例6 设 $b > a > 0$，证明：$\dfrac{b-a}{b} < \ln \dfrac{b}{a} < \dfrac{b-a}{a}$.

证 将不等式整理为

$$\frac{1}{b} < \frac{\ln b - \ln a}{b - a} < \frac{1}{a}$$

设函数 $f(x) = \ln x$，则 $f(x)$ 在 $[a, b]$ 上满足拉格朗日定理的条件，于是存在 $\xi \in (a, b)$，使得

$$\frac{\ln b - \ln a}{b - a} = f'(\xi) = \frac{1}{\xi}$$

由于 $\xi \in (a, b)$，有

$$\frac{1}{b} < \frac{1}{\xi} < \frac{1}{a}$$

所以

$$\frac{1}{b} < \frac{\ln b - \ln a}{b - a} < \frac{1}{a}$$

即

$$\frac{b - a}{b} < \ln \frac{b}{a} < \frac{b - a}{a}$$

例 7 证明：不等式 $\ln\left(1 + \dfrac{1}{x}\right) > \dfrac{1}{1 + x}$ $(x > 0)$ 成立.

证 设函数 $f(x) = \ln\left(1 + \dfrac{1}{x}\right) - \dfrac{1}{1 + x}$，则有

$$f'(x) = \frac{1}{1 + x} - \frac{1}{x} + \frac{1}{(1 + x)^2} = -\frac{1}{x(1 + x)^2}$$

当 $x > 0$ 时，$f'(x) < 0$，故 $f(x)$ 单调减少. 再由极限

$$\lim_{x \to +\infty} f(x) = \lim_{x \to +\infty}\left[\ln\left(1 + \frac{1}{x}\right) - \frac{1}{1 + x}\right] = 0$$

得当 $x > 0$ 时，$f(x) > 0$，即 $\ln\left(1 + \dfrac{1}{x}\right) > \dfrac{1}{1 + x}$.

例 8 证明：不等式 $e^{-x} + \sin x < 1 + \dfrac{x^2}{2}$ $(0 < x < 1)$ 成立.

证 设函数 $f(x) = e^{-x} + \sin x - \left(1 + \dfrac{x^2}{2}\right)$，$x \in [0, 1]$

则有

$$f'(x) = -e^{-x} + \cos x - x$$

由于难以确定 $f'(x)$ 的正负，继续求导得

$$f''(x) = e^{-x} - \sin x - 1$$

显然，当 $0 < x < 1$ 时，$f''(x) < 0$，所以 $f'(x)$ 单调减少. 再由 $f'(0) = 0$，得 $f'(x) < f'(0) = 0$，从而 $f(x)$ 单调减少，$f(x) < f(0) = 0$，故得

$$e^{-x} + \sin x < 1 + \frac{x^2}{2}$$

4. 柯西（Cauchy）定理

定理 4 （柯西定理）设函数 $f(x)$、$g(x)$ 在闭区间 $[a, b]$ 上连续，在开区间 (a, b) 内可导，且 $g'(x) \neq 0$，则在 (a, b) 内至少存在一点 ξ，使得

$$\frac{f(b) - f(a)}{g(b) - g(a)} = \frac{f'(\xi)}{g'(\xi)}$$

▶ 柯西中值定理

证 首先明确 $g(b) \neq g(a)$. 因为如果 $g(b) = g(a)$，则由罗尔定理，至少存在一点 $\xi_1 \in (a, b)$，使 $g'(\xi_1) = 0$，这与定理的条件矛盾，故 $g(b) \neq g(a)$.

设函数

$$F(x) = f(x) - \frac{f(b) - f(a)}{g(b) - g(a)} \cdot g(x)$$

容易验证，$F(x)$ 满足罗尔定理的条件，所以在 (a, b) 内至少存在一点 ξ，使得 $F'(\xi) = 0$，即

$$f'(\xi) - \frac{f(b) - f(a)}{g(b) - g(a)} g'(\xi) = 0$$

$$\frac{f(b) - f(a)}{g(b) - g(a)} = \frac{f'(\xi)}{g'(\xi)}$$

在柯西定理中，若 $g(x) = x$，结论为

$$\frac{f(b) - f(a)}{b - a} = f'(\xi), \quad \xi \in (a, b)$$

这说明柯西定理是拉格朗日定理的推广.

例9 设 $f(x)$ 在闭区间内连续，在 (a, b) 内存在二阶导数，连接两点 $A(a, f(a))$ 和 $B(b, f(b))$ 的直线段与曲线 $y = f(x)$ 相交于 $C(c, f(c))$，其中 $a < c < b$. 证明：至少存在一点 $\xi \in (a, b)$，使得 $f''(\xi) = 0$.

证 设函数 $y = f(x)$ 的曲线如图 3-5 所示.

在区间 $[a, c]$ 和 $[c, b]$ 上应用拉格朗日定理，得 $\xi_1 \in (a, c)$ 和 $\xi_2 \in (c, b)$ 满足

$$f'(\xi_1) = \frac{f(c) - f(a)}{c - a}$$

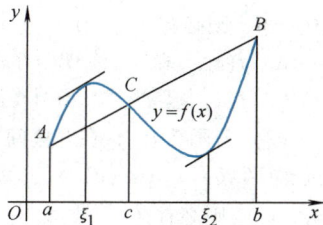

图 3-5

$$f'(\xi_2) = \frac{f(b) - f(c)}{b - c}$$

由图 3-5 知，A、C、B 三点共线，故有

$$f'(\xi_1) = f'(\xi_2) = \frac{f(b) - f(a)}{b - a}$$

再在区间 $[\xi_1, \xi_2]$ 上应用罗尔定理，得 $\xi \in (\xi_1, \xi_2) \subset (a, b)$，使 $f''(\xi) = 0$.

例 10　设 $x_1 \neq x_2$，试证：在 x_1 与 x_2 之间至少存在一点 ξ，使得

$$2\xi(e^{x_2} - e^{x_1}) = e^{\xi}(x_2^2 - x_1^2) \quad (x_1 \cdot x_2 > 0)$$

证　由于 $x_1 \cdot x_2 > 0$，故以 x_1、x_2 为端点构成的区间不包含原点. 作函数 $f(x) = e^x$，$g(x) = x^2$，根据柯西定理知：在 x_1 与 x_2 之间至少存在一点 ξ，使得

$$\frac{e^{x_2} - e^{x_1}}{x_2^2 - x_1^2} = \frac{e^{\xi}}{2\xi}$$

即

$$2\xi(e^{x_2} - e^{x_1}) = e^{\xi}(x_2^2 - x_1^2)$$

习　题　3.1

1. 选择题

(1) 设函数 $f(x) = \sqrt[3]{x - x^2}$，则（　　）.

A. 在任意区间 $[a, b]$ 上罗尔定理一定成立

B. 在区间 $[0, 1]$ 上罗尔定理不成立

C. 在区间 $[0, 1]$ 上罗尔定理成立

D. 在任意区间 $[a, b]$ 上罗尔定理都不成立

(2) 设函数 $f(x)$ 在闭区间 $[-1, 1]$ 上连续，在开区间 $(-1, 1)$ 上可导，且 $|f'(x)| \leq M$，$f(0) = 0$，则必有（　　）.

A. $|f(x)| \geq M$ 　　B. $|f(x)| > M$

C. $|f(x)| \leq M$ 　　D. $|f(x)| < M$

(3) 若函数 $f(x)$ 在开区间 (a, b) 内可导，且对任意两点 $x_1, x_2 \in (a, b)$，恒有 $|f(x_2) - f(x_1)| \leq (x_2 - x_1)^2$ 则必有（　　）.

A. $f'(x) \neq 0$ 　　B. $f'(x) = x$

C. $f(x) = x$ 　　D. $f(x) = C$（常数）

(4) 已有函数 $f(x) = (x - 1)(x - 2)(x - 3)(x - 4)$，则方程 $f'(x) = 0$ 有（　　）.

A. 分别位于区间 $(1, 2)$，$(2, 3)$，$(3, 4)$ 内的三个根

B. 四个实根，分别为 $x_1 = 1$，$x_2 = 2$，$x_3 = 3$，$x_4 = 4$

C. 四个实根，分别位于区间 $(0, 1)$，$(1, 2)$，$(2, 3)$，$(3, 4)$ 内

D. 分别位于区间 $(1, 2)$，$(1, 3)$，$(1, 4)$ 内的三个根

(5) 方程 $5x - 2 + \cos\dfrac{\pi x}{2} = 0$（　　）.

A. 无实根 　　　　B. 有惟一的实根

C. 有重实根 　　　D. 有三个实根

2. 证明下列不等式成立.

（1）$|\arctan x - \arctan y| \leqslant |x - y|$

（2）$na^{n-1}(b-a) < b^n - a^n < nb^{n-1}(b-a)$ （$n>1$, $b>a>0$）

（3）$\dfrac{\sin x}{x} > \cos x, x \in (0, \pi)$

（4）$a^b > b^a$ （$b>a>e$）

（5）$\dfrac{x}{1+x} < \ln(1+x) < x$ （$x>0$）

（6）$x > \arctan x > x - \dfrac{x^3}{3}$ （$x>0$）

（7）$\tan x + 2\sin x > 3x, x \in \left(0, \dfrac{\pi}{2}\right)$

3. 当 $x \geqslant 1$ 时，证明：$2\arctan x + \arcsin \dfrac{2x}{1+x^2} = \pi$.

4. 设 $f(x)$ 在区间 $[0, 1]$ 上可微，且 $0 < f(x) < 1$，$f'(x) \neq 1$，则存在惟一的 $\xi \in (0, 1)$，使得 $f(\xi) = \xi$.

5. 设函数 $f(x)$、$g(x)$ 在闭区间 $[a, b]$ 上连续，在开区间 (a, b) 内可导，$f(a) = g(a)$，且恒有 $f'(x) < g'(x)$ 证明：$f(b) < g(b)$.

6. 设函数 $f(x)$ 在区间 $[0, a]$ 上连续，在 $(0, a)$ 内可导，且 $f(a) = 0$. 证明：存在一点 $\xi \in (0, a)$，使 $f(\xi) + \xi f'(\xi) = 0$.

7. 设函数 $f(x)$ 在闭区间 $[a, b]$（$a \cdot b > 0$）上连续，在开区间 (a, b) 内可导. 证明：在 (a, b) 内至少存在一点 ξ，使得 $f(b) - f(a) = \xi f'(\xi) \ln \dfrac{b}{a}$.

8. 设函数 $f(x)$ 在区间 $[a, b]$ 上有 $(n-1)$ 阶连续导数，在 (a, b) 内有 n 阶导数，且 $f(b) = f(a) = f'(a) = \cdots = f^{(n-1)}(a) = 0$. 试证：在 (a, b) 内至少有一点 ξ，使 $f^{(n)}(\xi) = 0$.

9. 设 $f(x)$ 在 $[a, b]$ 上连续，在 (a, b) 内可导，且 $f'(x) \neq 0$. 证明：$f(a) \neq f(b)$.

10. 证明：方程 $4ax^3 + 3bx^2 + 2cx = a + b + c$ 在 $(0, 1)$ 内至少有一个根.

3.2 未定式的极限

在第 1 章中，研究函数的极限时，按照求极限的运算法则，仍有很大一类极限问题难以确定. 例如，

$$\lim_{x \to 0} \frac{x - \tan x}{x^3}, \quad \lim_{x \to +\infty} \frac{\ln x}{x},$$

$$\lim_{x \to 0^+} \ln x \cdot \ln(x+1), \quad \lim_{x \to 0} \left(\frac{1}{x} - \cot x\right),$$

$$\lim_{x \to \frac{\pi}{2}} (\sin x)^{\tan x}, \quad \lim_{x \to 0^+} x^x, \quad \lim_{x \to +\infty} x^{\frac{1}{x}}$$

等. 第一个极限是两个无穷小量之比的极限，称其为 $\dfrac{0}{0}$ 型极限；第二个极限是两个无穷大量之比的极限，称其为 $\dfrac{\infty}{\infty}$ 型极限. 这种极限一般不能直接运用极限运算法则计算，且极限是否存在，若存在，其极限值是什么，均与分子、分母的表达式有关，故将它们称为未定式的极限. 上述其他极限也是未定式的极限，分别称为 $\infty \cdot 0$ 型、$\infty - \infty$ 型、

1^∞ 型、0^0 型和 ∞^0 型极限. 借助微分中值定理, 我们可以得到求 $\dfrac{0}{0}$ 型和 $\dfrac{\infty}{\infty}$ 型极限的有效方法, 即洛必达 (L'Hospital) 法则. 其他类型的未定式极限均可化为 $\dfrac{0}{0}$ 型或 $\dfrac{\infty}{\infty}$ 型极限来计算.

1. $\dfrac{0}{0}$ 型或 $\dfrac{\infty}{\infty}$ 型极限

定理 1　(洛必达法则) 设函数 $f(x)$ 与 $g(x)$ 在点 x_0 的某一去心邻域内可导, 且 $g'(x) \neq 0$, 又满足

(1) $\lim\limits_{x \to x_0} f(x) = \lim\limits_{x \to x_0} g(x) = 0$,

(2) 极限 $\lim\limits_{x \to x_0} \dfrac{f'(x)}{g'(x)}$ 存在或为 ∞,

则

$$\lim_{x \to x_0} \frac{f(x)}{g(x)} = \lim_{x \to x_0} \frac{f'(x)}{g'(x)}$$

证　考虑到 $\lim\limits_{x \to x_0} f(x) = 0$, $\lim\limits_{x \to x_0} g(x) = 0$, 补充定义函数 $f(x)$ 与 $g(x)$ 在点 x_0 处的值: $f(x_0) = g(x_0) = 0$, 并将定义后的函数仍分别记为 $f(x)$ 与 $g(x)$. 显然, $f(x)$ 与 $g(x)$ 在点 x_0 处连续, 再由条件 (2) 知, 对于该邻域内的任意 x, $f(x)$ 与 $g(x)$ 在以 x_0、x 为端点的区间上满足柯西定理的条件, 从而存在介于 x_0 与 x 之间的 ξ, 使

$$\frac{f(x) - f(x_0)}{g(x) - g(x_0)} = \frac{f'(\xi)}{g'(\xi)}$$

又当 $x \to x_0$ 时, 必有 $\xi \to x_0$, 故

$$\lim_{x \to x_0} \frac{f(x)}{g(x)} = \lim_{x \to x_0} \frac{f(x) - f(x_0)}{g(x) - g(x_0)} = \lim_{x \to x_0} \frac{f'(\xi)}{g'(\xi)}$$
$$= \lim_{\xi \to x_0} \frac{f'(\xi)}{g'(\xi)} = \lim_{x \to x_0} \frac{f'(x)}{g'(x)}$$

如果 $\lim\limits_{x \to x_0} \dfrac{f'(x)}{g'(x)}$ 仍是 $\dfrac{0}{0}$ 型极限, 只要 $f'(x)$ 与 $g'(x)$ 满足定理 1 中有关的条件, 可继续运用洛必达法则, 即

$$\lim_{x \to x_0} \frac{f(x)}{g(x)} = \lim_{x \to x_0} \frac{f'(x)}{g'(x)} = \lim_{x \to x_0} \frac{f''(x)}{g''(x)}$$

且可依此类推. 如果极限换成 $x \to x_0^+$, $x \to x_0^-$ 或 $x \to \infty$, 洛必达法则

仍成立.

例 1　求 $\lim\limits_{x \to 0} \dfrac{x - \tan x}{x^3}$.

解
$$\lim_{x \to 0} \frac{x - \tan x}{x^3} = \lim_{x \to 0} \frac{1 - \sec^2 x}{3x^2}$$
$$= \lim_{x \to 0} \frac{-\tan^2 x}{3x^2}$$
$$= -\frac{1}{3}$$

例 2　求极限 $\lim\limits_{x \to 0} \dfrac{e^x - e^{-x} - 2x}{x - \sin x}$.

解
$$\lim_{x \to 0} \frac{e^x - e^{-x} - 2x}{x - \sin x} = \lim_{x \to 0} \frac{e^x + e^{-x} - 2}{1 - \cos x}$$
$$= \lim_{x \to 0} \frac{e^x - e^{-x}}{\sin x}$$
$$= \lim_{x \to 0} \frac{e^x + e^{-x}}{\cos x} = 2$$

例 3　求 $\lim\limits_{x \to 1} \dfrac{x^3 + x^2 - 5x + 3}{x^3 - 3x + 2}$.

解
$$\lim_{x \to 1} \frac{x^3 + x^2 - 5x + 3}{x^3 - 3x + 2} = \lim_{x \to 1} \frac{3x^2 + 2x - 5}{3x^2 - 3}$$
$$= \lim_{x \to 1} \frac{6x + 2}{6x} = \frac{4}{3}$$

注意，例 3 中的 $\lim\limits_{x \to 1} \dfrac{6x + 2}{6x}$ 已不再是未定式，不可再使用洛必达法则计算，否则会导致错误结果．因此，每次使用洛必达法则前，都应检验极限是否为未定式．若未定式的分子或分母为若干因子的乘积，可先对其中的任意一个或几个无穷小量作等价无穷小代换，再应用洛必达法则计算极限．

例 4　求 $\lim\limits_{x \to 0} \dfrac{\sin x - x\cos x}{\sin^3 x}$.

解
$$\lim_{x \to 0} \frac{\sin x - x\cos x}{\sin^3 x} = \lim_{x \to 0} \frac{\sin x - x\cos x}{x^3}$$
$$= \lim_{x \to 0} \frac{\cos x - \cos x + x\sin x}{3x^2}$$

$$= \lim_{x \to 0} \frac{\sin x}{3x} = \frac{1}{3}$$

对于 $\frac{\infty}{\infty}$ 型极限，我们有：

定理 2 设函数 $f(x)$ 与 $g(x)$ 在点 x_0 的某一去心邻域内可导，且 $g'(x) \neq 0$，又满足条件

（1） $\lim\limits_{x \to x_0} f(x) = \infty$，$\lim\limits_{x \to x_0} g(x) = \infty$，

（2） 极限 $\lim\limits_{x \to x_0} \dfrac{f'(x)}{g'(x)}$ 存在或为 ∞，

则 $\lim\limits_{x \to x_0} \dfrac{f(x)}{g(x)} = \lim\limits_{x \to x_0} \dfrac{f'(x)}{g'(x)}$.

此定理的证明从略.

例 5 求 $\lim\limits_{x \to +\infty} \dfrac{\ln^n x}{x^\alpha}$ $(\alpha > 0)$.

解 $\lim\limits_{x \to +\infty} \dfrac{\ln^n x}{x^\alpha} = \lim\limits_{x \to +\infty} \dfrac{n \cdot \dfrac{1}{x} \cdot \ln^{n-1} x}{\alpha x^{\alpha - 1}} = \cdots$

$$= \lim_{x \to +\infty} \frac{n!}{\alpha^n x^\alpha} = 0$$

例 6 求 $\lim\limits_{x \to +\infty} \dfrac{x^\alpha}{e^{\beta x}}$ $(\alpha > 0, \ \beta > 0)$.

解 $\lim\limits_{x \to +\infty} \dfrac{x^\alpha}{e^{\beta x}} = \lim\limits_{x \to +\infty} \dfrac{\alpha x^{\alpha - 1}}{\beta e^{\beta x}}$

$$= \lim_{x \to +\infty} \frac{\alpha(\alpha - 1) x^{\alpha - 2}}{\beta^2 e^{\beta x}} = \cdots$$

$$= \lim_{x \to +\infty} \frac{\alpha(\alpha - 1) \cdot \cdots \cdot (\alpha - [\alpha]) x^{\alpha - [\alpha] - 1}}{\beta^{[\alpha] + 1} e^{\beta x}}$$

由于 $\alpha - [\alpha] - 1 < 0$，故 $\lim\limits_{x \to +\infty} \dfrac{x^\alpha}{e^{\beta x}} = 0$.

从上述两例可见，当 $x \to +\infty$ 时，三个函数 $\ln^n x$，$x^\alpha (\alpha > 0)$ 和 $e^{\beta x}$ $(\beta > 0)$ 皆为无穷大量，但增大的"速度"是不一样的，x^α 比 $\ln^n x$ 要大得多，而 $e^{\beta x}$ 又比 x^α 要大得多。

例 7 求 $\lim\limits_{x \to 0^+} \dfrac{\ln \sin 3x}{\ln \sin x}$.

解　$$\lim_{x\to 0^+}\frac{\ln\sin 3x}{\ln\sin x}=\lim_{x\to 0^+}\frac{\dfrac{\cos 3x}{\sin 3x}\cdot 3}{\dfrac{\cos x}{\sin x}}$$

$$=\lim_{x\to 0^+}\frac{3\sin x\cdot\cos 3x}{\sin 3x\cdot\cos x}$$

$$=\lim_{x\to 0^+}\frac{3\cdot x\cdot\cos 3x}{3x\cdot\cos x}$$

$$=\lim_{x\to 0^+}\frac{\cos 3x}{\cos x}=1$$

2. 其他类型未定式

除了 $\dfrac{0}{0}$ 及 $\dfrac{\infty}{\infty}$ 型未定式外，还有 $\infty-\infty$，$0\cdot\infty$，1^{∞}，0^{0}，∞^{0} 等类型未定式．通常，我们采用恒等变形、变量代换以及取对数等方法将它们转化为 $\dfrac{0}{0}$ 或 $\dfrac{\infty}{\infty}$ 型，然后应用洛必达法则计算极限．

▶️ 其他型
未定式的极限

例 8　求 $\lim\limits_{x\to 1}\left(\dfrac{x}{x-1}-\dfrac{1}{\ln x}\right)$.

解　这是 $\infty-\infty$ 型未定式，通分后可转化成 $\dfrac{0}{0}$ 型．

$$\lim_{x\to 1}\left(\frac{x}{x-1}-\frac{1}{\ln x}\right)=\lim_{x\to 1}\frac{x\ln x-x+1}{(x-1)\ln x}$$

$$=\lim_{x\to 1}\frac{\ln x}{\dfrac{x-1}{x}+\ln x}$$

$$=\lim_{x\to 1}\frac{\dfrac{1}{x}}{\dfrac{1}{x^2}+\dfrac{1}{x}}$$

$$=\lim_{x\to 1}\frac{x}{1+x}=\frac{1}{2}$$

例 9　求 $\lim\limits_{x\to 0^+}x^{\alpha}\ln x\ (\alpha>0)$.

解　这是 $0\cdot\infty$ 型未定式，可化为 $\dfrac{\infty}{\infty}$ 型．

$$\lim_{x \to 0^+} x^\alpha \ln x = \lim_{x \to 0^+} \frac{\ln x}{x^{-\alpha}}$$

$$= \lim_{x \to 0^+} \frac{\dfrac{1}{x}}{-\alpha x^{-\alpha-1}}$$

$$= \lim_{x \to 0^+} -\frac{1}{\alpha} x^\alpha = 0$$

此题若化为 $\dfrac{0}{0}$ 型，则得不到任何结果．

如

$$\lim_{x \to 0^+} x^\alpha \ln x = \lim_{x \to 0^+} \frac{x^\alpha}{\dfrac{1}{\ln x}}$$

而

$$\lim_{x \to 0^+} \frac{(x^\alpha)'}{\left(\dfrac{1}{\ln x}\right)'} = \lim_{x \to 0^+} \frac{\alpha x^{\alpha-1}}{\dfrac{-1}{(\ln x)^2} \cdot \dfrac{1}{x}} = \lim_{x \to 0^+} \frac{-\alpha x^\alpha}{\dfrac{1}{\ln^2 x}}$$

继续用洛必达法则也不会有结果．此例也说明：当 $\lim\limits_{x \to x_0} \dfrac{f'(x)}{g'(x)}$ 不存在

或不能判断极限时，不能断定 $\lim\limits_{x \to x_0} \dfrac{f(x)}{g(x)}$ 也不存在．

例 10　求 $\lim\limits_{x \to 0^+} x^{\sin x}$．

解　这是 0^0 型未定式，取对数转化为 $0 \cdot \infty$ 型．

设 $y = x^{\sin x}$，则 $\ln y = \sin x \cdot \ln x$，而

$$\lim_{x \to 0^+} \ln y = \lim_{x \to 0^+} \sin x \ln x = \lim_{x \to 0^+} \frac{\ln x}{\dfrac{1}{\sin x}}$$

$$= \lim_{x \to 0^+} \frac{\ln x}{\dfrac{1}{x}} = \lim_{x \to 0^+} \frac{\dfrac{1}{x}}{\dfrac{-1}{x^2}}$$

$$= \lim_{x \to 0^+} (-x) = 0$$

所以

$$\lim_{x \to 0^+} y = \lim_{x \to 0^+} e^{\ln y} = e^{\lim\limits_{x \to 0^+} \ln y} = e^0 = 1$$

例 11 求 $\lim\limits_{x\to 0^+}\left(\ln\dfrac{1}{x}\right)^x$.

解 这是 ∞^0 型未定式，取对数转化为 $0\cdot\infty$ 型.

设 $y=\left(\ln\dfrac{1}{x}\right)^x$，则 $\ln y=x\ln\ln\dfrac{1}{x}$，且

$$\lim_{x\to 0^+}\ln y=\lim_{x\to 0^+}x\ln\ln\dfrac{1}{x}=\lim_{x\to 0^+}\frac{\ln\ln\dfrac{1}{x}}{\dfrac{1}{x}}$$

$$=\lim_{t\to+\infty}\frac{\ln\ln t}{t}=\lim_{t\to+\infty}\frac{1}{t\ln t}=0.$$

所以

$$\lim_{x\to 0^+}y=\lim_{x\to 0^+}\mathrm{e}^{\ln y}=\mathrm{e}^{\lim\limits_{x\to 0^+}\ln y}=\mathrm{e}^0=1.$$

例 12 求 $\lim\limits_{x\to 0}(\cos x)^{\frac{1}{x^2}}$.

解 这是 1^∞ 型未定式，取对数转化类型.

设 $y=(\cos x)^{\frac{1}{x^2}}$，则 $\ln y=\dfrac{1}{x^2}\ln\cos x$. 那么，

$$\lim_{x\to 0}\ln y=\lim_{x\to 0}\frac{\ln\cos x}{x^2}=\lim_{x\to 0}\frac{\dfrac{-\sin x}{\cos x}}{2x}$$

$$=\lim_{x\to 0}\frac{-x}{2x\cos x}=\lim_{x\to 0}\frac{-1}{2\cos x}=-\frac{1}{2}.$$

所以

$$\lim_{x\to 0}y=\lim_{x\to 0}\mathrm{e}^{\ln y}=\mathrm{e}^{\lim\limits_{x\to 0}\ln y}=\mathrm{e}^{-\frac{1}{2}}.$$

例 13 设函数 $g(x)$ 具有二阶连续导数，且 $g(0)=1$，

$$f(x)=\begin{cases}\dfrac{g(x)-\cos x}{x} & x\neq 0 \\[2mm] a & x=0\end{cases}$$

（1）确定 a 的值，使 $f(x)$ 在点 $x=0$ 处连续.

（2）求 $f'(x)$.

（3）讨论 $f'(x)$ 在点 $x=0$ 处的连续性.

解 （1）由于 $\lim\limits_{x\to 0}f(x)=\lim\limits_{x\to 0}\dfrac{g(x)-\cos x}{x}$，这是 $\dfrac{0}{0}$ 型未定式，用

洛必达法则有

$$\lim_{x\to 0}\frac{g(x)-\cos x}{x}=\lim_{x\to 0}(g'(x)+\sin x)=g'(0)$$

故当 $a=g'(0)$ 时，$f(x)$ 在点 $x=0$ 处连续.

（2）当 $x\neq 0$ 时

$$f'(x)=\frac{x[g'(x)+\sin x]-[g(x)-\cos x]}{x^2}$$

而当 $x=0$ 时，

$$f'(0)=\lim_{x\to 0}\frac{f(x)-f(0)}{x}$$

$$=\lim_{x\to 0}\frac{\dfrac{g(x)-\cos x}{x}-g'(0)}{x}$$

$$=\lim_{x\to 0}\frac{g(x)-\cos x-g'(0)x}{x^2}$$

$$=\lim_{x\to 0}\frac{g'(x)+\sin x-g'(0)}{2x}$$

$$=\lim_{x\to 0}\frac{g''(x)+\cos x}{2}=\frac{1}{2}[g''(0)+1]$$

（3）由于

$$\lim_{x\to 0}f'(x)=\lim_{x\to 0}\frac{x[g'(x)+\sin x]-[g(x)-\cos x]}{x^2}$$

$$=\lim_{x\to 0}\frac{x[g''(x)+\cos x]}{2x}$$

$$=\lim_{x\to 0}\frac{1}{2}[g''(x)+\cos x]=\frac{1}{2}[g''(0)+1]$$

所以，$f'(x)$ 在点 $x=0$ 处连续.

习　题　3.2

1. 计算下列极限.

（1）$\displaystyle\lim_{x\to a}\frac{x^m-a^m}{x^n-a^n}$

（2）$\displaystyle\lim_{x\to 0}\left(\frac{e^x}{x}-\frac{1}{e^x-1}\right)$

（3）$\displaystyle\lim_{x\to 0}\frac{e^x-\cos x}{\sin x}$

（4）$\displaystyle\lim_{x\to +\infty}\frac{\ln\ln x}{x}$

（5）$\displaystyle\lim_{x\to 0}\frac{e^x+\sin x-1}{\ln(1+x)}$

（6）$\displaystyle\lim_{x\to +\infty}\frac{(\ln x)^n}{x}$

（7）$\displaystyle\lim_{x\to 1^+}\left(\frac{x}{x-1}-\frac{1}{\ln x}\right)$

（8）$\displaystyle\lim_{x\to 0}\frac{x-\arcsin x}{\sin^3 x}$

（9）$\displaystyle\lim_{x\to 0}\left(\frac{\sin x}{x}\right)^{\frac{1}{x^2}}$

（10）$\displaystyle\lim_{x\to 0}\frac{e^x-e^{\sin x}}{x-\sin x}$

（11）$\lim\limits_{x\to 0^{+}}\left[\dfrac{\ln x}{(1+x)^{2}}-\ln\dfrac{x}{1+x}\right]$

（12）$\lim\limits_{x\to\pi}\left(1-\tan\dfrac{x}{4}\right)\sec\dfrac{x}{2}$

（13）$\lim\limits_{x\to 0^{+}}\left(\dfrac{1}{x}\right)^{\tan x}$　　（14）$\lim\limits_{x\to 0}\left(\dfrac{\arcsin x}{x}\right)^{\frac{1}{x^{2}}}$

（15）$\lim\limits_{x\to\frac{\pi}{2}^{-}}(\cos x)^{\frac{\pi}{2}-x}$　　（16）$\lim\limits_{x\to 0}\dfrac{(1+x)^{\frac{1}{x}}-e}{x}$

（17）$\lim\limits_{x\to+\infty}\dfrac{\ln\,(a+be^{x})}{\sqrt{a+bx^{2}}}\ (b>0)$

（18）$\lim\limits_{x\to 0}\left[\dfrac{1}{e}\,(1+x)^{\frac{1}{x}}\right]^{\frac{1}{x}}$

2. 判断下列极限能否用洛必达法则计算，并计算极限.

（1）$\lim\limits_{x\to 0}\dfrac{x^{2}\sin\dfrac{1}{x}}{\sin x}$　　（2）$\lim\limits_{x\to\infty}\dfrac{x-\sin x}{x+\sin x}$

3. 设函数 $f(x)$ 在点 $x=0$ 处可导，且 $f(0)=0$，

求 $\lim\limits_{x\to 0}\dfrac{f(1-\cos x)}{\tan x^{2}}$.

4. 设函数 $f(x)$ 二阶可导，求极限

$$\lim\limits_{h\to 0}\dfrac{f(x+h)-2f(x)+f(x-h)}{h^{2}}$$

5. 设函数 $f(x)$ 具有二阶连续导数，且 $f(0)=0$，

$$g(x)=\begin{cases}\dfrac{f(x)}{x} & x\neq 0 \\[2mm] f'(0) & x=0\end{cases}$$

试求 $g'(0)$，并判断 $g'(x)$ 在点 $x=0$ 处的连续性.

6. 确定 a，b，使 $\lim\limits_{x\to 0}\,(x^{-3}\sin 3x+ax^{-2}+b)=0$.

7. 设函数 $f(x)$ 具有二阶连续导数，且

$$\lim\limits_{x\to 0}\dfrac{f(x)}{x}=0,\ f''(0)=4$$

求 $\lim\limits_{x\to 0}\left[1+\dfrac{f(x)}{x}\right]^{\frac{1}{x}}$.

3.3　泰勒公式

在研究和计算一些较复杂的函数时，我们希望能用简单函数近似地表示它们. 多项式函数仅涉及加、减和乘三种运算，是最简单的初等函数. 如果用多项式作为函数 $f(x)$ 的近似函数，$f(x)$ 应具备什么条件，又怎样由 $f(x)$ 得到所需要的多项式？它们之间的误差又是多少？泰勒公式解决了这些问题. 泰勒公式无论在理论上还是应用上都有重要的意义.

1. 泰勒（Taylor）公式

在学习导数和微分概念时，我们知道，如果 $f(x)$ 在点 x_{0} 处可导，当 $|x-x_{0}|$ 很小时，有近似式

$$f(x)\approx f(x_{0})+f'(x_{0})(x-x_{0})$$

即在点 x_{0} 附近，可用一次多项式 $P_{1}(x)=f(x_{0})+f'(x_{0})(x-x_{0})$ 近似函数 $f(x)$，且误差为 $\Delta y-\mathrm{d}y=o(x-x_{0})$. 但这样的近似是不够的，首先是精确度不高，所产生的误差仅是 $(x-x_{0})$ 的高阶无穷小；其次是不能体现函数 $f(x)$ 的高阶导数情况. 因此，我们希望高次多项式

问题的提出与泰勒中值定理

$$P_n(x) = a_0 + a_1(x - x_0) + \cdots + a_{n-1}(x - x_0)^{n-1} + a_n(x - x_0)^n$$

在点 x_0 处与函数 $f(x)$ 有相同的各阶导数，更好地近似函数 $f(x)$，提高精确度.

下面讨论满足上述要求的多项式 $P_n(x)$ 与函数 $f(x)$ 的关系. 对多项式 $P_n(x)$ 求 1 至 n 阶导数，并令 $x = x_0$ 得

$$P_n(x_0) = a_0, P'_n(x_0) = a_1, P''_n(x_0) = 2!a_2, \cdots, P_n^{(n)}(x_0) = n!a_n$$

再由条件

$$P_n^{(k)}(x_0) = f^{(k)}(x_0), \ k = 0, 1, \cdots, n$$

有

$$a_0 = f(x_0), \ a_k = \frac{f^{(k)}(x_0)}{k!}, \ k = 1, 2, \cdots, n$$

所以，对于一般的函数 $f(x)$，若其在点 x_0 处有直到 n 阶的导数，由这些导数就可构造出一个 n 次多项式

$$P_n(x) = f(x_0) + f'(x_0)(x - x_0) + \frac{1}{2!}f''(x_0)(x - x_0)^2 +$$

$$\cdots + \frac{1}{n!}f^{(n)}(x_0)(x - x_0)^n$$

称其为函数 $f(x)$ 在点 x_0 处的 n 阶泰勒多项式，下面的定理给出了泰勒多项式的误差估计.

定理 1 （**泰勒定理**）如果函数 $f(x)$ 在含 x_0 的某一开区间 (a, b) 内具有直到 $(n+1)$ 阶导数，那么对于任意 $x \in (a, b)$，有

$$f(x) = f(x_0) + f'(x_0)(x - x_0) + \frac{1}{2!}f''(x_0)(x - x_0)^2 +$$

$$\cdots + \frac{1}{n!}f^{(n)}(x_0)(x - x_0)^n + \frac{1}{(n+1)!}f^{(n+1)}(\xi)(x - x_0)^{n+1}$$

其中 ξ 介于 x_0 与 x 之间.

证 设

$$P_n(x) = f(x_0) + f'(x_0)(x - x_0) + \cdots + \frac{1}{n!}f^{(n)}(x_0)(x - x_0)^n$$

$$R_n(x) = f(x) - P_n(x)$$

$$Q_{n+1}(x) = (x - x_0)^{n+1}$$

显然，$R_n(x)$ 有直到 $(n+1)$ 阶的导数，而且

泰勒公式的应用 1

$$R_n^{(k)}(x_0) = f^{(k)}(x_0) - P_n^{(k)}(x_0) = 0, \; k = 0, 1, \cdots, n$$

$$R_n^{(n+1)}(x) = f^{(n+1)}(x)$$

$$Q_{n+1}^{(k)}(x_0) = 0, \; k = 0, 1, \cdots, n$$

$$Q_{n+1}^{(n+1)}(x) = (n+1)!$$

设 $x \in (a, b)$，在以 x_0，x 为端点的区间上，对函数 $R_n(x)$ 与 $Q_{n+1}(x)$ 应用柯西定理，得

$$\frac{R_n(x)}{Q_{n+1}(x)} = \frac{R_n(x) - R_n(x_0)}{Q_{n+1}(x) - Q_{n+1}(x_0)} = \frac{R'_n(\xi_1)}{Q'_{n+1}(\xi_1)} \;\; (\xi_1 \; \text{在} \; x_0 \; \text{与} \; x \; \text{之间})$$

在以 x_0，ξ_1 为端点的区间上，再对函数 $R'_n(x)$ 与 $Q'_{n+1}(x)$ 应用柯西定理，得

$$\frac{R_n(x)}{Q_{n+1}(x)} = \frac{R'_n(\xi_1) - R'_n(x_0)}{Q'_{n+1}(\xi_1) - Q'_{n+1}(x_0)} = \frac{R''_n(\xi_2)}{Q''_{n+1}(\xi_2)} \;\; (\xi_2 \; \text{在} \; x_0 \; \text{与} \; \xi_1 \; \text{之间})$$

类似地，继续使用柯西定理，得

$$\frac{R_n(x)}{Q_{n+1}(x)} = \frac{R'_n(\xi_1)}{Q'_{n+1}(\xi_1)} = \cdots = \frac{R_n^{(n)}(\xi_n)}{Q_{n+1}^{(n)}(\xi_n)}$$

$$= \frac{R_n^{(n+1)}(\xi)}{Q_{n+1}^{(n+1)}(\xi)} = \frac{f^{(n+1)}(\xi)}{(n+1)!} \;\; (\xi \; \text{在} \; x_0 \; \text{与} \; \xi_n \; \text{之间})$$

即

$$R_n(x) = \frac{f^{(n+1)}(\xi)}{(n+1)!}(x - x_0)^{n+1}$$

定理 1 中的公式称为 $f(x)$ 在点 x_0 处的关于 $(x - x_0)$ 的 **n 阶泰勒公式**，而

$$R_n(x) = \frac{f^{(n+1)}(\xi)}{(n+1)!}(x - x_0)^{n+1}$$

称为 n 阶泰勒公式的**拉格朗日余项**，也可写作

$$R_n(x) = \frac{f^{(n+1)}[x_0 + \theta(x - x_0)]}{(n+1)!}(x - x_0)^{n+1} \quad (0 < \theta < 1)$$

在带拉格朗日余项的泰勒公式中，取 $n = 0$，就得到拉格朗日公式．
在泰勒公式中，取 $n = 1$ 并略去余项，就得到一阶微分近似式

$$f(x) \approx f(x_0) + f'(x_0)(x - x_0)$$

因此，泰勒公式是一阶微分近似式和拉格朗日公式的推广．

如果 $f(x)$ 在点 x_0 处仅有 n 阶导数，对余项的估计要求不是很高时，余项 $R_n(x)$ 可表示为更简略的形式．事实上，

$$\frac{R_n(x)}{(x-x_0)^n} = \frac{R^{(n)}(\xi_n)}{n!} = \frac{f^{(n)}(\xi_n) - P_n^{(n)}(\xi_n)}{n!}$$

$$= \frac{f^{(n)}(\xi_n) - f^{(n)}(x_0)}{n!} \quad (\xi_n \text{ 在 } x_0 \text{ 与 } x \text{ 之间})$$

由于 $f^{(n)}(x_0)$ 存在，可知当 $x \to x_0$ 时有

$$f^{(n)}(\xi_n) \to f^{(n)}(x_0)$$

即

$$f^{(n)}(\xi_n) = f^{(n)}(x_0) + \alpha$$

其中，α 是无穷小量. 所以

$$\lim_{x \to x_0} \frac{R_n(x)}{(x-x_0)^n} = \lim_{x \to x_0} \frac{\alpha}{n!} = 0$$

即 $R_n(x)$ 是比 $(x-x_0)^n$ 更高阶的无穷小量，记为

$$R_n(x) = o((x-x_0)^n)$$

这一形式称为 n 阶泰勒公式的皮亚诺（Peano）余项.

定理 2　如果函数 $f(x)$ 在含有 x_0 的区间 (a, b) 内有直到 n 阶的连续导数，则 $f(x)$ 在 (a, b) 内具有 n 阶的带皮亚诺余项的泰勒公式

$$f(x) = f(x_0) + f'(x_0)(x-x_0) + \frac{1}{2!}f''(x_0)(x-x_0)^2 + \cdots +$$

$$\frac{1}{n!}f^{(n)}(x_0)(x-x_0)^n + o((x-x_0)^n)$$

特别地，$x_0 = 0$ 时的泰勒公式称为**麦克劳林（Maclaurin）公式**：

$$f(x) = f(0) + f'(0)x + \frac{1}{2!}f''(0)x^2 + \cdots + \frac{1}{n!}f^{(n)}(0)x^n + R_n(x)$$

2. 函数的泰勒公式

首先考虑几个基本初等函数的泰勒公式.

例 1　求指数函数 $f(x) = e^x$ 的 n 阶麦克劳林公式.

解　由于

$$f^{(k)}(x) = e^x \quad (k = 0, 1, \cdots, n)$$

所以

$$f^{(k)}(0) = e^0 = 1$$

注意到 $f^{(n+1)}(\xi) = e^\xi$（ξ 在 0 与 x 之间），就有

▶ 泰勒公式的应用 2

$$e^x = 1 + x + \frac{1}{2!}x^2 + \cdots + \frac{1}{n!}x^n + \frac{e^{\xi}}{(n+1)!}x^{n+1} \qquad (\xi\ 在\ 0\ 与\ x\ 之间)$$

若需求 $\sqrt{e}$ 的值，则有

$$\sqrt{e} \approx 1 + \frac{1}{2} + \frac{1}{2!}\left(\frac{1}{2}\right)^2 + \frac{1}{3!}\left(\frac{1}{2}\right)^3 + \cdots + \frac{1}{n!}\left(\frac{1}{2}\right)^n$$

如果取 $n = 1, 3, 5$，得近似值

$$P_1 = 1.5, P_3 \approx 1.645833, P_5 \approx 1.648698$$

与 $\sqrt{e} = 1.648721\cdots$ 相比，n 越大，近似值越精确. 图 3-6 体现了麦克劳林多项式 $P_n(x)$（$n = 1, 2, 3$）近似 e^x 的效果.

例 2 求函数 $y = \sin x$ 的 k 阶麦克劳林公式.

解 由于

$$f^{(k)}(x) = \sin\left(x + \frac{k\pi}{2}\right) \quad (k = 0, 1, 2, \cdots)$$

所以

$$f^{(k)}(0) = \begin{cases} 0 & k = 2m \\ (-1)^m & k = 2m+1 \end{cases}, m = 0, 1, 2, \cdots$$

于是得

$$\sin x = x - \frac{1}{3!}x^3 + \frac{1}{5!}x^5 - \cdots + \frac{(-1)^{m-1}}{(2m-1)!}x^{2m-1} + R_{2m}(x)$$

其中，余项 $R_{2m}(x)$ 可写作

$$R_{2m}(x) = \frac{\sin\left(\theta x + (2m+1)\frac{\pi}{2}\right)}{(2m+1)!}x^{2m+1} \quad (0 < \theta < 1)$$

完全类似地，可得

$$\cos x = 1 - \frac{1}{2!}x^2 + \frac{1}{4!}x^4 - \cdots + \frac{(-1)^m}{(2m)!}x^{2m} + R_{2m+1}(x)$$

其中

$$R_{2m+1}(x) = \frac{\cos\left(\theta x + (m+1)\pi\right)}{(2m+2)!}x^{2m+2} \quad (0 < \theta < 1)$$

例 3 求函数 $f(x) = (1+x)^{\alpha}$（α 为任意实数）在点 $x = 0$ 处的泰勒公式（皮亚诺余项）.

解 由于

$$f'(x) = \alpha(1+x)^{\alpha-1}$$

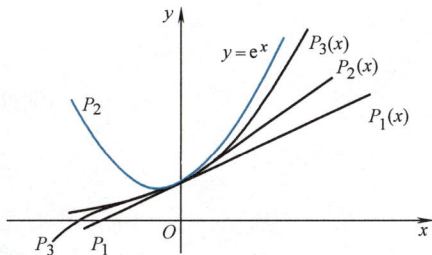

图 3-6

167

$$f''(x) = \alpha(\alpha - 1)(1 + x)^{\alpha-2}$$
$$\vdots$$
$$f^{(n)}(x) = \alpha(\alpha - 1)\cdot\cdots\cdot(\alpha - n + 1)(1 + x)^{\alpha-n}$$

于是有

$$f(0) = 1, f'(0) = \alpha, f''(0) = \alpha(\alpha-1),\cdots,$$
$$f^{(n)}(0) = \alpha(\alpha-1)\cdot\cdots\cdot(\alpha - n + 1)$$

从而得

$$(1 + x)^{\alpha} = 1 + \alpha x + \frac{\alpha(\alpha-1)}{2!}x^2 + \cdots + \frac{\alpha(\alpha-1)\cdot\cdots\cdot(\alpha-n+1)}{n!}x^n + o(x^n)$$

特别地，当 $\alpha = n$（正整数）时，有

$$(1 + x)^n = 1 + nx + \frac{n(n-1)}{2!}x^2 + \cdots + nx^{n-1} + x^n$$

正好是二项式展开公式.

例4 求函数 $f(x) = \ln(1 + x)$ 在点 $x = 0$ 处的带皮亚诺余项的泰勒公式.

解 由于 $f'(x) = \dfrac{1}{1 + x}$，$f^{(k)}(x) = \dfrac{(-1)^{k-1}(k-1)!}{(1 + x)^k}$，$k = 2,\cdots,n$

则有

$$f(0) = 0, f'(0) = 1, f^{(k)}(0) = (-1)^k(k-1)!, k = 2,\cdots,n$$

从而得

$$\ln(1 + x) = x - \frac{x^2}{2} + \frac{x^3}{3} - \cdots + (-1)^{n-1}\frac{x^n}{n} + o(x^n)$$

一般将直接通过求导数，并代入泰勒公式得到泰勒多项式的方法称为直接展开法，而利用以上五个已知泰勒公式求其他函数泰勒公式的方法称为间接展开法.

例5 求函数 $f(x) = \ln\dfrac{3 + x}{2 - x}$ 的带皮亚诺余项的麦克劳林公式.

解 由于 $f(x) = \ln\dfrac{3 + x}{2 - x} = \ln\dfrac{3}{2} + \ln\left(1 + \dfrac{x}{3}\right) - \ln\left(1 - \dfrac{x}{2}\right)$，利用公式

$$\ln(1 + x) = x - \frac{1}{2}x^2 + \frac{1}{3}x^3 - \cdots + (-1)^{n-1}\frac{1}{n}x^n + o(x^n)$$

$$\ln(1 - x) = -\left[x + \frac{1}{2}x^2 + \frac{1}{3}x^3 + \cdots + \frac{1}{n}x^n\right] + o(x^n)$$

作间接展开，得

$$\ln\frac{3+x}{2-x}=\ln\frac{3}{2}+\left[\frac{x}{3}-\frac{1}{2}\left(\frac{x}{3}\right)^2+\frac{1}{3}\left(\frac{x}{3}\right)^3-\cdots+(-1)^{n-1}\frac{1}{n}\left(\frac{x}{3}\right)^n+o(x^n)\right]$$

$$+\left[\frac{x}{2}+\frac{1}{2}\left(\frac{x}{2}\right)^2+\frac{1}{3}\left(\frac{x}{2}\right)^3+\cdots+\frac{1}{n}\left(\frac{x}{2}\right)^n+o(x^n)\right]$$

$$=\ln\frac{3}{2}+\sum_{k=1}^{n}\frac{1}{k}\left(\frac{1}{2^k}+\frac{(-1)^{k-1}}{3^k}\right)x^k+o(x^n)$$

泰勒公式还是求复杂函数的极限、导数值和证明等式与不等式的重要工具.

例 6 求极限 $\lim\limits_{x\to0}\dfrac{\cos x-\mathrm{e}^{-\frac{x^2}{2}}}{x^4}$

解 利用泰勒公式，有

$$\cos x=1-\frac{x^2}{2!}+\frac{x^4}{4!}+o(x^4)$$

$$\mathrm{e}^{-\frac{x^2}{2}}=1+\left(-\frac{x^2}{2}\right)+\frac{1}{2!}\left(-\frac{x^2}{2}\right)^2+o(x^4)$$

于是

$$\cos x-\mathrm{e}^{-\frac{x^2}{2}}=-\frac{1}{12}x^4+o(x^4)$$

所以

$$\lim_{x\to0}\frac{\cos x-\mathrm{e}^{-\frac{x^2}{2}}}{x^4}=\lim_{x\to0}\frac{-\frac{1}{12}x^4+o(x^4)}{x^4}$$

$$=\lim_{x\to0}\left(-\frac{1}{12}+\frac{o(x^4)}{x^4}\right)=-\frac{1}{12}$$

若将此题中的分子 $\cos x-\mathrm{e}^{-\frac{x^2}{2}}$ 化为

$$(\cos x-1)-\left(\mathrm{e}^{-\frac{x^2}{2}}-1\right)$$

并利用 $\cos x-1\sim-\dfrac{1}{2}x^2$，$\mathrm{e}^{-\frac{x^2}{2}}-1\sim-\dfrac{x^2}{2}$ 会得出错误的结论

$$\lim_{x\to0}\frac{\cos x-\mathrm{e}^{-\frac{x^2}{2}}}{x^4}=\lim_{x\to0}\frac{-\frac{1}{2}x^2-\left(-\frac{1}{2}x^2\right)}{x^4}=0$$

这是由于

$$\cos x-\mathrm{e}^{-\frac{x^2}{2}}=-\frac{1}{12}x^4+o(x^4)$$

其等价无穷小是 $-\dfrac{1}{12}x^4$，计算中只能用 $-\dfrac{1}{12}x^4$ 去替换无穷小量 $\cos x - e^{-\frac{x^2}{2}}$，而不能简单地用 $-\dfrac{1}{2}x^2 - \left(-\dfrac{1}{2}x^2\right)$ 去替换，$-\dfrac{1}{2}x^2 - \left(-\dfrac{1}{2}x^2\right)$ 不是 $\cos x - e^{-\frac{x^2}{2}}$ 的等价无穷小.

例 7 设函数 $f(x) = \dfrac{\cos x \ln(1+x) - x}{x^2}$，求 $f^{(3)}(0)$.

解 运用泰勒公式计算，由于

$$\cos x = 1 - \frac{1}{2!}x^2 + \frac{1}{4}x^4 + o(x^4)$$

$$\ln(1+x) = x - \frac{1}{2}x^2 + \frac{1}{3}x^3 - \frac{1}{4}x^4 + \frac{1}{5}x^5 + o(x^5)$$

于是

$$f(x) = \frac{\left[1 - \dfrac{1}{2!}x^2 + \dfrac{1}{4!}x^4 + o(x^4)\right] \cdot \left[x - \dfrac{1}{2}x^2 + \dfrac{1}{3}x^3 - \dfrac{1}{4}x^4 + \dfrac{1}{5}x^5 + o(x^5)\right] - x}{x^2}$$

$$= \frac{-\dfrac{1}{2}x^2 - \dfrac{1}{6}x^3 + \dfrac{3}{40}x^5 + o(x^5)}{x^2}$$

$$= -\frac{1}{2} - \frac{1}{6}x + \frac{3}{40}x^3 + o(x^3)$$

由泰勒公式中系数的定义，有

$$\frac{f^{(3)}(0)}{3!} = \frac{3}{40}$$

即得

$$f^{(3)}(0) = \frac{9}{20}$$

例 8 设函数 $f(x)$ 在区间 (a, b) 内二阶可导，且 $f''(x) \leqslant 0$，证明：对于 (a, b) 内的任意两点，有

$$f\left(\frac{x_1 + x_2}{2}\right) \geqslant \frac{1}{2}[f(x_1) + f(x_2)]$$

证 设 x_1，x_2 是区间 (a, b) 内的任意两点，那么 $f(x)$ 在点 $x_0 = \dfrac{1}{2}(x_1 + x_2)$ 处的一阶泰勒公式为

$$f(x) = f(x_0) + f'(x_0)(x - x_0) + \frac{1}{2!}f''(\xi)(x - x_0)^2$$

其中 ξ 为 x 与 x_0 之间的某一值. 于是

$$f(x_1) = f(x_0) + f'(x_0)(x_1 - x_0) + \frac{1}{2!}f''(\xi_1)(x_1 - x_0)^2$$

$$f(x_2) = f(x_0) + f'(x_0)(x_2 - x_0) + \frac{1}{2!}f''(\xi_2)(x_2 - x_0)^2$$

其中 ξ_1 介于 x_1 与 x_0 之间, ξ_2 介于 x_2 与 x_0 之间.

将上面两式相加, 并注意到 $x_0 = \dfrac{x_1 + x_2}{2}$, 得

$$f(x_1) + f(x_2) = 2f\left(\frac{x_1 + x_2}{2}\right) + \frac{1}{2}[f''(\xi_1) + f''(\xi_2)]\left(\frac{x_1 - x_2}{2}\right)^2$$

由 $f''(x) \leqslant 0$, 有

$$f(x_1) + f(x_2) \leqslant 2f\left(\frac{x_1 + x_2}{2}\right)$$

即

$$f\left(\frac{x_1 + x_2}{2}\right) \geqslant \frac{1}{2}[f(x_1) + f(x_2)]$$

习　题　3.3

1. 求下列函数在点 x_0 处的带拉格朗日余项的泰勒公式.

(1) $f(x) = \dfrac{1}{x}$, $x_0 = -1$

(2) $f(x) = \sqrt{1 + x}$, $x_0 = 0$

(3) $f(x) = \ln x$, $x_0 = 2$

(4) $f(x) = (x^2 - 3x + 1)^3$, $x_0 = 0$

2. 求下列函数在点 x_0 处的带皮亚诺余项的泰勒公式.

(1) $f(x) = xe^{-x^2}$, $x_0 = 0$

(2) $f(x) = \ln x$, $x_0 = 1$

(3) $f(x) = \sin^2 x \cos^2 x$, $x_0 = 0$

3. 设函数 $f(x) = e^{\sin x}$, 利用泰勒公式求 $f^{(3)}(0)$.

4. 将多项式 $P(x) = x^6 - 2x^2 - x + 3$ 分别按 $(x - 1)$ 的乘幂和 $(x + 1)$ 的乘幂展开.

5. 利用泰勒公式, 计算下列极限.

(1) $\displaystyle\lim_{x \to 0} \frac{x^2 \ln(1 + x^2)}{e^{x^2} - x^2 - 1}$

(2) $\displaystyle\lim_{x \to 0} \frac{\ln(1 + x) - \sin x}{\sqrt{1 + x^2} - \cos x}$

(3) $\displaystyle\lim_{x \to 0} \frac{e^x \sin x - x(1 + x)}{x^3}$

(4) $\displaystyle\lim_{x \to +\infty} \left[x - x^2 \ln\left(1 + \frac{1}{x}\right)\right]$

6. 试求下列函数当 $x \to 0$ 时的等价无穷小.

(1) $\cos(x^{\frac{2}{3}}) - 1 + \dfrac{1}{2}x^{\frac{4}{3}}$

(2) $\dfrac{1}{2}x^2 + 1 - \sqrt{1 + x^2}$

7. 已知 $e^x - \dfrac{1 + ax}{1 + bx}$ 关于 x 是三阶无穷小，求常数 a，b 的值.

8. 设 $x > -1$，证明：当 $0 < \alpha < 1$ 时，$(1+x)^\alpha \leqslant 1 + \alpha x$；当 $\alpha < 0$ 或 $\alpha > 1$ 时，$(1+x)^\alpha \geqslant 1 + \alpha x$.

9. 若函数 $f(x)$ 在区间 $(0, 1)$ 内二阶可导，且有最小值 $\min\limits_{0 < x < 1} f(x) = 0$，$f\left(\dfrac{1}{2}\right) = 1$. 求证：存在 $\xi \in (0, 1)$，使 $f''(\xi) > 8$.

10. 利用三阶泰勒公式，计算下列各数的近似值.

(1) $\sin 18°$　　　　　(2) $\ln 1.2$

3.4 函数性态的研究

1. 函数的极值与最值

🔲 函数的单调性

在本章 3.1 节中，我们引入了函数的极值概念. 费马定理说明：可微函数的极值点必为驻点. 但是，函数的驻点不一定是极值点. 例如，函数 $y = x^3$，$y'|_{x=0} = 0$，点 $x = 0$ 是函数的驻点，却不是极值点. 故 $f'(x_0) = 0$ 是 $f(x)$ 在点 x_0 处取得极值的必要条件. 此外，函数的不可导点也可能是函数的极值点.

如何判定函数的驻点或不可导点是否为极值点？如果是极值点，是极大值点还是极小值点？利用函数的一阶导数的符号与函数单调性之间关系，得到下面的定理.

🔲 函数的极值与最值

定理 1 （极值的第一充分条件）设函数 $f(x)$ 在点 x_0 处连续，在点 x_0 的某一去心邻域 $\mathring{U}(x_0, \delta)$ 内可导.

（1）若 $x \in (x_0 - \delta, x_0)$ 时，$f'(x) > 0$，而 $x \in (x_0, x_0 + \delta)$ 时，$f'(x) < 0$，则 $f(x)$ 在点 x_0 处取得极大值.

（2）若 $x \in (x_0 - \delta, x_0)$ 时，$f'(x) < 0$，而 $x \in (x_0, x_0 + \delta)$ 时，$f'(x) > 0$，则 $f(x)$ 在点 x_0 处取得极小值.

（3）若 $x \in \mathring{U}(x_0, \delta)$ 时，$f'(x)$ 的符号不变，则点 x_0 不是 $f(x)$ 的极值点.

证 （1）当 $x \in (x_0 - \delta, x_0)$ 时，有 $f'(x) > 0$，则函数 $f(x)$ 在 $(x_0 - \delta, x_0)$ 内单调增加，所以

$$f(x) < f(x_0)$$

当 $x \in (x_0, x_0 + \delta)$ 时，有 $f'(x) < 0$，则函数 $f(x)$ 在 $(x_0, x_0 + \delta)$ 内单调减少，所以

$$f(x) < f(x_0)$$

即当 $x \in \overset{\circ}{U}(x_0, \delta)$ 时，均有 $f(x) < f(x_0)$，故 $f(x)$ 在点 x_0 取得极大值.

（2）同理可证.

（3）不妨设当 $x \in \overset{\circ}{U}(x_0, \delta)$ 时，$f'(x)$ 恒为正，即 $f'(x) > 0$，因此 $f(x)$ 在邻域 $U(x_0, \delta)$ 内单调增加，所以不可能在 x_0 处取得极值.

定理 1 的结论很容易得到几何上的验证（见图 3-7）.

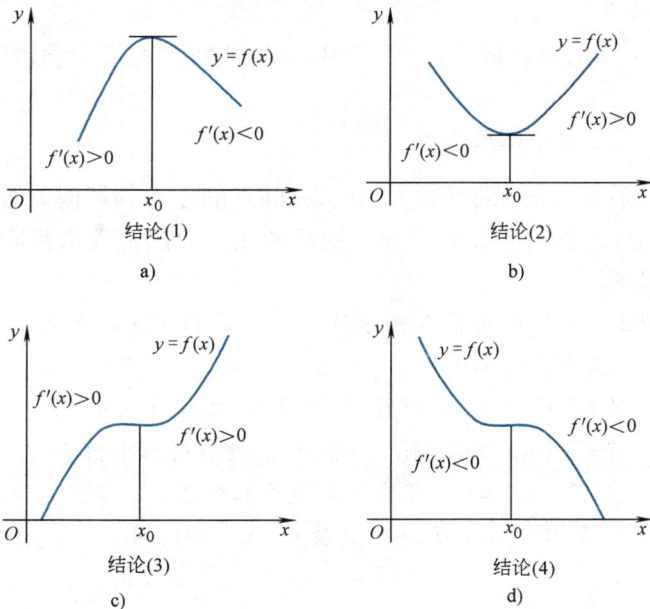

图 3-7

例 1 求函数 $f(x) = (x-2)\sqrt[3]{x^2}$ 的单调区间和极值.

解 先求函数的驻点及不可导点. 由于

$$f'(x) = \sqrt[3]{x^2} + \frac{2}{3}\frac{x-2}{\sqrt[3]{x}} = \frac{5x-4}{3\sqrt[3]{x}}$$

得 $x = 0$ 为 $f(x)$ 的不可导点，驻点为 $x = \dfrac{4}{5}$.

点 $x = 0$，$x = \dfrac{4}{5}$ 将函数的定义域分为三个区间. $f'(x)$ 的符号情

况及 $f(x)$ 的单调情况列于表 3-1 中.

表 3-1

x	$(-\infty, 0)$	0	$\left(0, \dfrac{4}{5}\right)$	$\dfrac{4}{5}$	$\left(\dfrac{4}{5}, +\infty\right)$
$f'(x)$	+	不存在	-	0	+
$f(x)$	↑	极大	↓	极小	↑

由表可知，区间 $(-\infty, 0)$ 和 $\left(\dfrac{4}{5}, +\infty\right)$ 是函数的单调增加区间，$\left(0, \dfrac{4}{5}\right)$ 是单调减少区间. $f(0) = 0$ 是函数的极大值，$f\left(\dfrac{4}{5}\right) = -\dfrac{6}{5} \cdot \sqrt[3]{\dfrac{16}{25}}$ 是函数的极小值.

如果函数 $f(x)$ 的导数 $f'(x)$ 在驻点的左右邻域内的符号不易确定，但 $f(x)$ 在驻点二阶可导，则可利用下面的定理来判断该驻点是否为极值.

定理 2 （极值的第二充分条件）设函数 $f(x)$ 在点 x_0 处存在二阶导数，且 $f'(x_0) = 0$.

（1）若 $f''(x_0) < 0$，则 $f(x)$ 在点 x_0 处取得极大值.

（2）若 $f''(x_0) > 0$，则 $f(x)$ 在点 x_0 处取得极小值.

（3）若 $f''(x_0) = 0$，不能判定是否取极值.

证 （1）由二阶导数的定义及 $f'(x_0) = 0$，有

$$f''(x_0) = \lim_{x \to x_0} \frac{f'(x) - f'(x_0)}{x - x_0} = \lim_{x \to x_0} \frac{f'(x)}{x - x_0} < 0$$

由函数极限的保号性知，存在 x_0 的去心邻域 $\mathring{U}(x_0, \delta)$，使

$$\frac{f'(x)}{x - x_0} < 0$$

因此，当 $x \in (x_0 - \delta, x_0)$ 时，$f'(x) > 0$，故 $f(x)$ 在区间 $(x_0 - \delta, x_0)$ 内严格单调增加；当 $x \in (x_0, x_0 + \delta)$ 时，$f'(x) < 0$，故 $f(x)$ 在区间 $(x_0, x_0 + \delta)$ 内严格单调减少，于是由定理 1 知，$f(x)$ 在点 x_0 处取得极大值.

（2）同理可证.

对于（3），举例说明. 如 $f_1(x) = x^3$ 在点 $x = 0$ 处有 $f_1'(0) =$

0，$f''_1(0) = 0$，但 $f_1(x) = x^3$ 在该点不取极值；而 $f_2(x) = x^4$ 在点 $x = 0$ 处同样有 $f'_2(0) = 0$，$f''_2(0) = 0$，且 $f_2(x) = x^4$ 在该点取得极小值.

例 2　求函数 $y = e^x + 2e^{-x}$ 的极值点与极值.

解　由于

$$f'(x) = e^x - 2e^{-x}，\quad f''(x) = e^x + 2e^{-x}$$

令 $f'(x) = 0$，得驻点 $x = \dfrac{1}{2}\ln 2$. 又

$$f''\left(\frac{1}{2}\ln 2\right) = e^{\frac{1}{2}\ln 2} + 2e^{-\frac{1}{2}\ln 2} > 0$$

所以，$x = \dfrac{1}{2}\ln 2$ 是函数的极小值点，极小值 $f\left(\dfrac{1}{2}\ln 2\right) = 2\sqrt{2}$.

例 3　设函数 $y = y(x)$ 由参数方程 $\begin{cases} x = t - \sin t \\ y = 1 - \cos t \end{cases}$ $(0 < t < 2\pi)$ 确定，求 $y(x)$ 的极值.

解　由于

$$y'_x = \frac{\sin t}{1 - \cos t}$$

令 $y'_x = 0$，即 $\sin t = 0$，得惟一的驻点 $t = \pi$. 又

$$y''_x = \left(\frac{\sin t}{1 - \cos t}\right)'_x = -\frac{1}{(1 - \cos t)^2}$$

当 $t = \pi$ 时，$y''_x = -\dfrac{1}{4} < 0$，故当 $t = \pi$ 时，函数 $y(x)$ 达到极大值 $y = 1 - \cos\pi = 2$.

在实际问题中，经常要求函数的最值（最大值或最小值）. 我们知道：闭区间 $[a, b]$ 上的连续函数 $f(x)$ 一定可取到最值. 如果这个最值 $f(x_0)$ 在开区间 (a, b) 内的某点 x_0 处取得，那么 $f(x_0)$ 一定是 $f(x)$ 的极值，从而 x_0 一定是 $f(x)$ 的驻点或不可导点. 又 $f(x)$ 的最值也可能在区间端点取得. 因此，我们可按以下步骤求得函数 $f(x)$ 在 $[a, b]$ 上的最值：

（1）求出 $f(x)$ 在区间 (a, b) 内的所有驻点与不可导点 $\{x_i, \ i = 1, 2, \cdots, n\}$.

（2）计算函数值 $\{f(x_i), \ i = 1, 2, \cdots, n\}$ 及 $f(a)$，$f(b)$.

（3）比较上述函数值的大小，得

$$\max_{x \in [a,b]} f(x) = \max\{f(x_1), f(x_2), \cdots, f(x_n), f(a), f(b)\}$$
$$\min_{x \in [a,b]} f(x) = \min\{f(x_1), f(x_2), \cdots, f(x_n), f(a), f(b)\}$$

例 4 求函数 $f(x) = |2x^3 - 9x^2 + 12x|$ 在区间 $\left[-\dfrac{1}{4}, \dfrac{5}{2}\right]$ 上的最大值与最小值.

解 由于函数

$$f(x) = \begin{cases} -x(2x^2 - 9x + 12) & -\dfrac{1}{4} \leqslant x \leqslant 0 \\ x(2x^2 - 9x + 12) & 0 < x \leqslant \dfrac{5}{2} \end{cases}$$

在闭区间 $\left[-\dfrac{1}{4}, \dfrac{5}{2}\right]$ 上连续，故必有最大值和最小值. 又

$$f'(x) = \begin{cases} -6x^2 + 18x - 12 \\ 6x^2 - 18x + 12 \end{cases}$$

$$= \begin{cases} -6(x-1)(x-2) & -\dfrac{1}{4} < x < 0 \\ 6(x-1)(x-2) & 0 < x < \dfrac{5}{2} \end{cases}$$

且 $f'(0^-) = -12$，$f'(0^+) = 12$，所以函数在点 $x = 0$ 处不可导，函数的驻点 $x = 1$，2. 计算函数在驻点、不可导点及端点处的值：

$$f(1) = 5, f(2) = 4, f(0) = 0$$
$$f\left(-\dfrac{1}{4}\right) = \dfrac{115}{32}, f\left(\dfrac{5}{2}\right) = 5$$

得函数在 $x = 0$ 处取得最小值 0；在 $x = 1$，$x = \dfrac{5}{2}$ 处取得最大值 5.

例 5 求 $f(x) = xe^{-nx}$（$n \geqslant 1$）在 $(0, +\infty)$ 上的最大值.

解 由于函数的定义域为无穷区间，不能用前述方法判别最大值，但可利用单调性计算.

因为 $f'(x) = e^{-nx}(1 - nx)$ 在 $(0, +\infty)$ 上有惟一的驻点 $x = \dfrac{1}{n}$，且当 $x \in \left(0, \dfrac{1}{n}\right)$ 时，有 $f'(x) > 0$，故 $f(x)$ 单调上升；当 $x \in \left(\dfrac{1}{n}, +\infty\right)$ 时，有 $f'(x) < 0$，故 $f(x)$ 单调下降. 所以，$f(x)$ 在点 $x =$

$\dfrac{1}{n}$ 处达到极大值，也是最大值 $f\left(\dfrac{1}{n}\right) = \dfrac{1}{n\mathrm{e}}$.

例 6 证明：$2^{1-P} \leqslant x^P + (1-x)^P \leqslant 1 \,(P > 1, 0 \leqslant x \leqslant 1)$.

证 设 $f(x) = x^P + (1-x)^P$，则

$$f'(x) = Px^{P-1} - P(1-x)^{P-1}$$

令 $f'(x) = 0$，得 $f(x)$ 的驻点 $x = \dfrac{1}{2}$. 由于

$$f(0) = f(1) = 1, f\left(\dfrac{1}{2}\right) = 2^{1-P} < 1$$

所以，$f(x)$ 在 $[0, 1]$ 上有最大值 1，在 $x = \dfrac{1}{2}$ 处有最小值 2^{1-P}，即

$$2^{1-P} \leqslant x^P + (1-x)^P \leqslant 1$$

例 7 设球的半径为 R，求内接于球的圆柱体的最大体积.

解 如图 3-8 所示，设内接于球的圆柱体高为 $2h$，底半径为 r，那么

$$V = \pi r^2 \cdot 2h$$

由 $r^2 + h^2 = R^2$，得

$$V = 2\pi(R^2 - h^2) \cdot h$$

其中 $h \in (0, R)$，且

$$V' = 2\pi(R^2 - 3h^2), V'' = -12\pi h$$

令 $V' = 0$，得 $h_0 = \dfrac{R}{\sqrt{3}}$. 由 $V''(h_0) < 0$，知 h_0 是极大值点，且

$$V(h_0) = \dfrac{4\pi}{3\sqrt{3}}R^3,$$

$$\lim_{h \to 0^+} V(h) = 0, \quad \lim_{h \to R^-} V(h) = 0$$

故 $h_0 = \dfrac{R}{\sqrt{3}}$ 是最大值点，最大体积为 $\dfrac{4\pi}{3\sqrt{3}}R^3$.

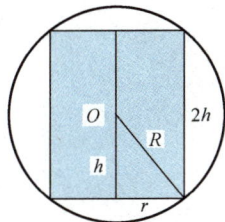

图 3-8

例 8 在椭圆 $\dfrac{x^2}{a^2} + \dfrac{y^2}{b^2} = 1$ 的第一象限部分上求一点 P，使该点处的切线、椭圆和两坐标轴所围图形的面积最小.

解 设点 $P(x_0, y_0)$ 为所求点（见图 3-9），过点 P 的切线方程为

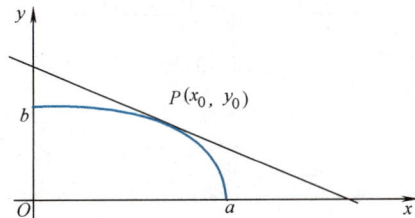

图 3-9

$$\frac{x_0 x}{a^2} + \frac{y_0 y}{b^2} = 1$$

令 $x = 0$，得切线在 y 轴上的截距 $y = \dfrac{b^2}{y_0}$. 令 $x = 0$，得切线在 x 轴上的

截距 $x = \dfrac{a^2}{x_0}$. 所求面积为

$$A = \frac{1}{2} \frac{a^2 b^2}{x_0 y_0} - \frac{\pi}{4} ab, \quad x_0 \in (0, a)$$

由于 a，b 为常数，求 A 的最小点归结为求 $S = x_0 y_0$ 的最大点. 而

$$S(x_0) = x_0 y_0 = \frac{b}{a} x_0 \sqrt{a^2 - x_0^2}$$

$$S'(x_0) = \frac{b}{a} \cdot \frac{a^2 - 2x_0^2}{\sqrt{a^2 - x_0^2}}$$

令 $S'(x_0) = 0$，得驻点 $\dfrac{a}{\sqrt{2}}$. 且当 $0 < x_0 < \dfrac{a}{\sqrt{2}}$ 时，$S'(x_0) > 0$，$S(x_0)$ 单

调上升；当 $\dfrac{a}{\sqrt{2}} < x < a$ 时，$S'(x_0) < 0$，$S(x_0)$ 单调下降. 所以，$x_0 =$

$\dfrac{a}{\sqrt{2}}$ 是极大值点，也是最大值点. 故 P 点坐标为 $\left(\dfrac{a}{\sqrt{2}}, \dfrac{b}{\sqrt{2}} \right)$，面积的最小

值 $A = \left(1 - \dfrac{\pi}{4} \right) ab$.

例 9　（光的反射问题）设光源 S 的光线射到平面镜 Ox 上的 M_0 点，再反射到 B 点，试证：光线所走的路径是从 S 到 Ox 上的点 M 再到点 B 的折线中最短的（见图 3-10）.

解　在镜面 Ox 上取一点 M，令 $OM = x$. 由 S 经 M 至 B 的折线长为

$$d = |SM| + |MB| = \sqrt{a^2 + x^2} + \sqrt{b^2 + (l - x)^2}$$

$$d'(x) = \frac{x}{\sqrt{x^2 + a^2}} - \frac{l - x}{\sqrt{b^2 + (l - x)^2}}$$

令 $d' = 0$，即 $\dfrac{x}{\sqrt{x^2 + a^2}} = \dfrac{l - x}{\sqrt{b^2 + (l - x)^2}}$ $(0 < x < l)$，整理得惟一

的驻点 $x_0 = \dfrac{al}{a + b}$.

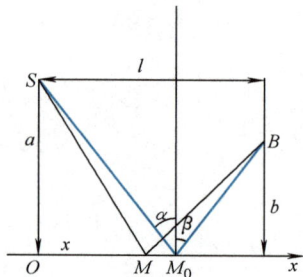

图　3-10

由于当 $x \in \left(0, \dfrac{al}{a+b} \right)$ 时，$d'(x)$ 连续且不变号，而

$$\lim_{x \to 0^+} d'(x) = \frac{-l}{\sqrt{b^2 + l^2}} < 0$$

故 $d'(x) < 0$，$d(x)$ 单调下降；当 $x \in \left(\dfrac{al}{a+b}, \ l \right)$ 时，$d'(x)$ 连续不变号，而

$$\lim_{x \to l^-} d'(x) = \frac{l}{\sqrt{a^2 + l^2}} > 0$$

所以 $d'(x) > 0$，$d(x)$ 单调上升．从而 $x_0 = \dfrac{al}{a+b}$ 是 $d(x)$ 的最小点．

另一方面，根据光的反射原理，入射角 α 等于反射角 β，可得

$$\tan\alpha = \frac{OM_0}{a} = \frac{l - OM_0}{b} = \tan\beta$$

解得

$$OM_0 = \frac{al}{a+b}$$

即入射点 M_0 离 O 点距离为 $\dfrac{al}{a+b}$，光线所走的路程最短．

2. 函数的凸性与拐点

函数的单调性与极值反映了函数的性态，但仅此还不能准确反映函数的特征．例如，函数 $y = x^2$ 和 $y = \sqrt{x}$ 在区间 $[0, 1]$ 上皆单调上升（见图 3-11），但两曲线的弯曲方向不同．

几何上，我们发现曲线 $y = x^2$ 的图形是向下凸的，若在曲线上任取两点 $A(x_1, f(x_1))$，$B(x_2, f(x_2))$，曲线总位于连接 A、B 两点的弦之下，

$$f\left(\frac{x_1 + x_2}{2} \right) < \frac{f(x_1) + f(x_2)}{2}$$

类似地，曲线 $y = \sqrt{x}$ 的图形是向上凸的，曲线总位于连接其上两点 A、B 的弦之上，即有

$$f\left(\frac{x_1 + x_2}{2} \right) > \frac{f(x_1) + f(x_2)}{2}$$

曲线的凹凸性与拐点

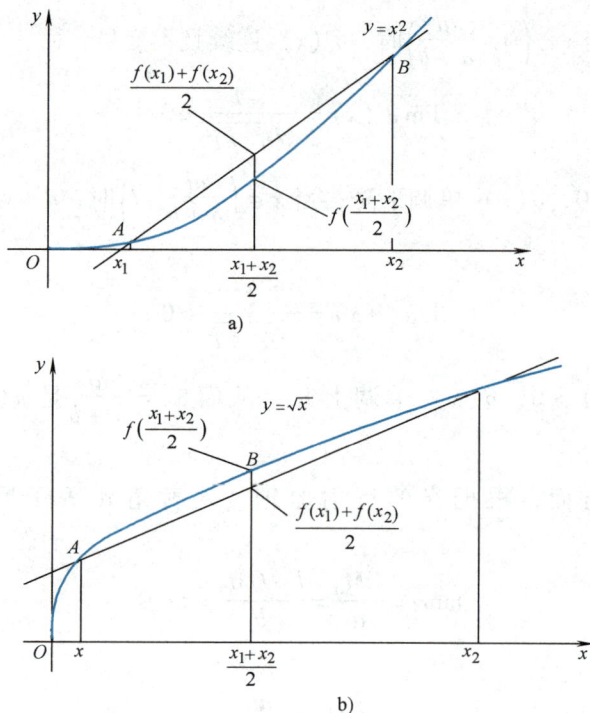

图 3-11

从而可给出函数凸性定义如下：

定义 1 设函数 $f(x)$ 在区间 $[a, b]$ 上有定义，若对于任意的 x_1、$x_2 \in (a, b)$，恒有

$$f\left(\frac{x_1 + x_2}{2}\right) < \frac{f(x_1) + f(x_2)}{2}$$

成立，则称函数 $f(x)$ 在 (a, b) 内是下凸的；如果对任意的 x_1、$x_2 \in (a, b)$，恒有

$$f\left(\frac{x_1 + x_2}{2}\right) > \frac{f(x_1) + f(x_2)}{2}$$

成立，则称函数 $f(x)$ 在 (a, b) 内是上凸的.

下凸函数 $f(x)$ 的图形是向下凸的，也称曲线 $y = f(x)$ 是下凸的（或称曲线是凹的）；上凸函数 $f(x)$ 的图形是向上凸的，也称曲线 $y = f(x)$ 是上凸的（或称曲线是凸的）.

另一方面，由图 3-11 还可发现：曲线 $y = f(x)$ 在区间 (a, b)

内是下凸时，曲线上各点的切线位于曲线下方，且切线的斜率随着 x 的增加而增大；曲线 $y = f(x)$ 在区间 (a, b) 内是上凸时，曲线上各点的切线位于曲线上方，且切线斜率随 x 的增加而减小．由此，给出判断曲线凸性的一种方法．

定理 3 设函数 $f(x)$ 在区间 (a, b) 内二阶可导，那么在 (a, b) 内

（1）若 $f''(x) > 0$，则 $f(x)$ 在 (a, b) 内是下凸的；

（2）若 $f''(x) < 0$，则 $f(x)$ 在 (a, b) 内是上凸的．

证 情形（1）．任取 x_1，$x_2 \in (a, b)$，$x_1 < x_2$，$x_0 = \dfrac{x_1 + x_2}{2}$．将 $f(x)$ 在点 x_0 展成一阶泰勒公式

$$f(x) = f(x_0) + f'(x_0)(x - x_0) + \frac{1}{2!} f''(\xi)(x - x_0)^2$$

$$（\xi \text{ 介于 } x \text{ 与 } x_0 \text{ 之间}）$$

分别取 $x = x_1$，$x = x_2$ 有

$$f(x_1) = f(x_0) + f'(x_0)(x_1 - x_0) + \frac{1}{2!} f''(\xi_1)(x_1 - x_0)^2$$

$$（x_1 < \xi_1 < x_0）$$

$$f(x_2) = f(x_0) + f'(x_0) + f'(x_0)(x_2 - x_0) + \frac{1}{2!} f''(\xi_2)(x_2 - x_0)^2$$

$$（x_0 < \xi_2 < x_2）$$

由于在 (a, b) 内 $f''(x) > 0$，所以

$$f(x_1) > f(x_0) + f'(x_0)(x_1 - x_0)$$
$$f(x_2) > f(x_0) + f'(x_0)(x_2 - x_0)$$

两式相加，得

$$f\left(\frac{x_1 + x_2}{2}\right) < \frac{f(x_1) + f(x_2)}{2}$$

即 $f(x)$ 在 (a, b) 内是下凸的．

同理可证情形（2）．

定义 2 若函数 $f(x)$ 在点 x_0 左右两侧的凸性相反，则称点 $(x_0, f(x_0))$ 为曲线 $y = f(x)$ 的拐点．

由定理 3 知，二阶可导函数 $f(x)$ 经过拐点 $(x_0, f(x_0))$ 时，$f''(x)$ 改变符号，从而必有 $f''(x_0) = 0$．此外，二阶导数

$f''(x)$ 不存在的点也可能是曲线的拐点.

例 10 求函数 $f(x) = |\ln x|$ $(x > 0)$ 的凸性区间及曲线的拐点.

解 由于

$$f(x) = \begin{cases} -\ln x & 0 < x < 1 \\ 0 & x = 1 \\ \ln x & x > 1 \end{cases}$$

且

$$f'(x) = \begin{cases} -\dfrac{1}{x} & 0 < x < 1 \\ 不存在 & x = 1 \\ \dfrac{1}{x} & x > 1 \end{cases}$$

$$f''(x) = \begin{cases} \dfrac{1}{x^2} & 0 < x < 1 \\ 不存在 & x = 1 \\ -\dfrac{1}{x^2} & x > 1 \end{cases}$$

在区间 $(0, 1)$ 上，$f''(x) > 0$，函数是下凸的；在区间 $(1, +\infty)$ 上，$f''(x) < 0$，函数是上凸的. 点 $(1, 0)$ 是曲线 $f(x) = |\ln x|$ 的拐点，但 $f''(1)$ 不存在（见图 3-12）.

例 11 求函数 $y = (x - 2)\sqrt[3]{x^2}$ 的凸性区间及曲线的拐点.

解 函数的定义域为 $(-\infty, +\infty)$，且有

$$y' = \frac{5x - 4}{3\sqrt[3]{x}}, \quad y'' = \frac{10x + 4}{9\sqrt[3]{x^4}}$$

令 $y'' = 0$，得 $x = -\dfrac{2}{5}$，又当 $x = 0$ 时，y'' 不存在. 点 $x = -\dfrac{2}{5}$，$x = 0$ 将定义域分为三个区间. 在区间 $\left(-\infty, -\dfrac{2}{5}\right)$ 内，$y'' < 0$，曲线是上凸的；在区间 $\left(-\dfrac{2}{5}, 0\right)$ 内，$y'' > 0$，曲线是下凸的；在区间 $(0, +\infty)$ 内，$y'' > 0$，曲线是下凸的，故点 $\left(-\dfrac{2}{5}, -\dfrac{12}{5}\sqrt[3]{\dfrac{4}{25}}\right)$ 是曲线的

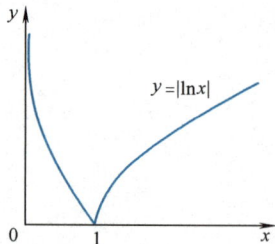

图　3-12

拐点，点（0，0）不是曲线的拐点.

利用函数的凸性，还可以证明一些不等式.

例 12 证明：对于任意实数 a、b （$a \neq b$），有

$$e^{\frac{a+b}{2}} < \frac{1}{2}(e^a + e^b)$$

证 设 $f(x) = e^x$，那么 $f''(x) = e^x > 0$，所以函数 $f(x)$ 是下凸的. 故

$$e^{\frac{a+b}{2}} < \frac{1}{2}(e^a + e^b)$$

例 13 证明：当 $0 < x < \frac{\pi}{2}$ 时，$\frac{2}{\pi}x < \sin x < x$ 成立.

证 由于当 $0 < x < \frac{\pi}{2}$ 时，已知 $\sin x < x$，故只需证

$$\frac{2}{\pi}x < \sin x$$

设 $f(x) = \sin x - \frac{2}{\pi}x$，那么有

$$f'(x) = \cos x - \frac{2}{\pi}, \quad f''(x) = -\sin x < 0 \left(0 < x < \frac{\pi}{2}\right)$$

于是 $f(x)$ 在 $\left(0, \frac{\pi}{2}\right)$ 内是上凸的. 又 $f(0) = f\left(\frac{\pi}{2}\right) = 0$，连接曲线上两点 $(0, 0)$，$\left(\frac{\pi}{2}, 0\right)$ 的弦的方程为 $y = 0$，所以当 $0 < x < \frac{\pi}{2}$ 时，$f(x) > 0$，即

$$\frac{2}{\pi}x < \sin x$$

3. 函数作图

前面，我们利用函数的一阶、二阶导数研究了函数的单调性、凸性、极值点与拐点等。函数的这些性质，有助于较准确地描绘函数曲线。但有些函数的定义域或值域是无穷区间，例如抛物线、双曲线等，这就有必要研究函数的图形向无穷远延伸时的变化趋势. 因此，引入渐近线概念.

定义 3 如果曲线上的动点沿着曲线远离原点时，该点与某定直线的距离趋于零，则称此定直线为曲线的渐近线.

函数作图

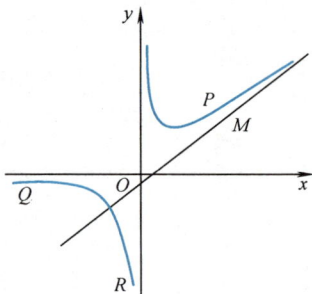

图 3-13

由图 3-13 可见，曲线 $y = f(x)$ 上的动点 P、Q、R 向无穷远移动时，有三种可能：一种是 $x \to -\infty$ 时，y 趋于有限数；第二种是 $x \to 0$ 时，y 趋于无穷；第三种是 $x \to +\infty$ 时，y 趋于无穷. 因此，曲线的渐近线有三种：水平渐近线、铅直渐近线和斜渐近线.

（1）如果 $\lim\limits_{x \to +\infty} f(x) = A$ 或 $\lim\limits_{x \to -\infty} f(x) = A$，则曲线 $y = f(x)$ 有一水平渐近线 $y = A$. 如图 3-13 中，直线 $y = 0$ 是一水平渐近线.

（2）如果 $\lim\limits_{x \to x_0^-} f(x) = \infty$ 或 $\lim\limits_{x \to x_0^+} f(x) = \infty$，则曲线 $y = f(x)$ 有一铅直渐近线 $x = x_0$，如图 3-13 中，直线 $x = 0$ 是一铅直渐近线.

（3）若 $\lim\limits_{x \to +\infty} \dfrac{f(x)}{x} = k(k \neq 0, k$ 不为无穷大$)$ 且 $\lim\limits_{x \to +\infty} [f(x) - kx] = b$，或 $\lim\limits_{x \to -\infty} \dfrac{f(x)}{x} = k(k \neq 0, k$ 不为无穷大$)$ 且 $\lim\limits_{x \to -\infty} [f(x) - kx] = b$，则曲线 $y = f(x)$ 有一斜渐近线 $y = kx + b$.

这是由于若直线 $y = kx + b$ 是曲线 $y = f(x)$ 当 $x \to +\infty$ 时的渐近线，当且仅当曲线上的点 $P(x, f(x))$ 到直线 $y - kx - b = 0$ 的距离

$$d = \frac{|f(x) - kx - b|}{\sqrt{1 + k^2}}$$

趋于零，即

$$\lim_{x \to +\infty} \frac{|f(x) - kx - b|}{\sqrt{1 + k^2}} = 0$$

等价于

$$\lim_{x \to +\infty} [f(x) - kx - b] = 0$$

从而有

$$\lim_{x \to +\infty} \frac{f(x) - kx - b}{x} = \lim_{x \to +\infty} \left[\frac{f(x)}{x} - k \right] = 0$$

即

$$k = \lim_{x \to +\infty} \frac{f(x)}{x}, \quad b = \lim_{x \to +\infty} [f(x) - kx]$$

例 14 求曲线 $y = \dfrac{(x-1)^2}{x-2}$ 的渐近线.

解 由于

$$\lim_{x \to \infty} \frac{(x-1)^2}{x-2} = \infty$$

所以，曲线无水平渐近线. 又

$$\lim_{x \to 2} \frac{(x-1)^2}{x-2} = \infty$$

所以，$x = 2$ 是曲线的铅直渐近线，再求斜渐近线. 因为

$$k = \lim_{x \to \infty} \frac{f(x)}{x} = \lim_{x \to \infty} \frac{(x-1)^2}{(x-2)x} = 1$$

$$b = \lim_{x \to \infty} [f(x) - kx] = \lim_{x \to \infty} \left[\frac{(x-1)^2}{x-2} - x \right]$$

$$= \lim_{x \to \infty} \frac{1}{x-2} = 0$$

所以，直线 $y = x$ 是曲线的斜渐近线.

现在，我们可以更准确地画出函数的图形，主要步骤如下：

（1）确定函数 $f(x)$ 的定义域、间断点，奇偶性与周期性.

（2）求出 $f'(x)$ 和 $f''(x)$ 的全部零点及其不存在的点，并以这些点将定义域分为若干小区间.

（3）考察各个小区间内及各分点的 $f'(x)$ 和 $f''(x)$ 的符号，确定出 $f(x)$ 的单调区间、极值点、上凸和下凸区间及曲线的拐点.

（4）确定曲线的渐近线.

（5）描出极值点，拐点及一些特殊点，根据单调性和凸性连接各点.

例 15 画出函数 $y = \dfrac{2x}{1+x^2}$ 的图形.

解 （1）函数的定义域为 $(-\infty, +\infty)$，函数是奇函数，故只需研究 $x > 0$ 部分. 然后再利用奇函数性质得函数图形.

（2）
$$y' = \frac{2(1+x^2) - 4x^2}{(1+x^2)^2} = \frac{2(1-x^2)}{(1+x^2)^2}$$

$$y'' = \frac{-4x(1+x^2)^2 - 2(1+x^2) \cdot 2x \cdot 2(1-x^2)}{(1+x^2)^4}$$

$$= \frac{4x(x^2-3)}{(1+x^2)^3}$$

令 $y' = 0$，得驻点 $x = \pm 1$；$y'' = 0$ 的点为 $x = 0$，$\pm \sqrt{3}$.

（3）点 $x = 0$，1，$\sqrt{3}$ 将区间 $[0, +\infty)$ 分为三个小区间 $(0, 1)$，$(1, \sqrt{3})$，$(\sqrt{3}, +\infty)$. 分别考虑 y'，y'' 及 y 的情况，得表 3-2.

表 3-2

x	0	(0, 1)	1	$(1, \sqrt{3})$	$\sqrt{3}$	$(\sqrt{3}, +\infty)$
y'	+	+	0	−	−	−
y''	0	−	−	−	0	+
y		↗	极大点 (1, 1)	↘	拐点 $\left(\sqrt{3}, \frac{\sqrt{3}}{2}\right)$	↘

（4）由于 $\lim\limits_{x \to +\infty} \dfrac{2x}{1 + x^2} = 0$，直线 $y = 0$ 是曲线的水平渐近线，曲线无其他渐近线（见图 3-14）.

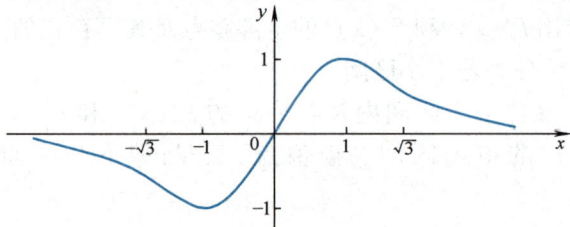

图 3-14

例 16 画出函数 $y = x^{\frac{2}{3}}(6 - x)^{\frac{1}{3}}$ 的图形.

解 （1）函数的定义域为 $(-\infty, +\infty)$，且函数在定义域上连续.

（2）
$$y' = \frac{4 - x}{x^{\frac{1}{3}}(6 - x)^{\frac{2}{3}}}$$

$$y'' = \frac{-8}{x^{\frac{4}{3}}(6 - x)^{\frac{5}{3}}}$$

令 $y' = 0$，得驻点 $x = 4$. y'、y'' 不存在的点为 $x = 0$，6.

（3）点 $x = 0$，4，6 将定义域分为四个小区间，y'、y'' 及 y 的情况列于表 3-3.

表　3-3

x	$(-\infty, 0)$	0	$(0, 4)$	4	$(4, 6)$	6	$(6, +\infty)$
y'	$-$	不存在	$+$	0	$-$	不存在	$-$
y''	$-$	不存在	$-$	$-$	$-$	不存在	$+$
y	↘	极小点 $(0, 0)$	↗	极大点 $(4, 2\sqrt[3]{4})$	↘	拐点 $(6, 0)$	↘

（4）又　　$k = \lim\limits_{x \to \infty} \dfrac{f(x)}{x} = \lim\limits_{x \to \infty} \left(\dfrac{6}{x} - 1 \right)^{\frac{1}{3}} = -1$

$$b = \lim_{x \to \infty} [f(x) - kx] = \lim_{x \to \infty} \left[x^{\frac{2}{3}} (6-x)^{\frac{1}{3}} + x \right] = 2$$

所以，有斜渐近线 $y = -x + 2$（见图 3-15）.

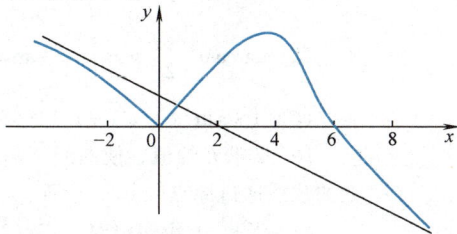

图　3-15

习　题　3.4

1. 试求下列函数的单调区间及极值点.

（1）$y = 2x - \ln x$

（2）$y = \dfrac{(x+1)^{\frac{2}{3}}}{x - 1}$

（3）$y = \arctan x - \dfrac{1}{2}\ln (1 + x^2)$

（4）$y = x + |\sin 2x|$

（5）$\begin{cases} x = t^2 \\ y = 3t + t^3 \end{cases}$

2. 求下列函数的极值点及极值.

（1）$y = e^x \cos x$

（2）$y = |x(x^2 - 1)|$

（3）$y = x^2 \ln x$

（4）$y = (x - 1)^2 (x + 1)^3$

3. a 为何值时，函数 $f(x) = a\sin x + \dfrac{1}{3}\sin 3x$ 在 $x = \dfrac{\pi}{3}$ 处取得极值？并求此极值.

4. 设 $f(x) = a\ln x + bx^2 + x$ 在 $x_1 = 1$，$x_2 = 2$ 处取得极值，试求 a 与 b 的值，并计算极值.

5. 求下列函数的最值.

（1）$y = \dfrac{x-1}{x+1}$，$x \in [0, 4]$

（2）$y = 2\tan x - \tan^2 x$，$x \in \left[0, \dfrac{\pi}{2}\right)$

（3）$y = \dfrac{a^2}{x} + \dfrac{b^2}{1-x}$，$a > b > 0$，$x \in (0, 1)$

（4）$y = \max\{x^2, (1-x)^2\}$

6. 设 $f(x) = x - \cos x$（$0 \leqslant x \leqslant \pi$），求适合下列条件的点 x.

（1）$f(x)$ 的最大、最小值点.

（2）$f(x)$ 增加最快、最慢的点.

（3）$f(x)$ 图像的切线斜率增加最快的点.

7. 甲乙两地用户共用一台变压器，问变压器 C 设在输电干线何处时，所用输电线最短（见图 3-16）.

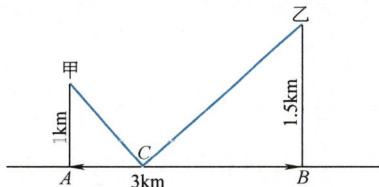

图　3-16

8. 设曲线 $y = 4 - x^2$ 与 $y = 2x + 1$ 相交于 A、B 两点，C 为弧段 AB 上的一点，问 C 在何处时，$\triangle ABC$ 的面积最大？并求此最大面积.

9. 设测变量 x 的值时，得到 n 个略有偏差的数 a_1，a_2，$\cdots$，a_n，问怎样取 x，才能使函数

$$f(x) = (x - a_1)^2 + (x - a_2)^2 + \cdots + (x - a_n)^2$$

达到最小.

10. 设货车以每小时 $x$km 的速度匀速行驶 130km，规定 $50 \leqslant x \leqslant 100$. 假设汽油的价格是 2 元/L，汽车耗油与行驶速度的关系是 $\left(2 + \dfrac{x^2}{360}\right)$ L/h，司机的工资是 14 元/h. 试问最经济的车速是多少？行驶的总费用是多少？（L—升，h—小时）

11. 周长为 $2l$ 的等腰三角形，绕其底边旋转形成旋转体，求所得体积为最大的那个等腰三角形.

12. 将正数 s 分为两个正数之和，使其乘积最大.

13. 将正数 p 分为两个正数之积，使其和最小.

14. 求下列函数的上凸、下凸区间及拐点.

（1）$y = e^{-x^2}$ 　　（2）$y = x + \dfrac{1}{x}$

（3）$y = x^2 + \dfrac{1}{x}$ 　　（4）$\begin{cases} x = t^2 \\ y = 3t + t^3 \end{cases}$

15. 证明下列不等式成立.

（1）$|3x - x^3| \leqslant 2$，$x \in [-2, 2]$

（2）$\left(\dfrac{1}{x} + \dfrac{1}{2}\right)\ln(1+x) > 1$，$x \in (0, +\infty)$

（3）$e^x \leqslant \dfrac{1}{1-x}$，$x \in (-\infty, -1)$

（4）$x\ln x + y\ln y > (x+y)\ln\dfrac{x+y}{2}$

（5）$2\arctan\dfrac{a+b}{2} > \arctan a + \arctan b$（$a > 0$，$b > 0$）

（6）$1 + x\ln(x + \sqrt{1+x^2}) \geqslant \sqrt{1+x^2}$

16. 试求 k 的值，使曲线 $y = k(x^2 - 3)^2$ 的拐点处的法线通过原点.

17. 当 a，b 为何值时，点（1，3）为曲线 $y = ax^3 + bx^2$ 的拐点？

18. 设 $f(x)$ 在点 x_0 处三阶可导，且 $f''(x_0) = 0$，$f'''(x_0) \neq 0$，证明：点 $(x_0, f(x_0))$ 为曲线 $y = f(x)$ 的拐点.

19. 设 $f'(x)$ 的图形分别如图 3-17 所示，指出连续函数 $f(x)$ 的单调区间，上凸、下凸区间，极值点及曲线拐点的横坐标.

20. 图 3-18 中有两幅包含三条曲线 a、b、c 的图形，试判断每幅图中 $f(x)$，$f'(x)$，$f''(x)$ 分别对应着 a、b、c 中的哪条曲线？

21. 求下列曲线的渐近线.

（1）$y = x\ln\left(e + \dfrac{1}{x}\right)$ 　　（2）$y = \dfrac{(x+1)^3}{(x-1)^2}$

（3）$y = \dfrac{x^2}{\sqrt{x^2-1}}$ 　　（4）$y = x - 2\arctan x$

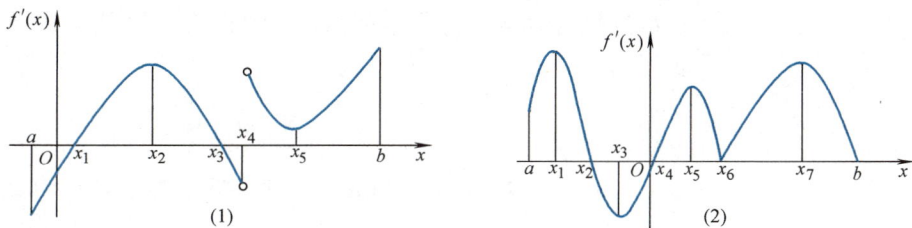

图　3-17

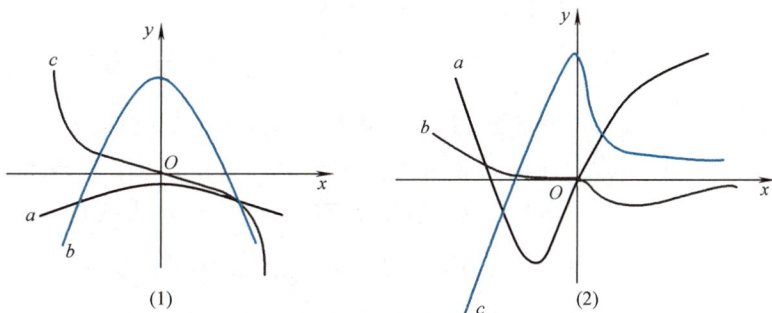

图　3-18

22. 作下列函数的图形.

（1）$y = \dfrac{x}{3 - x^2}$ 　　　　（2）$y = 2xe^{-x}$ 　　　　（3）$y = \dfrac{x^2}{x + 1}$ 　　　　（4）$y = \sqrt[3]{1 - x^3}$

3.5　曲线的曲率

　　在工程技术中，经常要研究曲线的弯曲程度. 例如，船体结构中的钢梁，机床的转轴等，它们在外力作用下，会发生弯曲，弯曲到一定程度，就可能发生断裂. 因此，在设计时对它们的弯曲程度必须有一定的限制，这就需要定量地研究曲线的弯曲程度，产生了曲率的概念.

▶ 弧微分与曲率

1. 弧微分

　　很多问题的讨论都与曲线的弧长及弧微分有关. 如变速曲线运动的路程，变力沿曲线做功以及曲线的曲率等.

　　设有一平面曲线弧段 $\overset{\frown}{AB}$，在 $\overset{\frown}{AB}$ 上任意插入 $n - 1$ 个分点

$$A = M_0, M_1, \cdots, M_i, \cdots, M_{n-1}, M_n = B$$

依次连接各分点，得到连接 A、B 的折线，如图 3-19 所示，折线的长度为

$$L = \sum_{i=1}^{n} \overline{M_{i-1}M_i}$$

令 $\alpha = \max\limits_{1 \leqslant i \leqslant n} \{\overline{M_{i-1}M_i}\}$，当 $\alpha \to 0$ 时，折线中的任一直线段长度都趋于零. 如果极限 $\lim\limits_{\alpha \to 0} \sum\limits_{i=1}^{n} \overline{M_{i-1}M_i}$ 存在，则称此曲线弧段 $\overset{\frown}{AB}$ 是可度量的，并将此极限记为曲线弧段的长度，即

$$s = \lim_{\alpha \to 0} \sum_{i=1}^{n} \overline{M_{i-1}M_i}$$

设曲线对应的函数 $y = f(x)$ 在区间 (a, b) 内具有连续导数. 在曲线上取定一点 $M_0(x_0, y_0)$ 作为度量曲线弧长的基点（见图 3-20），规定 x 增加的方向为曲线的正向. 对于曲线上任一点 $M(x, y)$，规定有向弧段 $\overset{\frown}{M_0M}$ 的值 s 为：s 的绝对值等于这一弧段的长度. 当弧段 $\overset{\frown}{M_0M}$ 的方向与曲线的正向一致时 $s > 0$，反之 $s < 0$. 这样，对于变量 x 的每一个值，s 都有惟一的值相对应，即 s 是 x 的函数，记作 $s = s(x)$，且 $s(x)$ 是 x 的单调增加函数. 下面求 $s(x)$ 的微分与导数.

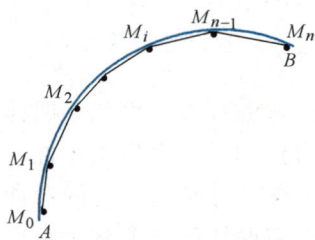

图 3-19

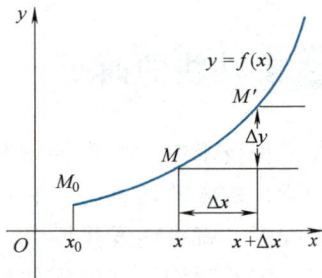

图 3-20

设 x，$x + \Delta x$ 为 (a, b) 内相邻近的点，它们分别对应于曲线 $y = f(x)$ 上的点 M、M'（见图 3-20），弧长 s 相应的增量为

$$\Delta s = \overset{\frown}{MM'}$$

于是

$$\left(\frac{\Delta s}{\Delta x}\right)^2 = \left(\frac{\overgroup{MM'}}{\Delta x}\right)^2 = \left(\frac{\overgroup{MM'}}{|\overline{MM'}|}\right)^2 \cdot \left(\frac{|\overline{MM'}|}{\Delta x}\right)^2$$

$$= \left(\frac{\overgroup{MM'}}{|\overline{MM'}|}\right)^2 \cdot \frac{\Delta x^2 + \Delta y^2}{\Delta x^2}$$

$$= \left(\frac{\overgroup{MM'}}{|\overline{MM'}|}\right)^2 \cdot \left[1 + \left(\frac{\Delta y}{\Delta x}\right)^2\right]$$

由于当 $\Delta x \to 0$ 时，$M' \to M$，由弧长的定义知

$$\lim_{M' \to M} \frac{|\overline{MM'}|}{\overgroup{MM'}} = 1$$

于是

$$\left(\frac{\mathrm{d}s}{\mathrm{d}x}\right)^2 = \lim_{\Delta x \to 0} \left(\frac{\Delta s}{\Delta x}\right)^2 = 1 + \left(\frac{\mathrm{d}y}{\mathrm{d}x}\right)^2$$

或

$$(\mathrm{d}s)^2 = (\mathrm{d}x)^2 + (\mathrm{d}y)^2$$

由于 $s(x)$ 是 x 的单调增加函数，所以 $\dfrac{\mathrm{d}s}{\mathrm{d}x} \geq 0$，故有

$$\frac{\mathrm{d}s}{\mathrm{d}x} = \sqrt{1 + y'^2}$$

或

$$\mathrm{d}s = \sqrt{1 + y'^2}\, \mathrm{d}x$$

这就是弧微分公式.

若曲线由参数方程

$$\begin{cases} x = \varphi(t) \\ y = \psi(t) \end{cases} \quad (\alpha \leq t \leq \beta)$$

给出，则曲线的弧微分公式为

$$\mathrm{d}s = \sqrt{[\varphi'(t)]^2 + [\psi'(t)]^2}\, \mathrm{d}t$$

若曲线方程为极坐标形式

$$\rho = \rho(\theta), \alpha \leq \theta \leq \beta$$

易得弧微分公式为

$$\mathrm{d}s = \sqrt{\rho^2(\theta) + [\rho'(\theta)]^2}\, \mathrm{d}\theta$$

2. 曲率

我们直观地认识到：直线是不弯曲的，半径较小的圆比半

▶ 曲率的
计算与曲率圆

径较大的圆弯曲得厉害些，其他曲线的不同部位弯曲程度不同．例如，抛物线 $y = x^2$ 在顶点附近比远离顶点的部位弯曲得厉害一些．

那么，曲线弧的弯曲程度与哪些因素有关呢？

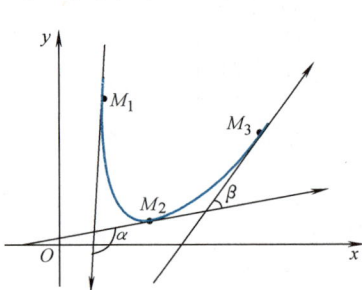

图 3-21

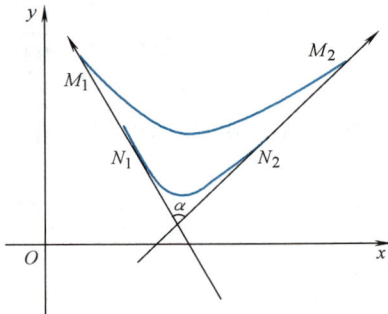

图 3-22

从图 3-21 发现，若弧段 $\widehat{M_1M_2}$ 与 $\widehat{M_2M_3}$ 的弧长相等，则切线的转角越大，弧段的弯曲程度就越厉害；从图 3-22 中发现，若两弧段 $\widehat{N_1N_2}$ 和 $\widehat{M_1M_2}$ 的切线的转角相等，则弧的长度越短，弯曲得越厉害．因此，曲线弧的弯曲程度与弧段的长度和切线的转角有关，通常用单位弧长上的切线转角的大小来反映曲线的弯曲程度．引入曲率概念如下：

设平面曲线 C 是光滑的[⊖]，在 C 上选定一点 M_0 作为度量弧长的基点．设点 M 是曲线 C 上一点，弧段 $\widehat{M_0M}$ 的长度为 s，点 M 处曲线切线的倾角为 α，曲线上另一点 M' 对应于弧段 $\widehat{M_0M'}$，长度为 $s + \Delta s$，点 M' 处切线的倾角为 $\alpha + \Delta\alpha$（见图 3-23）．于是，弧段 $\widehat{MM'}$ 的长度为 $|\Delta s|$，当动点 M 沿曲线移动到 M' 时切线的转角为 $|\Delta\alpha|$，我们称 $\dfrac{|\Delta\alpha|}{|\Delta s|}$ 为弧段 $\widehat{MM'}$ 的平均曲率，记作 $\bar{\kappa}$，即

$$\bar{\kappa} = \frac{|\Delta\alpha|}{|\Delta s|}$$

如果当 $\Delta s \to 0$ 时（即点 M' 沿曲线趋于点 M 时），平均曲率 $\bar{\kappa}$ 的极限存在，则称该极限为曲线 C 在点 M 处的曲率，并记作 κ，即

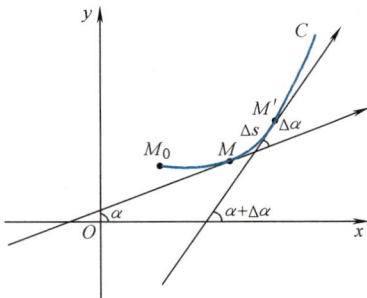

图 3-23

⊖ 当曲线上每一点处都具有切线，且切线随点的移动而连续转动，这样的曲线称为光滑曲线．

$$\kappa = \lim_{M' \to M} \frac{|\Delta \alpha|}{|\Delta s|} = \left| \frac{\mathrm{d}\alpha}{\mathrm{d}s} \right|$$

　　若曲线为直线，切线与直线本身重合，当点沿直线移动时，切线的倾角 α 不变（见图3-24），故有 $\Delta \alpha = 0$，$\dfrac{\Delta \alpha}{\Delta s} = 0$，从而 $\kappa = 0$. 这表明：直线上任一点的曲率都等于零．这与我们的直觉"直线不弯曲"一致.

　　若曲线是半径为 R 的圆（见图 3-25），当动点从 M 点沿曲线移动到点 M' 时，切线的转角 $\Delta \alpha = \dfrac{\Delta s}{R}$ 于是

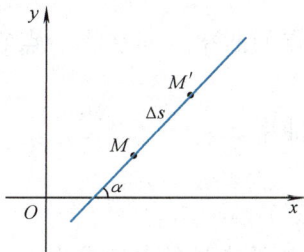

图　3-24

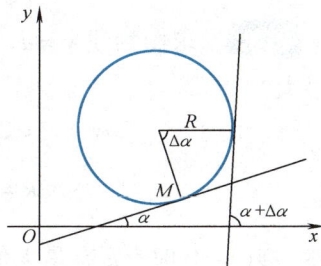

图　3-25

$$\kappa = \lim_{\Delta s \to 0} \left| \frac{\Delta \alpha}{\Delta s} \right| = \lim_{\Delta s \to 0} \left| \frac{\Delta s}{R} \cdot \frac{1}{\Delta s} \right| = \frac{1}{R}$$

这表明：圆周上各点处的曲率都等于半径 R 的倒数 $\dfrac{1}{R}$，且 R 越小，曲率越大．这也与我们的直觉一致.

　　现在来推导一般曲线的曲率公式.

　　设曲线方程为 $y = f(x)$，且 $f(x)$ 具有二阶导数．由于

$$y' = \tan\alpha$$

于是

$$\alpha = \arctan y'$$

$$\mathrm{d}\alpha = \frac{y''}{1 + y'^2}\mathrm{d}x$$

又因为

$$\mathrm{d}s = \sqrt{1 + y'^2}\,\mathrm{d}x$$

从而得曲率计算公式

$$\kappa = \left| \frac{\mathrm{d}\alpha}{\mathrm{d}s} \right| = \frac{|y''|}{(1 + y'^2)^{\frac{3}{2}}}$$

若曲线由参数方程

$$\begin{cases} x = \varphi(t) \\ y = \psi(t) \end{cases}$$

确定，则利用由参数方程确定函数的求导法，求出 $\dfrac{\mathrm{d}y}{\mathrm{d}x}$ 和 $\dfrac{\mathrm{d}^2y}{\mathrm{d}x^2}$，可得曲率计算公式

$$\kappa = \frac{|\varphi'(t)\psi''(t) - \varphi''(t)\psi'(t)|}{[\varphi'^2(t) + \psi'^2(t)]^{\frac{3}{2}}}$$

例1　求抛物线 $y = ax^2$ 上任一点的曲率. 问在哪一点它的曲率最大?

解　由于 $y' = 2ax$，$y'' = 2a$，所以曲率

$$\kappa = \frac{2|a|}{(1 + 4a^2x^2)^{\frac{3}{2}}}$$

显然，当 $x = 0$ 时，κ 有最大值 $2|a|$，即原点处的曲率最大.

例2　计算摆线 $\begin{cases} x = a(t - \sin t) \\ y = a(1 - \cos t) \end{cases}$ 在 $t = \dfrac{\pi}{3}$ 处的曲率.

解　由于

$$\frac{\mathrm{d}y}{\mathrm{d}x} = \frac{a\sin t}{a(1 - \cos t)} = \cot\frac{t}{2}$$

$$\frac{\mathrm{d}^2y}{\mathrm{d}x^2} = \frac{\dfrac{\mathrm{d}}{\mathrm{d}t}\left(\dfrac{\mathrm{d}y}{\mathrm{d}x}\right)}{\dfrac{\mathrm{d}x}{\mathrm{d}t}} = \frac{-\dfrac{1}{2}\csc^2\dfrac{t}{2}}{a(1 - \cos t)}$$

$$= -\frac{1}{4a}\csc^4\frac{t}{2}$$

故得曲率

$$\kappa = \frac{\dfrac{1}{4a}\csc^4\dfrac{t}{2}}{\left(1 + \cot^2\dfrac{t}{2}\right)^{\frac{3}{2}}} = \frac{1}{4a}\left|\csc\frac{t}{2}\right|$$

令 $t = \dfrac{\pi}{3}$，得

$$\kappa = \frac{1}{2a}$$

3. 曲率圆

设曲线 $y = f(x)$ 在点 $M(x, y)$ 处的曲率为 $\kappa(\kappa \neq 0)$．作点 M 处曲线的法线，并且在曲线凹向一侧的法线上取一点 O'，使 $|O'M| = \dfrac{1}{\kappa} = R$，以 O' 为圆心，R 为半径作圆（见图 3-26），称这个圆为曲线在点 M 处的**曲率圆**，R 为**曲率半径**，圆心为**曲率中心**．

由定义知，曲率圆与曲线在点 M 处有相同的切线、曲率和凸向，因而有相同的一阶、二阶导数．

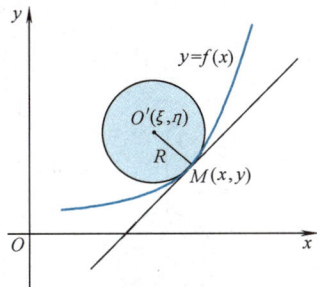

图　3-26

例 3　求曲线 $y = \sqrt{x}$ 在点（1，1）处的曲率中心和曲率圆．

解　由于

$$y' = \frac{1}{2\sqrt{x}}, y'' = -\frac{1}{4x\sqrt{x}}$$

所以，$y'(1) = \dfrac{1}{2}$，$y''(1) = -\dfrac{1}{4}$，从而曲率半径

$$R = \frac{\left[1 + (y'(1))^2\right]^{\frac{3}{2}}}{|y(1)''|} = \frac{\left[1 + \left(\dfrac{1}{2}\right)^2\right]^{\frac{3}{2}}}{\dfrac{1}{4}} = \frac{5}{2}\sqrt{5}$$

设曲率中心为 $O'(\xi, \eta)$，则有

$$\begin{cases} (\xi - 1)^2 + (\eta - 1)^2 = R^2 \\ \dfrac{\eta - 1}{\xi - 1} = -\dfrac{1}{y'(1)} \end{cases}$$

而 $R^2 = \dfrac{125}{4}$，$y'(1) = \dfrac{1}{2}$，解得

$$(\eta - 1)^2 = 25$$

根据曲线的凸性（见图 3-27），知 $\eta - 1 < 0$，从而 $\eta = -4$，$\xi = \dfrac{7}{2}$，即曲率中心为 $O'\left(\dfrac{7}{2}, -4\right)$．曲率圆方程为

$$\left(x - \frac{7}{2}\right)^2 + (y + 4)^2 = \frac{125}{4}$$

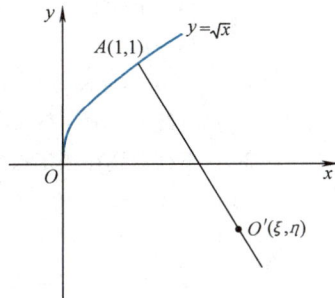

图　3-27

对于一般曲线 $y = f(x)$，曲线在点 $M(x, y)$ 处的曲率圆的中心为

$$\begin{cases} \xi = x - \dfrac{y'}{y''}(1 + y'^2) \\ \eta = y + \dfrac{1}{y''}(1 + y'^2) \end{cases}$$

曲率圆方程为

$$(x - \xi)^2 + (y - \eta)^2 = \rho^2$$

例 4 设某工件内表面的截面为抛物线 $y = 0.4x^2$（见图 3-28），现用砂轮打磨其内表面，应选用多大直径的砂轮？

解 为在打磨时不磨掉不应磨去的部分，砂轮半径应不超过抛物线上曲率半径的最小值.

由 $y = 0.4x^2$，有

$$y' = 0.8x, y'' = 0.8$$

曲率半径

$$R = \frac{[1 + (0.8x)^2]^{\frac{3}{2}}}{0.8}$$

当 $x = 0$ 时，曲率半径 R 达到最小值 1.25. 故砂轮的直径不超过 2.50 单位长.

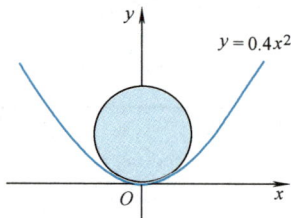

图 3-28

习 题 3.5

1. 求下列曲线的弧微分.

（1）$y = \ln(1 - x^2)$

（2）$y = a\cosh \dfrac{x}{a}$

（3）$\begin{cases} x = a\cos^3 t \\ y = a\sin^3 t \end{cases}$

（4）$\rho = a(1 + \cos\theta)$（心脏线）

2. 抛物线 $y = ax^2 + bx + c$ 上哪一点处的曲率最大？

3. 求下列曲线在指定点处的曲率.

（1）$y = \ln \sec x$，$M_0 = (x_0, y_0)$

（2）$y = a\cosh \dfrac{x}{a}$，$M_0 = (a, a\cosh 1)$

（3）$\begin{cases} x = a\cos t \\ y = b\sin t \end{cases}$，在 $t = \dfrac{\pi}{2}$ 处

（4）$\rho = a\theta$，在 $\theta = \pi$ 处

4. 求曲线 $x^2 - xy + y^2 = 1$ 在点（1，1）处的曲率.

5. 曲线 $y = \sin x$（$0 < x < \pi$）上哪一点处的曲率半径最小？求该曲率半径.

6. 求曲线 $y = \ln x$ 在与 x 轴交点处的曲率圆.

*3.6 方程的近似解

在实际问题中，常常要求方程
$$f(x)=0$$
的解. 求解方程的方法主要有两种：解析法和数值法.

解析法也称为公式法，是将方程的根表达为方程系数的函数形式，如果不考虑计算中四舍五入所产生的误差，得到的解是精确的. 例如，一元二次方程的求根公式所得的解是精确的. 但对于一般的方程，无法用解析法求解，只能寻求其他方法，即数值法. 数值法是用数学工具解决实际问题的一个重要方法.

1. 二分法

求解方程近似根的方法中最直观、最简单的方法是二分法. 二分法的理论基础是连续函数的介值定理，其基本思想是：用对分区间的方法，根据分点处函数 $f(x)$ 的符号逐步将方程的根限制在足够小的区间内，从而获得方程根的近似值.

设函数 $f(x)$ 在区间 $[a,b]$ 上连续，且 $f(a)f(b)<0$，则在区间 $[a,b]$ 内至少存在方程 $f(x)=0$ 的一个根 x^*.

设 $a_0=a$，$b_0=b$，区间 $[a_0,b_0]$ 是方程 $f(x)=0$ 的一个有根区间. 取 $x_0=\dfrac{1}{2}(a_0+b_0)$，若 $f(x_0)=0$，则 x_0 即为方程 $f(x)=0$ 的根 x^*. 否则，不等式 $f(x_0)f(a_0)<0$ 和 $f(x_0)f(b_0)<0$ 中有且仅有一式成立. 若 $f(x_0)f(a_0)<0$，取 $a_1=a_0$，$b_1=x_0$；若 $f(x_0)f(b_0)<0$，取 $a_1=x_0$，$b_1=b_0$，则区间 $[a_1,b_1]$ 是新的有根区间，而且
$$[a_1,b_1]\subset[a_0,b_0],\ b_1-a_1=\frac{b-a}{2}$$
再取 $x_1=\dfrac{1}{2}(a_1+b_1)$，若 $f(x_1)=0$，则 x_1 是方程的根 x^*. 否则可重复上述过程得到区间 $[a_2,b_2]$，满足
$$[a_2,b_2]\subset[a_1,b_1],\ b_2-a_2=\frac{b_1-a_1}{2},\ f(a_2)f(b_2)<0$$
如此继续下去，得一个区间序列
$$[a_0,b_0]\supset[a_1,b_1]\supset[a_2,b_2]\supset\cdots\supset[a_n,b_n]\supset\cdots$$

满足

$$f(a_n)f(b_n) < 0, \quad b_n - a_n = \frac{b-a}{2^n}$$

且方程的根 $x^* \in [a_n, b_n]$ $(n = 0, 1, 2, \cdots)$.

注意到区间的左端点序列 $\{a_n\}$ 单调上升, 且有上界 b, 故存在极限, 记为 A. 类似地, 区间的右端点序列 $\{b_n\}$ 有极限值 B. 由

$$B - A = \lim_{n \to \infty} (b_n - a_n) = \lim_{n \to \infty} \frac{b-a}{2^n} = 0$$

可知 $A = B$. 另一方面, 对于任一 n 有

$$a_n \leqslant x^* \leqslant b_n$$

根据夹逼原理得

$$A = B = x^*$$

再由

$$x_n = \frac{1}{2}(a_n + b_n)$$

得

$$\lim_{n \to \infty} x_n = \lim_{n \to \infty} \frac{1}{2}(a_n + b_n) = x^*$$

即序列 $\{x_n\}$ 收敛于方程的根 x^*, 可用 $x_n = \dfrac{a_n + b_n}{2}$ 作为根 x^* 的近似值, 且误差

$$|x^* - x_n| \leqslant \frac{b_n - a_n}{2} = \frac{b-a}{2^{n+1}}$$

2. 牛顿 (Newton) 迭代法

求解方程的另一类数值方法是迭代法. 它是将原方程

$$f(x) = 0$$

化为等价方程

$$x = \varphi(x)$$

或构造近似方程

$$x = \varphi(x)$$

取合适的 x_0, 按计算公式

$$x_{n+1} = \varphi(x_n)$$

产生序列 $\{x_n\}$. 若 $\{x_n\}$ 收敛于 x', $\varphi(x)$ 在点 x' 处连续，则有

$$x' = \lim_{n \to \infty} x_{n+1} = \lim_{n \to \infty} \varphi(x_n) = \varphi(x')$$

即 x' 是方程 $x = \varphi(x)$ 的根. 故 x' 就是原方程 $f(x) = 0$ 的根 x^*，或可作为原方程根的近似值. 所以当 n 适当大时，可取 x_n 作为 $f(x) = 0$ 的根 x^* 的近似值.

牛顿迭代法的基本思想是：将非线性方程线性化，以线性方程的解逐步逼近非线性方程的解.

设 $f(x)$ 在其零点 x^* 的领域内一阶连续可微，且 $f'(x) \neq 0$. 设 x_0 在 x^* 邻近，由泰勒公式有

$$f(x) \approx f(x_0) + f'(x_0)(x - x_0)$$

以方程

$$f(x_0) + f'(x_0)(x - x_0) = 0$$

近似原方程 $f(x) = 0$，其解

$$x_1 = x_0 - \frac{f(x_0)}{f'(x_0)}$$

可作为原方程的近似解. 重复上述过程，得计算公式

$$x_{n+1} = x_n - \frac{f(x_n)}{f'(x_n)} \ (n = 1, 2, \cdots)$$

按上述公式求方程 $f(x) = 0$ 近似解的方法称为牛顿迭代法. 可以证明：

定理 设 $f(x)$ 在区间 $[a, b]$ 中有二阶连续导数，且满足条件

(1) $f(a) f(b) < 0$

(2) $f'(x)$ 在 (a, b) 内保号

(3) $f''(x)$ 在 (a, b) 内保号

取 $x_0 \in (a, b)$ 满足

$$f(x_0)f''(x_0) \geqslant 0 \ (f(x_0) \neq 0)$$

则以 x_0 为初值的牛顿迭代过程

$$x_{n+1} = x_n - \frac{f(x_n)}{f'(x_n)} \ (n = 0, 1, 2, \cdots)$$

产生的序列 $\{x_n\}$ 单调收敛于方程

$$f(x) = 0$$

在 $[a, b]$ 内的惟一解 x^*.

例1 利用牛顿迭代法求方程 $\sin x = \dfrac{x}{2}$ 在 $\left[\dfrac{\pi}{2}, \pi\right]$ 内的根（计算到小数点后 5 位）.

解 设 $f(x) = \sin x - \dfrac{x}{2}$，则

$$f'(x) = \cos x - \frac{1}{2}, f''(x) = -\sin x$$

而且

(1) $f\left(\dfrac{\pi}{2}\right) = \sin\dfrac{\pi}{2} - \dfrac{\pi}{4} = 1 - \dfrac{\pi}{4} > 0$

$\quad\ f(\pi) = \sin\pi - \dfrac{\pi}{2} = -\dfrac{\pi}{2} < 0$

故 $f\left(\dfrac{\pi}{2}\right)f(\pi) < 0$.

(2) 当 $x \in \left[\dfrac{\pi}{2}, \pi\right]$ 时，$f'(x) \leqslant -\dfrac{1}{2} < 0$.

(3) 当 $x \in \left(\dfrac{\pi}{2}, \pi\right)$ 时，$f''(x) < 0$.

满足定理中的条件.

若取 $x_0 = \pi$，有 $f(\pi)f''(\pi) = 0$，故由牛顿迭代法产生的序列 $\{x_n\}$ 收敛于方程在 $\left[\dfrac{\pi}{2}, \pi\right]$ 内的惟一根 x^*.

由计算公式

$$x_{n+1} = x_n - \frac{f(x_n)}{f'(x_n)} = x_n - \frac{\sin x_n - \dfrac{x_n}{2}}{\cos x_n - \dfrac{1}{2}} \ (n = 0, 1, \cdots)$$

得

$$x_0 = \pi, \qquad x_1 = 2.09440$$
$$x_2 = 1.91322, \ x_3 = 1.89567$$
$$x_4 = 1.89549, \ x_5 = 1.89549$$

所以，得方程的根 $x^* \approx x_4 = 1.89549$.

牛顿迭代法有明显的几何意义. 过曲线 $y = f(x)$ 上点 $(x_0, f(x_0))$，作曲线的切线，得切线方程

$$y = f(x_0) + f'(x_0)(x - x_0)$$

此切线与 x 轴的交点恰好是

$$x_1 = x_0 - \frac{f(x_0)}{f'(x_0)}$$

再过曲线上的点 $(x_1, f(x_1))$ 作曲线的切线

$$y = f(x_1) + f'(x_1)(x - x_1)$$

得切线与 x 轴的交点

$$x_2 = x_1 - \frac{f(x_1)}{f'(x_1)}$$

如此继续下去，得

$$x_{n+1} = x_n - \frac{f(x_n)}{f'(x_n)}$$

是曲线上 $(x_n, f(x_n))$ 处的切线与 x 轴的交点（见图 3-29）. 故牛顿迭代法也称为切线法.

二分法的优点是方法简单，对 $f(x)$ 的要求较低，但收敛速度慢. 牛顿迭代法对 $f(x)$ 的要求较高，而收敛快.

实际计算中，往往根据 $f(x)$ 及其导数的性质，试探性地取一些点计算 $f(x)$ 的值，确定出方程的有根区间，再用几次二分法得到较准确的初值，最后用收敛较快的牛顿迭代法，求得更精确的近似值.

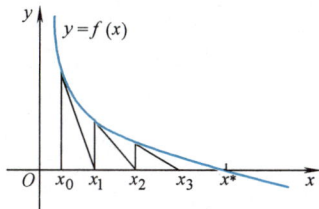

图 3-29

习 题 3.6

1. 用二分法求下列方程在指定区间内的根，要求误差不超过 0.01.

(1) $x^3 - 3x^2 + 6x - 1 = 0$，在 $(0, 1)$ 内

(2) $x^3 + 4x^2 - 10 = 0$，在 $(1, 1.5)$ 内

2. 用牛顿迭代法求下列方程在给定区间内的根（精确到小数点后 6 位）.

(1) $x^3 + 10x - 20 = 0$，区间 $(1, 2)$ 内

(2) $\ln x = \sin x$，区间 $(\frac{\pi}{2}, e)$ 内

(3) $x + e^x = 0$，区间 $(-1, 0)$ 内

(4) $x^2 + 10\cos x = 0$，区间 $(\frac{\pi}{2}, \pi)$ 内

3.7 综合例题

例1 设函数 $y = f(x)$ 在 $(0, +\infty)$ 内有界且可导，则（ ）.

A. 当 $\lim\limits_{x \to +\infty} f(x) = 0$ 时，必有 $\lim\limits_{x \to +\infty} f'(x) = 0$.

B. 当 $\lim\limits_{x \to +\infty} f'(x)$ 存在时，必有 $\lim\limits_{x \to +\infty} f'(x) = 0$.

C. 当 $\lim\limits_{x\to 0^+}f(x)=0$ 时，必有 $\lim\limits_{x\to 0^+}f'(x)=0$.

D. 当 $\lim\limits_{x\to 0^+}f'(x)$ 存在时，必有 $\lim\limits_{x\to 0^+}f'(x)=0$.

解 答案 B

用排除法. 可举实例说明 A、C、D 不成立.

结论 B 可用拉格朗日中值定理证明.

设函数 $g_1(x)=\dfrac{\sin(x^2)}{x}$，由于

$$\lim_{x\to 0^+}g_1(x)=\lim_{x\to 0^+}\frac{\sin(x^2)}{x}=0$$

$$\lim_{x\to +\infty}g_1(x)=\lim_{x\to +\infty}\frac{\sin(x^2)}{x}=0$$

又 $g_1(x)$ 在 $(0,+\infty)$ 上有界且可导，

$$g'_1(x)=-\frac{1}{x^2}\sin(x^2)+2\cos(x^2)$$

但 $\lim\limits_{x\to +\infty}-\dfrac{1}{x^2}\sin(x^2)=0$，$\lim\limits_{x\to +\infty}2\cos(x^2)$ 不存在，所以当 $x\to +\infty$ 时，$g'_1(x)$ 的极限不存在，故 A 不成立.

再设 $g_2(x)=\sin x$，则 $g_2(x)$ 在 $(0,+\infty)$ 上有界且可导，又

$$\lim_{x\to 0^+}g_2(x)=0,\ \lim_{x\to 0^+}g'(x)=\lim_{x\to 0^+}\cos x=1$$

即 C、D 的条件满足，但

$$\lim_{x\to 0^+}g_2(x)=1\neq 0$$

故 C、D 不成立.

下面证结论 B 成立.

任取 $x>0$，由拉格朗日中值定理知，存在 $x<\xi<2x$，满足

$$f(2x)-f(x)=f'(\xi)x$$

由 B 中的条件：$\lim\limits_{x\to +\infty}f'(x)$ 存在，记极限为 A. 当 $x\to +\infty$ 时，有 $\xi\to +\infty$，所以 $\lim\limits_{\xi\to +\infty}f'(\xi)=A$. 而由 $f(x)$ 连续、有界，得

$$A=\lim_{\xi\to +\infty}f'(\xi)=\lim_{x\to +\infty}\frac{f(2x)-f(x)}{x}=0$$

即

$$\lim_{x\to +\infty}f'(x)=0$$

▶ 中值定理
典型例题 1

故结论 B 成立.

例 2 设函数 $f(x)$ 满足关系 $f''(x) + [f'(x)]^2 = x$，且 $f'(0) = 0$，则（ ）.

A. $f(0)$ 是 $f(x)$ 的极大值

B. $f(0)$ 是 $f(x)$ 的极小值

C. 点 $(0, f(0))$ 是曲线 $y = f(x)$ 的拐点

D. $f(0)$ 不是 $f(x)$ 的极值点，点 $(0, f(0))$ 也不是曲线 $y = f(x)$ 的拐点

中值定理
典型例题 2

解 答案 C.

由于 $f'(0) = 0$，在关系式

$$f''(x) + [f'(x)]^2 = x$$

两边令 $x = 0$，得 $f''(0) = 0$. 再对关系式两边求导得

$$f^{(3)}(x) = 1 - 2f'(x)f''(x)$$

令 $x = 0$，得 $f^{(3)}(0) = 1 > 0$. 由 $f^{(3)}(x)$ 的表达式知 $f^{(3)}(x)$ 连续，于是存在点 $x = 0$ 的某邻域 $(-\delta, \delta)$ 使得

$$f^{(3)}(x) > 0, x \in (-\delta, \delta)$$

故 $f''(x)$ 在 $(-\delta, \delta)$ 内严格增加，从而当 $x \in (-\delta, 0)$ 时，$f''(x) < 0$；当 $x \in (0, \delta)$ 时，$f''(x) > 0$. $f(x)$ 的凸性在点 $x = 0$ 两侧改变，故 $(0, f(0))$ 为曲线 $y = f(x)$ 的拐点.

另一方面，当 $x \in (-\delta, 0)$ 时，$f''(x) < 0$，得 $f'(x)$ 严格单调减少；当 $x \in (0, \delta)$ 时，$f''(x) > 0$，得 $f'(x)$ 严格单调增加. 注意到 $f'(0) = 0$，所以当 $x \in (-\delta, 0)$ 时，$f'(x) > 0$；当 $x \in (0, \delta)$ 时，$f'(x) > 0$. $f'(x)$ 的符号在点 $x = 0$ 两侧不改变，故 $f(0)$ 不是函数的极值.

例 3 设函数 $f(x)$ 可导，证明：在 $f(x)$ 的两个零点之间一定存在 $f(x) + f'(x)$ 的零点.

分析 即证存在 ξ，使 $f(\xi) + f'(\xi) = 0$. 注意到指数函数 e^x 导数的特点，可设 $F(x) = f(x) e^x$，则

$$F'(x) = (f(x)e^x)' = [f(x) + f'(x)] e^x$$

证 设 $F(x) = f(x) e^x$，则有

$$F'(x) = [f(x) + f'(x)] e^x$$

设 x_1，x_2 是 $f(x)$ 的任意两个零点：$f(x_1) = f(x_2) = 0$，则

$$F(x_1) = F(x_2) = 0$$

在 x_1，x_2 构成的区间上应用罗尔定理，有

$$F'(\xi) = [f(\xi) + f'(\xi)]e^{\xi} = 0, \quad \xi \text{ 在 } x_1 \text{ 与 } x_2 \text{ 之间}$$

即 ξ 为 $f(x) + f'(x)$ 的零点.

例 4 设 $f(x)$ 在区间 $[a, b]$ 上连续，在 (a, b) 内二阶可导，且 $f(a) = f(b) = 0$，$f(c) > 0$，其中 $a < c < b$. 证明：在 (a, b) 内至少存在一点 ξ，使 $f''(\xi) < 0$.

▶ 中值定理
典型例题 3

证 在区间 $[a, c]$ 上应用拉格朗日定理，有

$$f'(x_1) = \frac{f(c) - f(a)}{c - a} > 0, \quad x_1 \in (a, c)$$

在区间 $[c, b]$ 上应用拉格朗日定理，有

$$f'(x_2) = \frac{f(b) - f(c)}{b - c} < 0, \quad x_2 \in (c, b)$$

再在区间 $[x_1, x_2]$ 上对 $f'(x)$ 应用拉格朗日定理，有

$$f''(\xi) = \frac{f'(x_2) - f'(x_1)}{x_2 - x_1} < 0, \quad \xi \in (x_1, x_2) \subseteq (a, b)$$

例 5 设函数 $f(x)$ 与 $g(x)$ 在 $[a, b]$ 上二阶可导，且 $g''(x) \neq 0$，$f(a) = f(b) = g(a) = g(b) = 0$，证明：

(1) 在 (a, b) 内，有 $g(x) \neq 0$.

(2) 在 (a, b) 内至少存在一点 ξ，使 $\dfrac{f(\xi)}{g(\xi)} = \dfrac{f''(\xi)}{g''(\xi)}$.

证 (1) 用反证法

设存在 $c \in (a, b)$，使 $g(c) = 0$，则在区间 $[a, c]$ 和 $[c, b]$ 上分别用罗尔定理，得

$$g'(x_1) = 0, x_1 \in (a, c)$$
$$g'(x_2) = 0, x_2 \in (c, b)$$

再在 $[x_1, x_2]$ 上对 $g'(x)$ 应用罗尔定理知，有 $\xi \in (x_1, x_2)$ 使得

$$g''(\xi) = 0$$

与条件矛盾. 故在 (a, b) 内，$g(x) \neq 0$.

(2) 将待证等式变形为

$$f(\xi)g''(\xi) - f''(\xi)g(\xi) = 0$$

知可设函数 $F(x) = f(x) g'(x) - f'(x) g(x)$，则 $F(a) = F(b) = 0$，且

$$F'(x) = f(x)g''(x) - f''(x)g(x)$$

所以, 由罗尔定理, 有 $\xi \in (a, b)$ 使
$$F'(\xi) = f(\xi)g''(\xi) - f''(\xi)g(\xi) = 0$$
即
$$\frac{f(\xi)}{g(\xi)} = \frac{f''(\xi)}{g''(\xi)}$$
其中, $g(\xi) \neq 0$, $g''(\xi) \neq 0$.

例6 证明: 当 $0 < a < b$ 时, $\dfrac{2a}{a^2 + b^2} < \dfrac{\ln b - \ln a}{b - a} < \dfrac{1}{\sqrt{ab}}$.

证 将左右两边不等式分别变形为
$$(a^2 + b^2)(\ln b - \ln a) - 2a(b - a) > 0$$
$$\sqrt{b} - \frac{a}{\sqrt{b}} - \sqrt{a}(\ln b - \ln a) > 0$$

令 $b = x$, 引入函数
$$f(x) = (a^2 + x^2)(\ln x - \ln a) - 2a(x - a)$$
$$g(x) = \sqrt{x} - \frac{a}{\sqrt{x}} - \sqrt{a}(\ln x - \ln a), \quad x \in (a, b)$$

由于
$$f'(x) = 2x(\ln x - \ln a) + \frac{a^2 + x^2}{x} - 2a$$
$$= 2x\ln\frac{x}{a} + \frac{1}{x}(x - a)^2$$
$$g'(x) = \frac{1}{2\sqrt{x}} + \frac{a}{2x\sqrt{x}} - \frac{\sqrt{a}}{x} = \frac{(\sqrt{x} - \sqrt{a})^2}{2x\sqrt{x}}$$

当 $0 < a < x < b$ 时, 有 $f'(x) > 0$, $g'(x) > 0$, 故函数 $f(x)$ 与 $g(x)$ 单调增加. 即有 $f(x) > f(a) = 0$, $g(x) > g(a) = 0$, 令 $x = b$, 得
$$f(b) = (a^2 + b^2)(\ln b - \ln a) - 2a(b - a) > 0$$
$$g(b) = \sqrt{b} - \frac{a}{\sqrt{b}} - \sqrt{a}(\ln b - \ln a) > 0$$
即
$$\frac{2a}{a^2 + b^2} < \frac{\ln b - \ln a}{b - a} < \frac{1}{\sqrt{ab}}$$

例7 设函数 $f(x)$ 在 $[0, 3]$ 上连续, 在 $(0, 3)$ 内可导, 且 $f(0) + f(1) + f(2) = 3$, $f(3) = 1$. 试证: 必存在 $\xi \in (0, 3)$, 使

$f'(\xi)=0.$

　　证　因为 $f(x)$ 在 $[0,3]$ 上连续，所以 $f(x)$ 在 $[0,2]$ 上也连续，且在 $[0,2]$ 上有最大值 M 和最小值 m，于是

$$m \leqslant f(i) \leqslant M, \ i=0,1,2$$

从而有

$$m \leqslant \frac{f(0)+f(1)+f(2)}{3} \leqslant M$$

由连续函数介值定理知，至少存在一点 $c \in (0,2)$，使

$$f(c)=\frac{f(0)+f(1)+f(3)}{3}=1$$

又因为 $f(c)=1=f(3)$，由罗尔定理知：必有 $\xi \in (c,3) \subset (0,3)$，使 $f'(\xi)=0.$

　　例 8　设 $0<x_1<x_2$，函数 $f(x)$ 在 $[x_1,x_2]$ 上可导．证明：存在 $\xi \in (x_1,x_2)$ 使

$$\frac{1}{x_1-x_2}\begin{vmatrix} x_1 & x_2 \\ f(x_1) & f(x_2) \end{vmatrix}=f(\xi)-\xi f'(\xi)$$

　　分析　我们知道 $\begin{vmatrix} a & b \\ c & d \end{vmatrix}$ 表示二阶行列式，其值为

$$\begin{vmatrix} a & b \\ c & d \end{vmatrix}=ad-bc$$

由题意即证等式

$$\frac{1}{x_1-x_2}[x_1 f(x_2)-x_2 f(x_1)]=f(\xi)-\xi f'(\xi)$$

将上式左边的分子、分母同除以 $x_1 x_2$，得

$$\frac{\dfrac{f(x_2)}{x_2}-\dfrac{f(x_1)}{x_1}}{\dfrac{1}{x_2}-\dfrac{1}{x_1}}=f(\xi)-\xi f'(\xi)$$

这是柯西定理的形式.

　　证　设 $f_1(x)=\dfrac{f(x)}{x}$，$g(x)=\dfrac{1}{x}$．由于 $0<x_1<x_2$，$f_1(x)$ 与 $g(x)$ 在 $[x_1,x_2]$ 上连续，在 (x_1,x_2) 内可导，且 $g'(x)=\dfrac{-1}{x^2} \neq 0.$ 由柯西定理知，必存在 $\xi \in (x_1,x_2)$，使

$$\frac{\dfrac{f(x_2)}{x_2} - \dfrac{f(x_1)}{x_1}}{\dfrac{1}{x_2} - \dfrac{1}{x_1}} = \frac{f_1(x_2) - f_1(x_1)}{g(x_2) - g(x_1)} = \frac{f'_1(\xi)}{g'(\xi)}$$

$$= \frac{\dfrac{\xi f'(\xi) - f(\xi)}{\xi^2}}{-\dfrac{1}{\xi^2}} = f(\xi) - \xi f'(\xi)$$

例 9　设 $0 < a < b$，函数 $f(x)$ 在 $[a, b]$ 上连续，在 (a, b) 内可导. 求证：存在 $\xi, \eta \in (a, b)$，使得

$$f'(\xi) = \eta f'(\eta) \frac{\ln(b/a)}{b - a}$$

分析　将待证等式改写为

$$\frac{f'(\eta)}{\dfrac{1}{\eta}} = f'(\xi) \cdot \frac{b - a}{\ln b - \ln a}$$

$$= f'(\xi) \cdot \frac{b - a}{f(b) - f(a)} \cdot \frac{f(b) - f(a)}{\ln b - \ln a}$$

逐次使用拉格朗日定理与柯西定理即可.

证　由拉格朗日定理知：存在 $\xi \in (a, b)$，使

$$f(b) - f(a) = f'(\xi)(b - a)$$

设 $g(x) = \ln x$，由柯西定理知，存在 $\eta \in (a, b)$，使

$$\frac{f(b) - f(a)}{g(b) - g(a)} = \frac{f'(\eta)}{g'(\eta)} = \frac{f'(\eta)}{\dfrac{1}{\eta}} = \eta f'(\eta)$$

于是有

$$\frac{f'(\xi)(b - a)}{\ln b - \ln a} = \frac{f(b) - f(a)}{\ln b - \ln a} = \eta f'(\eta), \quad \xi, \eta \in (a, b)$$

即

$$f'(\xi) = \eta f'(\eta) \cdot \frac{\ln(b/a)}{b - a}$$

例 10　设函数 $y = f(x)$ 在 $(-1, 1)$ 内具有二阶连续导数，且 $f''(x) \neq 0$. 试证：

（1）对于任一非零 $x \in (-1, 1)$，存在惟一的 $\theta(x) \in (0, 1)$，使 $f(x) = f(0) + xf'(\theta(x)x)$ 成立.

（2）$\lim\limits_{x \to 0} \theta(x) = \dfrac{1}{2}$

证 （1）对于任一非零实数 $x \in (-1, 1)$，由拉格朗日定理得
$$f(x) = f(0) + xf'(\theta(x)x),\ 0 < \theta(x) < 1$$

由于 $f''(x)$ 在 $(-1, 1)$ 内连续，且 $f''(x) \neq 0$，那么 $f''(x)$ 在 $(-1, 1)$ 内不变号. 不妨设 $f''(x) > 0$，则 $f'(x)$ 在 $(-1, 1)$ 内单调增加，故 $\theta(x)$ 惟一.

（2）将 $f(x)$ 展开成麦克劳林公式，并带拉格朗日型余项，得
$$f(x) = f(0) + f'(0)x + \frac{1}{2}f''(\xi)x^2 \quad (\xi \text{介于} 0 \text{与} x \text{之间})$$

将上式与（1）中结论联立，得
$$\frac{f'(x\theta(x)) - f'(0)}{x} = \frac{1}{2}f''(\xi)$$

由二阶导数的定义，有
$$f''(0) = \lim_{x \to 0} \frac{f'(x\theta(x)) - f'(0)}{x\theta(x)}$$

另一方面，当 $x \to 0$ 时，有 $\xi \to 0$ 及 $f''(x)$ 连续，得
$$\lim_{x \to 0} f''(\xi) = \lim_{\xi \to 0} f''(\xi) = f''(0)$$

于是
$$\lim_{x \to 0} \frac{f'(x\theta(x)) - f'(0)}{x} = \lim_{x \to 0} \frac{f'(x\theta(x)) - f'(0)}{\theta(x)x} \cdot \theta(x)$$
$$= \lim_{x \to 0} \theta(x) \cdot f''(0)$$
$$= \lim_{x \to 0} \frac{1}{2}f''(\xi) = \frac{1}{2}f''(0)$$

由于 $f''(x) \neq 0$，得
$$\lim_{x \to 0} \theta(x) = \frac{1}{2}$$

例 11 已知函数 $f(x)$ 在 $(-\infty, +\infty)$ 内可导，且

$$\lim_{x \to \infty} f'(x) = \mathrm{e}, \lim_{x \to \infty} \left(\frac{x+c}{x-c} \right)^x = \lim_{x \to \infty} [f(x) - f(x-1)]$$

求 c 的值.

解 首先, 由拉格朗日定理, 有

$$f(x) - f(x-1) = f'(\xi) \cdot 1 \ (\xi \text{ 介于 } x-1 \text{ 与 } x \text{ 之间})$$

且当 $x \to \infty$ 时, 有 $\xi \to \infty$, 所以

$$\lim_{x \to \infty} [f(x) - f(x-1)] = \lim_{x \to \infty} f'(\xi) = \lim_{\xi \to \infty} f'(\xi) = \mathrm{e}$$

另一方面, 极限 $\lim\limits_{x \to \infty} \left(\dfrac{x+c}{x-c} \right)^x$ 中的 $c \neq 0$, 否则有

$$\lim_{x \to \infty} \left(\frac{x+0}{x-0} \right)^x = \lim_{x \to \infty} 1^x = 1 \neq \lim_{x \to \infty} [f(x) - f(x-1)]$$

因此, 当 $c \neq 0$ 时, 有

$$\lim_{x \to \infty} \left(\frac{x+c}{x-c} \right)^x = \lim_{x \to \infty} \left[\left(1 + \frac{2c}{x-c} \right)^{\frac{x-c}{2c}} \right]^{\frac{2cx}{x-c}} = \mathrm{e}^{2c}$$

由题中条件, 得 $\mathrm{e}^{2c} = \mathrm{e}$, 故 $c = \dfrac{1}{2}$.

例 12 设 $f(x)$ 在 $[0, 1]$ 上二阶可导, $|f(x)| \leq a$, $|f''(x)| \leq b$, c 为 $(0, 1)$ 内任一点, 证明:

$$\left| f'(c) \right| \leq 2a + \frac{b}{2}$$

分析 题意要求用 $f(x), f''(x)$ 的值估计 $f'(x)$ 的值, 故用一阶泰勒公式.

证 任取一点 $c \in (0, 1)$, 将 $f(x)$ 在点 c 处展开, 有

$$f(x) = f(c) + f'(c)(x-c) + \frac{1}{2!} f''(\xi)(x-c)^2 \ (\xi \text{ 在 } c \text{ 和 } x \text{ 之间})$$

分别取 $x = 0, 1$, 得

$$f(0) = f(c) + f'(c)(0-c) + \frac{f''(\xi_1)}{2!}(0-c)^2 \ (0 < \xi_1 < c)$$

$$f(1) = f(c) + f'(c)(1-c) + \frac{f''(\xi_2)}{2!}(1-c)^2 \ (c < \xi_2 < 1)$$

两式相减, 得

$$f(1) - f(0) = f'(c) + \frac{1}{2!}[f''(\xi_2)(1-c)^2 - f''(\xi_1)c^2]$$

整理得

$$|f'(c)| = \left| f(1) - f(0) - \frac{1}{2}[f''(\xi_2)(1-c)^2 - f''(\xi_1)c^2] \right|$$

$$\leqslant |f(1)| + |f(0)| + \frac{1}{2}[|f''(\xi_2)|(1-c)^2 + |f''(\xi_1)|c^2]$$

$$\leqslant 2a + \frac{b}{2}[(1-c)^2 + c^2]$$

由于 $c \in (0, 1)$，可得到 $(1-c)^2 + c^2 \leqslant 1$，故有

$$|f'(c)| \leqslant 2a + \frac{b}{2}$$

例 13 设函数 $f(x)$ 在 $[0, +\infty)$ 上连续，在 $(0, +\infty)$ 内可导，且 $f'(x) < k < 0$，$f(0) > 0$. 证明：方程 $f(x) = 0$ 在 $(0, +\infty)$ 内必有惟一实根.

分析 作直线 $y = kx + f(0)$，由导数的几何意义知：$|f'(x)|$ 越大，$f(x)$ 变化越剧烈，所以 $f(x) < kx + f(0)$，即曲线 $y = f(x)$ 在直线 $y = kx + f(0)$ 的下侧（见图 3-30）. 直线 $y = kx + f(0)$ 与 x 轴的交点是 $\left(-\frac{f(0)}{k}, 0 \right)$，故有 $f\left(-\frac{f(0)}{k} \right) < 0$，从而 $f(x) = 0$ 在 $\left(0, -\frac{f(0)}{k} \right)$ 内有根.

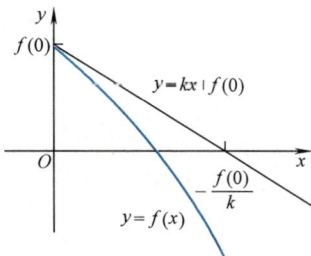

图 3-30

证 **方法一** 设 $g(x) = kx + f(0)$，则有 $g'(x) = k$，$g(0) = f(0)$.
由题设知，

$$[f(x) - g(x)]' < 0, \quad f(0) - g(0) = 0$$

从而有 $f(x) - g(x) < 0$，即 $f(x) < g(x)$，所以

$$f\left(-\frac{f(0)}{k} \right) < g\left(-\frac{f(0)}{k} \right) = 0$$

又 $f(0) > 0$，在 $\left[0, -\frac{f(0)}{k} \right]$ 上用介值定理，则有 $\xi \in \left(0, -\frac{f(0)}{k} \right)$，使得 $f(\xi) = 0$. 即在 $(0, +\infty)$ 内方程 $f(x) = 0$ 有实根.

由于 $f'(x) < 0$，知 $f(x)$ 单调减少，故有惟一实根.

方法二 在区间 $\left[0, -\frac{f(0)}{k} \right]$ 上使用拉格朗日定理，得 $\xi \in$

$\left(0, \ -\dfrac{f(0)}{k}\right)$，且

$$f\left(-\frac{f(0)}{k}\right) - f(0) = f'(\xi)\left(-\frac{f(0)}{k}\right)$$

由题意得

$$f\left(-\frac{f(0)}{k}\right) - f(0) < k\left(-\frac{f(0)}{k}\right) = -f(0)$$

于是 $f\left(-\dfrac{f(0)}{k}\right) < 0$．由于 $f(0) > 0$，在 $\left[0, \ -\dfrac{f(0)}{k}\right]$ 上应用介值定理，知函数 $f(x)$ 在 $(0, \ +\infty)$ 内有零点，即方程 $f(x) = 0$ 有实根．

同样，由函数的单调性知根惟一．

例 14　设 $f(x) = \ln x - \dfrac{x}{e} + k$（$k > 0$ 为常数），求 $f(x)$ 在 $(0, \ +\infty)$ 内的零点个数．

解　由于

$$f'(x) = \frac{1}{x} - \frac{1}{e}$$

令 $f'(x) = 0$，得 $x = e$．而且当 $0 < x < e$ 时，$f'(x) > 0$，$f(x)$ 单调增加；当 $e < x < +\infty$ 时，$f'(x) < 0$，$f(x)$ 单调减少．从而点 $x = e$ 是 $f(x)$ 的最大值点，且 $f(e) = k > 0$．

又由于

$$\lim_{x \to 0^+} f(x) = \lim_{x \to 0^+}\left(\ln x - \frac{x}{e} + k\right) = -\infty$$

$$\lim_{x \to +\infty} f(x) = \lim_{x \to +\infty}\left(\ln x - \frac{x}{e} + k\right) = \lim_{x \to +\infty} x\left[\frac{\ln x}{x} - \frac{1}{e} + \frac{k}{x}\right] = -\infty$$

有 $a > 0$ 使 $f(a) < 0$，及充分大的 b 使 $f(b) < 0$．由介值定理知，在区间 (a, e) 与 (e, b) 内分别有函数的零点．又函数在相应区间上单调，知两个区间内的零点分别是惟一的，故 $f(x)$ 在 $(0, \ +\infty)$ 内共有两个零点．

例 15　设 $a > 0$，求 $f(x) = \dfrac{1}{1 + |x|} + \dfrac{1}{1 + |x - a|}$ 的最大值．

解　$f(x)$ 是分段定义的函数

$$f(x) = \begin{cases} \dfrac{1}{1-x} + \dfrac{1}{1+a-x} & x \leqslant 0 \\[2ex] \dfrac{1}{1+x} + \dfrac{1}{1+a-x} & 0 < x \leqslant a \\[2ex] \dfrac{1}{1+x} + \dfrac{1}{1+x-a} & x > a \end{cases}$$

且 $f(x)$ 在 $(-\infty, +\infty)$ 上连续，求导得

$$f'(x) = \begin{cases} \dfrac{1}{(1-x)^2} + \dfrac{1}{(1+a-x)^2} & x < 0 \\[2ex] -\dfrac{1}{(1+x)^2} + \dfrac{1}{(1+a-x)^2} & 0 < x < a \\[2ex] -\dfrac{1}{(1+x)^2} - \dfrac{1}{(1+x-a)^2} & x > a \end{cases}$$

于是，当 $x \in (-\infty, 0)$ 时，$f'(x) > 0$，$f(x)$ 单调增加；当 $x \in (a, +\infty)$ 时，$f'(x) < 0$，$f(x)$ 单调减少．故 $f(x)$ 在 $[0, a]$ 上的最大值就是 $f(x)$ 在 $(-\infty, +\infty)$ 上的最大值．

在区间 $(0, a)$ 上，$f'(x) = -\dfrac{1}{(1+x)^2} + \dfrac{1}{(1+a-x)^2}$．

令 $f'(x) = 0$，解得 $x = \dfrac{a}{2}$．又因为

$$f\left(\dfrac{a}{2}\right) = \dfrac{4}{2+a}, \quad f(0) = f(a) = \dfrac{2+a}{1+a}$$

而 $\dfrac{4}{2+a} < \dfrac{2+a}{1+a}$，所以 $f(x)$ 在 $(-\infty, +\infty)$ 上的最大值是 $\dfrac{2+a}{1+a}$．

例 16　讨论曲线 $y = 4\ln x + k$ 与 $y = 4x + \ln^4 x$ 的交点个数．

解　设 $f(x) = \ln^4 x + 4x - 4\ln x - k \ (x > 0)$，则问题归结为讨论 $f(x)$ 的零点个数．

由于

$$f'(x) = \dfrac{4(\ln^3 x + x - 1)}{x}$$

令 $f'(x) = 0$，解得 $x = 1$．且当 $0 < x < 1$ 时，$f'(x) < 0$，$f(x)$ 单调减少；当 $x > 1$ 时，$f'(x) > 0$，$f(x)$ 单调增加．所以，

$$f(1) = 4 - k$$

是 $f(x)$ 在 $(0, +\infty)$ 上的最小值．故

(1) 当 $k < 4$ 时，$f(1) > 0$，$f(x)$ 无零点，即两曲线无交点.

(2) 当 $k = 4$ 时，$f(1) = 0$，$f(x)$ 有惟一零点 $x = 1$，即两曲线有惟一的交点 $(1，4)$.

(3) 当 $k > 4$ 时，$f(1) < 0$，且

$$f(0^+) = \lim_{x \to 0^+} (\ln^4 x + 4x - 4\ln x - k)$$
$$= \lim_{x \to 0^+} [\ln x(\ln^3 x - 4) + 4x - k] = +\infty$$
$$f(+\infty) = \lim_{x \to +\infty} (\ln^4 x + 4x - 4\ln x - k)$$
$$= \lim_{x \to +\infty} [\ln x(\ln^3 x - 4) + 4x - k] = +\infty$$

及 $f(x)$ 在 $(0，1)$ 上与 $(0，+\infty)$ 上分别单调减少与增加，故 $f(x)$ 在 $(0，1)$ 上与 $(0，+\infty)$ 上分别有惟一零点，即两曲线有两个交点.

例 17　如图 3-31 所示，A 和 D 分别为曲线 $y = e^x$ 和 $y = e^{-2x}$ 上的点，AB 和 DC 皆垂直于 x 轴，且有 $|AB| : |DC| = 2 : 1$，$|AB| < 1$，求点 B、C 的横坐标，使梯形 $ABCD$ 面积最大.

解　设 x_1、x 分别为点 B、C 的横坐标，则

$$|AB| = e^{x_1}, \quad |CD| = e^{-2x}$$

由题意知 $e^{x_1} = 2e^{-2x}$，得

$$x_1 = \ln 2 - 2x$$

从而

$$|BC| = x - x_1 = 3x - \ln 2$$

梯形面积

$$A(x) = \frac{1}{2}(|AB| + |CD|) \cdot |BC|$$
$$= \frac{3}{2}|CD| \cdot |BC|$$
$$= \frac{3}{2}(3x - \ln 2)e^{-2x}$$

求导得

$$A'(x) = \frac{3}{2}(3 - 6x + 2\ln 2)e^{-2x}$$

令 $A'(x) = 0$，解得 $x = \dfrac{1}{2} + \dfrac{1}{3}\ln 2$.

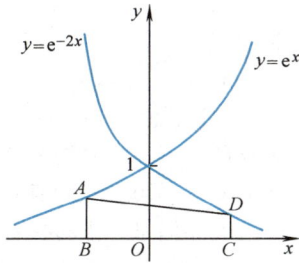

图　3-31

又当 $x < \dfrac{1}{2} + \dfrac{1}{3}\ln 2$ 时，$A'(x) > 0$，$A(x)$ 单调增加.

当 $x > \dfrac{1}{2} + \dfrac{1}{3}\ln 2$ 时，$A'(x) < 0$，$A(x)$ 单调减少.

故点 $x = \dfrac{1}{2} + \dfrac{1}{3}\ln 2$ 是最大值点. 所以，$x_1 = \ln 2 - 2x = \dfrac{1}{3}\ln 2 - 1$

是点 B 的横坐标，$x = \dfrac{1}{2} + \dfrac{1}{3}\ln 2$ 是点 C 的横坐标.

习 题 3.7

1. 选择题

(1) 若 $\lim\limits_{x\to 0}\dfrac{\sin 6x + xf(x)}{x^3} = 0$，则 $\lim\limits_{x\to 0}\dfrac{6 + f(x)}{x^2} =$
（ ）.

A. 0   B. 6   C. 36   D. ∞

(2) 设函数 $f(x)$ 在 $(-\infty, +\infty)$ 内连续，其导函数 $f'(x)$ 的图形如图 3-32 所示，则 $f(x)$ 有（ ）.

A. 一个极小点和两个极大点

B. 两个极小点和一个极大点

C. 两个极小点和两个极大点

D. 三个极小点和一个极大点

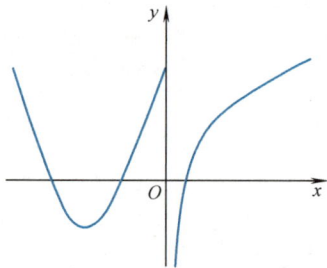

图 3-32

(3) 设函数 $y = f(x)$ 满足关系式 $y'' - 2y' + 4y = 0$，且 $f(x_0) > 0$，$f'(x_0) = 0$，则 $f(x)$ 在点 x_0 处（ ）.

A. 有极大值

B. 有极小值

C. 在 x_0 的某邻域内，$f(x)$ 单调增加

D. 在 x_0 的某邻域内，$f(x)$ 单调减少

(4) 方程 $|x|^{\frac{1}{4}} + |x|^{\frac{1}{2}} - \cos x = 0$ 在 $(-\infty, +\infty)$ 内有（ ）个根.

A. 0   B. 1   C. 2   D. 无穷多

(5) 已知函数 $f(x)$ 在区间 $(1-\delta, 1+\delta)$ 内具有二阶导数，$f'(x)$ 严格单调减少，且 $f(1) = f'(1) = 1$，则（ ）.

A. 在区间 $(1-\delta, 1)$ 和 $(1, 1+\delta)$ 内均有 $f(x) < x$

B. 在区间 $(1-\delta, 1)$ 和 $(1, 1+\delta)$ 内均有 $f(x) > x$

C. 在区间 $(1-\delta, 1)$ 内 $f(x) < x$，在区间 $(1, 1+\delta)$ 内 $f(x) > x$

D. 在区间 $(1-\delta, 1)$ 内 $f(x) > x$，在区间 $(1, 1+\delta)$ 内 $f(x) < x$

(6) 设 $f(x)$ 与 $g(x)$ 在点 $x = a$ 处二阶可导，且皆取得极大值，则函数 $F(x) = f(x)\, g(x)$ 在点 $x = a$ 处（ ）.

A. 必取极大值   B. 必取极小值

C. 不可能取极值   D. 不能确定是否取极值

(7) 曲线 $y = (x-1)^2 (x-3)^2$ 的拐点个数是（ ）.

A. 0   B. 1   C. 2   D. 3

(8) 设 $f(x)$ 的导数在点 $x = a$ 处连续，且

$\lim\limits_{x \to a} \dfrac{f'(x)}{x-a} = -1$，则 （　　）.

A. 点 $x=a$ 是 $f(x)$ 的极小点

B. 点 $x=a$ 是 $f(x)$ 的极大点

C. 点 $(a, f(a))$ 是曲线 $y=f(x)$ 的拐点

D. 点 $x=a$ 不是 $f(x)$ 的极值点，$(a, f(a))$ 也不是曲线 $y=f(x)$ 的拐点

（9）曲线 $y = \dfrac{1 + e^{-x^2}}{1 - e^{-x^2}}$ （　　）.

A. 无渐近线

B. 有斜渐近线

C. 只有垂直渐近线

D. 既有垂直渐近线，又有水平渐近线

（10）曲线 $y = e^{-x^2} \arctan \dfrac{x^2 + x + 1}{(x-1)(x+2)}$ 有 （　　）条渐近线.

A. 1　　　　B. 2　　　　C. 3　　　　D. 4

2. 设 $y = y(x)$ 由方程 $2y^3 - 2y^2 + 2xy - x^2 = 1$ 确定，求 $y = y(x)$ 的驻点，并判定此驻点是否是极值点.

3. 设 $f(x)$ 在 $[a, b]$ 上连续，在 (a, b) 内可导，$f(a) = f(b)$，且 $f(x)$ 不恒为常数. 证明：存在 $\xi \in (a, b)$，使 $f'(\xi) > 0$.

4. 设 $f(x)$ 在 $[0, 1]$ 上连续，在 $(0, 1)$ 内可导，且 $f(0) = f(1) = 0$，$f\left(\dfrac{1}{2}\right) = 1$. 证明：在 $(0, 1)$ 内至少有一点 ξ，使 $f'(\xi) = 1$.

5. 设 $f(x)$ 与 $g(x)$ 在区间 (a, b) 内可导，且对于任意 $x \in (a, b)$，有 $f(x) g'(x) - f'(x) \neq 0$. 求证：$f(x)$ 在 (a, b) 内至多有一个零点.

6. 设 $f(x)$ 与 $g(x)$ 在 (a, b) 内可导，$g(x) \neq 0$，且恒有 $\begin{vmatrix} f(x) & g(x) \\ f'(x) & g'(x) \end{vmatrix} = 0$. 证明：存在常数 c，使 $f(x) = cg(x)$.

7. 设 $f(x)$ 在 $[a, b]$ 上连续，在 (a, b) 内可导，且 $f(a) = f(b) = 1$. 求证：存在 $\xi, \eta \in (a, b)$，使 $e^{\xi - \eta}(f(\xi) + f'(\xi)) = 1$.

8. 设 $f(x)$ 在 $[a, b]$ 上连续，在 (a, b) 内可导，$a > 0$. 证明：存在 $\xi, \eta \in (a, b)$ 使 $f'(\xi) = \dfrac{a+b}{2\eta} f'(\eta)$.

9. 设 $f(x)$ 在 $[-1, 1]$ 上具有三阶连续导数，且 $f(-1) = 0$，$f(1) = 1$，$f'(0) = 0$. 证明：存在 $\xi \in (-1, 1)$，使 $f'''(\xi) = 3$.

10. 设 $f(x)$ 在 $[0, 1]$ 上二阶可导，且 $f(0) = f(1) = 0$，$|f''(x)| \leq A$. 证明：$|f'(x)| \leq A/2$.

11. 设 $f(x)$ 在点 x_0 的邻域内有连续的 4 阶导数，且 $f'(x_0) = f''(x_0) = f'''(x_0) = 0$，$f^{(4)}(x_0) < 0$，证明：$f(x)$ 在点 x_0 处取极大值.

12. 设 $f(0) = 0$，$\lim\limits_{x \to 0} \dfrac{f(x)}{x^2} = 2$. 证明：$f'(0) = 0$，且 $f(x)$ 在点 $x = 0$ 处取极小值.

13. 设 $f(x)$ 二阶可导，$f''(x) < 0$，又 $f(a) > 0$，$f'(a) < 0$. 求证：$f(x)$ 在区间 $\left(a, a - \dfrac{f(a)}{f'(a)}\right)$ 内恰有一个零点.

14. 试讨论方程 $\ln x = ax$ （$a > 0$）有几个实根.

15. 计算下列极限.

（1）$\lim\limits_{n \to \infty} \left[n - n^2 \ln \left(\dfrac{1}{n} + 1 \right) \right]$

（2）$\lim\limits_{x \to +\infty} \left(\sqrt[6]{x^6 + x^5} - \sqrt[6]{x^6 - x^5} \right)$

（3）$\lim\limits_{n \to \infty} n^2 \left[\arctan \dfrac{a}{n} - \arctan \dfrac{a}{n+1} \right]$

16. 设 $f(x)$ 在点 $x = 0$ 处二阶可导，且 $\lim\limits_{x \to 0} \dfrac{\cos x - 1}{e^{f(x)} - 1} = 1$. 求 $f'(0)$，$f''(0)$ 的值.

17. 证明下列不等式成立.

（1）$\dfrac{a^{\frac{1}{n+1}}}{(n+1)^2} < \dfrac{a^{\frac{1}{n}} - a^{\frac{1}{n+1}}}{\ln a} < \dfrac{a^{\frac{1}{n}}}{n^2}$ （$a > 1$，$n \geq 1$）

（2）$\ln(1 + x) > \dfrac{\arctan x}{1 + x}$ （$x > 0$）

（3）$\dfrac{1}{\ln 2} - 1 < \dfrac{1}{\ln(1+x)} - \dfrac{1}{x} < \dfrac{1}{2}$ （$0 < x < 1$）

18. 设甲船位于乙船以东 75n mile 处，甲船以 12n mile/h 的速度向西行驶，乙船以 6n mile/h 的速度向北行驶. 问经过多长时间两船距离最近.

19. 在半径为 a 的半球外作一外切圆锥体，要使圆锥体体积最小，圆锥的高度及底半径应是多少？

20. 求下列函数的单调区间、极值点、凸性区间及拐点，并作图.

（1）$y = x + \dfrac{x}{x^2 - 1}$　　（2）$y = \dfrac{(x+1)^3}{(x-1)^2}$

第4章

一元函数积分学

在第2章中，我们讨论了在已知路程的情况下如何求作变速直线运动的物体的瞬时速度，由此引出了函数的导数这一重要概念。在这一章中，我们要考虑与之相反的问题，已知速度如何求走过的路程。另外，我们还要考虑如何求曲边梯形的面积。由此引出另一重要概念——定积分。它不仅可以用来计算路程和面积，而且还有很多其他应用。我们将阐述定积分的概念，讨论它的性质，介绍微积分基本定理，把定积分的计算归结为微分运算的逆运算，然后引出原函数和不定积分的概念，给出基本的积分方法，最后讨论定积分在几何和物理学中的广泛应用。

4.1 定积分的概念与性质

4.1.1 引例

引例1 曲边梯形的面积

由连续曲线 $y = f(x)$、直线 $x = a$、$x = b$ 及 x 轴围成的图形称为曲边梯形（见图4-1）。如何计算它的面积呢？先看一个具体的例子。

设曲边梯形（这里实际上是曲边三角形）由抛物线 $y = x^2$、直线 $x = 1$ 及 x 轴围成，求它的面积。

用分点 $x_i = \dfrac{i}{n}$ （$i = 0, 1, 2, \cdots, n$）将 $[0, 1]$ 等分成 n 个小区间，相应地将曲边三角形分成了 n 个窄曲边梯形。设第 i 个窄曲边梯形

的面积为 ΔA_i，当与它对应的小区间 $[x_{i-1}, x_i]$ 的长度 $\Delta x_i = x_i - x_{i-1} = \dfrac{1}{n}$ 较小时，可以将它近似地看成矩形，用矩形面积去近似窄曲边梯形的面积. 若用图 4-2 所示的窄矩形面积近似代替窄曲边梯形的面积，则有

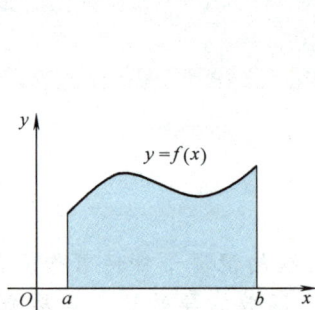 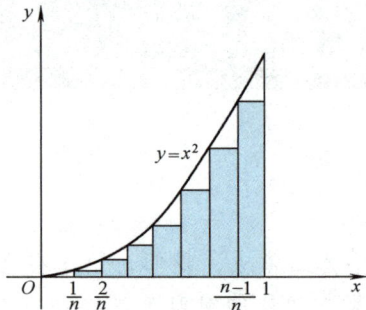

图　4-1　　　　　　　　　　　图　4-2

$$\Delta A_i \approx f(x_{i-1})\Delta x_i = \left(\frac{i-1}{n}\right)^2 \frac{1}{n} = \frac{(i-1)^2}{n^3}$$

故有
$$A = \sum_{i=1}^{n} \Delta A_i \approx \sum_{i=1}^{n} \frac{(i-1)^2}{n^3}$$
$$= \frac{1}{n^3} \frac{n(n-1)(2n-1)}{6}$$

显然，Δx_i 越小，近似程度越好. 令 $\lambda = \max\limits_{1 \le i \le n} \{\Delta x_i\} = \dfrac{1}{n}$，则

$$A = \lim_{\lambda \to 0} \sum_{i=1}^{n} \frac{(i-1)^2}{n^3} = \lim_{n \to \infty} \frac{n(n-1)(2n-1)}{6n^3} = \frac{1}{3}$$

可以证明，若不是将 $[0, 1]$ 等分，而是任意分割，并且 ξ_i 是 $[x_{i-1}, x_i]$ 上任一点，同样有 $A = \lim\limits_{\lambda \to 0} \sum\limits_{i=1}^{n} f(\xi_i)\Delta x_i = \lim\limits_{\lambda \to 0} \sum\limits_{i=1}^{n} \xi_i^2 \cdot \Delta x_i = \dfrac{1}{3}$

　　一般地，对 $y = f(x)$（$f(x) \ge 0$）、$x = a$、$x = b$ 及 x 轴围成的曲边梯形，可用同样方法求其面积，如图 4-3 所示.

（1）分割.

用分点 $a = x_0 < x_1 < \cdots < x_n = b$ 将 $[a, b]$ 任意分成 n 个小区间，$[x_{i-1}, x_i]$ 的长度记为 $\Delta x_i = x_i - x_{i-1}$.

（2）近似.

在 $[x_{i-1}, x_i]$ 上任取一点 ξ_i，有 $\Delta A_i \approx f(\xi_i)\Delta x_i$，$i = 1$,

2，…，n.

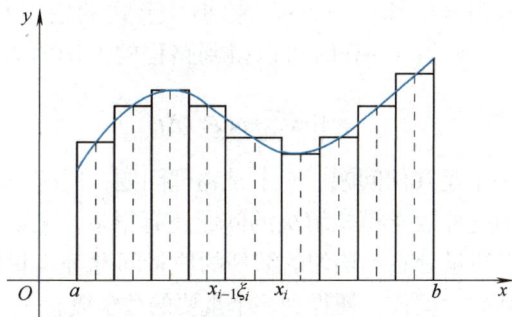

图 4-3

（3）求和.

$$A = \sum_{i=1}^{n} \Delta A_i \approx \sum_{i=1}^{n} f(\xi_i) \Delta x_i$$

（4）取极限.

令 $\lambda = \max\limits_{1 \leqslant i \leqslant n} \{\Delta x_i\}$，则

$$A = \lim_{\lambda \to 0} \sum_{i=1}^{n} f(\xi_i) \Delta x_i$$

引例 2 变速直线运动的路程

设物体作直线运动. 已知速度 $v = v(t)$，$v(t)$ 在时间区间 $[a, b]$ 上连续，求这段时间间隔内物体走过的路程 s.

对于匀速运动，路程＝速度×时间. 对于非匀速运动，当时间间隔很小时，可以近似地看成匀速运动. 因此可采用如下方法求路程 s.

（1）分割.

用分点 $a = t_0 < t_1 < \cdots < t_n = b$ 将 $[a, b]$ 任意分成 n 个小区间，第 i 个小区间 $[t_{i-1}, t_i]$ 的长度记为 $\Delta t_i = t_i - t_{i-1}$，$i = 1, 2, \cdots, n$.

（2）近似.

由于速度是连续变化的，因此当 Δt_i 较小时，物体在时间 $[t_{i-1}, t_i]$ 内的运动可以近似地看成匀速运动，在 $[t_{i-1}, t_i]$ 上任取一点 ξ_i，物体在这段时间内走过的路程 Δs_i 近似地等于 $v(\xi_i) \Delta t_i$，$i = 1, 2, \cdots, n$.

（3）求和.

将各时间段上的路程的近似值相加，有

$$s = \sum_{i=1}^{n} \Delta s_i \approx \sum_{i=1}^{n} v(\xi_i) \Delta t_i$$

（4）取极限.

显然，Δt_i（$i = 1, 2, \cdots, n$）越小，上式的近似程度越好，令 $\lambda = \max\limits_{1 \leqslant i \leqslant n} \{\Delta t_i\}$，则当 $\lambda \to 0$ 时可以得到路程的准确值为

$$s = \lim_{\lambda \to 0} \sum_{i=1}^{n} v(\xi_i) \Delta t_i$$

以上两例一个是几何问题、一个是物理问题，但解决问题的数学方法是相同的. 用这种数学模式解决的问题还有很多，例如，求变力沿直线做功问题，求质量分布不均匀的细杆的质量问题等. 我们略去其具体含义而抽象出其数学模式，便得到一个重要的数学概念——定积分.

4.1.2　定积分的概念

1. 定积分的定义

定义　设函数 $f(x)$ 在区间 $[a, b]$ 上有定义，用分点 $a = x_0 < x_1 < \cdots < x_n = b$ 将 $[a, b]$ 任意分成 n 个小区间 $[x_{i-1}, x_i]$，各小区间长度分别为 $\Delta x_i = x_i - x_{i-1}$，$i = 1, 2, \cdots, n$. 任取 $\xi_i \in [x_{i-1}, x_i]$，$i = 1, 2, \cdots, n$，作和式

$$\sum_{i=1}^{n} f(\xi_i) \Delta x_i$$

令 $\lambda = \max\limits_{1 \leqslant i \leqslant n} \{\Delta x_i\}$，若极限

$$\lim_{\lambda \to 0} \sum_{i=1}^{n} f(\xi_i) \Delta x_i$$

存在，则称函数 $f(x)$ 在 $[a, b]$ 上**可积**，此极限值称为函数 $f(x)$ 在 $[a, b]$ 上的**定积分**，记为 $\int_a^b f(x) \, dx$，即

$$\int_a^b f(x) \, dx = \lim_{\lambda \to 0} \sum_{i=1}^{n} f(\xi_i) \Delta x_i$$

其中，$f(x)$ 称为被积函数；x 称为积分变量；$f(x) \, dx$ 称为被积分式；$[a, b]$ 称为积分区间；a、b 分别称为积分下限和积分上限；$\int$ 称为积分符号.

引例 1 中的曲边梯形面积可表示为

$$A = \int_a^b f(x) \, dx$$

即曲边梯形的面积等于函数 $f(x)$ 在区间 $[a, b]$ 上的定积分.

定积分的概念

根据此定义，引例 2 中的路程可表示为

$$s = \int_a^b v(t)\,dt$$

即直线运动的路程等于速度函数在时间区间 $[a,b]$ 上的定积分.

对定积分概念，需加以说明的是：

（1）定义中和式的极限存在是指，不论小区间怎样分、点 ξ_i 怎样取，当 $\lambda \to 0$ 时 $\sum\limits_{i=1}^{n} f(\xi_i)\Delta x_i$ 的极限都存在且为同一个数.

（2）积分值只与被积函数和积分区间有关，与积分变量用什么字母无关，即

$$\int_a^b f(x)\,dx = \int_a^b f(t)\,dt$$

（3）为方便起见，补充规定

当 $a > b$ 时，　　　$\int_a^b f(x)\,dx = -\int_b^a f(x)\,dx$

并由此可推出 $\int_a^a f(x)\,dx = 0$.

2. 定积分存在的条件

如果函数 $f(x)$ 在 $[a,b]$ 上无界，积分和式不可能存在极限，因此函数 $f(x)$ 在 $[a,b]$ 上有界是可积的必要条件. 另外，我们不加证明地给出如下可积的充分条件（又称为定积分存在定理）：

（1）若函数 $f(x)$ 在区间 $[a,b]$ 上连续，则 $f(x)$ 在 $[a,b]$ 上可积.

（2）若函数 $f(x)$ 在区间 $[a,b]$ 上有界，且只有有限个间断点，则 $f(x)$ 在 $[a,b]$ 上可积.

▶ 定积分的存在定理与几何意义

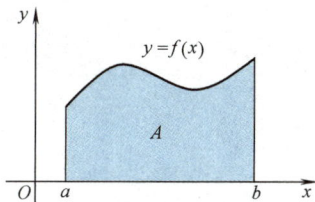

3. 定积分的几何意义

由引例 1 可知，当 $f(x) \geq 0$ 时，定积分 $\int_a^b f(x)\,dx$ 表示图 4-4 中曲边梯形面积，即 $\int_a^b f(x)\,dx = A$；当 $f(x) \leq 0$ 时，$-f(x) \geq 0$，则 $\int_a^b [-f(x)]\,dx$ 表示图 4-5 中曲边梯形的面积. 由定义可推知 $\int_a^b f(x)\,dx = -\int_a^b [-f(x)]\,dx$，因此定积分 $\int_a^b f(x)\,dx$ 表示图 4-5 中曲边梯形面积的相反数，即 $\int_a^b f(x)\,dx = -A$；当 $f(x)$ 在 $[a,$

图 4-4

b] 上的值有正有负时，$\int_a^b f(x)\,\mathrm{d}x$ 等于 [a, b] 上 x 轴上方各曲边梯形面积总和减去 x 轴下方曲边梯形面积总和. 例如，若 $f(x)$ 如图 4-6 所示，则 $\int_a^b f(x)\,\mathrm{d}x = A_1 + A_3 - A_2$.

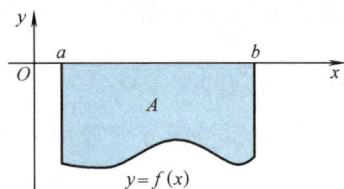

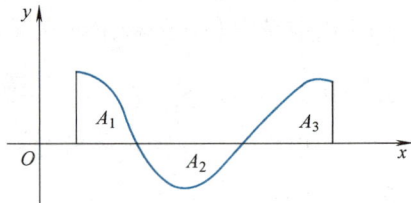

图 4-5 图 4-6

例 1 已知函数 $f(x)$ 在 [a, b] 上满足 $f(x) > 0$，$f'(x) < 0$，$f''(x) > 0$，试利用定积分的几何意义，比较数

$$I_1 = \int_a^b f(x)\mathrm{d}x, I_2 = f(b) \cdot (b - a), I_3 = \frac{b-a}{2}[f(a) + f(b)]$$

的大小.

解 由题设，非负函数 $f(x)$ 在 [a, b] 上单调递减，且曲线 $y = f(x)$ 在 [a, b] 上是凹弧，如图 4-7 所示.

由定积分的几何意义知，I_1 是曲边梯形 $ABCD$ 的面积，I_2 是矩形 $ABCE$ 的面积，I_3 是梯形 $ABCD$ 的面积，故 $I_2 < I_1 < I_3$.

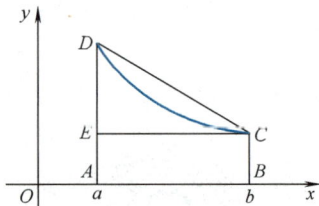

图 4-7

定积分的性质

4.1.3 定积分的性质

假定被积函数在所讨论的区间上可积，由定积分的定义可推出下列性质：

性质 1 （线性性质）$\int_a^b [C_1 f(x) + C_2 g(x)]\mathrm{d}x = C_1 \int_a^b f(x)\mathrm{d}x + C_2 \int_a^b g(x)\mathrm{d}x$，其中，$C_1$，$C_2$ 是任意常数.

证 由定积分的定义，可得

$$\int_a^b [C_1 f(x) + C_2 g(x)]\mathrm{d}x$$

$$= \lim_{\lambda \to 0} \sum_{i=1}^n [C_1 f(\xi_i) + C_2 g(\xi_i)]\Delta x_i$$

</>

$$= C_1 \lim_{\lambda \to 0} \sum_{i=1}^{n} f(\xi_i) \Delta x_i + C_2 \lim_{\lambda \to 0} \sum_{i=1}^{n} g(\xi_i) \Delta x_i$$

$$= C_1 \int_a^b f(x) \, dx + C_2 \int_a^b g(x) \, dx$$

性质 2 （对区间的可加性） $\int_a^b f(x) \, dx = \int_a^c f(x) \, dx + \int_c^b f(x) \, dx$ ，

其中，c 是区间 $[a, b]$ 上或 $[a, b]$ 外一点.

证 若 $c \in [a, b]$ ，由定义可得证. 当 $c \notin [a, b]$，例如 $c < a < b$ 时，由

$$\int_c^b f(x) \, dx = \int_c^a f(x) \, dx + \int_a^b f(x) \, dx$$

可得

$$\int_a^b f(x) \, dx = -\int_c^a f(x) \, dx + \int_c^b f(x) \, dx$$

$$= \int_a^c f(x) \, dx + \int_c^b f(x) \, dx$$

性质 3 $\int_a^b 1 \, dx = \int_a^b dx = b - a$

性质 4 若 $f(x) \geqslant g(x)$ ，则 $\int_a^b f(x) \, dx \geqslant \int_a^b g(x) \, dx$；若 $f(x) \geqslant 0$，则 $\int_a^b f(x) \, dx \geqslant 0$，其中，$a \leqslant b$.

此性质由定积分的定义很容易得到证明.

推论 若 $f(x)$ 在 $[a, b]$ 上可积，则 $|f(x)|$ 在 $[a, b]$ 上也可积，且 $\left| \int_a^b f(x) \, dx \right| \leqslant \int_a^b |f(x)| \, dx.$

证 由 $-|f(x)| \leqslant f(x) \leqslant |f(x)|$ 及性质 4 有

$$-\int_a^b |f(x)| \, dx \leqslant \int_a^b f(x) \, dx \leqslant \int_a^b |f(x)| \, dx$$

故

$$\left| \int_a^b f(x) \, dx \right| \leqslant \int_a^b |f(x)| \, dx$$

性质 5 （估值定理） 若 $m \leqslant f(x) \leqslant M$，且 $a \leqslant b$，则

$$m(b-a) \leqslant \int_a^b f(x) \, dx \leqslant M(b-a)$$

证 由性质 4 得

$$\int_a^b m\mathrm{d}x \leqslant \int_a^b f(x)\,\mathrm{d}x \leqslant \int_a^b M\mathrm{d}x$$

故

$$m(b-a) \leqslant \int_a^b f(x)\,\mathrm{d}x \leqslant M(b-a)$$

此性质可用来估计定积分值的范围.

性质6 （积分中值定理）若 $f(x)$ 在 $[a, b]$ 上连续，则在 $[a, b]$ 上至少存在一点 ξ，使得 $\int_a^b f(x)\,\mathrm{d}x = f(\xi)(b-a)$.

证 由于 $f(x)$ 在 $[a, b]$ 上连续，故 $f(x)$ 在 $[a, b]$ 上取得最大值 M 和最小值 m. 由估值定理有

$$m(b-a) \leqslant \int_a^b f(x)\,\mathrm{d}x \leqslant M(b-a)$$

$$m \leqslant \frac{1}{b-a}\int_a^b f(x)\,\mathrm{d}x \leqslant M$$

由连续函数的介值定理，在 $[a, b]$ 上存在点 ξ，使得

$$f(\xi) = \frac{1}{b-a}\int_a^b f(x)\,\mathrm{d}x$$

即

$$\int_a^b f(x)\,\mathrm{d}x = f(\xi)(b-a)$$

此性质的几何意义是：由 $y=f(x)$，$x=a$，$x=b$ 及 x 轴围成的曲边梯形的面积等于由 $y=f(\xi)$，$x=a$，$x=b$ 及 x 轴围成的矩形的面积（见图 4-8）．$f(\xi)$ 可看作图中曲边梯形的平均高度.

由定积分的定义可以证明，性质 6 中的 $f(\xi) = \frac{1}{b-a}\int_a^b f(x)\,\mathrm{d}x$ 是 $f(x)$ 在区间 $[a, b]$ 上的平均值，它是有限个平均值的推广.

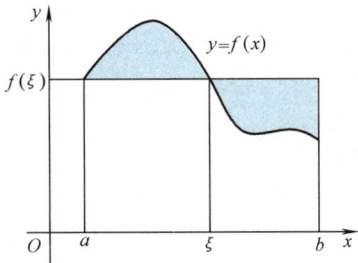

图 4-8

例2 估计定积分 $\int_{-1}^2 \mathrm{e}^{-x^2}\mathrm{d}x$ 值的范围.

解 先求 $f(x)=\mathrm{e}^{-x^2}$ 在 $[-1, 2]$ 上的最大值 M 与最小值 m.
由

$$f'(x) = -2x\mathrm{e}^{-x^2} = 0$$

得

$$x=0$$

$$f(0)=1,\ f(-1)=\mathrm{e}^{-1},\ f(2)=\mathrm{e}^{-4}$$

故 $M=1$，$m=\mathrm{e}^{-4}$.

又 $2-(-1)=3$，因此
$$3e^{-4} \leq \int_{-1}^{2} e^{-x^2} dx \leq 3$$

例3 求函数 $y = \sqrt{a^2 - x^2}$ 在 $[-a, a]$ 上的平均值.

解 由定积分的几何意义（图4-9）知
$$\int_{-a}^{a} \sqrt{a^2 - x^2} dx = \frac{1}{2}\pi a^2$$

$$\overline{y} = \frac{1}{2a}\int_{-a}^{a} \sqrt{a^2 - x^2} dx$$
$$= \frac{1}{2a} \cdot \frac{1}{2}\pi a^2$$
$$= \frac{1}{4}\pi a$$

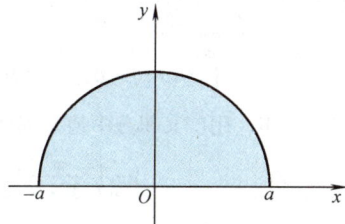

图 4-9

例4 求电动势 $E = E_0 \sin\omega t$ 在一个周期上的平均值（设 $\omega = 1$）.

解 周期 $T = 2\pi$. 由定积分的几何意义知
$$\int_{0}^{2\pi} E_0 \sin t dt = E_0 \int_{0}^{2\pi} \sin t dt = 0$$

故
$$\overline{E} = \frac{1}{2\pi}\int_{0}^{2\pi} E_0 \sin\omega t dt = 0$$

习 题 4.1

1. 一根细直杆 OA，长 20cm，其上任一点 P 处的线密度与 OP 的长度成正比，比例系数为 k，用定积分表示此细杆的质量.

2. 把定积分 $\int_{0}^{\frac{\pi}{2}} \sin x dx$ 写成积分和式的极限形式.

3. 把在区间 $[0, 1]$ 上的和式极限形式 $\lim\limits_{\lambda \to 0} \sum\limits_{i=1}^{n} \frac{1}{1+\xi_i^2} \Delta x_i$ 用定积分表示.

4. 利用定积分定义计算下列定积分.

(1) $\int_{a}^{b} x dx$ (2) $\int_{0}^{1} e^x dx$

5. 用积分的几何意义计算下列各题.

(1) $\int_{0}^{a} \sqrt{a^2 - x^2} dx \ (a > 0)$ (2) $\int_{0}^{1} 2x dx$

(3) $\int_{0}^{2\pi} \sin x dx$

(4) $\int_{-a}^{a} f(x) dx$，其中 $f(x)$ 在 $[-a, a]$ 上连续且为奇函数.

6. 比较下列各对积分的大小.

(1) $\int_{1}^{e} \ln x dx$ 和 $\int_{1}^{e} \ln^2 x dx$ (2) $\int_{1}^{\frac{1}{e}} \ln x dx$ 和 $\int_{1}^{\frac{1}{e}} \ln^2 x dx$

(3) $\int_{0}^{\frac{\pi}{2}} x dx$ 和 $\int_{0}^{\frac{\pi}{2}} \sin x dx$ (4) $\int_{0}^{1} e^x dx$ 和 $\int_{0}^{1}(1+x) dx$

7. 估计下列定积分值的范围.

(1) $\int_{1}^{2} e^{x^2} dx$ (2) $\int_{\frac{\pi}{4}}^{\frac{5\pi}{4}} (1 + \sin^2 x) dx$

(3) $\int_2^0 e^{x^2-x} dx$ (4) $\int_{-2}^0 xe^x dx$

8. 计算函数 $y = x^2$ 在 $[0, 1]$ 上的平均值.

9. 证明广义积分中值定理：设函数 $f(x)$ 和 $g(x)$ 在 $[a, b]$ 上连续，且 $g(x)$ 不变号，则在 $[a, b]$ 上至少存在一点 ξ，使得

$$\int_a^b f(x) g(x) d(x) = f(\xi) \int_a^b g(x) dx.$$

10. 用广义积分中值定理证明

$$\lim_{n \to \infty} \int_0^1 \frac{x^n}{1+x} dx = 0.$$

11. 设 $f(x)$ 及 $g(x)$ 在 $[a, b]$ 上连续，证明：

(1) 若在 $[a, b]$ 上，$f(x) \geqslant 0$，且 $f(x) \not\equiv 0$，则 $\int_a^b f(x) dx > 0$；

(2) 若在 $[a, b]$ 上，$f(x) \geqslant 0$，且 $\int_a^b f(x) dx = 0$，则在 $[a, b]$ 上 $f(x) \equiv 0$；

(3) 若在 $[a, b]$ 上，$f(x) \geqslant g(x)$，且 $f(x) \not\equiv g(x)$，则 $\int_a^b f(x) dx > \int_a^b g(x) dx$.

4.2 微积分基本定理

1. 问题的提出

本节我们将介绍微积分基本定理，又称牛顿—莱布尼兹公式，它揭示了微分与积分的内在联系，把定积分的计算归结为微分运算的逆运算，提供了一个有效而简便的计算定积分的方法.

首先讨论变速直线运动中路程函数与速度函数的关系.

设某物体作变速直线运动，已知速度 $v = v(t)$ 是时间间隔 $[t_1, t_2]$ 上的连续函数，考虑物体在这段时间内所经过的路程 s.

一方面，根据上一节的引例 2，有

$$s = \int_{t_1}^{t_2} v(t) dt$$

另一方面，如果已知物体的路程函数 $s = s(t)$，则这段路程又可表示为

$$s = s(t_2) - s(t_1)$$

因此有

$$\int_{t_1}^{t_2} v(t) dt = s(t_2) - s(t_1)$$

其中 $s'(t) = v(t)$，即 $v(t)$ 是 $s(t)$ 的导数，反之，我们把 $s(t)$ 称为 $v(t)$ 的原函数. 也就是说，只要我们求出速度函数的一个原函数，就可以方便地计算出速度函数的定积分.

抽去上述公式的物理背景，我们就得到微积分基本定理，即牛顿—莱布尼兹公式，为了证明这个公式. 我们先引入变上限积分.

2. 变上限的积分

定积分 $\int_a^b f(x)\,dx$ 是一个数，这个数是与积分上限有关的. 对每一个积分上限值，都有一个相应的积分值与之对应，因此，若 $f(x)$ 在 $[a, b]$ 上可积，则对 $\forall x \in [a, b]$，$f(x)$ 在 $[a, x]$ 上可积，且 $\int_a^x f(t)\,dt$ 是积分上限的函数，记作 $\varPhi(x)$，如图 4-10 所示，即

$$\varPhi(x) = \int_a^x f(t)\,dt \qquad \left(或 \int_a^x f(x)\,dx\right)$$

下面我们讨论这个函数的可导性.

定理 1　若函数 $f(x)$ 在 $[a, b]$ 上连续，则函数 $\varPhi(x) = \int_a^x f(t)\,dt$ 在 $[a, b]$ 上可导，且

$$\varPhi'(x) = \frac{d}{dx}\int_a^x f(t)\,dt = f(x) \tag{4-2}$$

证

$$\begin{aligned}
\varPhi'(x) &= \lim_{\Delta x \to 0} \frac{\varPhi(x + \Delta x) - \varPhi(x)}{\Delta x} \\
&= \lim_{\Delta x \to 0} \frac{1}{\Delta x}\left[\int_a^{x+\Delta x} f(t)\,dt - \int_a^x f(t)\,dt\right] \\
&= \lim_{\Delta x \to 0} \frac{1}{\Delta x}\int_x^{x+\Delta x} f(t)\,dt
\end{aligned}$$

由积分中值定理，有

$\int_x^{x+\Delta x} f(t)\,dt = f(\xi)\,\Delta x$，$\xi$ 在 x 与 $x + \Delta x$ 之间，且当 $\Delta x \to 0$ 时，$\xi \to x$. 故

$$\varPhi'(x) = \lim_{\Delta x \to 0} \frac{1}{\Delta x} f(\xi)\,\Delta x = \lim_{\xi \to x} f(\xi) = f(x)$$

定理 1 指出了积分与导数之间的内在联系：变上限积分对上限的导数等于被积函数在上限处的函数值.

定义　如果函数 $F(x)$ 在区间 I 上满足 $F'(x) = f(x)$，则称 $F(x)$ 为 $f(x)$ 在区间 I 上的原函数.

定理 2　（原函数存在定理）如果 $f(x)$ 在 $[a, b]$ 上连续，则变上限积分 $\varPhi(x) = \int_a^x f(t)\,dt$ 就是 $f(x)$ 在 $[a, b]$ 上的一个原函数.

▶ 变上限积分函数

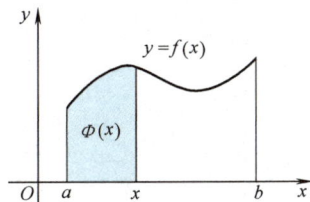

图 4-10

当 $F(x)$ 是 $f(x)$ 的原函数时，显然 $F(x) + C(C$ 是任意常数) 也是 $f(x)$ 的原函数. 因此，若 $f(x)$ 有原函数，则一定有无数多个，且任意两个原函数之间只差一个常数.

例 1 设 $f(x) = \int_0^x \dfrac{t}{t^2 + t + 1} dt$，求 $f'(x)$.

解 由定理 1

$$f'(x) = \frac{x}{x^2 + x + 1}$$

例 2 设 $f(x) = \int_{\sin x}^2 \dfrac{1}{1 + t^2} dt$，求 $f'(x)$.

解 令 $u = \sin x$，则

$$f(x) = -\int_2^{\sin x} \frac{1}{1 + t^2} dt = -\int_2^u \frac{1}{1 + t^2} dt$$

$$f'(x) = \frac{d}{du}\left(-\int_2^u \frac{1}{1 + t^2} dt\right)\frac{du}{dx}$$

$$= -\frac{1}{1 + u^2} \cdot \cos x$$

$$= \frac{-\cos x}{1 + \sin^2 x}$$

例 3 设 $f(x) = \int_{x^3}^{x^2} e^t dt$，求 $f'(x)$.

解
$$f(x) = \int_0^{x^2} e^t dt + \int_{x^3}^0 e^t dt$$

$$= \int_0^{x^2} e^t dt - \int_0^{x^3} e^t dt$$

$$f'(x) = \frac{d}{dx}\int_0^{x^2} e^t dt - \frac{d}{dx}\int_0^{x^3} e^t dt$$

$$= e^{x^2} \cdot 2x - e^{x^3} \cdot 3x^2$$

一般地，若 $\Phi(x) = \int_{h(x)}^{g(x)} f(t) dt$，有

$$\Phi'(x) = f(g(x))g'(x) - f(h(x))h'(x)$$

3. 微积分基本定理

定理 3 设函数 $f(x)$ 在 $[a, b]$ 上连续，$F(x)$ 为 $f(x)$ 在 $[a, b]$ 上的任意一个原函数，则

$$\int_a^b f(x)\,dx = F(b) - F(a) \tag{4-3}$$

证 由于 $\Phi(x) = \int_a^x f(t)\,dt$ 与 $F(x)$ 都是 $f(x)$ 的原函数，故两者只差一个常数，设

$$\Phi(x) = F(x) + C$$

即

$$\int_a^x f(t)\,dt = F(x) + C$$

令 $x = a$，得

$$0 = \int_a^a f(t)\,dt = F(a) + C$$

故

$$C = -F(a)$$

$$\int_a^x f(t)\,dt = F(x) - F(a)$$

令 $x = b$，得

$$\int_a^b f(t)\,dt = F(b) - F(a)$$

即

$$\int_a^b f(x)\,dx = F(b) - F(a)$$

此公式称为**牛顿—莱布尼兹**（Newton–Leibniz）**公式**，它可以记作

$$\int_a^b f(x)\,dx = F(x)\ \Big|_a^b$$

此公式将定积分的计算化为求一个原函数的特定值问题.

▶ 牛顿-莱布尼兹公式

例4 求 $\int_0^{\frac{\pi}{3}} \cos x\,dx$.

解 由于 $(\sin x)' = \cos x$，因此 $\sin x$ 是 $\cos x$ 的一个原函数. 所以

$$\int_0^{\frac{\pi}{3}} \cos x\,dx = \sin x\ \Big|_0^{\frac{\pi}{3}} = \sin\frac{\pi}{3} - \sin 0 = \frac{\sqrt{3}}{2}$$

例5 设 $f(x) = \begin{cases} 2x & 0 \leqslant x \leqslant 1 \\ \dfrac{1}{2} & 1 < x \leqslant 2 \end{cases}$

求 （1）$\int_{\frac{1}{2}}^{\frac{3}{2}} f(x)\,dx$

（2）$F(x) = \int_0^x f(t)\,dt$ 当 $0 \leqslant x \leqslant 2$ 时的表达式.

229

解　（1）由 x^2 是 $2x$ 的原函数，$\frac{1}{2}x$ 是 $\frac{1}{2}$ 的原函数及定积分对积分区间的可加性，有

$$\int_{\frac{1}{2}}^{\frac{3}{2}} f(x)\,\mathrm{d}x = \int_{\frac{1}{2}}^{1} 2x\,\mathrm{d}x + \int_{1}^{\frac{3}{2}} \frac{1}{2}\,\mathrm{d}x$$

$$= x^2 \Big|_{\frac{1}{2}}^{1} + \frac{1}{2}x \Big|_{1}^{\frac{3}{2}}$$

$$= 1$$

（2）当 $0 \leqslant x \leqslant 1$ 时，有

$$F(x) = \int_{0}^{x} 2t\,\mathrm{d}t = t^2 \Big|_{0}^{x} = x^2$$

当 $1 < x \leqslant 2$ 时，有

$$F(x) = \int_{0}^{1} 2t\,\mathrm{d}t + \int_{1}^{x} \frac{1}{2}\,\mathrm{d}t$$

$$= t^2 \Big|_{0}^{1} + \frac{1}{2}t \Big|_{1}^{x}$$

$$= \frac{1}{2}(x+1)$$

$$F(x) = \begin{cases} x^2 & 0 \leqslant x \leqslant 1 \\ \dfrac{1}{2}(x+1) & 1 < x \leqslant 2 \end{cases}$$

在此例中，$f(x)$ 在 $[0,2]$ 上可积，但在 $x=1$ 处不连续，它的变上限积分 $F(x)$ 在 $[0,2]$ 上连续但在 $x=1$ 处不可导.

习　题　4.2

1. 求下列导数.

（1）$\dfrac{\mathrm{d}}{\mathrm{d}x}\displaystyle\int_{x}^{1} \dfrac{\sin t}{t}\,\mathrm{d}t$　　（2）$\dfrac{\mathrm{d}}{\mathrm{d}x}\displaystyle\int_{0}^{x^2} \sqrt{1+t^2}\,\mathrm{d}t$

（3）$\dfrac{\mathrm{d}}{\mathrm{d}x}\displaystyle\int_{\sin x}^{2} \mathrm{e}^{t^2}\,\mathrm{d}t$　　（4）$\dfrac{\mathrm{d}}{\mathrm{d}x}\displaystyle\int_{x^2}^{\mathrm{e}x} \dfrac{\ln t}{t}\,\mathrm{d}t$

2. 设 $\displaystyle\int_{0}^{y} \mathrm{e}^t\,\mathrm{d}t + 3\int_{0}^{x} \cos t\,\mathrm{d}t = 0$，求 $\dfrac{\mathrm{d}y}{\mathrm{d}x}$.

3. 设 $\begin{cases} x = \displaystyle\int_{1}^{t} u\ln u\,\mathrm{d}u \\ y = \displaystyle\int_{t}^{1} u^2\ln u\,\mathrm{d}u \end{cases}$，求 $\dfrac{\mathrm{d}y}{\mathrm{d}x}$.

4. 求下列极限.

（1）$\displaystyle\lim_{x\to 0} \dfrac{\displaystyle\int_{0}^{x} \cos t^2\,\mathrm{d}t}{x}$　　（2）$\displaystyle\lim_{x\to 0} \dfrac{\displaystyle\int_{\cos x}^{1} \mathrm{e}^{-t^2}\,\mathrm{d}t}{x^2}$

（3）$\displaystyle\lim_{x\to 0} \dfrac{\displaystyle\int_{0}^{\sin x} \sqrt{\tan t}\,\mathrm{d}t}{\displaystyle\int_{0}^{\tan x} \sqrt{\sin t}\,\mathrm{d}t}$　　（4）$\displaystyle\lim_{x\to 0} \dfrac{\left(\displaystyle\int_{0}^{x} \mathrm{e}^{t^2}\,\mathrm{d}t\right)^2}{\displaystyle\int_{0}^{x} t\mathrm{e}^{2t^2}\,\mathrm{d}t}$

5. 设 $F(x) = \displaystyle\int_{0}^{x} (t^2 - x^2) f'(t)\,\mathrm{d}t$，求 $F'(x)$.

6. 求 $F(x) = \displaystyle\int_{0}^{x} t\mathrm{e}^{-t^2}\,\mathrm{d}t$ 的极值.

7. 设 $f(x)$ 为连续正值函数，证明：当 $x>0$ 时，

$$F(x) = \frac{\int_0^x tf(t)\,dt}{\int_0^x f(t)\,dt}$$

为单调增加函数.

8. 计算下列定积分.

(1) $\int_1^3 x^3\,dx$

(2) $\int_4^9 \sqrt{x}(1+\sqrt{x})\,dx$

(3) $\int_{-\frac{\pi}{4}}^{\frac{\pi}{4}} \sec x \tan x\,dx$

(4) $\int_{\frac{1}{2}}^{\frac{\sqrt{3}}{2}} \frac{dx}{\sqrt{1-x^2}}$

(5) $\int_0^2 |1-x|\,dx$

(6) $\int_2^3 (x+1)e^x\,dx$

9. 设 $f(x) = \begin{cases} x^2 & x \in [0,1) \\ x & x \in [1,2] \end{cases}$

求 $\Phi(x) = \int_0^x f(t)\,dt$ 在 $[0,2]$ 上的表达式，并讨论 $\Phi(x)$ 在 $(0,2)$ 内的连续性.

4.3 不定积分

由上一节可知，利用牛顿—莱布尼兹公式可将定积分的计算化为求一个原函数的特定值问题. 本节将开始讨论求函数的原函数问题.

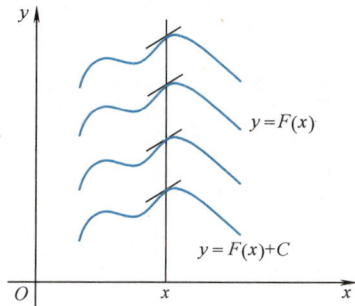

4.3.1 不定积分的概念与性质

1. 不定积分的概念

定义 函数 $f(x)$ 在区间 I 上的全体原函数称为 $f(x)$ 在 I 上的 **不定积分**，记作 $\int f(x)\,dx$，即

$$\int f(x)\,dx = F(x) + C$$

其中，$F(x)$ 为 $f(x)$ 在区间 I 上的一个原函数，C 为任意常数（可称为积分常数）.

与定积分相同的是，这里 x、$f(x)$ 和 $f(x)\,dx$ 分别称为积分变量、被积函数和被积分式，$\int$ 称为积分符号.

曲线 $y = F(x)$ 称为 $f(x)$ 的积分曲线，$y = F(x) + C$ 则是由 $y = F(x)$ 沿 y 轴方向上下平行移动得到的曲线族，如图 4-11 所示.

由定义可知，若不计常数 C，则微分运算（求导运算）与不定积分互为逆运算，即有

$$\frac{d}{dx}\left(\int f(x)\,dx\right) = f(x) \quad \text{或} \quad d\left(\int f(x)\,dx\right) = f(x)\,dx$$

$$\int f'(x)\,dx = f(x) + C \quad \text{或} \int df(x) = f(x) + C$$

图 4-11

2. 基本积分公式

若要求函数 $f(x)$ 的不定积分, 只要先求出它的任意一个原函数 $F(x)$, 再加上任意常数即可. 例如, 由 $\left(\dfrac{1}{3}x^3\right)' = x^2$, 得

$$\int x^2 \mathrm{d}x = \frac{1}{3}x^3 + C$$

类似地, 由某些初等函数的求导公式便可得到下面的基本积分公式 (称为基本积分公式).

$$\int \mathrm{d}x = x + C$$

$$\int x^\alpha \mathrm{d}x = \frac{1}{\alpha+1}x^{\alpha+1} + C \quad (\alpha \neq -1)$$

$$\int \frac{1}{x}\mathrm{d}x = \ln|x| + C$$

$$\int \mathrm{e}^x \mathrm{d}x = \mathrm{e}^x + C$$

$$\int a^x \mathrm{d}x = \frac{a^x}{\ln a} + C \quad (a > 0, a \neq 1)$$

$$\int \cos x \mathrm{d}x = \sin x + C$$

$$\int \sin x \mathrm{d}x = -\cos x + C$$

$$\int \frac{1}{\cos^2 x}\mathrm{d}x = \tan x + C$$

$$\int \frac{1}{\sin^2 x}\mathrm{d}x = -\cot x + C$$

$$\int \sec x \cdot \tan x \mathrm{d}x = \sec x + C$$

$$\int \csc x \cdot \cot x \mathrm{d}x = -\csc x + C$$

$$\int \frac{1}{\sqrt{1-x^2}}\mathrm{d}x = \arcsin x + C \qquad (\text{或} -\arccos x + C_1)$$

$$\int \frac{1}{1+x^2}\mathrm{d}x = \arctan x + C \qquad (\text{或} -\operatorname{arccot} x + C_1)$$

$$\int \sinh x \mathrm{d}x = \cosh x + C$$

$$\int \cosh x \, dx = \sinh x + C$$

3. 不定积分的性质

由导数与微分的运算性质，易知不定积分有如下线性性质：

$$\int [k_1 f(x) + k_2 g(x)] \, dx = k_1 \int f(x) \, dx + k_2 \int g(x) \, dx$$

（k_1，k_2 为非零常数）.

利用基本积分公式及不定积分的性质，可以求出一些简单函数的不定积分.

例 1　求 $\int \left(\dfrac{1}{x^2} - 3\cos x + \dfrac{1}{x} \right) dx$.

解　$\int \left(\dfrac{1}{x^2} - 3\cos x + \dfrac{1}{x} \right) dx$

$= \int \dfrac{1}{x^2} dx - 3 \int \cos x \, dx + \int \dfrac{1}{x} dx$

$= -\dfrac{1}{x} - 3\sin x + \ln|x| + C$

例 2　求 $\int \sin^2 \dfrac{x}{2} dx$.

解　$\int \sin^2 \dfrac{x}{2} dx = \dfrac{1}{2} \int (1 - \cos x) \, dx$

$\qquad\qquad\qquad = \dfrac{1}{2} (x - \sin x) + C$

例 3　求 $\int \tan^2 x \, dx$.

解　$\int \tan^2 x \, dx = \int (\sec^2 x - 1) \, dx$

$\qquad\qquad\quad = \tan x - x + C$

例 4　求 $\int \dfrac{(x - \sqrt{x})(1 + \sqrt{x})}{x} dx$.

解　$\int \dfrac{(x - \sqrt{x})(1 + \sqrt{x})}{x} dx$

$= \int \dfrac{x\sqrt{x} - \sqrt{x}}{x} dx$

$= \int \left(\sqrt{x} - \dfrac{1}{\sqrt{x}} \right) dx$

$= \dfrac{2}{3} x^{\frac{3}{2}} - 2 x^{\frac{1}{2}} + C$

▶️ 不定积分的
第一换元积分法

4.3.2　不定积分的第一类换元积分法（凑微分法）

若 $\int f(x)\,\mathrm{d}x = F(x) + C$，则对任意可微函数 $u = \varphi(x)$ 有

$$\int f(u)\,\mathrm{d}u = F(u) + C$$

事实上，由 $\int f(x)\,\mathrm{d}x = F(x) + C$ 得 $\mathrm{d}F(x) = f(x)\mathrm{d}x$. 又由微分形式的不变性得 $\mathrm{d}F(u) = f(u)\,\mathrm{d}u$，故有

$$\int f(u)\,\mathrm{d}u = F(u) + C$$

此法则得证.

法则中的 $\int f(u)\,\mathrm{d}u = F(u) + C$ 也可以写成

$$\int f(\varphi(x))\,\mathrm{d}\varphi(x) = F(\varphi(x)) + C$$

或

$$\int f(\varphi(x))\varphi'(x)\,\mathrm{d}x = F(\varphi(x)) + C$$

运用这个法则求不定积分的过程为：要求 $\int g(x)\,\mathrm{d}x$，若被积函数可写成 $g(x) = f[\varphi(x)]\varphi'(x)$ 的形式，令 $u = \varphi(x)$，则有

$$\int g(x)\,\mathrm{d}x = \int f[\varphi(x)]\varphi'(x)\,\mathrm{d}x = \int f[\varphi(x)]\,\mathrm{d}\varphi(x)$$

$$= \int f(u)\,\mathrm{d}u = F(u) + C = F[\varphi(x)] + C$$

上述过程的关键是凑微分：$\varphi'(x)\,\mathrm{d}x = \mathrm{d}\varphi(x)$，因此，积分形式不变性又称为第一类换元积分法或凑微分法，是求不定积分的一种基本方法.

例 5　求 $\int \cos 2x\,\mathrm{d}x$.

解　$\int \cos 2x\,\mathrm{d}x = \dfrac{1}{2}\int \cos 2x\,\mathrm{d}(2x)$

$\qquad = \dfrac{1}{2}\int \cos u\,\mathrm{d}u \quad （令 u = 2x）$

$\qquad = \dfrac{1}{2}\sin u + C$

$\qquad = \dfrac{1}{2}\sin 2x + C$

例6 求 $\int (1 + 2x)^3 \mathrm{d}x$.

解 $\int (1 + 2x)^3 \mathrm{d}x$

$$= \frac{1}{2} \int (1 + 2x)^3 \mathrm{d}(1 + 2x) \quad (\diamondsuit\; u = 1 + 2x)$$

$$= \frac{1}{2} \cdot \frac{1}{4} (1 + 2x)^4 + C$$

$$= \frac{1}{8} (1 + 2x)^4 + C$$

例7 求 $\int \dfrac{\mathrm{d}x}{1 - 2x}$.

解 $\int \dfrac{\mathrm{d}x}{1 - 2x}$

$$= -\frac{1}{2} \int \frac{\mathrm{d}(1 - 2x)}{1 - 2x} \quad (\diamondsuit\; u = 1 - 2x)$$

$$= -\frac{1}{2} \ln |1 - 2x| + C$$

例8 求 $\int x \mathrm{e}^{x^2} \mathrm{d}x$.

解 $\int x \mathrm{e}^{x^2} \mathrm{d}x = \dfrac{1}{2} \int \mathrm{e}^{x^2} \mathrm{d}(x^2) \quad (\diamondsuit\; u = x^2)$

$$= \frac{1}{2} \mathrm{e}^{x^2} + C$$

例9 求 $\int \dfrac{1}{x^2} \cos \dfrac{1}{x} \mathrm{d}x$.

解 $\int \dfrac{1}{x^2} \cos \dfrac{1}{x} \mathrm{d}x = -\int \cos \dfrac{1}{x} \mathrm{d}\left(\dfrac{1}{x} \right)$

$$= -\sin \frac{1}{x} + C$$

例10 求 $\int \dfrac{\cos x}{\sqrt{\sin x}} \mathrm{d}x$.

解 $\int \dfrac{\cos x}{\sqrt{\sin x}} \mathrm{d}x = \int \dfrac{\mathrm{d}\sin x}{\sqrt{\sin x}}$

$$= 2\sqrt{\sin x} + C$$

例 11 求 $\int \dfrac{\mathrm{d}x}{x\ln x}$.

解 $\quad\int \dfrac{\mathrm{d}x}{x\ln x} = \int \dfrac{\mathrm{d}\ln x}{\ln x}$

$\qquad\qquad\qquad = \ln|\ln x| + C$

例 12 求 $\int \dfrac{\mathrm{e}^x}{1+\mathrm{e}^x}\mathrm{d}x$.

解 $\quad\int \dfrac{\mathrm{e}^x}{1+\mathrm{e}^x}\mathrm{d}x = \int \dfrac{\mathrm{d}(1+\mathrm{e}^x)}{1+\mathrm{e}^x}$

$\qquad\qquad\qquad\quad = \ln(1+\mathrm{e}^x) + C$

例 13 求 $\int \dfrac{\mathrm{d}x}{1+\mathrm{e}^x}$.

解 $\quad\int \dfrac{\mathrm{d}x}{1+\mathrm{e}^x} = \int \left(1 - \dfrac{\mathrm{e}^x}{1+\mathrm{e}^x}\right)\mathrm{d}x$

$\qquad\qquad\qquad = x - \ln(1+\mathrm{e}^x) + C$

例 14 求 $\int \dfrac{\mathrm{d}x}{\sqrt{a^2-x^2}}$ $\quad(a>0)$.

解 $\quad\int \dfrac{\mathrm{d}x}{\sqrt{a^2-x^2}} = \dfrac{1}{a}\int \dfrac{\mathrm{d}x}{\sqrt{1-\left(\dfrac{x}{a}\right)^2}}$

$\qquad\qquad\qquad\quad = \int \dfrac{\mathrm{d}\left(\dfrac{x}{a}\right)}{\sqrt{1-\left(\dfrac{x}{a}\right)^2}}$

$\qquad\qquad\qquad\quad = \arcsin\dfrac{x}{a} + C$

由此得积分公式

$$\int \dfrac{\mathrm{d}x}{\sqrt{a^2-x^2}} = \arcsin\dfrac{x}{a} + C$$

例 15 求 $\int \dfrac{\mathrm{d}x}{a^2+x^2}$ 并计算 $\int_0^a \dfrac{\mathrm{d}x}{a^2+x^2}$

解 $\quad\int \dfrac{\mathrm{d}x}{a^2+x^2} = \dfrac{1}{a^2}\int \dfrac{\mathrm{d}x}{1+\left(\dfrac{x}{a}\right)^2}$

$\qquad\qquad\qquad = \dfrac{1}{a}\int \dfrac{\mathrm{d}\left(\dfrac{x}{a}\right)}{1+\left(\dfrac{x}{a}\right)^2}$

$$= \frac{1}{a}\arctan\frac{x}{a} + C$$

$$\int_0^a \frac{\mathrm{d}x}{a^2 + x^2} = \frac{1}{a}\arctan\frac{x}{a}\Big|_0^a$$

$$= \frac{1}{a}\arctan 1 - \frac{1}{a}\arctan 0$$

$$= \frac{\pi}{4a}$$

由此得积分公式

$$\int \frac{\mathrm{d}x}{a^2 + x^2} = \frac{1}{a}\arctan\frac{x}{a} + C$$

例 16 求 $\int \sin^3 x \mathrm{d}x$.

解 $\int \sin^3 x \mathrm{d}x = -\int \sin^2 x \mathrm{d}\cos x \qquad (令 u = \cos x)$

$$= -\int (1 - u^2)\,\mathrm{d}u$$

$$= -u + \frac{u^3}{3} + C$$

$$= -\cos x + \frac{1}{3}\cos^3 x + C$$

例 17 求 $\int \sec x \mathrm{d}x$.

解 $\int \sec x \mathrm{d}x = \int \frac{\mathrm{d}x}{\cos x}$

$$= \int \frac{\cos x}{\cos^2 x}\mathrm{d}x$$

$$= \int \frac{\mathrm{d}\sin x}{1 - \sin^2 x} \qquad (令 u = \sin x)$$

$$= \int \frac{\mathrm{d}u}{1 - u^2}$$

$$= \frac{1}{2}\int \left(\frac{1}{1 + u} + \frac{1}{1 - u}\right)\mathrm{d}u$$

$$= \frac{1}{2}(\ln|1 + u| - \ln|1 - u|) + C$$

$$= \frac{1}{2}\ln\left|\frac{1 + u}{1 - u}\right| + C$$

$$= \frac{1}{2}\ln\left|\frac{1 + \sin x}{1 - \sin x}\right| + C$$

$$= \frac{1}{2}\ln\frac{(1 + \sin x)^2}{1 - \sin^2 x} + C$$

$$= \ln|\sec x + \tan x| + C$$

由此得公式

$$\int \sec x \mathrm{d}x = \ln|\sec x + \tan x| + C$$

类似得公式

$$\int \csc x \mathrm{d}x = \ln|\csc x - \cot x| + C$$

从积分过程中，还可以得到积分公式

$$\int \frac{\mathrm{d}x}{a^2 - x^2} = \frac{1}{2a}\ln\left|\frac{a + x}{a - x}\right| + C$$

例 18　求 $\int \cos^4 x \mathrm{d}x$.

解　$\int \cos^4 x \mathrm{d}x$

$$= \int\left(\frac{1 + \cos 2x}{2}\right)^2 \mathrm{d}x$$

$$= \frac{1}{4}\int(1 + 2\cos 2x + \cos^2 2x)\mathrm{d}x$$

$$= \frac{1}{4}\int\left(1 + 2\cos 2x + \frac{1 + \cos 4x}{2}\right)\mathrm{d}x$$

$$= \frac{1}{4}\int\left(\frac{3}{2} + 2\cos 2x + \frac{1}{2}\cos 4x\right)\mathrm{d}x$$

$$= \frac{3}{8}x + \frac{1}{4}\sin 2x + \frac{1}{32}\sin 4x + C$$

4.3.3　不定积分的第二类换元积分法

设有积分 $\int f(x)\mathrm{d}x$，令 $x = \varphi(t)$，若 $\varphi'(t)$ 连续且不变号（此时 $\varphi(t)$ 一定是单调函数），则

$$\int f(x)\mathrm{d}x = \int f(\varphi(t))\varphi'(t)\mathrm{d}t = \int g(t)\mathrm{d}t$$

又若

第二换元积分法

$$\int g(t)\,\mathrm{d}t = G(t) + C$$

则

$$\int f(x)\,\mathrm{d}x = G(\varphi^{-1}(x)) + C$$

其中，$t = \varphi^{-1}(x)$ 是 $x = \varphi(t)$ 的反函数. 如此求积分的方法称为不定积分的第二类换元积分法.

例 19 求 $\int \dfrac{1}{1 + \sqrt{x}}\,\mathrm{d}x$.

解 令 $t = \sqrt{x}$，即 $x = t^2$，则 $\mathrm{d}x = 2t\mathrm{d}t$.

$$\begin{aligned}
\int \frac{1}{1 + \sqrt{x}}\mathrm{d}x &= \int \frac{2t}{1 + t}\mathrm{d}t \\
&= 2\int \frac{1 + t - 1}{1 + t}\mathrm{d}t \\
&= 2\int \left(1 - \frac{1}{1 + t}\right)\mathrm{d}t \\
&= 2(t - \ln|1 + t|) + C \\
&= 2(\sqrt{x} - \ln(1 + \sqrt{x})) + C
\end{aligned}$$

例 20 求 $\int \dfrac{\mathrm{d}x}{\sqrt{x + 1} - \sqrt[3]{x + 1}}$.

解 令 $t = \sqrt[6]{x + 1}$，则 $x = t^6 - 1$，$\mathrm{d}x = 6t^5\mathrm{d}t$.

$$\begin{aligned}
\int \frac{\mathrm{d}x}{\sqrt{x + 1} - \sqrt[3]{x + 1}} &= \int \frac{6t^5\,\mathrm{d}t}{t^3 - t^2} \\
&= 6\int \frac{t^3}{t - 1}\mathrm{d}t \\
&= 6\int \frac{t^3 - 1 + 1}{t - 1}\mathrm{d}t \\
&= 6\int \left(t^2 + t + 1 + \frac{1}{t - 1}\right)\mathrm{d}t \\
&= 6\left(\frac{t^3}{3} + \frac{t^2}{2} + t + \ln|t - 1|\right) + C \\
&= 2\sqrt{x + 1} + 3\sqrt[3]{x + 1} + 6\sqrt[6]{x + 1} + 6\ln\left|\sqrt[6]{x + 1} - 1\right| + C
\end{aligned}$$

当被积函数中含有 $\sqrt[n_1]{ax + b}$，$\sqrt[n_2]{ax + b}$，$\cdots$，$\sqrt[n_k]{ax + b}$时，可考虑代

换 $t = \sqrt[n]{ax+b}$；当被积函数中含有 $\sqrt[n_1]{\dfrac{ax+b}{cx+d}}$，$\sqrt[n_2]{\dfrac{ax+b}{cx+d}}$，$\cdots$，$\sqrt[n_k]{\dfrac{ax+b}{cx+d}}$

时，可考虑代换 $\sqrt[n]{\dfrac{ax+b}{cx+d}}$，其中 n 是 n_1，n_2，$\cdots$，n_k 的最小公倍数.

例 21 $\displaystyle\int \dfrac{1}{x}\sqrt{\dfrac{1+x}{x}}\mathrm{d}x.$

解 令 $t = \sqrt{\dfrac{1+x}{x}}$，则 $x = \dfrac{1}{t^2-1}$，$\mathrm{d}x = \dfrac{-2t\mathrm{d}t}{(t^2-1)^2}.$

$$\int \dfrac{1}{x}\sqrt{\dfrac{1+x}{x}}\mathrm{d}x = -2\int \dfrac{t^2}{t^2-1}\mathrm{d}t$$

$$= -2\int \left(1 + \dfrac{1}{t^2-1}\right)\mathrm{d}t$$

$$= -2t - \ln\left|\dfrac{t-1}{t+1}\right| + C$$

$$= -2\sqrt{\dfrac{1+x}{x}} - \ln\left|x\left(\sqrt{\dfrac{1+x}{x}}-1\right)^2\right| + C$$

例 22 求 $\displaystyle\int \sqrt{a^2-x^2}\mathrm{d}x$ $(a > 0).$

解 令 $x = a\sin t$（图 4-12），$t \in \left[-\dfrac{\pi}{2}, \dfrac{\pi}{2}\right]$，则 $\mathrm{d}x = a\cos t\mathrm{d}t.$

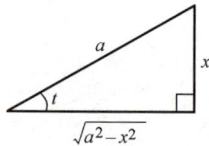

图 4-12

$$\int \sqrt{a^2-x^2}\mathrm{d}x = \int \sqrt{a^2-a^2\sin^2 t}\cdot a\cos t\mathrm{d}t$$

$$= a^2\int \cos^2 t\mathrm{d}t$$

$$= \dfrac{a^2}{2}\int (1+\cos 2t)\mathrm{d}t$$

$$= \dfrac{a^2}{2}\left(t + \dfrac{1}{2}\sin 2t\right) + C$$

$$= \dfrac{a^2}{2}(t + \sin t\cos t) + C$$

$$= \dfrac{a^2}{2}\left(\arcsin\dfrac{x}{a} + \dfrac{x}{a}\dfrac{\sqrt{a^2-x^2}}{a}\right) + C$$

$$= \dfrac{a^2}{2}\arcsin\dfrac{x}{a} + \dfrac{x}{2}\sqrt{a^2-x^2} + C$$

也可以利用代换 $x = \cos t$ 求此积分.

例 23 求 $\displaystyle\int \frac{\mathrm{d}x}{\sqrt{x^2 - a^2}}$ $(a > 0)$.

解 令 $x = a\sec t$（图 4-13），$t \in \left(0, \dfrac{\pi}{2}\right)$（或 $t \in \left(\pi, \dfrac{3}{2}\pi\right)$），

则 $\mathrm{d}x = a\sec t \cdot \tan t\,\mathrm{d}t$.

图 4-13

$$
\begin{aligned}
\int \frac{\mathrm{d}x}{\sqrt{x^2 - a^2}} &= \int \frac{a\sec t \cdot \tan t}{a\tan t}\mathrm{d}t \\
&= \int \sec t\,\mathrm{d}t \\
&= \ln|\sec t + \tan t| + C_1 \\
&= \ln\left| \frac{x}{a} + \frac{\sqrt{x^2 - a^2}}{a} \right| + C_1 \\
&= \ln\left| x + \sqrt{x^2 - a^2} \right| + C
\end{aligned}
$$

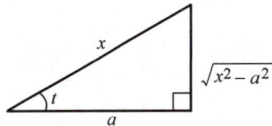

由此得公式

$$
\int \frac{\mathrm{d}x}{\sqrt{x^2 - a^2}} = \ln\left| x + \sqrt{x^2 - a^2} \right| + C
$$

类似地，利用代换 $x = a\tan t$ 或 $x = a\cot t$ 可以得到

$$
\int \frac{\mathrm{d}x}{\sqrt{x^2 + a^2}} = \ln\left(x + \sqrt{x^2 + a^2} \right) + C
$$

4.3.4 不定积分的分部积分法

设函数 $u = u(x)$ 与 $v = v(x)$ 有连续导函数，由乘积的微分公式

$$
\mathrm{d}(uv) = u\mathrm{d}v + v\mathrm{d}u
$$

得

$$
u\mathrm{d}v = \mathrm{d}(uv) - v\mathrm{d}u
$$

两边求不定积分，则有

$$
\int u\mathrm{d}v = uv - \int v\mathrm{d}u \tag{4-4}
$$

此公式称为不定积分的分部积分公式，也可以写作

$$
\int uv'\mathrm{d}x = uv - \int u'v\mathrm{d}x
$$

如果积分 $\int uv'\mathrm{d}x$ 很难求出，而 $\int u'v\mathrm{d}x$ 较易求出时，则可利用此

公式.

不定积分的
分部积分法

例 24 求 $\int x\cos x\mathrm{d}x$.

解 设 $u = x$, $v = \sin x$, 则

$$\int x\cos x\mathrm{d}x = \int x\mathrm{d}\sin x$$

$$= x\sin x - \int \sin x\mathrm{d}x$$

$$= x\sin x + \cos x + C$$

例 25 求 $\int x^2\mathrm{e}^x\mathrm{d}x$.

解 $\int x^2\mathrm{e}^x\mathrm{d}x$

$$= \int x^2\mathrm{d}\mathrm{e}^x \quad (\text{设 } u = x^2, v = \mathrm{e}^x)$$

$$= x^2\mathrm{e}^x - \int 2x\mathrm{e}^x\mathrm{d}x$$

$$= x^2\mathrm{e}^x - \int 2x\mathrm{d}\mathrm{e}^x \quad (\text{设 } u_1 = 2x, v_1 = \mathrm{e}^x)$$

$$= x^2\mathrm{e}^x - (2x\mathrm{e}^x - \int 2\mathrm{e}^x\mathrm{d}x)$$

$$= x^2\mathrm{e}^x - 2x\mathrm{e}^x + 2\mathrm{e}^x + C$$

$$= \mathrm{e}^x(x^2 - 2x + 2) + C$$

此题说明, 有时要多次应用分部积分法.

例 26 求 $\int x\ln x\mathrm{d}x$.

解 $\int x\ln x\mathrm{d}x = \dfrac{1}{2}\int \ln x\mathrm{d}(x^2)$

$$= \frac{1}{2}x^2\ln x - \frac{1}{2}\int \frac{1}{x}\cdot x^2\mathrm{d}x$$

$$= \frac{1}{2}x^2\ln x - \frac{1}{2}\int x\mathrm{d}x$$

$$= \frac{1}{2}x^2\ln x - \frac{x^2}{4} + C$$

例 27 求 $\int x\arctan x\mathrm{d}x$.

解 $\int x\arctan x\mathrm{d}x = \dfrac{1}{2}\int \arctan x\mathrm{d}(x^2)$

$$= \frac{1}{2}x^2\arctan x - \frac{1}{2}\int \frac{x^2}{1+x^2}dx$$

$$= \frac{1}{2}x^2\arctan x - \frac{1}{2}\int\left(1 - \frac{1}{1+x^2}\right)dx$$

$$= \frac{1}{2}x^2\arctan x - \frac{1}{2}x + \frac{1}{2}\arctan x + C$$

在例 24 与例 25 中选择其中的多项式部分为 $u(x)$，而 $\cos x$ 与 e^x 分别被设为 $v(x)$，这样经过分部积分后所得 $\int u'v dx$ 较原积分简易且很容易求出，若选择多项式作 $v(x)$，则分部积分后会较原积分更复杂且很难求出. 例 26 与例 27 中选择多项式部分作为 $v(x)$ 是因为 $\ln x dx$ 与 $\arctan x dx$ 不易凑成 dv 的形式，且分部积分后 $\int u'v dx$ 比较易求.

例 28 求 $\int e^{ax}\cos bx dx$.

解
$$\int e^{ax}\cos bx dx = \frac{1}{b}\int e^{ax}d(\sin bx)$$

$$= \frac{1}{b}e^{ax}\sin bx - \frac{1}{b}\int a e^{ax}\sin bx dx$$

$$= \frac{1}{b}e^{ax}\sin bx + \frac{a}{b^2}\int e^{ax}d(\cos bx)$$

$$= \frac{1}{b}e^{ax}\sin bx + \frac{a}{b^2}e^{ax}\cos bx - \frac{a^2}{b^2}\int e^{ax}\cos bx dx$$

移项得

$$\left(1 + \frac{a^2}{b^2}\right)\int e^{ax}\cos bx dx = \frac{1}{b}e^{ax}\sin bx + \frac{a}{b^2}e^{ax}\cos bx + C_1$$

故 $\int e^{ax}\cos bx dx = \frac{e^{ax}}{a^2+b^2}(b\sin bx + a\cos bx) + C$

例 29 求 $\int \frac{dx}{(x^2+a^2)^2}$.

解
$$\int \frac{dx}{(x^2+a^2)^2} = \frac{1}{a^2}\int \frac{x^2+a^2-x^2}{(x^2+a^2)^2}dx$$

$$= \frac{1}{a^2}\int\left(\frac{1}{x^2+a^2} - \frac{x^2}{(x^2+a^2)^2}\right)dx$$

243

$$= \frac{1}{a^3}\arctan\frac{x}{a} - \frac{1}{2a^2}\int \frac{x\mathrm{d}(x^2 + a^2)}{(x^2 + a^2)^2}$$

$$= \frac{1}{a^3}\arctan\frac{x}{a} + \frac{1}{2a^2}\int x\mathrm{d}\left(\frac{1}{x^2 + a^2}\right)$$

$$= \frac{1}{a^3}\arctan\frac{x}{a} + \frac{1}{2a^2}\frac{x}{x^2 + a^2} - \frac{1}{2a^2}\int \frac{1}{x^2 + a^2}\mathrm{d}x$$

$$= \frac{1}{a^3}\arctan\frac{x}{a} + \frac{x}{2a^2(x^2 + a^2)} - \frac{1}{2a^3}\arctan\frac{x}{a} + C$$

$$= \frac{1}{2a^2}\left(\frac{1}{a}\arctan\frac{x}{a} + \frac{x}{x^2 + a^2}\right) + C$$

4.3.5 有理函数的积分

1. 有理函数的积分

设 $P(x)$ 与 $Q(x)$ 为多项式,则 $\dfrac{P(x)}{Q(x)}$ 称为有理函数. 当 $P(x)$ 的幂次低于 $Q(x)$ 时, $\dfrac{P(x)}{Q(x)}$ 称为真分式,否则称为假分式. 利用多项式的除法,可以将假分式化成一个多项式与一个真分式之和的形式.

形如 $\dfrac{A}{(x-a)^k}$, $\dfrac{(x+1)}{(x^2+px+q)^k}$ ($p^2 - 4q < 0$, k 是正整数) 的有理函数称为简单分式. 前一种简单分式的积分很容易求出,对后一种简单分式的积分,我们这里只考虑 $k=1$ 和 $k=2$ 的情形,当 $k=1$ 时,可采用下面例题中的方法求出;当 $k=2$ 时,可利用本节例 29 的积分方法.

例 30 求 $\displaystyle\int \frac{x+3}{x^2+4x+5}\mathrm{d}x$

解 这里 $p^2 - 4q = 4^2 - 4\times 5 = -4 < 0$

$$\int \frac{x+3}{x^2+4x+5}\mathrm{d}x$$

$$= \int \frac{\frac{1}{2}(2x+4)+1}{x^2+4x+5}\mathrm{d}x$$

$$= \frac{1}{2}\int \frac{2x+4}{x^2+4x+5}\mathrm{d}x + \int \frac{\mathrm{d}x}{x^2+4x+5}$$

$$= \frac{1}{2}\int \frac{\mathrm{d}(x^2+4x+5)}{x^2+4x+5} + \int \frac{\mathrm{d}x}{(x+2)^2+1}$$

有理函数的
不定积分

$$= \frac{1}{2}\ln|x^2 + 4x + 5| + \arctan(x + 2) + C$$

当 $\frac{P(x)}{Q(x)}$ 是真分式，且 $Q(x)$ 可以分解成

$$Q(x) = (x - a)^k \cdots (x - b)^l (x^2 + px + q)^\lambda \cdots (x^2 + rx + s)^m$$

（其中 $k, \cdots, l, \lambda, \cdots, m$ 是正整数，$p^2 - 4q < 0, \cdots, r^2 - 4s <$

0）时，$\frac{P(x)}{Q(x)}$ 可以惟一地表示成若干个简单分式的和，即有

$$\begin{aligned}
\frac{P(x)}{Q(x)} &= \frac{A_1}{x - a} + \frac{A_2}{(x - a)^2} + \cdots + \frac{A_k}{(x - a)^k} + \cdots \\
&+ \frac{B_1}{x - b} + \frac{B_2}{(x - b)^2} + \cdots + \frac{B_l}{(x - b)^l} \\
&+ \frac{C_1 x + D_1}{x^2 + px + q} + \frac{C_2 x + D_2}{(x^2 + px + q)^2} + \cdots + \frac{C_\lambda x + D_\lambda}{(x^2 + px + q)^\lambda} + \cdots \\
&+ \frac{E_1 x + F_1}{x^2 + rx + s} + \frac{E_2 x + F_2}{(x^2 + rx + s)^2} + \cdots + \frac{E_m x + F_m}{(x^2 + rx + s)^m}
\end{aligned}$$

此结论的证明略.

例 31 求 $\displaystyle\int \frac{x + 3}{x^2 - x - 6}dx$.

解 被积函数是真分式且 $x^2 - x - 6 = (x + 2)(x - 3)$，故

$$\frac{x + 3}{x^2 - x - 6} = \frac{A}{x + 2} + \frac{B}{x - 3}$$

两边同乘以 $x^2 - x - 6$，得

$$x + 3 = A(x - 3) + B(x + 2)$$

令 $x = 3$，得 $6 = 5B$，故 $B = \frac{6}{5}$.

令 $x = -2$，得 $1 = -5A$，故 $A = -\frac{1}{5}$. 因此有

$$\begin{aligned}
\int \frac{x + 3}{x^2 - x - 6}dx &= \int \left(\frac{-\dfrac{1}{5}}{x + 2} + \frac{\dfrac{6}{5}}{x - 3} \right)dx \\
&= -\frac{1}{5}\ln|x + 2| + \frac{6}{5}\ln|x - 3| + C
\end{aligned}$$

例 32 求 $\displaystyle\int \frac{x}{x^3 - x^2 + x - 1}dx$.

解　　　　　　　　$x^3 - x^2 + x - 1 = (x-1)(x^2+1)$

故　　　　　　　　$\dfrac{x}{x^3 - x^2 + x - 1} = \dfrac{A}{x-1} + \dfrac{Bx+C}{x^2+1}$

去分母得

$$x = A(x^2+1) + (Bx+C)(x-1)$$

令 $x = 1$，得 $1 = 2A$，故 $A = \dfrac{1}{2}$．令 $x = 0$，得 $0 = A - C$，故 $C = A = \dfrac{1}{2}$．

令 $x = -1$，得 $-1 = 2A + 2B - 2C$，故 $B = -\dfrac{1}{2}$．所以

$$\int \dfrac{x}{x^3 - x^2 + x - 1}\mathrm{d}x$$

$$= \dfrac{1}{2}\int \left(\dfrac{1}{x-1} - \dfrac{x-1}{x^2+1}\right)\mathrm{d}x$$

$$= \dfrac{1}{2}\int \dfrac{\mathrm{d}x}{x-1} - \dfrac{1}{2}\int \dfrac{x\mathrm{d}x}{x^2+1} + \dfrac{1}{2}\int \dfrac{\mathrm{d}x}{x^2+1}$$

$$= \dfrac{1}{2}\ln|x-1| - \dfrac{1}{4}\ln(x^2+1) + \dfrac{1}{2}\arctan x + C$$

例33　求 $\displaystyle\int \dfrac{1}{(x-1)(x-2)(x-3)^2}\mathrm{d}x$

解　$\dfrac{1}{(x-1)(x-2)(x-3)^2} = \dfrac{A}{x-1} + \dfrac{B}{x-2} + \dfrac{C}{x-3} + \dfrac{D}{(x-3)^2}$

去分母得

$$1 = A(x-2)(x-3)^2 + B(x-1)(x-3)^2 +$$
$$C(x-1)(x-2)(x-3) + D(x-1)(x-2)$$

令 $x = 1$，得 $1 = -4A$，故 $A = -\dfrac{1}{4}$．令 $x = 2$，得 $1 = B$，故 $B = 1$．令

$x = 3$，得 $1 = 2D$，故 $D = \dfrac{1}{2}$．令 $x = 0$，得 $1 = -18A - 9B - 6C + 2D$，故

$C = -\dfrac{3}{4}$．所以

$$\int \dfrac{1}{(x-1)(x-2)(x-3)^2}\mathrm{d}x$$

$$= -\dfrac{1}{4}\int \dfrac{\mathrm{d}x}{x-1} + \int \dfrac{\mathrm{d}x}{x-2} - \dfrac{3}{4}\int \dfrac{\mathrm{d}x}{x-3} + \dfrac{1}{2}\int \dfrac{\mathrm{d}x}{(x-3)^2}$$

$$= -\dfrac{1}{4}\ln|x-1| + \ln|x-2| - \dfrac{3}{4}\ln|x-3| - \dfrac{1}{2(x-3)} + C$$

以上几例中的各待定常数也可以利用比较等式两边同次幂的系数求得. 有些有理函数的积分可不必采用上述一般方法而利用较简便的方法求得.

例 34 求 $\int \dfrac{x^3}{x^8 + 16}\mathrm{d}x$.

解
$$\int \frac{x^3}{x^8 + 16}\mathrm{d}x = \frac{1}{4}\int \frac{\mathrm{d}(x^4)}{x^8 + 16}$$
$$= \frac{1}{16}\int \frac{\mathrm{d}\left(\dfrac{x^4}{4}\right)}{1 + \left(\dfrac{x^4}{4}\right)^2}$$
$$= \frac{1}{16}\arctan \frac{x^4}{4} + C$$

例 35 求 $\int \dfrac{x^2 - 2x + 1}{(x - 2)^3}\mathrm{d}x$.

解 此积分可采用上面的方法将其分成三个简单分式之和的积分, 也可以利用换元法求出.

令 $u = x - 2$, 则 $\mathrm{d}u = \mathrm{d}x$
$$\int \frac{x^2 - 2x + 1}{(x - 2)^3}\mathrm{d}x$$
$$= \int \frac{u^2 + 2u + 1}{u^3}\mathrm{d}u$$
$$= \int \left(\frac{1}{u} + \frac{2}{u^2} + \frac{1}{u^3}\right)\mathrm{d}u$$
$$= \ln|u| - \frac{2}{u} - \frac{1}{2u^2} + C$$
$$= \ln|x - 2| - \frac{2}{x - 2} - \frac{1}{2(x - 2)^2} + C$$

2. 可化为有理函数的积分

被积函数是由三角函数 $\sin x$, $\cos x$ 及常数经过有限次四则运算得到的式子, 这样的函数称为三角有理函数.

一般地, 可以通过半角代换 $u = \tan \dfrac{x}{2}$ 将其化为有理函数的积分.

例 36 求 $\int \dfrac{\mathrm{d}x}{5 - 4\cos x}$.

▶️ 三角有理式与无理函数的不定积分

解　令 $u = \tan\dfrac{x}{2}$，即 $x = 2\arctan u$，则

$$\mathrm{d}x = \frac{2}{1 + u^2}\mathrm{d}u$$

$$\cos x = 2\cos^2\frac{x}{2} - 1 = \frac{2}{1 + \tan^2\dfrac{x}{2}} - 1 = \frac{1 - u^2}{1 + u^2}$$

$$\int \frac{\mathrm{d}x}{5 - 4\cos x} = \int \frac{1}{5 - 4\dfrac{1 - u^2}{1 + u^2}}\frac{2\mathrm{d}u}{1 + u^2}$$

$$= \int \frac{2}{1 + 9u^2}\mathrm{d}u$$

$$= \frac{2}{3}\int \frac{\mathrm{d}(3u)}{1 + (3u)^2}$$

$$= \frac{2}{3}\arctan(3u) + C$$

$$= \frac{2}{3}\arctan\left(3\tan\frac{x}{2}\right) + C$$

如果被积函数中含有 $\sin x$，则在半角代换下有

$$\sin x = 2\sin\frac{x}{2}\cos\frac{x}{2} = 2\tan\frac{x}{2}\cos^2\frac{x}{2} = \frac{2\tan\dfrac{x}{2}}{1 + \tan^2\dfrac{x}{2}} = \frac{2u}{1 + u^2}$$

部分三角有理函数的积分可以通过变换 $u = \sin x$，$u = \cos x$ 或 $u = \tan x$ 化成有理函数的积分，部分三角有理函数的积分可以利用三角恒等式求出.

例 37　求 $\displaystyle\int \frac{1}{1 + 2\tan x}\mathrm{d}x$.

解　令 $u = \tan x$，即 $x = \arctan u$，则

$$\mathrm{d}x = \frac{\mathrm{d}u}{1 + u^2}$$

$$\int \frac{1}{1 + 2\tan x}\mathrm{d}x = \int \frac{1}{1 + 2u}\frac{1}{1 + u^2}\mathrm{d}u$$

$$= \frac{1}{5}\int \left(\frac{4}{1 + 2u} + \frac{-2u + 1}{1 + u^2}\right)\mathrm{d}u$$

$$= \frac{1}{5}\int \frac{4}{1+2u}du - \frac{1}{5}\int \frac{2udu}{1+u^2} + \frac{1}{5}\int \frac{du}{1+u^2}$$

$$= \frac{2}{5}\ln|1+2u| - \frac{1}{5}\ln|1+u^2| + \frac{1}{5}\arctan u + C$$

$$= \frac{2}{5}\ln|1+2\tan x| - \frac{1}{5}\ln(1+\tan^2 x) + \frac{x}{5} + C$$

例 38 求 $\int (x+1)\sqrt{4x^2+8x+5}\,dx$.

解 $\sqrt{4x^2+8x+5} = 2\sqrt{(x+1)^2+\frac{1}{4}}$

令 $u = x+1$，则 $du = dx$.

$$\int (x+1)\sqrt{4x^2+8x+5}\,dx$$

$$= 2\int u\sqrt{u^2+\frac{1}{4}}\,du$$

$$= \int \sqrt{u^2+\frac{1}{4}}\,d\left(u^2+\frac{1}{4}\right)$$

$$= \frac{2}{3}\left(u^2+\frac{1}{4}\right)^{\frac{3}{2}} + C$$

$$= \frac{2}{3}\left[(x+1)^2+\frac{1}{4}\right]^{\frac{3}{2}} + C$$

$$= \frac{1}{12}(4x^2+8x+5)^{\frac{3}{2}} + C$$

例 39 求 $\int \frac{xdx}{\sqrt{x^2+4x+3}}$.

解 $\sqrt{x^2+4x+3} = \sqrt{(x+2)^2-1}$

令 $u = x+2$，则 $du = dx$.

$$\int \frac{xdx}{\sqrt{x^2+4x+3}} = \int \frac{u-2}{\sqrt{u^2-1}}du$$

$$= \int \frac{udu}{\sqrt{u^2-1}} - \int \frac{2du}{\sqrt{u^2-1}}$$

$$= \frac{1}{2}\int \frac{d(u^2-1)}{\sqrt{u^2-1}} - 2\int \frac{du}{\sqrt{u^2-1}}$$

$$= \sqrt{u^2 - 1} - 2\ln\left|u + \sqrt{u^2 - 1}\right| + C$$

$$= \sqrt{x^2 + 4x + 3} - 2\ln\left|x + 2 + \sqrt{x^2 + 4x + 3}\right| + C$$

应该指出，许多初等函数的原函数并不是初等函数，也就是说它们的原函数不能表示为有限形式，如 e^{-x^2}，$\dfrac{\sin x}{x}$，$\dfrac{e^x}{x}$，$\dfrac{1}{\ln x}$，…都是这样的函数.

习 题 4.3

1. 求下列不定积分.

(1) $\displaystyle\int x\sqrt{x}\,dx$

(2) $\displaystyle\int \frac{10x^3 + 3}{x^4}\,dx$

(3) $\displaystyle\int \frac{(1-x)^2}{x\sqrt{x}}\,dx$

(4) $\displaystyle\int \frac{x^2 + 7x + 12}{x + 4}\,dx$

2. 求下列不定积分.

(1) $\displaystyle\int \cos(1 - x)\,dx$

(2) $\displaystyle\int \sqrt{7 + 5x}\,dx$

(3) $\displaystyle\int \frac{e^{2x} - 1}{e^x}\,dx$

(4) $\displaystyle\int \frac{dx}{9 + x^2}$

(5) $\displaystyle\int \frac{dx}{\sqrt{4 - 9x^2}}$

(6) $\displaystyle\int \frac{x^2}{4 + x^3}\,dx$

(7) $\displaystyle\int \frac{\ln x}{x}\,dx$

(8) $\displaystyle\int \frac{1}{\sqrt{x}}\sin\sqrt{x}\,dx$

(9) $\displaystyle\int \frac{dx}{\cos^2 x\,\sqrt{1 + \tan x}}$

(10) $\displaystyle\int \frac{x^3}{\sqrt{1 - x^8}}\,dx$

(11) $\displaystyle\int \frac{\sin x\cos x}{1 + \cos^2 x}\,dx$

(12) $\displaystyle\int \cos^2 \frac{x}{2}\,dx$

(13) $\displaystyle\int \cos x\sin 3x\,dx$

(14) $\displaystyle\int \cos 2x\cos 3x\,dx$

3. 求下列不定积分.

(1) $\displaystyle\int x\,\sqrt{1 - 2x}\,dx$

(2) $\displaystyle\int \frac{dx}{1 + \sqrt{1 + x}}$

(3) $\displaystyle\int \frac{\sqrt{x}}{\sqrt{x} - \sqrt[3]{x}}\,dx$

(4) $\displaystyle\int \frac{dx}{x - \sqrt[3]{3x + 2}}$

(5) $\displaystyle\int \frac{x^2}{\sqrt{a^2 - x^2}}\,dx$

(6) $\displaystyle\int \frac{dx}{x\,\sqrt{1 - x^2}}$

4. 求下列不定积分.

(1) $\displaystyle\int x^2 e^{3x}\,dx$

(2) $\displaystyle\int x\cos^2 x\,dx$

(3) $\displaystyle\int \arctan x\,dx$

(4) $\displaystyle\int (\ln x)^2\,dx$

(5) $\displaystyle\int \frac{\ln x}{\sqrt{1 + x}}\,dx$

(6) $\displaystyle\int \ln(x + \sqrt{1 + x^2})\,dx$

(7) $\displaystyle\int \frac{1}{\sqrt{x}}\arcsin\sqrt{x}\,dx$

(8) $\displaystyle\int e^{-x}\sin 2x\,dx$

(9) $\displaystyle\int \sin\sqrt{x}\,dx$

(10) $\displaystyle\int \frac{x\arctan x}{\sqrt{1 + x^2}}\,dx$

5. 求下列不定积分.

(1) $\displaystyle\int \frac{dx}{2x^2 + x - 1}$

(2) $\displaystyle\int \frac{dx}{x^2 + 2x + 3}$

(3) $\displaystyle\int \frac{dx}{a^2 - x^2}$

(4) $\displaystyle\int \frac{x^2}{1 + x}\,dx$

(5) $\displaystyle\int \frac{x^2}{1 - x^2}\,dx$

(6) $\displaystyle\int \frac{x + 1}{x^2 + 2x}\,dx$

(7) $\displaystyle\int \frac{x^2 + 1}{(x + 1)^2(x - 1)}\,dx$

(8) $\displaystyle\int \frac{x^3 - 1}{4x^3 - x}\,dx$

(9) $\displaystyle\int \frac{dx}{x^3 - 1}$

(10) $\displaystyle\int \frac{x^2}{1 - x^4}\,dx$

(11) $\displaystyle\int \frac{dx}{x^4(2x^2 - 1)}$

(12) $\displaystyle\int \frac{x^4}{(x + 1)^{100}}\,dx$

(13) $\displaystyle\int \frac{dx}{x(x^{10} + 1)}$

6. 求下列不定积分.

(1) $\int \dfrac{\mathrm{d}x}{3+\sin^2 x}$ (2) $\int \dfrac{\mathrm{d}x}{(\sin x+\cos x)^2}$ (9) $\int \dfrac{\sin x\cos x}{1+\sin^4 x}\mathrm{d}x$

(3) $\int \cot^3 x\mathrm{d}x$ (4) $\int \cos^2 \dfrac{x}{2}\mathrm{d}x$ 7. 求下列不定积分.

(5) $\int (\tan^2 x+\tan^4 x)\mathrm{d}x$ (6) $\int \sin^4 x\mathrm{d}x$ (1) $\int \dfrac{\mathrm{d}x}{\sqrt{1-x-x^2}}$ (2) $\int \dfrac{x\mathrm{d}x}{\sqrt{2x^2-4x}}$

(7) $\int \dfrac{\mathrm{d}x}{1-\cos x}$ (8) $\int \dfrac{\mathrm{d}x}{1+\sin x}$ (3) $\int \dfrac{x+1}{\sqrt{x^2+x+1}}\mathrm{d}x$

4.4 定积分的计算

4.4.1 定积分的换元法

设函数 $f(x)$ 在 $[a,b]$ 上连续. 作代换 $x=\varphi(t)$, 若 $\varphi(\alpha)=a$, $\varphi(\beta)=b$, 且当 $t\in[\alpha,\beta]$ (或 $t\in[\beta,\alpha]$) 时, $\varphi'(t)$ 连续且不变号, 则有

$$\int_a^b f(x)\mathrm{d}x = \int_\alpha^\beta f(\varphi(t))\varphi'(t)\mathrm{d}t \qquad (4\text{-}5)$$

此公式称为定积分换元公式.

证 因为 $f(x)$ 在 $[a,b]$ 上连续, 故 $f(x)$ 有原函数. 设 $F(x)$ 为 $f(x)$ 的一个原函数, 则

$$\int_a^b f(x)\mathrm{d}x = F(b) - F(a)$$

由于

$$\frac{\mathrm{d}}{\mathrm{d}t}F(\varphi(t)) = F'(\varphi(t))\varphi'(t) = f(\varphi(t))\varphi'(t)$$

故 $F(\varphi(t))$ 是 $f(\varphi(t))\varphi'(t)$ 的原函数, 因此

$$\int_\alpha^\beta f(\varphi(t))\varphi'(t)\mathrm{d}t = F(\varphi(\beta)) - F(\varphi(\alpha)) = F(b) - F(a)$$

故有

$$\int_a^b f(x)\mathrm{d}x = \int_\alpha^\beta f(\varphi(t))\varphi'(t)\mathrm{d}t$$

在定积分换元公式中, 由于积分限也作了相应的改变, 故积出来的原函数不必将变量 t 再换回原来的 x.

例 1 计算 $\displaystyle\int_1^{16} \dfrac{\mathrm{d}x}{2+\sqrt[4]{x}}$.

▶ 定积分的换元积分法

解 令 $t = \sqrt[4]{x}$，即 $x = t^4$，则 $\mathrm{d}x = 4t^3\mathrm{d}t$. 当 $x = 1$ 时，$t = 1$. 当 $x = 16$ 时，$t = 2$. 故

$$\int_1^{16} \frac{\mathrm{d}x}{2 + \sqrt[4]{x}} = \int_1^2 \frac{4t^3\mathrm{d}t}{2 + t}$$

$$= 4\int_1^2 \left(t^2 - 2t + 4 - \frac{8}{2 + t} \right)\mathrm{d}t$$

$$= 4\left(\frac{t^3}{t} - t^2 + 4t - 8\ln|2 + t| \right)\Big|_1^2$$

$$= \frac{40}{3} - 32\ln\frac{4}{3}$$

例 2 计算 $\int_0^{\frac{1}{2}} \frac{x^2}{\sqrt{1 - x^2}}\mathrm{d}x$.

解 令 $x = \sin t$，则 $\mathrm{d}x = \cos t\mathrm{d}t$. 当 $x = 0$ 时，$t = 0$. 当 $x = \frac{1}{2}$ 时，

$t = \frac{\pi}{6}$. 故

$$\int_0^{\frac{1}{2}} \frac{x^2}{\sqrt{1 - x^2}}\mathrm{d}x = \int_0^{\frac{\pi}{6}} \frac{\sin^2 t}{\sqrt{1 - \sin^2 t}}\cos t\mathrm{d}t$$

$$= \int_0^{\frac{\pi}{6}} \sin^2 t\mathrm{d}t$$

$$= \int_0^{\frac{\pi}{6}} \frac{1 - \cos 2t}{2}\mathrm{d}t$$

$$= \left(\frac{t}{2} - \frac{1}{4}\sin 2t \right)\Big|_0^{\frac{\pi}{6}}$$

$$= \frac{\pi}{12} - \frac{\sqrt{3}}{8}$$

例 3 计算 $\int_0^{\frac{\pi}{4}} \frac{\mathrm{d}x}{1 + 3\cos^2 x}$.

解 令 $t = \tan x$，即 $x = \arctan t$，则 $\mathrm{d}x = \frac{\mathrm{d}t}{1 + t^2}$，$\cos^2 x = \frac{1}{1 + \tan^2 x} = \frac{1}{1 + t^2}$. 当 $x = 0$ 时，$t = 0$. 当 $x = \frac{\pi}{4}$时，$t = 1$. 故

$$\int_0^{\frac{\pi}{4}} \frac{\mathrm{d}x}{1 + 3\cos^2 x} = \int_0^1 \frac{\dfrac{\mathrm{d}t}{1 + t^2}}{1 + \dfrac{3}{1 + t^2}}$$

$$= \int_0^1 \frac{\mathrm{d}t}{t^2 + 4}$$

$$= \frac{1}{2}\arctan\frac{t}{2}\ \bigg|_0^1$$

$$= \frac{1}{2}\arctan\frac{1}{2}$$

例 4　若 $f(x)$ 在 $[-a, a]$ 上连续且为偶函数，则 $\int_{-a}^a f(x)\,\mathrm{d}x = 2\int_0^a f(x)\,\mathrm{d}x$. 若 $f(x)$ 在 $[-a, a]$ 上连续且为奇函数，则 $\int_{-a}^a f(x)\,\mathrm{d}x = 0$.

证　　$\displaystyle\int_{-a}^a f(x)\,\mathrm{d}x = \int_{-a}^0 f(x)\,\mathrm{d}x + \int_0^a f(x)\,\mathrm{d}x$

在右边第一个积分中令 $t = -x$，有

$$\int_{-a}^a f(x)\,\mathrm{d}x = -\int_a^0 f(-t)\,\mathrm{d}t + \int_0^a f(x)\,\mathrm{d}x$$

$$= \int_0^a f(-x)\,\mathrm{d}x + \int_0^a f(x)\,\mathrm{d}x$$

故当 $f(x)$ 为偶函数时，有

$$\int_{-a}^a f(x)\,\mathrm{d}x = \int_0^a f(x)\,\mathrm{d}x + \int_0^a f(x)\,\mathrm{d}x = 2\int_0^a f(x)\,\mathrm{d}x$$

当 $f(x)$ 为奇函数时，有

$$\int_{-a}^a f(x)\,\mathrm{d}x = -\int_0^a f(x)\,\mathrm{d}x + \int_0^a f(x)\,\mathrm{d}x = 0$$

上述性质从几何意义上是显而易见的.

例 5　设 $f(x)$ 是周期为 T 的函数，证明：$\displaystyle\int_a^{a+T} f(x)\,\mathrm{d}x = \int_0^T f(x)\,\mathrm{d}x$，其中 a 是任意常数.

证　$\displaystyle\int_a^{a+T} f(x)\,\mathrm{d}x = \int_a^0 f(x)\,\mathrm{d}x + \int_0^T f(x)\,\mathrm{d}x + \int_T^{a+T} f(x)\,\mathrm{d}x$ 对右端第三个积分，令 $x = t + T$，则

$$\int_T^{a+T} f(x)\mathrm{d}x = \int_0^a f(t+T)\mathrm{d}t = \int_0^a f(t)\mathrm{d}t = \int_0^a f(x)\mathrm{d}x$$

故
$$\int_a^{a+T} f(x)\mathrm{d}x = \int_a^0 f(x)\mathrm{d}x + \int_0^T f(x)\mathrm{d}x + \int_0^a f(x)\mathrm{d}x$$
$$= \int_0^T f(x)\mathrm{d}x$$

此例结果说明，周期函数在任何长度为一个周期的区间上的定积分都相等．从几何意义上看，此性质是显然的．

例6 计算 $\int_0^\pi \dfrac{x\sin x}{1+\cos^2 x}\mathrm{d}x$.

解 此被积函数的原函数很难求出，故不易直接利用牛顿—莱布尼兹公式计算．但这里可利用定积分换元公式得到一个关于此积分的方程，从而可解出积分的值．

令 $x = \pi - t$ ，则有

$$\int_0^\pi \frac{x\sin x}{1+\cos^2 x}\mathrm{d}x = -\int_\pi^0 \frac{(\pi-t)\sin(\pi-t)}{1+\cos^2(\pi-t)}\mathrm{d}t$$
$$= \int_0^\pi \frac{(\pi-t)\sin t}{1+\cos^2 t}\mathrm{d}t$$
$$= \pi\int_0^\pi \frac{\sin t}{1+\cos^2 t}\mathrm{d}t - \int_0^\pi \frac{t\sin t}{1+\cos^2 t}\mathrm{d}t$$
$$= -\pi\int_0^\pi \frac{\mathrm{d}\cos t}{1+\cos^2 t} - \int_0^\pi \frac{x\sin x}{1+\cos^2 x}\mathrm{d}x$$
$$= -\pi\arctan(\cos t)\Big|_0^\pi - \int_0^\pi \frac{x\sin x}{1+\cos^2 x}\mathrm{d}x$$
$$= \frac{\pi^2}{2} - \int_0^\pi \frac{x\sin x}{1+\cos^2 x}\mathrm{d}x$$

故 $\int_0^\pi \dfrac{x\sin x}{1+\cos^2 x}\mathrm{d}x = \dfrac{\pi^2}{4}$.

4.4.2 定积分的分部积分法

设 $u=u(x)$ 与 $v=v(x)$ 在区间 $[a,b]$ 上有连续导函数，则由不定积分的分部积分公式与牛顿—莱布尼兹公式得

$$\int_a^b u\mathrm{d}v = uv\Big|_a^b - \int_a^b v\mathrm{d}u \tag{4-6}$$

或

定积分的
分部积分法

$$\int_a^b uv' \mathrm{d}x = uv \Big|_a^b - \int_a^b u'v\mathrm{d}x$$

上述公式称为定积分的分部积分公式.

例7 计算 $\int_0^{\frac{1}{2}} \arcsin x \mathrm{d}x$.

解 设 $u = \arcsin x$，$\mathrm{d}v = \mathrm{d}x$，则 $v = x$.

$$\int_0^{\frac{1}{2}} \arcsin x \mathrm{d}x$$

$$= x\arcsin x \Big|_0^{\frac{1}{2}} - \int_0^{\frac{1}{2}} \frac{x}{\sqrt{1-x^2}} \mathrm{d}x$$

$$= \frac{1}{2}\arcsin\frac{1}{2} + \frac{1}{2}\int_0^{\frac{1}{2}} \frac{1}{\sqrt{1-x^2}}\mathrm{d}(1-x^2)$$

$$= \frac{\pi}{12} + \sqrt{1-x^2} \Big|_0^{\frac{1}{2}}$$

$$= \frac{\pi}{12} + \frac{\sqrt{3}}{2} - 1$$

例8 计算 $\int_0^8 e^{\sqrt[3]{x}} \mathrm{d}x$.

解 令 $t = \sqrt[3]{x}$，即 $x = t^3$，则 $\mathrm{d}x = 3t^2\mathrm{d}t$.

$$\int_0^8 e^{\sqrt[3]{x}} \mathrm{d}x = \int_0^2 e^t 3t^2 \mathrm{d}t$$

$$= 3\int_0^2 t^2 \mathrm{d}e^t$$

$$= 3\left(t^2 e^t \Big|_0^2 - \int_0^2 2te^t \mathrm{d}t \right)$$

$$= 3\left(4e^2 - 2\int_0^2 t\mathrm{d}e^t \right)$$

$$= 3\left(4e^2 - 2te^t \Big|_0^2 + 2\int_0^2 e^t \mathrm{d}t \right)$$

$$= 3\left(4e^2 - 4e^2 + 2e^t \Big|_0^2 \right)$$

$$= 6(e^2 - 1)$$

例 9 计算 $\int_0^{\frac{\pi}{2}} \sin^n x \mathrm{d}x$ 与 $\int_0^{\frac{\pi}{2}} \cos^n x \mathrm{d}x$，$n$ 为正整数.

解 记 $I_n = \int_0^{\frac{\pi}{2}} \sin^n x \mathrm{d}x$，当 $n \geqslant 2$ 时

$$I_n = \int_0^{\frac{\pi}{2}} \sin^n x \mathrm{d}x = -\int_0^{\frac{\pi}{2}} \sin^{n-1} x \mathrm{d}\cos x$$

$$= -\sin^{n-1} x \cos x \Big|_0^{\frac{\pi}{2}} + \int_0^{\frac{\pi}{2}} (n-1) \sin^{n-2} x \cos^2 x \mathrm{d}x$$

$$= (n-1) \int_0^{\frac{\pi}{2}} \sin^{n-2} x (1 - \sin^2 x) \mathrm{d}x$$

$$= (n-1) I_{n-2} - (n-1) I_n$$

解得

$$I_n = \frac{n-1}{n} I_{n-2}$$

由于 $I_0 = \int_0^{\frac{\pi}{2}} 1 \mathrm{d}x = \frac{\pi}{2}$，$I_1 = \int_0^{\frac{\pi}{2}} \sin x \mathrm{d}x = 1$，故由上述递推公式得

$$\int_0^{\frac{\pi}{2}} \sin^n x \mathrm{d}x = \begin{cases} \dfrac{n-1}{n} \cdot \dfrac{n-3}{n-2} \cdot \cdots \cdot \dfrac{1}{2} \cdot \dfrac{\pi}{2} & \text{当 } n \text{ 为偶数} \\[3mm] \dfrac{n-1}{n} \cdot \dfrac{n-3}{n-2} \cdot \cdots \cdot \dfrac{2}{3} \cdot 1 & \text{当 } n \text{ 为奇数} \end{cases}$$

$$\int_0^{\frac{\pi}{2}} \cos^n x \mathrm{d}x \quad \left(\text{令 } x = \frac{\pi}{2} - t\right)$$

$$= -\int_{\frac{\pi}{2}}^0 \cos^n \left(\frac{\pi}{2} - t\right) \mathrm{d}t$$

$$= \int_0^{\frac{\pi}{2}} \sin^n x \mathrm{d}x$$

故 $\int_0^{\frac{\pi}{2}} \cos^n x \mathrm{d}x$ 与 $\int_0^{\frac{\pi}{2}} \sin^n x \mathrm{d}x$ 的结果相同.

例 10 计算 $\int_0^1 \dfrac{x^{10}}{\sqrt{1-x^2}} \mathrm{d}x$.

解 令 $x = \sin t$，则 $\mathrm{d}x = \cos t \mathrm{d}t$.

$$\int_0^1 \frac{x^{10}}{\sqrt{1-x^2}} \mathrm{d}x = \int_0^{\frac{\pi}{2}} \frac{\sin^{10} t}{\sqrt{1 - \sin^2 t}} \cos t \mathrm{d}t$$

$$= \int_0^{\frac{\pi}{2}} \sin^{10} t \mathrm{d}t$$

$$= \frac{9}{10} \cdot \frac{7}{8} \cdot \frac{5}{6} \cdot \frac{3}{4} \cdot \frac{1}{2} \cdot \frac{\pi}{2}$$

$$= \frac{63}{512}\pi$$

例 11 计算 $\int_{\frac{1}{e}}^{e} |\ln x| \, dx$

解 $\int_{\frac{1}{e}}^{e} |\ln x| \, dx = \int_{\frac{1}{e}}^{1} (-\ln x) \, dx + \int_{1}^{e} \ln x \, dx$

$$= -x\ln x \Big|_{\frac{1}{e}}^{1} + \int_{\frac{1}{e}}^{1} \frac{x}{x} dx + x\ln x \Big|_{1}^{e} - \int_{1}^{e} \frac{x}{x} dx$$

$$= -\frac{1}{e} + x \Big|_{\frac{1}{e}}^{1} + e - x \Big|_{1}^{e}$$

$$= 2\left(1 - \frac{1}{e}\right)$$

*4.4.3 数值积分

利用牛顿—莱布尼兹公式计算函数 $f(x)$ 在 $[a, b]$ 上的定积分需要首先求出 $f(x)$ 的原函数 $F(x)$. 有时, $f(x)$ 的原函数不是初等函数或原函数不易求出,另外在很多实际问题中 $f(x)$ 只能以数据的形式给出,这时积分 $\int_{a}^{b} f(x) \, dx$ 往往不能用牛顿—莱布尼兹公式计算,只能用数值方法求出积分的近似值. 由于我们可以使数值积分精确到一定的小数位,因此完全可以满足实际的需要. 数值积分的方法很多,这里介绍最基本的几种.

1. 梯形公式与抛物线公式

连接点 $(a, f(a))$ 与 $(b, f(b))$ 的直线段方程为

$$y = f(a) + \frac{f(b) - f(a)}{b - a}(x - a)$$

如果用此直线段近似地代替曲线 $y = f(x)$(图 4-14),则有

$$\int_{a}^{b} f(x) \, dx \approx \int_{a}^{b} \left[f(a) + \frac{f(b) - f(a)}{b - a}(x - a) \right] dx$$

$$= \frac{b - a}{2} [f(a) + f(b)]$$

记 $\qquad T_1 = \frac{b - a}{2} [f(a) + f(b)]$

则
$$\int_a^b f(x)\,dx \approx T_1 = \frac{b-a}{2}[f(a)+f(b)]$$

此公式称为梯形公式. 梯形公式的几何意义是用梯形面积近似代替曲边梯形面积.

记区间 $[a, b]$ 的中点为 $x_1 = \dfrac{a+b}{2}$，设通过点 $(a, f(a))$，$(x_1, f(x_1))$，$(b, f(b))$ 的抛物线方程为
$$y = Ax^2 + Bx + C$$

如果用此抛物线近似地代替曲线 $y = f(x)$（图 4-15），则有

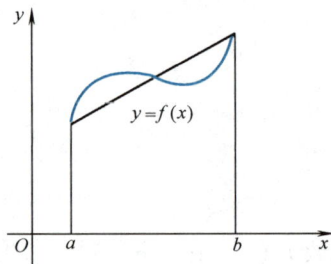

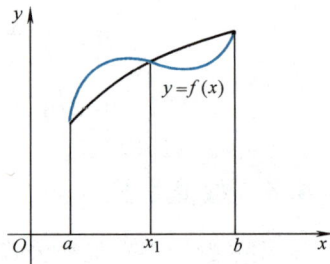

图　4-14　　　　　　　　图　4-15

$$\int_a^b f(x)\,dx \approx \int_a^b (Ax^2 + Bx + C)\,dx$$
$$= \left(\frac{A}{3}x^3 + \frac{B}{2}x^2 + Cx\right)\Big|_a^b$$
$$= \frac{A}{3}(b^3 - a^3) + \frac{B}{2}(b^2 - a^2) + C(b-a)$$
$$= \frac{b-a}{6}(2Ab^2 + 2Aa^2 + 2Aab + 3Bb + 3Ba + 6C)$$
$$= \frac{b-a}{6}\left[f(a) + 4f\left(\frac{a+b}{2}\right) + f(b)\right]$$

记　$S_2 = \dfrac{b-a}{6}\left[f(a) + 4f\left(\dfrac{a+b}{2}\right) + f(b)\right]$，则

$$\int_a^b f(x)\,dx \approx S_2 = \frac{b-a}{6}\left[f(a) + 4f\left(\frac{a+b}{2}\right) + f(b)\right]$$

此公式称为辛浦生公式或抛物线公式.

例 12　利用梯形公式和抛物线公式计算积分 $\displaystyle\int_0^1 \frac{dx}{1+x}$.

解　$T_1 = \dfrac{1}{2}\left[f(0) + f(1)\right] = \dfrac{1}{2}\left(1 + \dfrac{1}{2}\right) = 0.75$

$S_2 = \dfrac{1}{6}\left[f(0) + 4f(0.5) + f(1)\right]$

$= \dfrac{1}{6}\left(1 + 4 \times \dfrac{2}{3} + \dfrac{1}{2}\right) \approx 0.69444$

故有
$$\int_0^1 \frac{\mathrm{d}x}{1+x} \approx T_1 = 0.75$$

$$\int_0^1 \frac{\mathrm{d}x}{1+x} \approx S_2 \approx 0.69444$$

若 $f(x)$ 在 $[a, b]$ 上具有二阶连续导函数,可以证明梯形公式的误差为

$$R(f, T_1) = -\frac{(b-a)^3}{12}f''(\xi), \xi \in [a, b]$$

若 $f(x)$ 在 $[a, b]$ 上具有四阶连续导函数,可以证明抛物线公式的误差为

$$R(f, S_2) = -\frac{(b-a)^5}{2880}f^{(4)}(\xi), \xi \in [a, b]$$

当区间 $[a, b]$ 的长度不是很小时,利用梯形公式或抛物线公式计算积分所产生的误差可能会比较大,为此引入复化梯形公式和复化抛物线公式.

2. 复化梯形公式与复化抛物线公式

将 $[a, b]$ 等分成若干个小区间,在每个小区间上用梯形公式或抛物线公式计算积分的近似值,然后对这些近似值求和,所得求积公式即是复化梯形公式与复化抛物线公式. 下面给出这两个公式的具体形式.

将 $[a, b]$ n 等分,记 $h = \dfrac{b-a}{n}$,分点 $x_k = a + kh$($k = 0, 1, 2, \cdots, n$),在每个小区间 $[x_{k-1}, x_k]$ 上使用梯形公式得

$$\int_{x_{k-1}}^{x_k} f(x)\mathrm{d}x \approx \frac{h}{2}[f(x_{k-1}) + f(x_k)], k = 1, 2, \cdots, n$$

求和得

$$\sum_{k=1}^{n} \int_{x_{k-1}}^{x_k} f(x)\mathrm{d}x \approx \sum_{k=1}^{n} \frac{h}{2}[f(x_{k-1}) + f(x_k)]$$

$$= \frac{h}{2}\Big[f(a) + 2\sum_{k=1}^{n-1} f(x_k) + f(b)\Big]$$

故
$$\int_a^b f(x)\,\mathrm{d}x \approx T_n = \frac{h}{2}\Big[f(a) + 2\sum_{k=1}^{n-1} f(x_k) + f(b)\Big]$$

此即为复化梯形公式.

若 $f(x)$ 在 $[a, b]$ 上有二阶连续导函数，那么可以证明复化梯形公式的误差为

$$R(f, T_n) = -\frac{(b-a)^3}{12n^2} f''(\xi), \xi \in [a, b]$$

完全类似地，令 $n = 2m$，将 $[a, b]$ n 等分，记 $h = \frac{b-a}{n}$，分点 $x_k = a + kh$ $(k = 0, 1, 2, \cdots, n)$，在每个小区间 $[x_{2k-2}, x_{2k}]$ 上使用抛物线公式并求和，得

$$\int_a^b f(x)\,\mathrm{d}x \approx S_n$$

$$= \frac{h}{3}\Big[f(a) + 4\sum_{k=1}^m f(x_{2k-1}) + 2\sum_{k=1}^{m-1} f(x_{2k}) + f(b)\Big]$$

此即为复化辛浦生公式或复化抛物线公式.

若 $f(x)$ 在 $[a, b]$ 上有四阶连续导函数，可以证明复化抛物线公式的误差为

$$R(f, S_n) = -\frac{(b-a)^5}{180n^4} f^{(4)}(\xi), \xi \in [a, b]$$

由 $R(f, T_n)$ 与 $R(f, S_n)$ 可知，可以通过增大 n 使积分的近似值满足实际需要的精度.

例 13 用复化抛物线公式 S_{10} 计算 $\int_0^1 \mathrm{e}^{-x^2}\mathrm{d}x$ 并估计误差. 若用复化梯形公式 T_n 计算此积分且满足同样精度，n 至少应取多大?

解 $f(x) = \mathrm{e}^{-x^2}$

$$h = \frac{1}{10} = 0.1, \ x_k = 0.1k \quad (k = 0,1,2,\cdots,10)$$

$$\int_0^1 \mathrm{e}^{-x^2}\mathrm{d}x \approx S_{10}$$

$$= \frac{h}{3}\Big[f(0) + 4\sum_{k=1}^5 f(x_{2k-1}) + 2\sum_{k=1}^4 f(x_{2k}) + f(1)\Big]$$

$$\approx 0.74683$$

$$f''(x) = 2e^{-x^2}(2x^2 - 1)$$

$$f^{(4)}(x) = 4e^{-x^2}(3 - 12x^2 + 4x^4)$$

在 $[0, 1]$ 上，$0 < e^{-x^2} \leqslant 1$

$$-1 \leqslant 2x^2 - 1 \leqslant 1, \ -5 \leqslant 3 - 12x^2 + 4x^4 \leqslant 3$$

故

$$|f''(x)| \leqslant 2 \times 1 \times 1 = 2$$

$$|f^{(4)}(x)| \leqslant 4 \times 1 \times 5 = 20$$

$$|R(f, S_{10})| = \frac{1}{180 \times 10^4}|f^{(4)}(\xi)|$$

$$\leqslant \frac{20}{180 \times 10^4} \approx 0.1 \times 10^{-4}$$

由

$$|R(f, T_n)| = \frac{1}{12n^2}|f''(\xi)|$$

$$\leqslant \frac{2}{12n^2} = \frac{1}{6n^2} < \frac{20}{180 \times 10^4}$$

解得 $n > 122.5$. 故若用 T_n 计算积分，n 至少应取 123 才能满足同样的精度．计算量大大超过复化抛物线公式．

习 题 4.4

1. 计算下列定积分.

(1) $\displaystyle\int_0^{\frac{\pi}{2}} \cos^5 x \sin^2 x \mathrm{d}x$

(2) $\displaystyle\int_1^{e^2} \frac{\mathrm{d}x}{x\sqrt{1 + \ln x}}$

(3) $\displaystyle\int_{\ln 2}^{2\ln 2} \frac{\mathrm{d}x}{e^x - 1}$

(4) $\displaystyle\int_3^8 \frac{x}{\sqrt{1 + x}}\mathrm{d}x$

(5) $\displaystyle\int_1^2 \frac{\sqrt{x^2 - 1}}{x}\mathrm{d}x$

(6) $\displaystyle\int_0^1 \sqrt{(1 - x^2)^3}\mathrm{d}x$

(7) $\displaystyle\int_1^3 \frac{\mathrm{d}x}{x\sqrt{x^2 + 5x + 1}}$

(8) $\displaystyle\int_0^{\pi} \sqrt{\sin^3 x - \sin^5 x}\mathrm{d}x$

(9) $\displaystyle\int_0^{-\ln 2} \sqrt{1 - e^{2x}}\mathrm{d}x$

2. 计算下列定积分.

(1) $\displaystyle\int_1^e x^2 \ln x \mathrm{d}x$

(2) $\displaystyle\int_0^{\sqrt{3}} x \arctan x \mathrm{d}x$

(3) $\displaystyle\int_0^{\frac{\pi}{2}} e^{2x} \cos x \mathrm{d}x$

(4) $\displaystyle\int_0^3 \arcsin\sqrt{\frac{x}{1 + x}}\mathrm{d}x$

(5) $\displaystyle\int_0^{\frac{\pi}{2}} \cos^7 x \mathrm{d}x$

(6) $\displaystyle\int_0^{\pi} \sin^8 \frac{x}{2}\mathrm{d}x$

(7) $\displaystyle\int_{-\pi}^{\pi} x\cos x \mathrm{d}x$

(8) $\displaystyle\int_{\frac{\pi}{4}}^{\frac{\pi}{3}} \frac{x}{\sin^2 x}\mathrm{d}x$

(9) $\displaystyle\int_1^e \sin(\ln x)\mathrm{d}x$

3. 计算下列定积分.

(1) $\displaystyle\int_{-5}^5 \frac{x^3 \sin^2 x}{1 + x^2 + x^4}\mathrm{d}x$

(2) $\displaystyle\int_{-\frac{1}{2}}^{\frac{1}{2}} \frac{x \arcsin x}{\sqrt{1 - x^2}}\mathrm{d}x$

(3) $\displaystyle\int_{-\frac{\pi}{2}}^{\frac{\pi}{2}} \sqrt{\cos x - \cos^3 x}\mathrm{d}x$

4. 证明：$\displaystyle\int_x^1 \frac{\mathrm{d}t}{1 + t^2} = \int_1^{\frac{1}{x}} \frac{\mathrm{d}t}{1 + t^2} \quad (x > 0)$.

5. 证明：$\int_0^1 x^m (1-x)^n \mathrm{d}x = \int_0^1 x^n (1-x)^m \mathrm{d}x$，其中 m,n 为正整数.

6. 设 $I_n = \int_0^{\frac{\pi}{4}} \tan^n x \mathrm{d}x$，其中 n 为大于 1 的整数，证明：$I_n = \dfrac{1}{n-1} - I_{n-2}$. 并利用此递推公式计算 $\int_0^{\frac{\pi}{4}} \tan^5 x \mathrm{d}x$.

7. 设 $f(x) = \begin{cases} 1 + x^2 & 0 \le x \le 1 \\ 2 - x & 1 < x \le 2 \end{cases}$，计算 $\int_0^2 f(x) \mathrm{e}^x \mathrm{d}x$.

*8. 分别用梯形公式和抛物线公式计算积分 $\int_0^1 \mathrm{e}^{x^2} \mathrm{d}x$.

*9. 用 $n = 4$ 的复化抛物线公式与复化梯形公式计算积分 $\int_{2.5}^{2.9} \mathrm{e}^x \mathrm{d}x$.

*10. 已知 $f(x)$ 的下列函数值，

x_i	1.8	2.0	2.2	2.4	2.6
$f(x_i)$	3.12014	4.42569	6.04241	8.03014	10.46675

试用抛物线公式与复化抛物线公式计算积分 $\int_{1.8}^{2.6} f(x) \mathrm{d}x$.

*11. 用复化梯形公式与复化抛物线公式计算积分 $\int_0^1 \dfrac{\ln(1+x)}{1+x^2} \mathrm{d}x$（用 7 个点上函数值计算）.

*12. 若用复化梯形公式与复化抛物线公式计算积分 $\int_0^1 \mathrm{e}^x \mathrm{d}x$，要使误差不超过 10^{-6}，需将 $[0,1]$ 分成多少等分？

*13. 选用适当步长 h，用复化抛物线公式计算积分值 $\int_{\frac{\pi}{4}}^{\frac{\pi}{2}} \dfrac{\sin x}{x} \mathrm{d}x$，精确到 10^{-3}.

*14. 某树干的周长随树高（距地面）而变化，下表给出了树高与周长的一些对应值，

树高/m	0	5	10	15	20	25	30
周长/m	8	7	6	4	2	1	0

假设树干的横截面都为圆形的，试根据复化梯形公式估算出树干的体积.

4.5 广义积分

反常积分（无穷积分）

前面讨论的定积分要求积分区间是有限的且被积函数是有界函数，但实际应用中有时会遇到积分区间是无限的和被积函数是无界的情况，因此有必要将定积分概念加以推广. 推广后的积分称为广义积分，广义积分可分为两类.

1. 无穷区间上的广义积分

定义 1　设函数 $f(x)$ 在区间 $[a, +\infty)$ 上连续，取 $b > a$，定义

$$\int_a^{+\infty} f(x) \mathrm{d}x = \lim_{b \to +\infty} \int_a^b f(x) \mathrm{d}x$$

称它为函数 $f(x)$ 在无穷区间 $[a, +\infty)$ 上的广义积分或无穷积分. 如果上式中的极限存在, 则称无穷积分 $\int_a^{+\infty} f(x)\mathrm{d}x$ 收敛. 并称此极限值为该无穷积分的值; 如果上述极限不存在, 则称无穷积分 $\int_a^{+\infty} f(x)\mathrm{d}x$ 发散或不存在.

类似地, 可定义

$$\int_{-\infty}^b f(x)\mathrm{d}x = \lim_{a \to -\infty} \int_a^b f(x)\mathrm{d}x$$

在 $(-\infty, +\infty)$ 上的广义积分 $\int_{-\infty}^{+\infty} f(x)\mathrm{d}x$ 可分成两项, 即

$$\int_{-\infty}^{+\infty} f(x)\mathrm{d}x = \int_{-\infty}^c f(x)\mathrm{d}x + \int_c^{+\infty} f(x)\mathrm{d}x$$

其中, c 为任意实数. 当右端两个积分同时收敛时, 称 $\int_{-\infty}^{+\infty} f(x)\mathrm{d}x$ 收敛, 且

$$\int_{-\infty}^{+\infty} f(x)\mathrm{d}x = \lim_{a \to -\infty} \int_a^c f(x)\mathrm{d}x + \lim_{b \to +\infty} \int_c^b f(x)\mathrm{d}x$$

否则, 称此积分发散.

当 $\int_a^{+\infty} f(x)\mathrm{d}x$ 收敛时, 设 $F(x)$ 是 $f(x)$ 的原函数, 若记

$$\lim_{x \to +\infty} F(x) = F(+\infty)$$

则有

$$\int_a^{+\infty} f(x)\mathrm{d}x = \lim_{b \to +\infty} \int_a^b f(x)\mathrm{d}x$$

$$= \lim_{b \to +\infty} (F(b) - F(a)) = F(+\infty) - F(a) = F(x)\Big|_a^{+\infty}$$

此形式与牛顿—莱布尼兹公式的形式相同.

类似地, 当 $\int_{-\infty}^b f(x)\mathrm{d}x$ 与 $\int_{-\infty}^{+\infty} f(x)\mathrm{d}x$ 收敛时, 有

$$\int_{-\infty}^b f(x)\mathrm{d}x = F(b) - F(-\infty) = F(x)\Big|_{-\infty}^b$$

263

$$\int_{-\infty}^{+\infty} f(x)\,dx = F(+\infty) - F(-\infty) = F(x)\Big|_{-\infty}^{+\infty}$$

几何上，当 $f(x) \geq 0$ 时，积分 $\int_a^b f(x)\,dx$ 表示由曲线 $y=f(x)$、直线 $x=a$、$x=b$ 及 x 轴围成的曲边梯形的面积，而 $\int_a^{+\infty} f(x)\,dx$ 表示由曲线 $y=f(x)$、直线 $x=a$ 与 x 轴围成的无界区域（图 4-16 中阴影部分）面积．当积分收敛时，这个面积是一个有限数；若积分发散，则意味着此区域没有有限面积．

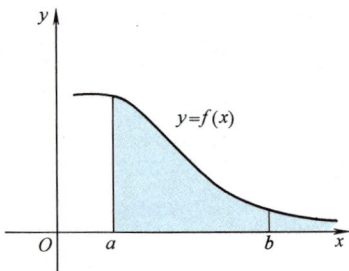

图　4-16

例 1　求 $\int_0^{+\infty} \dfrac{dx}{1+x^2}$．

解　$\displaystyle\lim_{b\to+\infty}\int_0^b \frac{dx}{1+x^2} = \lim_{b\to+\infty} \arctan x\Big|_0^b$

$$= \lim_{b\to+\infty} \arctan b = \frac{\pi}{2}$$

故　$\displaystyle\int_0^{+\infty} \frac{dx}{1+x^2} = \frac{\pi}{2}$

例 2　求 $\int_{\frac{2}{\pi}}^{+\infty} \dfrac{1}{x^2}\sin\dfrac{1}{x}\,dx$．

解　$\displaystyle\int_{\frac{2}{\pi}}^{+\infty} \frac{1}{x^2}\sin\frac{1}{x}\,dx = -\int_{\frac{2}{\pi}}^{+\infty} \sin\frac{1}{x}\,d\left(\frac{1}{x}\right)$

$$= \cos\frac{1}{x}\Big|_{\frac{2}{\pi}}^{+\infty}$$

$$= \lim_{x\to+\infty} \cos\frac{1}{x} = 1$$

例 3　求 $\int_0^{+\infty} \sin x\,dx$．

解　$\displaystyle\int_0^{+\infty} \sin x\,dx = \lim_{b\to+\infty} (-\cos x)\Big|_0^b$

$$= \lim_{b\to+\infty} (1 - \cos b)$$

极限 $\displaystyle\lim_{b\to+\infty} \cos b$ 不存在，故广义积分发散．

由于 $\displaystyle\int_{-\infty}^{+\infty} \sin x\,dx = \int_{-\infty}^0 \sin x\,dx + \int_0^{+\infty} \sin x\,dx$，故 $\int_{-\infty}^{+\infty} \sin x\,dx$ 是发散的．

类似地，广义积分 $\int_{-\infty}^{+\infty} \cos x\,dx$ 也是发散的．

例 4 求 $\int_2^{+\infty} \dfrac{\mathrm{d}x}{x\ln x}$.

解
$$\int_2^{+\infty} \dfrac{\mathrm{d}x}{x\ln x} = \lim_{b\to+\infty}\int_2^b \dfrac{\mathrm{d}x}{x\ln x}$$
$$= \lim_{b\to+\infty}\ln(\ln x)\ \bigg|_2^b = +\infty$$

故积分发散.

例 5 求 $\int_{-\infty}^0 x\mathrm{e}^x\mathrm{d}x$.

解
$$\int_{-\infty}^0 x\mathrm{e}^x\mathrm{d}x = \lim_{a\to-\infty}\int_a^0 x\mathrm{e}^x\mathrm{d}x$$
$$= \lim_{a\to-\infty}\int_a^0 x\mathrm{d}\mathrm{e}^x$$
$$= \lim_{a\to-\infty}(x\mathrm{e}^x - \mathrm{e}^x)\ \bigg|_a^0$$
$$= \lim_{a\to-\infty}(-1 - a\mathrm{e}^a + \mathrm{e}^a) = -1$$

例 6 设 $a>0$，讨论广义积分 $\int_a^{+\infty}\dfrac{\mathrm{d}x}{x^p}$ 的敛散性.

解 当 $p=1$ 时，有
$$\int_a^{+\infty}\dfrac{\mathrm{d}x}{x} = \ln x\ \bigg|_a^{+\infty} = +\infty$$

此时积分发散.

当 $p\neq1$ 时，有
$$\int_a^{+\infty}\dfrac{\mathrm{d}x}{x^p} = \dfrac{x^{1-p}}{1-p}\ \bigg|_a^{+\infty} = \lim_{x\to+\infty}\dfrac{x^{1-p}}{1-p} - \dfrac{a^{1-p}}{1-p}$$

故若 $p>1$，则
$$\int_a^{+\infty}\dfrac{\mathrm{d}x}{x^p} = \dfrac{1}{(p-1)a^{p-1}}$$

若 $p<1$，则
$$\int_a^{+\infty}\dfrac{\mathrm{d}x}{x^p} = +\infty$$

由此可得：当 $p>1$ 时，积分收敛；当 $p\leqslant1$ 时，积分发散.

2. 无界函数的广义积分

定义 2 设函数 $f(x)$ 在区间 $[a, b)$ 上连续，而 $\lim\limits_{x\to b^-}f(x) = \infty$，

定义

$$\int_a^b f(x)\,\mathrm{d}x = \lim_{\eta \to b^-} \int_a^\eta f(x)\,\mathrm{d}x.$$

称它为函数 $f(x)$ 在 $[a,b]$ 上的 **广义积分**. 如果上式中的极限存在，则称广义积分 $\int_a^b f(x)\,\mathrm{d}x$ 收敛，并称此极限值为该广义积分的值；如果上述极限不存在，则称广义积分 $\int_a^b f(x)\,\mathrm{d}x$ 发散.

▶️ 反常积分（瑕积分）

类似地，若函数 $f(x)$ 在区间 $(a,b]$ 上连续，而 $\lim\limits_{x \to a^+} f(x) = \infty$，定义

$$\int_a^b f(x)\,\mathrm{d}x = \lim_{\xi \to a^+} \int_\xi^b f(x)\,\mathrm{d}x$$

若 $f(x)$ 在区间 $[a,b]$ 上除 $x = c$ 外处处连续，而 $\lim\limits_{x \to c} f(x) = \infty$，可将 $\int_a^b f(x)\,\mathrm{d}x$ 写作

$$\int_a^b f(x)\,\mathrm{d}x = \int_a^c f(x)\,\mathrm{d}x + \int_c^b f(x)\,\mathrm{d}x$$

若等号右边两个广义积分都收敛，则称广义积分 $\int_a^b f(x)\,\mathrm{d}x$ 收敛，且

$$\int_a^b f(x)\,\mathrm{d}x = \lim_{\eta \to c^-} \int_a^\eta f(x)\,\mathrm{d}x + \lim_{\xi \to c^+} \int_\xi^b f(x)\,\mathrm{d}x$$

否则，称广义积分 $\int_a^b f(x)\,\mathrm{d}x$ 发散.

以上三种无界函数的广义积分也称为瑕积分，其中函数的无穷间断点称为瑕点.

若 $F(x)$ 是 $f(x)$ 的原函数，则当 $x = b$ 是 $f(x)$ 的瑕点时，有

$$\int_a^b f(x)\,\mathrm{d}x = \lim_{\eta \to b^-} F(x) \Big|_a^\eta = \lim_{\eta \to b^-} F(\eta) - F(a)$$
$$= F(b-0) - F(a)$$

类似地，当 $x = a$ 是 $f(x)$ 的瑕点时，

$$\int_a^b f(x)\,\mathrm{d}x = F(b) - \lim_{\xi \to a^+} F(\xi) = F(b) - F(a+0)$$

二者的形式都与牛顿—莱布尼兹公式很相像，它们也可以看作是牛顿—莱布尼兹公式的推广.

几何上，当 $f(x) \geqslant 0$ 时，若 $f(x)$ 在 $[a,b)$ 上连续，$x = b$ 是

瑕点（即 $\lim\limits_{x\to b^-}f(x)=\infty$），则 $\int_a^t f(x)\mathrm{d}x$ 表示由曲线 $y=f(x)$，直线 $x=a$，$x=\eta$ 与 x 轴围成的曲边梯形的面积，而 $\int_a^b f(x)\mathrm{d}x$ 表示由曲线 $y=f(x)$，直线 $x=a$，$x=b$ 与 x 轴围成的无界区域（图 4-17 中阴影部分）的面积. 若广义积分 $\int_a^b f(x)\mathrm{d}x$ 收敛，则此面积是一个有限值. 若广义积分 $\int_a^b f(x)\mathrm{d}x$ 发散，则意味着此区域没有有限面积.

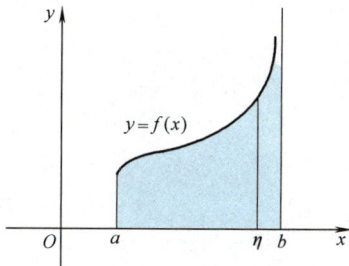

图 4-17

例 7 求 $\int_0^2 \dfrac{\mathrm{d}x}{\sqrt{4-x^2}}$.

解 $x=2$ 是瑕点.

$$\int_0^2 \frac{\mathrm{d}x}{\sqrt{4-x^2}} = \lim_{\xi\to 2^-}\int_0^\xi \frac{\mathrm{d}x}{\sqrt{4-x^2}}$$

$$= \lim_{\xi\to 2^-}\arcsin\frac{x}{2}\ \Big|_0^t$$

$$= \lim_{\xi\to 2^-}\arcsin\frac{\xi}{2} = \frac{\pi}{2}$$

例 8 求 $\int_{-1}^1 \dfrac{\mathrm{d}x}{x^2}$.

解 $x=0$ 是瑕点.

$$\int_{-1}^1 \frac{\mathrm{d}x}{x^2} = \int_{-1}^0 \frac{\mathrm{d}x}{x^2} + \int_0^1 \frac{\mathrm{d}x}{x^2}$$

$$= \lim_{\eta\to 0^-}\int_{-1}^t \frac{\mathrm{d}x}{x^2} + \lim_{\xi\to 0^+}\int_t^1 \frac{\mathrm{d}x}{x^2}$$

$$= \lim_{\eta\to 0^-}\left(-\frac{1}{x}\right)\ \Big|_{-1}^\eta + \lim_{\xi\to 0^+}\left(-\frac{1}{x}\right)\ \Big|_\xi^1$$

$$= \lim_{\eta\to 0^-}\left(-\frac{1}{\eta}-1\right) + \lim_{\xi\to 0^+}\left(-1+\frac{1}{\xi}\right) = +\infty$$

故积分是发散的.

例 9 讨论积分 $\int_0^b \dfrac{\mathrm{d}x}{x^p}$ $(b>0)$ 的敛散性.

解 当 $p=1$，有

$$\int_0^b \frac{\mathrm{d}x}{x} = \lim_{\xi\to 0^+}\ln x\ \Big|_\xi^b = \ln b - \lim_{\xi\to 0^+}\ln\xi = +\infty$$

积分发散.

当 $p \neq 1$，有

$$\int_0^b \frac{\mathrm{d}x}{x^p} = \lim_{\xi \to 0^+} \frac{1}{(1-p)x^{p-1}} \Bigg|_\xi^b$$

$$= \frac{1}{(1-p)b^{p-1}} - \lim_{\xi \to 0^+} \frac{1}{(1-p)\xi^{p-1}}$$

$$= \begin{cases} \dfrac{b^{1-p}}{1-p} & p < 1 \\ +\infty & p > 1 \end{cases}$$

故当 $p < 1$ 时，积分收敛；当 $p \geq 1$ 时，积分发散.

更一般地，积分 $\int_a^b \dfrac{\mathrm{d}x}{(x-a)^p} (b > a)$ 当 $p < 1$ 时收敛，当 $p \geq 1$ 时发散.

例 10 求 $\int_0^a \dfrac{x^3 \mathrm{d}x}{\sqrt{a^2 - x^2}}$ $(a > 0)$.

解 令 $x = a\sin t$，则 $\mathrm{d}x = a\cos t \mathrm{d}t$.

$$\int_0^a \frac{x^3 \mathrm{d}x}{\sqrt{a^2 - x^2}} = \int_0^{\frac{\pi}{2}} \frac{a^3 \sin^3 t \cdot a\cos t \mathrm{d}t}{\sqrt{a^2 - a^2\sin^2 t}}$$

$$= a^3 \int_0^{\frac{\pi}{2}} \sin^3 t \mathrm{d}t$$

$$= \frac{2a^3}{3}$$

此广义积分经变量代换化成了定积分.

习 题 4.5

1. 求下列广义积分.

$(1) \int_0^{+\infty} e^{-x} \mathrm{d}x$ $\qquad$ $(2) \int_1^{+\infty} \dfrac{\mathrm{d}x}{x(x+1)}$

$(3) \int_{-\infty}^{-1} \dfrac{\mathrm{d}x}{x^2(x^2+1)}$ $\qquad$ $(4) \int_0^{+\infty} xe^{-x^2} \mathrm{d}x$

$(5) \int_1^{+\infty} \dfrac{\arctan x}{x^2} \mathrm{d}x$ $\qquad$ $(6) \int_0^{+\infty} e^{-ax}\cos bx \mathrm{d}x$ $\quad (a > 0)$

$(7) \int_0^1 \dfrac{\mathrm{d}x}{\sqrt{x}}$ $\qquad$ $(8) \int_0^1 \ln x \mathrm{d}x$

$(9) \int_0^1 \dfrac{x}{\sqrt{1-x^2}} \mathrm{d}x$ $\qquad$ $(10) \int_a^{2a} \dfrac{\mathrm{d}x}{(x-a)^{\frac{3}{2}}}$

2. 求曲线 $y = xe^{-\frac{x^2}{2}}$ 与其渐近线之间的面积.

4.6　定积分的几何应用

4.6.1　微元法

用定积分可以解决几何与物理中的许多问题，为此，首先要将所求的量写成一个积分式. 如何建立此积分式呢？前面我们求曲边梯形的面积及变速直线运动的路程时采用的方法是：分割、近似、求和、取极限，将极限写成定积分，即 $\int_a^b f(x)\,\mathrm{d}x = \lim\limits_{\lambda \to 0} \sum\limits_{i=1}^{n} f(\xi_i)\,\Delta x_i$.

▶ 微元法介绍

由此可见，能用定积分计算的量必须像路程、面积一样具有代数可加性，即大区间上对应的量等于各小区间上对应量的和. 除路程、面积外，体积、功、质量等也都具有这一特性，而力、速度等则不具有这一特性.

在实际应用中，上面所提到的建立积分式的过程可以简化为：在 $[a, b]$ 上任取一典型小区间 $[x, x + \mathrm{d}x]$，求出 $[x, x + \mathrm{d}x]$ 上所求量的近似值（也是它的微分）$f(x)\,\mathrm{d}x$，然后取积分得 $\int_a^b f(x)\,\mathrm{d}x$，此即所要求的量. 这种简化了的建立积分式的方法称为微元法.

微元法是更便于应用的方法，应用这一方法的关键是找出所求量的微分 $f(x)\,\mathrm{d}x$.

曲边梯形面积的积分式也可以用微元法建立. 设曲边梯形由曲线 $y = f(x)$、直线 $x = a$、$x = b$ 与 x 轴围成. 在 $[a, b]$ 上任取一小区间 $[x, x + \mathrm{d}x]$，这个小区间上所对应的窄曲边梯形面积（图 4-18 阴影部分）近似地等于长为 $f(x)$，宽为 $\mathrm{d}x$ 的小矩形面积，故有

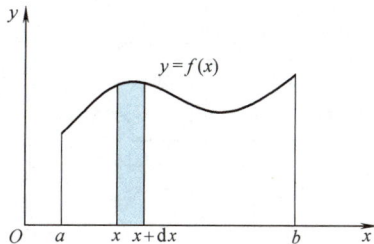

图　4-18

$$\mathrm{d}A = f(x)\,\mathrm{d}x$$

积分得

$$A = \int_a^b f(x)\,\mathrm{d}x$$

其中 $\mathrm{d}A$ 实际上是窄曲边梯形面积 ΔA 的等价无穷小.

平面面积

计算（直角坐标系）

4.6.2 平面图形的面积

1. 直角坐标系下的面积公式

设平面图形由曲线 $y=f(x)$，$y=g(x)$，直线 $x=a$ 与 $x=b$ 围成，且 $f(x) \geqslant g(x)$. 在 $[a,b]$ 上任取一小区间 $[x,x+\mathrm{d}x]$，小区间所对应图形（图 4-19 阴影部分）的面积近似地等于长为 $f(x)-g(x)$、宽为 $\mathrm{d}x$ 的小矩形面积，故有

$$\mathrm{d}A=(f(x)-g(x))\mathrm{d}x$$

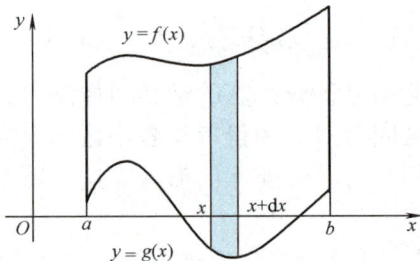

图 4-19

积分得

$$A=\int_a^b(f(x)-g(x))\mathrm{d}x$$

类似地，若平面图形由曲线 $x=\varphi(y)$，$x=\psi(y)$，直线 $y=c$ 与 $y=d$ 围成（见图 4-20），且 $\varphi(y) \geqslant \psi(y)$，则其面积为

$$A=\int_c^d(\varphi(y)-\psi(y))\mathrm{d}y$$

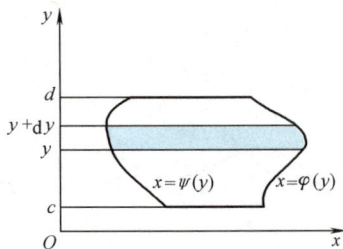

图 4-20

例 1 求由曲线 $y=x^2$ 和 $y=\sqrt{x}$ 所围成的图形的面积.

解 两曲线交点为 $(0,0)$ 和 $(1,1)$，如图 4-21 所示，取 x 或 y 作为积分变量都可以. 若取 x 为积分变量，有

$$A=\int_0^1(\sqrt{x}-x^2)\mathrm{d}x$$
$$=\left(\frac{2}{3}x^{\frac{3}{2}}-\frac{1}{3}x^3\right)\Big|_0^1$$
$$=\frac{1}{3}$$

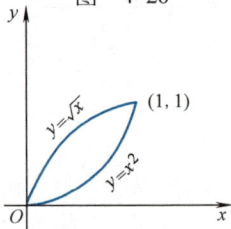

图 4-21

例 2 求由抛物线 $y^2=2x$ 与直线 $y=x-4$ 围成的图形的面积.

解 两曲线交点为 $(2,-2)$ 和 $(8,4)$. 如图 4-22 所示，选

270

y 作为积分变量较方便，故有

$$A = \int_{-2}^{4} \left((y+4) - \frac{y^2}{2} \right) \mathrm{d}y$$

$$= \left(\frac{y^2}{2} + 4y - \frac{y^3}{6} \right) \Big|_{-2}^{4}$$

$$= 18$$

若选 x 为积分变量，由于图形下方的边界曲线的积分表达式当 $x \in [0, 2]$ 时为 $y = -\sqrt{2x}$，当 $x \in [2, 8]$ 时为 $y = x - 4$，故求面积需要两个积分式，即

$$A = \int_{0}^{2} \left(\sqrt{2x} - (-\sqrt{2x}) \right) \mathrm{d}x +$$

$$\int_{2}^{8} \left(\sqrt{2x} - (x-4) \right) \mathrm{d}x = 18$$

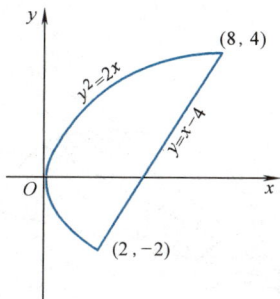

图 4-22

例 3 求椭圆 $\dfrac{x^2}{a^2} + \dfrac{y^2}{b^2} = 1$ 的面积.

解 椭圆关于两个坐标轴对称，故其面积

$$A = 4 \int_{0}^{a} y \mathrm{d}x$$

其中，$y = \dfrac{b}{a}\sqrt{a^2 - x^2}$ 不易积分. 由于椭圆的参数方程为

$$\begin{cases} x = a\cos t \\ y = b\sin t \end{cases}$$

故若对上面积分作变量代换 $x = a\cos t$，则有 $\mathrm{d}x = -a\sin t \mathrm{d}t$，$y = b\sin t$. 当 $x = 0$ 时，$t = \dfrac{\pi}{2}$. 当 $x = a$ 时，$t = 0$，故

$$A = 4 \int_{\frac{\pi}{2}}^{0} b\sin t (-a\sin t) \mathrm{d}t$$

$$= 4ab \int_{0}^{\frac{\pi}{2}} \sin^2 t \mathrm{d}t = \pi ab$$

一般地，当曲线用参数方程表示时，都可以用类似的变量代换方法处理.

📖 平面面积
计算（参数方程）

例 4 求曲线 $y = \dfrac{x^2}{2}$、$y = \dfrac{1}{1+x^2}$ 与直线 $x = -\sqrt{3}$，$x = \sqrt{3}$ 围成图形（见图4-23）的面积.

解 两曲线的交点为 $\left(1, \dfrac{1}{2} \right)$ 和 $\left(-1, \dfrac{1}{2} \right)$，由于图形关于

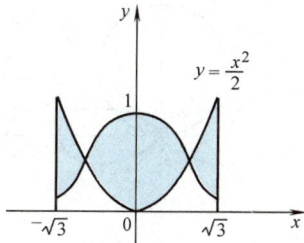

图 4-23

y 轴对称，故

$$A = 2\int_0^1 \left(\frac{1}{1+x^2} - \frac{x^2}{2} \right) dx + 2\int_1^{\sqrt{3}} \left(\frac{x^2}{2} - \frac{1}{1+x^2} \right) dx$$

$$= 2\left(\arctan x - \frac{x^3}{6} \right) \Big|_0^1 + 2\left(\frac{x^3}{6} - \arctan x \right) \Big|_1^{\sqrt{3}}$$

$$= \frac{\pi}{3} - \frac{2}{3} + \sqrt{3}$$

2. 极坐标系下的面积公式

设平面图形由图线 $\rho = \rho(\theta)$、射线 $\theta = \alpha$ 与 $\theta = \beta$ 围成，此图形称为曲边扇形. 现在讨论如何求曲边扇形的面积.

在区间 $[\alpha, \beta]$ 上任取一小区间 $[\theta, \theta + d\theta]$，它所对应的小曲边扇形（图 4-24 阴影部分）的面积近似地等于半径为 $\rho(\theta)$、圆心角为 $d\theta$ 的小扇形面积，故有

$$dA = \frac{1}{2}\rho^2(\theta)d\theta$$

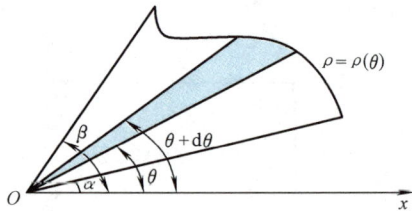

图 4-24

积分得

$$A = \int_\alpha^\beta \frac{1}{2}\rho^2(\theta)d\theta$$

例 5 求心形线 $\rho = a(1 + \cos\theta)$ 所围图形（见图 4-25）的面积.

解 图形关于 x 轴对称，故所求面积

$$A = 2 \cdot \frac{1}{2}\int_0^\pi a^2(1 + \cos\theta)^2 d\theta$$

$$= a^2\int_0^\pi \left(2\cos^2\frac{\theta}{2} \right)^2 d\theta \quad (\diamond \ t = \frac{\theta}{2})$$

$$= 8a^2\int_0^{\frac{\pi}{2}} \cos^4 t dt$$

$$= \frac{3}{2}\pi a^2$$

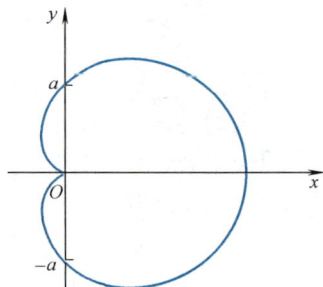

图 4-25

例 6 求圆 $\rho = \sqrt{2}\sin\theta$ 与双纽线 $\rho^2 = \cos2\theta$ 的公共部分的面积（见图 4-26）.

解 图形关于 y 轴对称，由

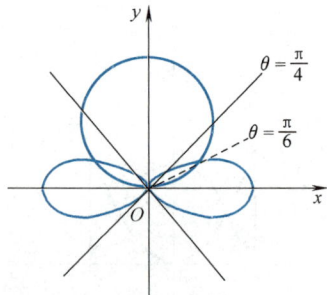

图 4-26

$$\begin{cases} \rho = \sqrt{2}\sin\theta \\ \rho^2 = \cos2\theta \end{cases}$$

解得两曲线在第一象限交点坐标为 $\theta = \dfrac{\pi}{6}$，$\rho = \dfrac{1}{\sqrt{2}}$. 在第一象限中图形

可分成两部分，一部分由圆 $\rho = \sqrt{2}\sin\theta$ 与射线 $\theta = \dfrac{\pi}{6}$ 围成，另一部分

由双纽线 $\rho^2 = \cos2\theta$ 与射线 $\theta = \dfrac{\pi}{6}$ 围成，故所求面积

$$A = 2\Big[\int_0^{\frac{\pi}{6}} \frac{1}{2}(\sqrt{2}\sin\theta)^2 d\theta + \int_{\frac{\pi}{6}}^{\frac{\pi}{4}} \frac{1}{2}\cos2\theta d\theta\Big]$$

$$= \int_0^{\frac{\pi}{6}}(1 - \cos2\theta)d\theta + \int_{\frac{\pi}{6}}^{\frac{\pi}{4}}\cos2\theta d\theta$$

$$= \frac{\pi}{6} + \frac{1 - \sqrt{3}}{2}$$

4.6.3 立体的体积

1. 已知平行截面面积的立体体积

设一立体，它垂直于 x 轴的截面面积为 $A(x)$，$a \leqslant x \leqslant b$，求立体的体积.

在区间 $[a, b]$ 上任取小区间 $[x, x+dx]$，与小区间对应的小立体体积近似地等于底面积为 $A(x)$、高为 dx 的小柱体体积（见图4-27），故有

$$dV = A(x)dx$$

积分得所求体积

$$V = \int_a^b A(x)dx$$

解这类问题主要是设法求出截面面积 $A(x)$ 的表达式.

例 7 设一圆柱体的底面半径为 R，用通过底面直径且与底面夹角为 α 的平面去截圆柱体，求截下的部分立体的体积.

解 如图4-28建立坐标系. 设 x 是 $[-R, R]$ 上任一点，立体在 x 处垂直于 x 轴的截面是直角三角形，其面积

平面面积
计算（极坐标坐标系）

立体体积
计算（薄片法）

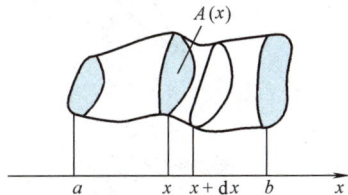

图 4-27

立体体积
计算（柱壳法）

立体体积的
计算（截面法）

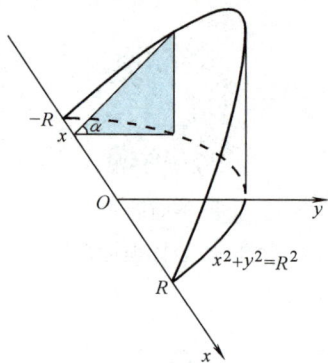

图　4-28

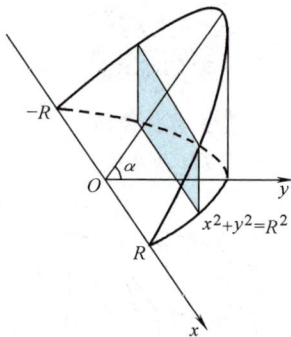

图　4-29

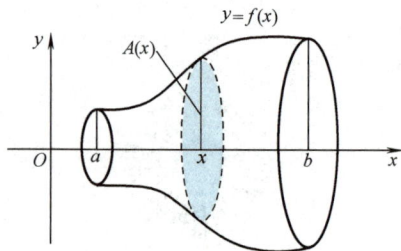

图　4-30

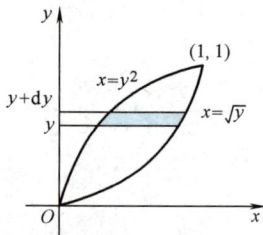

图　4-31

$$A(x) = \frac{1}{2}y(y\tan\alpha)$$

$$= \frac{1}{2}(R^2 - x^2)\tan\alpha$$

由立体的对称性，得

$$V = 2\int_0^R \frac{1}{2}(R^2 - x^2)\tan\alpha\,\mathrm{d}x$$

$$= \tan\alpha\int_0^R (R^2 - x^2)\,\mathrm{d}x$$

$$= \frac{2}{3}R^3\tan\alpha$$

也可以用垂直于 y 轴的平面去截立体（如图4-29），所得截面是长为 $2x$、宽为 $y\tan\alpha$ 的矩形，其面积为

$$A(y) = 2x \cdot y\tan\alpha = 2y\sqrt{R^2 - y^2}\tan\alpha$$

故

$$V = \int_0^R A(y)\,\mathrm{d}y$$

$$= \int_0^R 2y\sqrt{R^2 - y^2}\tan\alpha\,\mathrm{d}y$$

$$= \frac{2}{3}R^3\tan\alpha$$

2. 旋转体的体积

如图4-30所示，曲线 $y = f(x)$，直线 $x = a$，$x = b$ 与 x 轴围成的曲边梯形绕 x 轴旋转一周得到一个旋转体，求其体积.

$[a, b]$ 上任一点 x 处垂直于 x 轴的截面是半径为 $|y| = |f(x)|$ 的圆，其面积为

$$A(x) = \pi y^2 = \pi f^2(x)$$

故所求旋转体体积为

$$V = \pi\int_a^b f^2(x)\,\mathrm{d}x$$

例 8　求抛物线 $y = x^2$ 和 $y = \sqrt{x}$ 围成的图形（见图4-31）绕 y 轴旋转所得旋转体的体积.

解　两曲线交点为 $(0, 0)$ 和 $(1, 1)$，所求旋转体体积应为两个曲边梯形绕 y 轴旋转所得旋转体体积的差，故

$$V = \pi \int_0^1 (\sqrt{y})^2 \mathrm{d}y - \pi \int_0^1 (y^2)^2 \mathrm{d}y$$

$$= \pi \int_0^1 (y - y^4) \mathrm{d}y$$

$$= \frac{3}{10}\pi$$

也可以选 x 作为积分变量，用另一方法建立积分式如下：在区间 $[0, 1]$ 上任取一小区间 $[x, x + \mathrm{d}x]$，与小区间对应的平面图形（图 4-32 阴影部分）绕 y 轴旋转所得小旋转体的体积近似地等于长为 $2\pi x$、宽为 $\sqrt{x} - x^2$、高为 $\mathrm{d}x$ 的薄长方体体积，故

$$\mathrm{d}V = 2\pi x(\sqrt{x} - x^2)\mathrm{d}x$$

积分得

$$V = \int_0^1 2\pi x(\sqrt{x} - x^2)\mathrm{d}x$$

$$= \frac{3}{10}\pi$$

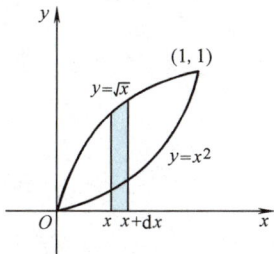

图 4-32

例 9 求星形线 $\begin{cases} x = a\cos^3 t \\ y = a\sin^3 t \end{cases} (0 \leqslant t \leqslant 2\pi)$ 所围图形（见图 4-33）绕 x 轴旋转所得旋转体的体积．

解 由对称性，有

$$V = 2\int_0^a \pi y^2 \mathrm{d}x$$

令 $x = a\cos^3 t$，则 $y = a\sin^3 t$，故

$$V = 2\int_{\frac{\pi}{2}}^0 \pi(a\sin^3 t)^2 3a\cos^2 t(-\sin t)\mathrm{d}t$$

$$= 6\pi a^3 \int_0^{\frac{\pi}{2}} (\sin^7 t - \sin^9 t)\mathrm{d}t$$

$$= \frac{32}{105}\pi a^3$$

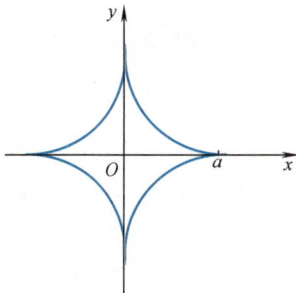

图 4-33

4.6.4 曲线的弧长

设曲线为 $y = f(x)$，$a \leqslant x \leqslant b$，其中 $f(x)$ 有连续导函数，求曲线的弧长．

▶ 平面曲线的弧长

在区间 $[a, b]$ 上任取小区间 $[x, x+\mathrm{d}x]$，与小区间对应的弧长的微分为

$$\mathrm{d}s = \sqrt{1 + (y')^2}\mathrm{d}x$$

故曲线弧长为

$$s = \int_a^b \sqrt{1 + (y')^2}\mathrm{d}x = \int_a^b \sqrt{1 + (f'(x))^2}\mathrm{d}x$$

若曲线由参数方程 $\begin{cases} x = x\ (t) \\ y = y\ (t) \end{cases}$ $(\alpha \leqslant t \leqslant \beta)$ 给出，其中 $x(t)$，$y(t)$ 有连续导函数，则弧长公式为

$$s = \int_\alpha^\beta \sqrt{(x'(t))^2 + (y'(t))^2}\mathrm{d}t$$

若曲线由极坐标方程 $\rho = \rho(\theta)$ $(\alpha \leqslant \theta \leqslant \beta)$ 给出，则弧长公式为

$$s = \int_\alpha^\beta \sqrt{\rho^2(\theta) + (\rho'(\theta))^2}\mathrm{d}\theta$$

例 10 求星形线 $x^{\frac{2}{3}} + y^{\frac{2}{3}} = a^{\frac{2}{3}}$ 的全长.

解 方程两边对 x 求导，得

$$\frac{2}{3}x^{-\frac{1}{3}} + \frac{2}{3}y^{-\frac{1}{3}}y' = 0$$

解得 $y' = -\sqrt[3]{\dfrac{y}{x}}$.

$$\mathrm{d}s = \sqrt{1 + (y')^2}\mathrm{d}x = \sqrt{1 + \frac{y^{\frac{2}{3}}}{x^{\frac{2}{3}}}}\mathrm{d}x$$

$$= \frac{\sqrt{x^{\frac{2}{3}} + y^{\frac{2}{3}}}}{x^{\frac{1}{3}}}\mathrm{d}x = \frac{a^{\frac{1}{3}}}{x^{\frac{1}{3}}}\mathrm{d}x$$

由对称性，得

$$s = 4\int_0^a a^{\frac{1}{3}}x^{-\frac{1}{3}}\mathrm{d}x = 6a$$

此弧长也可以用参数方程的弧长公式计算. 星形线的参数方程为

$\begin{cases} x = a\cos^3 t \\ y = a\sin^3 t \end{cases}$，$0 \leqslant t \leqslant 2\pi$. 由

$$ds = \sqrt{(x'(t))^2 + (y'(t))^2}dt$$
$$= \sqrt{(-3a\cos^2 t\sin t)^2 + (3a\sin^2 t\cos t)^2}dt$$
$$= 3a|\sin t\cos t|dt$$

有 $$s = 4\int_0^{\frac{\pi}{2}} 3a|\sin t\cos t|dt = 12a\int_0^{\frac{\pi}{2}}\sin t\cos t dt = 6a$$

例 11 求心形线 $\rho = a(1+\cos\theta)$ 的全长.

解
$$\rho'(\theta) = -a\sin\theta$$
$$ds = \sqrt{\rho^2(\theta) + (\rho'(\theta))^2}d\theta$$
$$= \sqrt{a^2(1+\cos\theta)^2 + (-a\sin\theta)^2}d\theta$$
$$= 2a\left|\cos\frac{\theta}{2}\right|d\theta$$

由对称性, 得心形线全长为
$$s = 2\int_0^{\pi} 2a\left|\cos\frac{\theta}{2}\right|d\theta \quad (令\ t = \frac{\theta}{2})$$
$$= 8a\int_0^{\frac{\pi}{2}}\cos t dt$$
$$= 8a$$

习 题 4.6

1. 求由抛物线 $y = \dfrac{x^2}{4}$ 与直线 $3x - 2y - 4 = 0$ 所围图形的面积.

2. 求正弦曲线 $y = \sin x$ 在区间 $[0, 2\pi]$ 上的一段与 x 轴所围图形的面积.

3. 求由抛物线 $y^2 = -4(x-1)$ 与 $y^2 = -2(x-2)$ 围成的图形的面积.

4. 求摆线 $\begin{cases} x = a(t-\sin t) \\ y = a(1-\cos t) \end{cases}$ 的一拱 $(0 \leqslant t \leqslant 2\pi)$ 与 x 轴所围图形的面积.

5. 求星形线 $\begin{cases} x = a\cos^3 t \\ y = a\sin^3 t \end{cases}$ 与圆 $\begin{cases} x = a\cos t \\ y = a\sin t \end{cases}$ 所围图形的面积.

6. 求双纽线 $\rho^2 = 4\sin 2\theta$ 所围图形的面积.

7. 求圆 $\rho = 1$ 与心形线 $\rho = 1 + \sin\theta$ 所围图形公共部分的面积.

8. 已知塔高为 80m, 距离其顶点 xm 处的水平截面是边长为 $\dfrac{1}{400}(x+40)^2$ (单位为 m) 的正方形, 求塔的体积.

9. 一立体的底面是一半径为 5 的圆面, 已知垂直于底面的一条固定直径的截面都是等边三角形, 求立体的体积.

10. 求下列旋转体的体积.

(1) 在第一象限中, $xy = 9$ 与 $x + y = 10$ 之间的图形绕 y 轴旋转.

（2）抛物线 $y^2 = 4x$ 与 $y^2 = 8x - 4$ 之间的图形绕 x 轴旋转.

（3）在第一象限中，右边为圆周 $x^2 + y^2 = 25$，左边为抛物线 $16x = 3y^2$ 的图形绕 x 轴旋转.

（4）摆线 $\begin{cases} x = a \ (t - \sin t) \\ y = a \ (1 - \cos t) \end{cases}$ 的一拱（$0 \leqslant t \leqslant 2\pi$）与 x 轴之间的图形绕 y 轴旋转.

11. 钟形曲线 $y = e^{-\frac{x^2}{2}}$ 绕 y 轴旋转形成一山峰状

的旋转体，求其体积.

12. 求下列指定曲线段的弧长.

（1）曲线 $y = \cosh x$ 从 $x = -1$ 到 $x = 1$.

（2）曲线 $x = \dfrac{y^2}{4} - \dfrac{1}{2}\ln y$ 从 $y = 1$ 到 $y = e$.

（3）曲线 $\begin{cases} x = a \ (\cos t + t\sin t) \\ y = a \ (\sin t - t\cos t) \end{cases}$ 从 $t = 0$ 到 $t = 2\pi$.

（4）曲线 $\rho = 2\theta^2$ 从 $\theta = 0$ 到 $\theta = 3$.

4.7　定积分的物理应用

变力沿直线做功

1. 变力做功

如果一常力 F 作用于一物体使其沿直线移动了距离 s，那么我们就说力对这一物体做了功，且所做功 $W = F \cdot s$．如果计算功时力或距离是变化的，则需要在某一变量的小区间上求出功的微分，然后取定积分得到总功的表达式.

例 1　一长为 28m、质量为 20kg 的均匀链条悬挂于﹒建筑物顶部，如图 4-34 所示，问需要做多大的功才能把这一链条全部拉到建筑物顶部.

解　建立图 4-35 所示的坐标系．链条的线密度 $\mu = \dfrac{20}{28}\text{kg/m} = \dfrac{5}{7}\text{kg/m}$.

在 $[0, 28]$ 上任取一小区间 $[x, x + dx]$，此小区间对应的链条质量为 μdx，将这小段链条拉至顶部所做功近似等于

$$dW = (g\mu dx)x = \frac{5g}{7}x dx$$

积分得总功

$$W = \int_0^{28} \frac{5}{7}gx dx = 2\ 744(\text{J})$$

其中 J 为焦耳.

例 2　底半径为 r（单位为 m）、高为 h（单位为 m）的圆柱形水桶中存满水，要把桶内的水全部吸出，求所做的功.

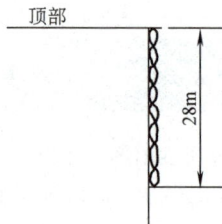

顶部

28m

图　4-34

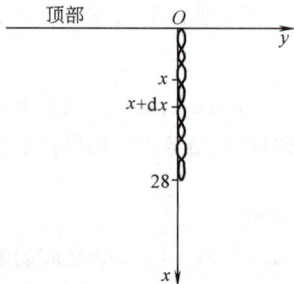

顶部

O

y

x

$x+dx$

28

x

图　4-35

解 建立图 4-36 所示的坐标系. 水的密度为 $\rho = 1\,000\text{kg/m}^3$.

设想水分层抽出，在区间 $[0, h]$ 上任取小区间 $[x, x+\mathrm{d}x]$，与之对应的水层重为 $\rho g \pi r^2 \mathrm{d}x$，把它提到桶口所做功近似等于

$$\mathrm{d}W = (\rho g \pi r^2 \mathrm{d}x)x = \rho g \pi r^2 x \mathrm{d}x$$

积分得总功

$$W = \int_0^h \rho g \pi r^2 x \mathrm{d}x = \frac{1}{2}\rho g \pi r^2 h^2$$
$$= 500g\pi r^2 h^2 (\text{J})$$

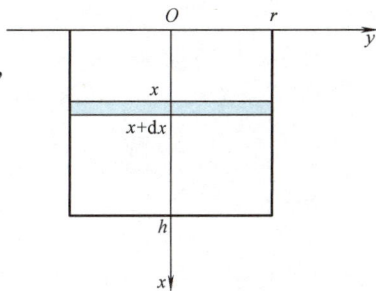

图 4-36

2. 液体的侧压力

很多实际问题要求计算液体作用于一物体表面上的侧压力.

例如，水对坝或闸门的压力. 当压强为常数时，压力 = 压强 × 面积，当物体表面位于液体中时，不同深度所受的压强是不同的，故往往需要用定积分计算液体对表面的侧压力.

例 3 有一半径为 R（单位为 m）的圆形水闸门垂直立于水中，求水面与闸顶同样高时闸门所受的侧压力.

液体的侧压力

解 建立图 4-37 所示的坐标系. 水的密度 $\rho = 1\,000\text{kg/m}^3$.

在 $[-R, R]$ 上任取小区间 $[x, x+\mathrm{d}x]$，由物理学可知，水的压强等于重力加速度 $g \times$ 密度 $\times$ 深度. x 处的水深为 $R+x$，水的压强为 $\rho g(R+x)$，故闸门位于 $[x, x+\mathrm{d}x]$ 上的那部分所受侧压力近似等于

$$\mathrm{d}F = \rho g(R+x) \cdot 2|y|\mathrm{d}x$$
$$= 2\rho g(R+x)\sqrt{R^2 - x^2}\mathrm{d}x$$

积分得闸门所受的侧压力

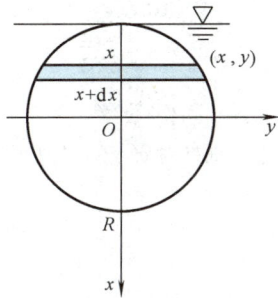

图 4-37

$$F = \int_{-R}^{R} 2\rho g(R+x)\mathrm{d}x \sqrt{R^2 - x^2}\mathrm{d}x$$

$$= 2\rho g\left[\int_{-R}^{R} R\sqrt{R^2 - x^2}\mathrm{d}x + \int_{-R}^{R} x\sqrt{R^2 - x^2}\mathrm{d}x\right]$$

$$= 4\rho g R\int_0^R \sqrt{R^2 - x^2}\mathrm{d}x \quad （由积分的几何意义得）$$

$$= \rho g \pi R^3$$

$$= 9\,800\pi R^3 (\text{N})$$

其中 N 为牛顿.

3. 引力

两质点间的引力可以由公式

$$F = k\frac{Mm}{r^2}$$

给出，其中 M 与 m 分别为两质点的质量，k 为引力常数，r 为两质点间的距离。质点与细杆间的引力则需要用定积分计算。

例 4 有一均匀细杆，线密度为 μ，长为 l，在杆一端的延长线上有质量为 m 的质点，质点与该端距离为 a。（1）求杆与质点间的引力。（2）分别求质点由距杆端 a 处移到 b 处（$b > a$）与无穷远处时克服引力做的功。

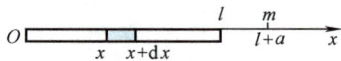

图 4-38

解 建立图 4-38 所示的坐标系。

（1）在 $[0, l]$ 上任取小区间 $[x, x + \mathrm{d}x]$，长为 $\mathrm{d}x$ 的细杆可以近似地看成质点，其质量为 $\mu\mathrm{d}x$，它与质点 m 的引力近似地等于

$$\mathrm{d}F = k\frac{m \cdot \mu\mathrm{d}x}{(a + l - x)^2}$$

积分得

$$F = \int_0^l \frac{km\mu\mathrm{d}x}{(a + l - x)^2} = k\mu m\frac{1}{a + l - x}\Big|_0^l$$

$$= \frac{k\mu ml}{a(a + l)}$$

▶ 细杆对质点的引力

（2）质点 m 距离杆端 x 处时，引力为

$$F(x) = \frac{k\mu ml}{x(x + l)}$$

分别记质点由 a 处移至 b 处与无穷远处时引力所做的功为 W_b 和 W_∞。在 $[a, b]$ 上任取小区间 $[x, x + \mathrm{d}x]$，质点由 x 移到 $x + \mathrm{d}x$ 处时所做功近似等于

$$\mathrm{d}W = F(x)\,\mathrm{d}x$$

积分得

$$W_b = \int_a^b F(x)\,\mathrm{d}x = \int_a^b \frac{k\mu ml}{x(x + l)}\mathrm{d}x$$

$$= k\mu m\int_a^b \Big(\frac{1}{x} - \frac{1}{x + l}\Big)\mathrm{d}x$$

$$= k\mu m\ln\frac{b(a + l)}{a(b + l)}$$

$$W_\infty = \lim_{b \to +\infty} W_b = k\mu m \ln \frac{a+l}{a}$$

例5 用线密度为 μ 的细铁丝围成半径为 R 的半圆弧，在圆心处有一质量为 m 的质点，求铁丝对质点的引力.

解 建立图4-39所示的坐标系. 在 $[0, \pi]$ 上任取小区间 $[\theta, \theta + d\theta]$，它对应的弧长为 $ds = Rd\theta$，其质量为 μds，ds 对质点 m 的引力近似地等于

$$dF = k\frac{m\mu ds}{R^2} = \frac{km\mu d\theta}{R}$$

它在垂直方向上的分力为

$$dF_y = dF \cdot \sin\theta = \frac{km\mu}{R}\sin\theta d\theta$$

积分得

$$F_y = \int_0^\pi \frac{km\mu}{R}\sin\theta d\theta = \frac{2km\mu}{R} = \frac{2kmM}{\pi R^2}$$

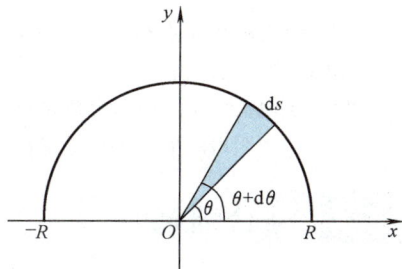

图 4-39

其中，$M = \pi R\mu$ 是铁丝的质量.

由于圆弧是均匀的且关于 y 轴对称，故 F 在水平方向上分力 $F_x = 0$，因此

$$F = \sqrt{F_x^2 + F_y^2} = \frac{2kmM}{\pi R^2}$$

习 题 4.7

1. 细杆的线密度 $\mu = 6 + 0.3x$（单位为 kg/m），其中 x 为与杆左端的距离，杆长 10m，求细杆的质量.

2. 一根平放的弹簧，拉长 10cm 时，要用 49N 的力，求拉长 15cm 时克服弹性力所做的功.

3. 半径为 20m 的半球形水池内存满水，求吸出池中全部水所做的功.

4. 某加油站把汽油存放在地下一容器中，容器为水平放置的圆柱体. 如果圆柱的底面半径为 1.5m，长度为 4m，并且最高点位于地面下方 3m 处. 设容器装满了汽油，试求把容器中的汽油从容器中全部抽出

所做的功（汽油的密度为 6.73kg/m³）.

5. 有一等腰梯形闸门垂直立于水中，上底长 10m，下底长 6m，高 20m，上底恰好在水面处，计算闸门所受的侧压力.

6. 一个 4m 长的水槽（图 4-40），一侧面是竖直的矩形，另有一倾斜的矩形侧面及两个竖直的直角三角形端面，尺寸如图 4-40 所示. 如果水槽中装满水，试分别计算水作用于各侧面及两个端面上的侧压力.

7. 长为 $2l$ 的直导线，均匀带电，电荷线密度为 δ（单位长导线所带的电荷）. 在导线的中垂线上与导线

相距 a 处有带电量 q 的点电荷，求：

（1）它与导线间的作用力（计算两个点电荷 q_1，q_2 间的作用力可用库仑定律 $F = k\dfrac{q_1 q_2}{r^2}$）．

（2）点电荷由 a 点移到 b 点所做的功．

（3）点电荷由 a 点移到无穷远处所做的功．

8. 在纯电阻电路中，已知电流 $i = I_m\sin\omega t$，其中

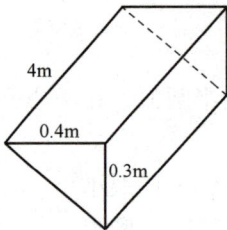

图 4-40

4m

0.4m

0.3m

I_m，ω 为常数，t 为时间，计算一个周期的功率的平均值（电阻值为 R 时，瞬时功率 $P(t) = i^2 R$）．

9. 一汽车以速度 v（单位为 km/h）行驶，若其速度 v 的大小介于 40km/h 和 100km/h 之间，则它每消耗 1L 汽油可行驶 $\left(8 + \dfrac{1}{30} v\right)$ km．假设作为时间 t 的函数的速度 v 由 $v = \dfrac{80t}{t+1}$ 给出（t 的单位为 h），问在 $t = 2$ 和 $t = 3$ 之间这段时间内汽车消耗了多少升汽油．

4.8 综合例题

积分及其应用
知识框架

例 1 设 $f(x)$ 连续，且 $f(x) = x + 2\displaystyle\int_0^1 f(t)\,\mathrm{d}t$，求 $f(x)$．

解 记 $a = \displaystyle\int_0^1 f(t)\,\mathrm{d}t$，则 $f(x) = x + 2a$，两端积分得

$$\int_0^1 f(x)\,\mathrm{d}x = \int_0^1 (x + 2a)\,\mathrm{d}x = \frac{1}{2} + 2a$$

即

$$a = \frac{1}{2} + 2a$$

得

$$a = -\frac{1}{2}$$

故

$$f(x) = x - 1$$

积分及其应用
典型例题 1

例 2 设函数 $f(x)$ 及其反函数 $g(x)$ 都可微，且有关系式

$$\int_1^{f(x)} g(t)\,\mathrm{d}t = \frac{1}{3}\left(x^{\frac{3}{2}} - 8\right)，求 f(x)$$

解 等式两端对 x 求导，得

$$g(f(x)) f'(x) = \frac{1}{2} x^{\frac{1}{2}}$$

即

$$x f'(x) = \frac{1}{2} x^{\frac{1}{2}}$$

$$f'(x) = \frac{1}{2\sqrt{x}}$$

$$f(x) = \sqrt{x} + C$$

令 $f(x) = 1$，由已知关系式得

$$0 = \int_1^1 g(x)\,dx = \frac{1}{3}\left(x^{\frac{3}{2}} - 8\right)$$

解得

$$x = 4$$

代入 $f(x)$ 的表达式，得

$$1 = \sqrt{4} + C$$

得

$$C = -1$$

故

$$f(x) = \sqrt{x} - 1$$

例 3　设 $f(x)$ 的原函数为 $\dfrac{\sin x}{x}$，求 $\int x f'(x)\,dx$.

解
$$\int x f'(x)\,dx = \int x\,df(x)$$
$$= x f(x) - \int f(x)\,dx$$
$$= x f(x) - \frac{\sin x}{x} + C$$

又
$$f(x) = \left(\frac{\sin x}{x}\right)' = \frac{x\cos x - \sin x}{x^2}$$

故
$$\int x f'(x)\,dx = \frac{x\cos x - \sin x}{x} - \frac{\sin x}{x} + C$$
$$= \cos x - \frac{2\sin x}{x} + C$$

例 4　计算 $\int_0^\pi \sqrt{1 - \sin x}\,dx$.

解
$$\int_0^\pi \sqrt{1 - \sin x}\,dx = \int_0^\pi \sqrt{1 - 2\sin\frac{x}{2}\cos\frac{x}{2}}\,dx$$
$$= \int_0^\pi \left|\sin\frac{x}{2} - \cos\frac{x}{2}\right|\,dx$$
$$= \int_0^{\frac{\pi}{2}} \left(\cos\frac{x}{2} - \sin\frac{x}{2}\right)\,dx +$$
$$\int_{\frac{\pi}{2}}^\pi \left(\sin\frac{x}{2} - \cos\frac{x}{2}\right)\,dx$$
$$= 4(\sqrt{2} - 1)$$

▶ 积分及其
应用典型例题 2

例 5 设 $f(x) = \begin{cases} 1 + x^2 & x < 0 \\ e^{-x} & x \geqslant 0 \end{cases}$，计算 $\int_1^3 f(x-2)\,dx$.

解 令 $t = x - 2$

$$\int_1^3 f(x-2)\,dx = \int_{-1}^1 f(t)\,dt$$
$$= \int_{-1}^0 (1 + t^2)\,dt + \int_0^1 e^{-t}\,dt$$
$$= \frac{7}{3} - \frac{1}{e}$$

例 6 设函数 $g(x)$ 连续，$f(x) = \dfrac{1}{2}\int_0^x (x - t)^2 g(t)\,dt$，求 $f'(x)$.

解
$$f(x) = \frac{1}{2}\int_0^x (x^2 - 2xt + t^2) g(t)\,dt$$
$$= \frac{1}{2}x^2\int_0^x g(t)\,dt - x\int_0^x tg(t)\,dt + \frac{1}{2}\int_0^x t^2 g(t)\,dt$$
$$f'(x) = x\int_0^x g(t)\,dt + \frac{x^2}{2}g(x) - \int_0^x tg(t)\,dt - x^2 g(x) + \frac{x^2}{2}g(x)$$
$$= x\int_0^x g(t)\,dt - \int_0^x tg(t)\,dt$$
$$= \int_0^x (x - t)g(t)\,dt$$

积分及其
应用典型例题 3

例 7 证明：柯西-施瓦茨不等式
$$\left[\int_a^b f(x)g(x)\,dx\right]^2 \leqslant \int_a^b f^2(x)\,dx \cdot \int_a^b g^2(x)\,dx$$

成立.

证 先证 $a < b$ 的情形，$a > b$ 时类似. 由于 $[\lambda f(x) + g(x)]^2 \geqslant 0$，故
$$\int_a^b [\lambda f(x) + g(x)]^2\,dx \geqslant 0$$

即
$$\lambda^2\int_a^b f^2(x)\,dx + 2\lambda\int_a^b f(x)g(x)\,dx + \int_a^b g^2(x)\,dx \geqslant 0$$

上式左端为 λ 的二次三项式，故其判别式不大于零，即
$$4\left[\int_a^b f(x)g(x)\,dx\right]^2 - 4\int_a^b f^2(x)\,dx \cdot \int_a^b g^2(x)\,dx \leqslant 0$$

得
$$\left[\int_a^b f(x)g(x)\,dx\right]^2 \leqslant \int_a^b f^2(x)\,dx \cdot \int_a^b g^2(x)\,dx$$

例 8　设函数 $f(x)$ 在 $[0,1]$ 上连续,在 $(0,1)$ 内可导,且 $3\displaystyle\int_{\frac{2}{3}}^{1} f(x)\mathrm{d}x = f(0)$. 证明: 在 $(0,1)$ 内存在一点 ξ,使 $f'(\xi)=0$.

证　由积分中值定理得

$$\int_{\frac{2}{3}}^{1} f(x)\mathrm{d}x = \frac{1}{3} f(\xi_1)$$

其中, $\dfrac{2}{3} < \xi_1 < 1$. 由题设知, $f(\xi_1) = f(0)$,在 $[0,\xi_1]$ 上用罗尔定理得,存在 $\xi \in (0,\xi_1) \in (0,1)$,使得

$$f'(\xi) = 0$$

例 9　设函数 $f(x)$ 在 $[a,b]$ 上连续且单调增加,证明: 在 (a,b) 内存在点 ξ,使曲线 $y=f(x)$ 与两直线 $y=f(\xi)$, $x=a$ 所围平面图形的面积 A_1 是曲线 $y=f(x)$ 与两直线 $y=f(\xi)$, $x=b$ 所围图形面积 A_2 的 3 倍.

证　设 t 为 $[a,b]$ 上任一点 $A_1(t)$ 与 $A_2(t)$ 分别表示图 4-41 中两曲边三角形的面积. 由于 $A_1(t)-3A_2(t)$ 是 t 的连续函数,只要证明该函数在 (a,b) 内有零点即可.

构造函数

$$F(t) = \int_a^t [f(t)-f(x)]\mathrm{d}x - 3\int_t^b [f(x)-f(t)]\mathrm{d}x$$

由于 $f(x)$ 连续,因此 $F(t)$ 在 $[a,b]$ 上连续,又

$$F(a) = -3\int_a^b [f(x)-f(a)]\mathrm{d}x < 0$$

$$F(b) = \int_a^b [f(b)-f(x)]\mathrm{d}x > 0$$

由连续函数介值定理知,存在 $\xi \in (a,b)$,使得 $F(\xi)=0$,故

$$\int_a^\xi [f(\xi)-f(x)]\mathrm{d}x = 3\int_\xi^b [f(x)-f(\xi)]\mathrm{d}x$$

即　$A_1 = 3A_2$.

例 10　如图 4-42 所示,过点 $P(1,0)$ 作抛物线 $y=\sqrt{x-2}$ 的切线,该切线与抛物线及 x 轴围成一平面图形,求此平面图形绕 x 轴旋转一周所成旋转体的体积.

解　设切点为 $(x_0,\sqrt{x_0-2})$,在此点处切线斜率为

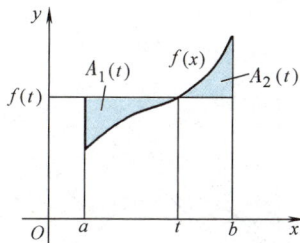

图　4-41

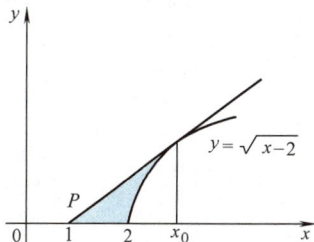

图　4-42

$$y' = \frac{1}{2\sqrt{x-2}}$$

切线方程为

$$y - \sqrt{x_0 - 2} = \frac{1}{2\sqrt{x_0 - 2}}(x - x_0)$$

将点 $P(1,0)$ 代入, 得

$$-\sqrt{x_0 - 2} = \frac{1}{2\sqrt{x_0 - 2}}(1 - x_0)$$

解得 $x_0 = 3$, 代入切线方程得

$$y = \frac{1}{2}(x - 1)$$

所求体积为

$$V = \pi \int_1^3 \left[\frac{1}{2}(x - 1) \right]^2 \mathrm{d}x - \pi \int_2^3 (\sqrt{x-2})^2 \mathrm{d}x$$

$$= \frac{\pi}{6}$$

例 11 设平面图形 A 由 $x^2 + y^2 \leqslant 2x$ 与 $y \geqslant x$ 确定, 求图形 A 绕直线 $x=2$ 旋转一周所得旋转体的体积.

解 圆与直线 $y=x$ 的交点为 $(0,0)$ 和 $(1,1)$. 选 y 为积分变量, 在 $[0,1]$ 上取小区间 $[y, y+\mathrm{d}y]$, 相应的平面图形 (图 4-43 中阴影部分) 绕 $x=2$ 旋转一周所得旋转体的体积微元为

$$\mathrm{d}V = \pi[(2 - x_1)^2 - (2 - x_2)^2]\mathrm{d}y$$

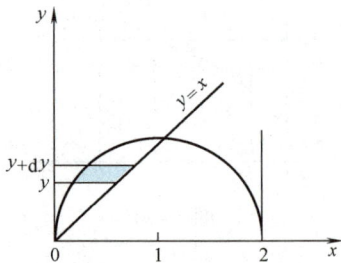

图 4-43

其中, $x_1 = x_1(y) = 1 - \sqrt{1 - y^2}$, $x_2 = x_2(y) = y$, 故得

$$\mathrm{d}V = \pi[(1 + \sqrt{1 - y^2})^2 - (2 - y)^2]\mathrm{d}y$$

$$= 2\pi[\sqrt{1 - y^2} - (1 - y)^2]\mathrm{d}y$$

积分得

$$V = 2\pi \int_0^1 [\sqrt{1 - y^2} - (1 - y)^2]\mathrm{d}y$$

$$= 2\pi \int_0^1 \sqrt{1 - y^2}\,\mathrm{d}y - 2\pi \int_0^1 (1 - y)^2\mathrm{d}y$$

在第一个积分中令 $y = \sin t$, 得

$$V = 2\pi \int_0^{\frac{\pi}{2}} \cos^2 t\,\mathrm{d}t - 2\pi \int_0^1 (1 - y)^2\mathrm{d}y$$

$$= \frac{\pi^2}{2} - \frac{2}{3}\pi$$

例 12 长方体器皿下半部盛水，上半部盛油，设油和水的体积相等，水的密度是油的 2 倍，此时侧壁压力记为 F_1；若全部盛油，记侧壁压力为 F_2. 证明：

$$\frac{F_1}{F_2} = \frac{5}{4}$$

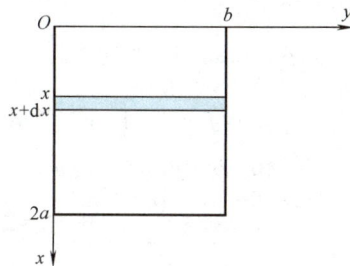

证 建立图 4-44 所示的坐标系. 设器皿侧壁深为 $2a$、宽为 b，油的密度为 1，则全盛油时

$$\mathrm{d}F_2 = gx \cdot b\mathrm{d}x$$

$$F_2 = gb\int_0^{2a} x\mathrm{d}x = 2a^2 bg$$

当油水各半时，在上半部

$$\mathrm{d}F_2 = gbx\mathrm{d}x$$

在下半部

$$\mathrm{d}F_1 = g[a + 2(x - a)]b\mathrm{d}x = gb(2x - a)\mathrm{d}x$$

$$F_1 = g\int_0^a bx\mathrm{d}x + g\int_a^{2a} b(2x - a)\mathrm{d}x$$

$$= \frac{5}{2}a^2 bg$$

故

$$\frac{F_1}{F_2} = \frac{5}{4}$$

图 4-44

习 题 4.8

1. 已知 $f'(2 + \cos x) = \tan^2 x + \sin^2 x$，求 $f(x)$ 的表达式

2. 利用定积分计算下列极限：

(1) $\lim\limits_{n \to \infty} \dfrac{1}{n}\left(\sqrt{1 + \dfrac{1}{n}} + \sqrt{1 + \dfrac{2}{n}} + \cdots + \sqrt{1 + \dfrac{n}{n}}\right)$

(2) $\lim\limits_{n \to \infty}\left[\dfrac{1}{\sqrt{4n^2 - 1^2}} + \dfrac{1}{\sqrt{4n^2 - 2^2}} + \cdots + \dfrac{1}{\sqrt{4n^2 - n^2}}\right]$

3. 求下列定积分

(1) $\int_{-2}^{2} (|x| + x)\mathrm{e}^{-|x|}\mathrm{d}x$.　(2) $\int_0^{\frac{\pi}{4}} \ln(1 + \tan x)\mathrm{d}x$.

4. 已知 $f(2) = \dfrac{1}{2}$，$f'(2) = 0$，$\int_0^2 f(x)\mathrm{d}x = 1$，求 $\int_0^2 x^2 f''(x)\mathrm{d}x$.

5. 设 $F(x) = \int_0^{x^2} \mathrm{e}^{-t^2}\mathrm{d}t$，求

(1) $F(x)$ 的极值；　(2) 曲线 $y = F(x)$ 的拐点的

横坐标;

(3) $\int_{-2}^{3} x^2 F'(x)\,\mathrm{d}x$.

6. 设 $f(x)\int_0^x \left[\int_1^{\sin t}\sqrt{1+u^4}\,\mathrm{d}u\right]\mathrm{d}t$, 求 $f''(x)$.

7. 设 $\int_0^\pi \dfrac{\cos x}{(x+2)^2}\,\mathrm{d}x = A$, 求 $\int_0^{\frac{\pi}{2}} \dfrac{\sin x\cos x}{x+1}\,\mathrm{d}x$.

8. 设 $f(x)$ 在 $[-\pi,\pi]$ 上连续, $f(x)=\dfrac{x}{1+\cos^2 x}+$
$\int_{-\pi}^{\pi} f(x)\sin x\,\mathrm{d}x$, 求 $f(x)$.

9. 设 $f(x)=\int_0^{a-x} \mathrm{e}^{y(2a-y)}\,\mathrm{d}y$, 计算 $I=\int_0^a f(x)\,\mathrm{d}x$.

10. 设 $f'(x)$ 在 $[0,a]$ 上连续, $f(a)=0$, 证明
$\left|\int_0^a f(x)\,\mathrm{d}x\right| \leqslant \dfrac{Ma^2}{2}$, 其中 $M=\max\limits_{0\leqslant x\leqslant a}|f'(x)|$.

11. 设 $f(x)$ 在区间 $[a,b]$ 上连续, 且 $f(x)>0$.
证明: $\int_a^b f(x)\,\mathrm{d}x \cdot \int_a^b \dfrac{\mathrm{d}x}{f(x)} \geqslant (b-a)^2$.

12. 曲线 $y=(x-1)(x-2)$ 和 x 轴围成一平面图形, 求此图形绕 y 轴旋围一周所成旋转体的体积.

13. 求由曲线 $y=3-|x^2-1|$ 与 x 轴所围成的平面图形绕直线 $y=3$ 旋转一周所得的旋转体的体积 V.

14. 在椭圆 $x^2+\dfrac{y^2}{4}=1$ 绕其长轴旋转所成的椭球体上, 沿其长轴方向穿心打一圆孔, 使剩下部分的体积恰好等于椭球体体积的一半, 求该圆孔的直径.

15. 半径为 R 的球沉入水中, 球的上部与水面相切, 球的密度与水相同, 现将球从水中取出, 需做多少功?

16. 容器上部为圆柱形, 高为 4m, 下半部为半球形, 半径为 2m, 容器盛水到圆柱的一半, 该容器埋在地下, 容器口离地面 3m, 求将其中的水全部吸上地面所做的功.

17. 水管的一端与储水器相连, 另一端是阀门. 已知水管直径为 6cm, 储水器的水面高出水管上部边缘 100cm, 求阀门所受侧压力.

18. 某建筑工程打地基时, 需用汽锤将桩打进土层. 汽锤每次击打, 都将克服土层对桩的阻力而做功. 设土层对桩的阻力的大小与桩被打进地下的深度成正比 (比例系数为 k, $k>0$), 汽锤第一次击打将桩打进地下 am. 根据设计方案, 要求汽锤每次击打桩时所做的功与前一次击打时所做的功之比为常数 r ($0<r<1$). 问

(1) 汽锤击打桩 3 次后, 可将桩打进地下多深?

(2) 若击打次数不限, 汽锤至多能将桩打进地下多深? (注: m 表示长度单位米.)

为了研究事物的运动变化规律，必须建立描写运动变化规律的函数关系. 然而在许多实际问题中，与问题有关的变量之间的函数关系往往不能直接建立，而要根据问题的具体含义和有关知识，建立未知函数及其导数（或微分）的一个关系式，这样的关系式就是微分方程. 由微分方程求出满足该方程的未知函数就是解微分方程. 微分方程是利用一元微积分的知识解决几何问题、物理问题和其他各类实际问题的重要数学工具，也是对各种客观现象进行数学抽象，建立数学模型的重要方法，有着广泛的应用.

本章主要讲述几类常见的微分方程的解法及其在某些领域中的实际应用. 通过对实际问题的求解，逐步体会数学建模的基本过程，初步了解数学建模的基本方法.

5.1 微分方程的基本概念

我们先举两个几何、物理中的微分方程实例，然后再阐述有关微分方程的概念.

例 1 已知一条曲线通过点 (1，2)，且在该曲线上任一点 $P(x，y)$ 处的切线斜率为 $2x$，求该曲线的方程.

解 设所求曲线为 $y=y(x)$. 由导数的几何意义知，未知函数应满足关系式

$$\frac{\mathrm{d}y}{\mathrm{d}x} = 2x \qquad ①$$

且当 $x=1$ 时，$y=2$，记作

微分方程概述

$$y\Big|_{x=1} = 2 \quad \text{或} \quad y(1) = 2 \qquad ②$$

对式①两端进行积分，得

$$y = \int 2x \,\mathrm{d}x$$

即

$$y = x^2 + C \qquad ③$$

其中，C 为任意常数.

把条件式②代入式③，得

$$2 = 1^2 + C$$

解得 $C = 1$.

故所求曲线为

$$y = x^2 + 1$$

例 2　列车在直线轨道上以 20m/s 的速度行驶，刹车时列车获得 $-0.4\mathrm{m/s}^2$ 的加速度. 问开始刹车后，列车还要经过多少时间才能停住？如果希望列车恰好停在某处，应在距离该处多远时开始刹车？

解　记刹车时刻 $t = 0$，经 t 秒列车行驶 s 米，s 与 t 的函数式为：$s = s(t)$. 由已知条件，s 应满足

$$\frac{\mathrm{d}^2 s}{\mathrm{d}t^2} = -0.4 \qquad ④$$

及

$$\begin{cases} v\Big|_{t=0} = \dfrac{\mathrm{d}s}{\mathrm{d}t}\Big|_{t=0} = 20 \\[2mm] s\Big|_{t=0} = 0 \end{cases} \qquad ⑤$$

对方程式④，两边积分一次，得

$$v = \frac{\mathrm{d}s}{\mathrm{d}t} = -0.4t + C_1$$

再积分一次，得

$$s = -0.2t^2 + C_1 t + C_2 \qquad ⑥$$

其中，C_1，C_2 为任意常数. 由式⑤易确定 $C_1 = 20$，$C_2 = 0$，所以

$$v = -0.4t + 20 \qquad ⑦$$

$$s = -0.2t^2 + 20t \qquad ⑧$$

当列车停住时，$v = 0$，由式⑦得 $t = 50\mathrm{s}$，由式⑧得 $s = 500\mathrm{m}$. 这就是说，开始刹车后列车由于惯性作用还要行驶 50s 才能停住，欲使列

车停在某处，必须在距离该处 500m 远时就开始刹车.

以上两个例子介绍了利用微分方程讨论问题的方法.

下面介绍一些微分方程的基本概念.

含有未知函数的导数（或微分）的方程称为**微分方程**.

上述例子中式①、式④就是微分方程.

未知函数为一元函数的微分方程称为**常微分方程**；未知函数为多元函数，从而出现多元函数的偏导数的微分方程称为**偏微分方程**. 例如，

$$\frac{\partial^2 u}{\partial x^2} + \frac{\partial^2 u}{\partial y^2} + \frac{\partial^2 u}{\partial z^2} = 0$$

就是偏微分方程. 本章只讨论常微分方程，以后就简称微分方程.

微分方程中出现的未知函数的导数的最高阶数称为**微分方程的阶**. 如例 1 中式①是一阶微分方程，例 2 中式④是二阶微分方程. 又如，

$$y''' + 2y'' + xy' = 0$$

是三阶微分方程.

如果把某函数 $y = \varphi(x)$ 及其导数代入方程，使方程成为恒等式，则称函数 $y = \varphi(x)$ 为微分方程的**解**. 如果微分方程的解中含有互相独立的任意常数（即它们不能合并而使得任意常数的个数减少），且任意常数的个数与微分方程的阶数相同，则称此解为方程的**通解**. 例如，式③是方程①的通解，式⑥是方程④的通解. 另一种解不包含任意常数，它是按照问题所给的特定条件，由通解确定出任意常数的特定值而得出的，这种解称为**特解**. 如式⑧. 用以确定特解的条件称为定解条件. 如果定解条件反映了运动的初始状态或曲线在某一点的特定状态，这样的定解条件称为**初值条件**，如式②、式⑤是初值条件.

方程的通解的图形是一族曲线，称为**积分曲线族**；特解的图形是积分曲线族中的一条曲线，称为**积分曲线**. 如方程①的积分曲线族是抛物线族 $y = x^2 + C$，过点（1，2）的积分曲线为抛物线 $y = x^2 + 1$.

一般地，n 阶微分方程可写成

$$F(x, y, y', y'', \cdots, y^{(n)}) = 0 \qquad ⑨$$

其中，x 是自变量，y 是未知函数. 其通解为带有 n 个互相独立的任意常数的函数

$$y = y(x, C_1, C_2, \cdots, C_n)$$

微分方程基本概念

微积分方程的
通解与特解

如果给出了 n 个初值条件：

$$y(x_0) = y_0, y'(x_0) = y_1, \cdots, y^{(n-1)}(x_0) = y_{n-1} \qquad ⑩$$

（y_0，y_1，$\cdots$，y_{n-1}为已知实数）就能确定任意常数 C_1，C_2，$\cdots$，C_n 的值，从而求出一个特解.

求微分方程⑨的满足初始条件⑩的特解问题称为微分方程的初值问题或柯西问题.

一般地，处理微分方程问题的步骤是：

（1）建立微分方程，写出初值条件.

（2）利用积分法求出微分方程的通解，由初值条件确定通解中的任意常数，得到特解.

（3）在某些实际问题中还要研究解的性态，检验所列方程与所求的解是否符合实际情况. 若符合实际情况，则可进入实际应用，否则要重新修改模型.

习 题 5.1

1. 验证下列各题中函数是所给微分方程的解：

（1）$y'' + y = 0$，$y_1 = \cos x$，$y_2 = \sin x$；

（2）$y'' - 3y' + 2y = 0$，$y = 2e^x + 3e^{2x}$；

（3）$xy' - 2y = 0$，$y = 5x^2$；

（4）$(x - 2y) y' = 2x - y$，$y = y(x)$ 由隐函数方程 $x^2 - xy + y^2 = C$ 确定.

2. 求下列方程的通解.

（1）$\dfrac{\mathrm{d}y}{\mathrm{d}x} = \dfrac{1}{x}$　　（2）$\dfrac{\mathrm{d}^2 y}{\mathrm{d}x^2} = \cos x$

3. 求解下列初值问题.

（1）$\begin{cases} \dfrac{\mathrm{d}y}{\mathrm{d}x} = \sin x \\ y \bigg|_{x=0} = 1 \end{cases}$　　（2）$\begin{cases} \dfrac{\mathrm{d}^2 y}{\mathrm{d}x^2} = 6x \\ y(0) = 0 \\ y'(0) = 2 \end{cases}$

4. 已知一曲线通过点（1，0），且该曲线上任意点（x，y）处的切线斜率为 x^2，求该曲线的方程.

5. 已知从原点到曲线 $y = f(x)$ 上任一点（x，y）处的切线的距离等于该切点的横坐标. 试建立未知函数 y 的微分方程.

5.2　一阶微分方程

一阶微分方程的一般形式为

$$F(x, y, y') = 0$$

或者写成显式

$$y' = f(x, y)$$

或

$$X(x,y)\,\mathrm{d}x + Y(x,y)\,\mathrm{d}y = 0$$

初值条件为

$$y\Big|_{x=x_0} = y_0$$

通解为

$$y = y(x,C) \qquad \text{或 } \varphi(x,y,C) = 0$$

其中，C 为任意常数.

本节介绍几种常见的一阶微分方程的解法.

5.2.1　可分离变量的微分方程

形式为

$$y' = f(x)g(y)$$

或

$$f_1(x)g_1(y)\,\mathrm{d}x + f_2(x)g_2(y)\,\mathrm{d}y = 0$$

的方程称为**可分离变量的微分方程**.

求解这类方程比较简单. **第一步**，先分离变量，方程化为

$$\psi(y)\,\mathrm{d}y = \varphi(x)\,\mathrm{d}x$$

第二步，两边积分得

$$\int \psi(y)\,\mathrm{d}y = \int \varphi(x)\,\mathrm{d}x + C$$

其中，C 为任意常数. 这就是可分离变量微分方程的隐函数形式的通解.

注意：这里 $\int \varphi(x)\,\mathrm{d}x$ 表示 $\varphi(x)$ 的一个原函数. 在后面的表达式中如无特别说明，均表示一个原函数.

若给出初值条件 $y\Big|_{x=x_0} = y_0$，则方程满足此初值条件的特解是

$$\int_{y_0}^{y} \psi(y)\,\mathrm{d}y = \int_{x_0}^{x} \varphi(x)\,\mathrm{d}x$$

例 1　求方程 $y' = \sqrt{y}$ 的通解.

解　如果 $y \neq 0$，则方程可变形为

$$\frac{\mathrm{d}y}{\sqrt{y}} = \mathrm{d}x$$

可分离变量的微分方程解法

293

两边积分，得

$$\int \frac{\mathrm{d}y}{\sqrt{y}} = \int \mathrm{d}x + C$$

$$2\sqrt{y} = x + C$$

$$y = \frac{1}{4}(x + C)^2$$

这是方程的通解.

如果 $y = 0$，将其代入方程 $y' = \sqrt{y}$，可见 $y = 0$ 也是方程的解，但它不包含在通解中，因为在通解中，无论任意常数 C 取何值，都得不到解 $y = 0$，这样的解叫做微分方程的**奇解**，这表明方程的通解不一定是方程的全部解.

例 2　求解初值问题

$$\begin{cases} x\mathrm{d}y - 2y\mathrm{d}x = 0 \\ y\Big|_{x=1} = 1 \end{cases}$$

解　若 $y \neq 0$，则分离变量，得

$$\frac{\mathrm{d}y}{y} = \frac{2}{x}\mathrm{d}x$$

两边积分

$$\ln|y| = 2\ln|x| + C_1$$

其中，C_1 为任意常数.

$$|y| = \mathrm{e}^{\ln x^2 + C_1}$$

$$= \mathrm{e}^{C_1} \cdot x^2$$

$$y = \pm \mathrm{e}^{C_1} x^2$$

若记 $C = \pm \mathrm{e}^{C_1}$，则由于 C_1 为任意常数，知 C 为任何不为零的常数. 则方程的通解可写为

$$y = Cx^2，C 为任意不为零的常数$$

又显然 $y = 0$ 也是方程的一个解，因此在上式中若允许 $C = 0$，则 $y = 0$ 就可被包含在通解中. 从而方程的通解为

$$y = Cx^2$$

其中，C 为任意常数.

由初值条件 $y\Big|_{x=1} = 1$，得 $C = 1$.

得初值问题的解为 $y = x^2$.

在求解微分方程的过程中, 我们常采用下述方法来**简化**求解过程. 以例 2 为例:

$$\frac{\mathrm{d}y}{y} = \frac{2}{x}\mathrm{d}x$$

两边积分

$$\int \frac{\mathrm{d}y}{y} = \int \frac{2}{x}\mathrm{d}x + \ln C$$

$$\ln y = 2\ln x + \ln C$$

得 $y = Cx^2$, C 为任意常数.

为简单起见, 在解方程的过程中我们**约定**: 把 $\ln|y|$ 写成 $\ln y$, 积分常数写成 $\ln C$, 通解的最后形式中不含对数, 此时 C 可为正数、零或负数. 如果通解的最后形式中仍然含有对数, 则对数中的绝对值不能省掉.

本题亦可用如下方法求解.

$$\frac{\mathrm{d}y}{y} = \frac{2}{x}\mathrm{d}x$$

$$\int_1^y \frac{\mathrm{d}y}{y} = \int_1^x \frac{2}{x}\mathrm{d}x$$

$$\ln|y| \Big|_1^y = 2\ln|x| \Big|_1^x$$

$$\ln|y| = 2\ln|x|$$

得 $y = x^2$ (由初值条件知 $y = -x^2$ 不合题意).

分离变量法是解一阶微分方程基本而重要的方法. 求可分离变量的一阶微分方程的通解, 一般采用不定积分. 而求解初值问题时, 既可先求出通解, 再根据初值条件定出通解中的常数而求出特解, 也可直接采用变上限积分 (变量对应的初值作为下限) 而求出特解.

5.2.2 可化为可分离变量的微分方程

许多微分方程只需作一个适当的变量代换就可化为可分离变量的方程, 从而可求得微分方程的解.

1. 齐次方程

齐次方程的形式为

$$y' = f\left(\frac{y}{x}\right)$$

▶ 一阶齐次微分方程

作变量代换, 令

$$u = \frac{y}{x}$$

则有

$$y = xu$$

u 是新的未知函数 $u(x)$.

两边对 x 求导，有 $\dfrac{\mathrm{d}y}{\mathrm{d}x} = u + x\dfrac{\mathrm{d}u}{\mathrm{d}x}$，代入原方程，得

$$u + x\frac{\mathrm{d}u}{\mathrm{d}x} = f(u)$$

若 $f(u) - u \neq 0$，将上式分离变量，得

$$\frac{\mathrm{d}u}{f(u) - u} = \frac{\mathrm{d}x}{x}$$

两边积分

$$\int \frac{\mathrm{d}u}{f(u) - u} = \int \frac{\mathrm{d}x}{x} + \ln C = \ln x + \ln C$$

求出一般解后以 $\dfrac{y}{x}$ 替换 u，就得原方程的通解.

注意：若存在 u_0，使得 $f(u_0) - u_0 = 0$，则 $y = u_0 x$ 也是原方程的解.

例 3 求解初值问题

$$\begin{cases} y' = \dfrac{xy}{x^2 - y^2} \\ y\,\bigg|_{x=1} = 1 \end{cases}$$

解 方程可变形为

$$y' = \frac{\dfrac{y}{x}}{1 - \left(\dfrac{y}{x}\right)^2}$$

为齐次方程.

令 $u = \dfrac{y}{x}$，则 $y = ux$，$y' = u + xu'$，代入方程得

$$u + xu' = \frac{u}{1 - u^2}$$

$$x\frac{\mathrm{d}u}{\mathrm{d}x} = \frac{u}{1 - u^2} - u = \frac{u^3}{1 - u^2}$$

分离变量，得

$$\frac{1-u^2}{u^3}\mathrm{d}u = \frac{\mathrm{d}x}{x}$$

$$\int\left(\frac{1}{u^3}-\frac{1}{u}\right)\mathrm{d}u = \int\frac{\mathrm{d}x}{x}-\ln C$$

$$-\frac{1}{2u^2}-\ln u = \ln x - \ln C$$

$$\ln(ux) = \ln C - \frac{1}{2u^2}$$

$$ux = Ce^{-\frac{1}{2u^2}}$$

$$y = Ce^{-\frac{x^2}{2y^2}}$$

代入初值条件，得

$$1 = Ce^{-\frac{1}{2}}$$

得　$C = e^{\frac{1}{2}}$.

初值问题的解为 $y = e^{\frac{1}{2}(1-\frac{x^2}{y^2})}$. 这是隐函数形式的解.

例4　求方程 $y' = \dfrac{x+y}{x-y}$ 的通解.

解　将方程变形为

$$y' = \frac{1+\dfrac{y}{x}}{1-\dfrac{y}{x}}$$

令 $u = \dfrac{y}{x}$，则 $y' = u + xu'$，代入方程，得

$$u + xu' = \frac{1+u}{1-u}$$

分离变量，得

$$\frac{1-u}{1+u^2}\mathrm{d}u = \frac{\mathrm{d}x}{x}$$

积分得

$$\arctan u - \frac{1}{2}\ln(1+u^2) = \ln x + \ln C$$

$$\frac{e^{\arctan u}}{\sqrt{1+u^2}} = Cx$$

换回原变量，得原方程的通解为

$$e^{\arctan\frac{y}{x}} = C\sqrt{x^2 + y^2}$$

其中，C 为任意常数.

例 5 求方程 $(1 + e^{-\frac{x}{y}})y\mathrm{d}x = (x - y)\mathrm{d}y$ 的通解.

解 此时把 x 看作 y 的函数，求解比较方便，即

$$\frac{\mathrm{d}x}{\mathrm{d}y} = \frac{1}{1 + e^{-\frac{x}{y}}}\left(\frac{x}{y} - 1\right)$$

令 $u = \dfrac{x}{y}$，即 $x = uy$，u 是新未知函数 $u(y)$，有

$$\frac{\mathrm{d}x}{\mathrm{d}y} = u + y\frac{\mathrm{d}u}{\mathrm{d}y}$$

代入上述方程，得

$$u + y\frac{\mathrm{d}u}{\mathrm{d}y} = \frac{1}{1 + e^{-u}}(u - 1)$$

分离变量，得

$$\frac{1 + e^{-u}}{1 + ue^{-u}}\mathrm{d}u = -\frac{1}{y}\mathrm{d}y$$

即

$$\frac{1 + e^{u}}{u + e^{u}}\mathrm{d}u = -\frac{1}{y}\mathrm{d}y$$

两边积分得

$$\ln(u + e^{u}) = -\ln y + \ln C$$

即

$$y(u + e^{u}) = C$$

得原方程的通解为

$$x + ye^{\frac{x}{y}} = C$$

2. 可化为齐次型的方程

$y' = f\left(\dfrac{a_1 x + b_1 y + c_1}{a_2 x + b_2 y + c_2}\right)$ 型方程. 当自由项 $c_1 = c_2 = 0$ 时，这种方程是齐次方程. 当自由项 c_1、c_2 中至少有一个不为零时，这种方程不是齐次方程.

（1）当 $\dfrac{a_1}{a_2} \neq \dfrac{b_1}{b_2}$ 时.

由解析几何知道：$a_1x + b_1y + c_1 = 0$ 和 $a_2x + b_2y + c_2 = 0$ 表示两条相交直线，设 (a, b) 为这两条直线的交点，即 (a, b) 是方程组

$$\begin{cases} a_1x + b_1y + c_1 = 0 \\ a_2x + b_2y + c_2 = 0 \end{cases}$$

的解，为把方程化为齐次方程，只需进行坐标平移变换：

$$\begin{cases} x = X + a \\ y = Y + b \end{cases}$$

就可消去方程中的自由项 c_1，c_2，方程化为

$$\frac{\mathrm{d}Y}{\mathrm{d}X} = f\left(\frac{a_1X + b_1Y}{a_2X + b_2Y}\right) = \varphi\left(\frac{Y}{X}\right)$$

这是齐次方程.

（2）当 $\dfrac{a_1}{a_2} = \dfrac{b_1}{b_2}$ 时.

由解析几何知道，此时 $a_1x + b_1y + c_1 = 0$ 和 $a_2x + b_2y + c_2 = 0$ 表示两条平行直线，设 $\dfrac{a_1}{a_2} = \dfrac{b_1}{b_2} = \lambda$，则 $a_1 = \lambda a_2$，$b_1 = \lambda b_2$，方程化为

$$y' = f\left(\frac{\lambda(a_2x + b_2y) + c_1}{a_2x + b_2y + c_2}\right)$$

作变换，令 $u = a_2x + b_2y$，则 $u' = a_2 + b_2y'$，代入方程，有

$$u' = a_2 + b_2f\left(\frac{\lambda u + c_1}{u + c_2}\right)$$

这是可分离变量的微分方程.

例 6　求方程 $y' = \dfrac{x + y + 5}{x - y + 1}$ 的通解.

解　求交点

$$\begin{cases} x + y + 5 = 0 \\ x - y + 1 = 0 \end{cases}$$

得

$$\begin{cases} x = -3 \\ y = -2 \end{cases}$$

作变换

$$\begin{cases} x = X - 3 \\ y = Y - 2 \end{cases}$$

代入方程得

$$\frac{\mathrm{d}Y}{\mathrm{d}X} = \frac{X + Y}{X - Y} = \frac{1 + \dfrac{Y}{X}}{1 - \dfrac{Y}{X}}$$

这是齐次方程.

由例 4 知通解为

$$\mathrm{e}^{\arctan\frac{Y}{X}} = C\sqrt{X^2 + Y^2}$$

即

$$\mathrm{e}^{\arctan\frac{y+2}{x+3}} = C\sqrt{(x + 3)^2 + (y + 2)^2}$$

例 7 求方程 $y' = \dfrac{2x - y + 1}{2x - y - 1}$ 的通解.

解 令 $u = 2x - y$，则 $u' = 2 - y'$，代入方程得

$$2 - \frac{\mathrm{d}u}{\mathrm{d}x} = \frac{u + 1}{u - 1}$$

分离变量

$$\frac{u - 1}{u - 3}\mathrm{d}u = \mathrm{d}x$$

积分得

$$u + 2\ln|u - 3| = x + C$$

代回原变量，得通解

$$2\ln|2x - y - 3| = y - x + C$$

3. 其他类型

还有一些类型的方程，可以通过变量代换将其化为可分离变量方程. 例如：

(1) $f(x \pm y)(\mathrm{d}x \pm \mathrm{d}y) = g(x)\mathrm{d}x$

令 $u = x \pm y$，$\mathrm{d}u = \mathrm{d}x \pm \mathrm{d}y$，代入方程即可化为可分离变量的方程

$$f(u)\mathrm{d}u = g(x)\mathrm{d}x$$

(2) $f(xy)(x\mathrm{d}y + y\mathrm{d}x) = g(x)\mathrm{d}x$

令 $u = xy$，$\mathrm{d}u = x\mathrm{d}y + y\mathrm{d}x$，代入方程得

$$f(u)\mathrm{d}u = g(x)\mathrm{d}x$$

(3) $f\left(\dfrac{y}{x}\right)(x\mathrm{d}y - y\mathrm{d}x) = g(x)\mathrm{d}x$

令 $u = \dfrac{y}{x}, \mathrm{d}u = \dfrac{x\mathrm{d}y - y\mathrm{d}x}{x^2}$, 代入方程得

$$f(u)\,\mathrm{d}u = \frac{g(x)}{x^2}\mathrm{d}x$$

(4) $f(x^2 + y^2)(x\mathrm{d}x + y\mathrm{d}y) = g(x)\,\mathrm{d}x$

令 $u = x^2 + y^2, \mathrm{d}u = 2x\mathrm{d}x + 2y\mathrm{d}y$, 代入方程得

$$f(u)\,\mathrm{d}u = 2g(x)\,\mathrm{d}x$$

等等, 上述例子给我们一种启示, 很多特殊类型的微分方程, 作适当的变量代换, 可以化为可分离变量的微分方程. 读者自己可以试着再写出一些.

例 8　求方程 $(x^2y^2 + 1)\mathrm{d}x + 2x^2\mathrm{d}y = 0$ 的通解.

解　令 $u = xy$, 则 $\mathrm{d}u = y\mathrm{d}x + x\mathrm{d}y$.

$$x^2\mathrm{d}y = x\mathrm{d}u - xy\mathrm{d}x = x\mathrm{d}u - u\mathrm{d}x$$

则原方程化为

$$(u^2 + 1)\mathrm{d}x + 2x\mathrm{d}u - 2u\mathrm{d}x = 0$$

整理得

$$(u^2 - 2u + 1)\mathrm{d}x = -2x\mathrm{d}u$$

分离变量, 得

$$\frac{-2\mathrm{d}u}{(u - 1)^2} = \frac{\mathrm{d}x}{x}$$

积分得

$$\frac{2}{u - 1} = \ln x - \ln C$$

$$x = C\mathrm{e}^{\frac{2}{u-1}}$$

原方程的通解为　　　　　$x = C\mathrm{e}^{\frac{2}{xy-1}}$

例 9　求方程 $\left(\sin\dfrac{x}{y}\right)(y\mathrm{d}x - x\mathrm{d}y) + y^3\mathrm{d}y = 0$ 的通解 $(y \neq 0)$.

解　令 $u = \dfrac{x}{y}$, $\mathrm{d}u = \dfrac{y\mathrm{d}x - x\mathrm{d}y}{y^2}$, 代入方程, 得

$$\sin u\,\mathrm{d}u = -y\mathrm{d}y$$

两边积分, 得

$$-\cos u = -\frac{1}{2}y^2 + C$$

得原方程的通解为

$$\frac{1}{2}y^2 - \cos\frac{x}{y} = C$$

例 10 求 $xy' + x + \sin(x+y) = 0$ 的通解.

解 方程变形为

$$x(y'+1) + \sin(x+y) = 0$$
$$x(y+x)' + \sin(x+y) = 0$$

故令 $u = y + x$，则方程变为

$$x\frac{\mathrm{d}u}{\mathrm{d}x} = -\sin u$$

分离变量

$$\frac{\mathrm{d}u}{\sin u} = -\frac{\mathrm{d}x}{x}$$

$$\ln(\csc u - \cot u) = -\ln x + \ln C$$

得通解为

$$x[\csc(x+y) - \cot(x+y)] = C$$

这一部分的变量代换较为灵活，但读者只要认真观察方程的特点，作什么样的变量代换还是容易找到的.

5.2.3 一阶线性微分方程

对未知函数及其导数是线性的（一次的）方程称为**一阶线性微分方程**. 它的一般形式为

$$\frac{\mathrm{d}y}{\mathrm{d}x} + P(x)y = Q(x) \tag{5-1}$$

$Q(x)$ 常称为**自由项**. 如果 $Q(x) \equiv 0$，方程化为

$$\frac{\mathrm{d}y}{\mathrm{d}x} + P(x)y = 0 \tag{5-2}$$

式（5-2）称为对应于式（5-1）的**一阶线性齐次方程**，式（5-1）称为**一阶线性非齐次方程**.

一阶线性齐次方程是可分离变量的方程，易求解.

分离变量

$$\frac{\mathrm{d}y}{y} = -P(x)\mathrm{d}x$$

两边积分

$$\ln y = -\int P(x)\mathrm{d}x + \ln C$$

可化为齐次的微分方程

得
$$y = Ce^{-\int P(x)\,dx} \tag{5-3}$$

式中，$\int P(x)\,dx$ 表示一个原函数；C 为任意常数.

　　现在我们使用常数变易法来推导一阶线性非齐次微分方程式(5-1)的通解公式. 式(5-3)显然不可能是线性非齐次方程式(5-1)的通解，但方程式(5-1)与式(5-2)左端相同，可以考虑把 $e^{-\int P(x)\,dx}$ 乘以某个 x 的函数后可能是式(5-1)的解，即把式(5-3)中的任意常数 C 换成 x 的某一个函数 $C(x)$，使得

$$y = C(x)e^{-\int P(x)\,dx}$$

恰为式(5-1)的解.　如果能求出 $C(x)$，就可求出方程式(5-1)的解.

　　设
$$y = C(x)e^{-\int P(x)\,dx}$$

为方程式(5-1)的解.　对上式求导，得

$$y' = C'(x)e^{-\int P(x)\,dx} - C(x)P(x)e^{-\int P(x)\,dx}$$
$$= C'(x)e^{-\int P(x)\,dx} - P(x)y$$

代入方程式(5-1)得

$$C'(x)e^{-\int P(x)\,dx} - P(x)y + P(x)y = Q(x)$$

即
$$C'(x) = Q(x)e^{\int P(x)\,dx}$$

积分得

$$C(x) = \int Q(x)e^{\int P(x)\,dx}\,dx + C$$

由此得方程式(5-1)的通解为

$$y = e^{-\int P(x)\,dx}\left[\int Q(x)e^{\int P(x)\,dx}\,dx + C\right] \tag{5-4}$$

　　上述这种把线性齐次方程通解中的任意常数 C 换为待定函数 $C(x)$ 来求线性非齐次方程的通解的方法，称为 **常数变易法**.

　　将式(5-4)写作

$$y = e^{-\int P(x)\,dx} \cdot \int Q(x)e^{\int P(x)\,dx}\,dx + Ce^{-\int P(x)\,dx}$$

可见，线性非齐次方程的通解等于它对应的齐次方程式(5-2) 的通解 $Ce^{-\int P(x)\,dx}$ 与式 (5-1) 本身的一个特解 $e^{-\int P(x)\,dx} \cdot \int Q(x)e^{\int P(x)\,dx}\,dx$（通解中由 $C = 0$ 时得到）的和.一阶线性方程的解

的结构及解线性非齐次方程的解的常数变易法对高阶线性方程同样适用.(参见本章 5.4 节)

例 11 求方程 $y' - \dfrac{2}{x+1}y = (x+1)^{\frac{5}{2}}$ 的通解.

解 这是一个非齐次线性微分方程,这里

$$P(x) = -\frac{2}{x+1}, \ Q(x) = (x+1)^{\frac{5}{2}}$$

代入通解公式,得

$$\begin{aligned}
y &= e^{\int \frac{2}{x+1}dx}\Big[\int (x+1)^{\frac{5}{2}} e^{-\int \frac{2}{x+1}dx} dx + C\Big] \\
&= (x+1)^2\Big[\int (x+1)^{\frac{5}{2}} \cdot \frac{1}{(1+x)^2} dx + C\Big] \\
&= (x+1)^2\Big[\frac{2}{3}(x+1)^{\frac{3}{2}} + C\Big]
\end{aligned}$$

例 12 求方程 $y' = \dfrac{y}{x+y^3}$ 的通解.

解 若把 y 视为未知函数,则方程不是以上列举类型的任何一种.但是若把 x 视为 y 的函数,方程可化为

$$\frac{dx}{dy} = \frac{x+y^3}{y}$$

即

$$\frac{dx}{dy} - \frac{1}{y}x = y^2$$

这是未知函数 $x = x(y)$ 的线性非齐次方程,其中

$$P(y) = -\frac{1}{y}, \ Q(y) = y^2$$

由通解公式,得

$$\begin{aligned}
x &= e^{\int \frac{1}{y}dy}\Big[\int y^2 e^{\int -\frac{1}{y}dy} dy + C\Big] \\
&= y\Big[\int y^2 \cdot \frac{1}{y} dy + C\Big] \\
&= y\Big(\frac{y^2}{2} + C\Big)
\end{aligned}$$

例 13 求 $(x^2+3)\cos y \dfrac{dy}{dx} + 2x\sin y = x(x^2+3)$ 的通解.

解 令 $u = \sin y$,则

$$\frac{\mathrm{d}u}{\mathrm{d}x} = \cos y \frac{\mathrm{d}y}{\mathrm{d}x}$$

方程变形为

$$(x^2 + 3)\frac{\mathrm{d}u}{\mathrm{d}x} + 2xu = x(x^2 + 3)$$

$$\frac{\mathrm{d}u}{\mathrm{d}x} + \frac{2x}{x^2 + 3}u = x$$

此为一阶线性非齐次方程，由通解公式，得

$$u = \frac{1}{x^2 + 3}\left(\frac{x^4}{4} + \frac{3}{2}x^2 + C\right)$$

得原方程的通解为

$$(x^2 + 3)\sin y = \frac{x^4}{4} + \frac{3}{2}x^2 + C$$

5.2.4 伯努利（Bernoulli）方程

形式为

$$y' + P(x)y = Q(x)y^n, n \neq 0,1$$

的方程，称为**伯努利方程**. 当 $n = 0$ 或 $n = 1$ 时为线性方程. 对于伯努利方程而言，只需要作变量代换，方程便可化为线性方程. 方程两边除以 y^n，得

$$y^{-n}\frac{\mathrm{d}y}{\mathrm{d}x} + P(x)y^{1-n} = Q(x)$$

由于 $\dfrac{\mathrm{d}(y^{1-n})}{\mathrm{d}x} = (1-n)y^{-n}\dfrac{\mathrm{d}y}{\mathrm{d}x}$，所以上式可化为

$$\frac{1}{1-n}\frac{\mathrm{d}(y^{1-n})}{\mathrm{d}x} + P(x)y^{1-n} = Q(x)$$

令 $u = y^{1-n}$，则方程化为

$$\frac{\mathrm{d}u}{\mathrm{d}x} + (1-n)P(x)u = (1-n)Q(x)$$

这是关于未知函数 u 的一阶线性微分方程. 求解此线性方程可以得到伯努利方程的通解.

例 14 求解初值问题

$$\begin{cases} yy' + 2xy^2 - x = 0 \\ y \Big|_{x=0} = 1 \end{cases}$$

解 方程变形为

$$y' + 2xy = xy^{-1}$$

这是伯努利方程（$n = -1$）. 作变换，令 $u = y^{1-(-1)} = y^2$，则 $u' = 2yy'$，代入方程得

$$u' + 4xu = 2x$$

这是线性非齐次方程，$P(x) = 4x$，$Q(x) = 2x$，由通解公式，得

$$u = \mathrm{e}^{-\int 4x\mathrm{d}x} \left[\int 2x\mathrm{e}^{\int 4x\mathrm{d}x}\mathrm{d}x + C \right]$$

$$= \mathrm{e}^{-2x^2} \left[\int 2x\mathrm{e}^{2x^2}\mathrm{d}x + C \right] = \mathrm{e}^{-2x^2} \left[\frac{1}{2}\mathrm{e}^{2x^2} + C \right]$$

即

$$y^2 = \mathrm{e}^{-2x^2} \left[\frac{1}{2}\mathrm{e}^{2x^2} + C \right]$$

由初始条件

$$1 = \frac{1}{2} + C$$

得

$$C = \frac{1}{2}$$

初值问题的解为

$$y^2 = \frac{1}{2}(1 + \mathrm{e}^{-2x^2})$$

5.2.5 综合例题

例 15 设有初值问题

$$\begin{cases} y' + ay = f(x) \\ y \Big|_{x=0} = 0 \end{cases}$$，其中 $f(x)$ 为连续函数，a 为正常数.

（1）求该初值问题的解 $y = y(x)$.

（2）若 $|f(x)| \leqslant k$（k 为常数），证明：当 $x \geqslant 0$ 时，有

$$|y(x)| \leqslant \frac{k}{a}(1 - \mathrm{e}^{-ax})$$

解 （1）由线性方程的通解公式，得

$$y(x) = \mathrm{e}^{-ax} \left[\int f(x)\mathrm{e}^{ax}\mathrm{d}x + C \right]$$

设 $$F(x) = \int f(x)\mathrm{e}^{ax}\mathrm{d}x$$

则 $$y(x) = \mathrm{e}^{-ax}[F(x) + C]$$

代入初值 $y(0) = 0$，得 $F(0) + C = 0$，即 $C = -F(0)$，初值问题的解为

$$y(x) = \mathrm{e}^{-ax}[F(x) - F(0)] = \mathrm{e}^{-ax}\int_0^x f(t)\mathrm{e}^{at}\mathrm{d}t$$

（2）由题设得

$$|y(x)| = \mathrm{e}^{-ax}\left|\int_0^x f(t)\mathrm{e}^{at}\mathrm{d}t\right|$$

$$\leqslant \mathrm{e}^{-ax}\int_0^x |f(t)|\mathrm{e}^{at}\mathrm{d}t$$

$$\leqslant k\mathrm{e}^{-ax}\int_0^x \mathrm{e}^{at}\mathrm{d}t$$

$$= \frac{k}{a}\mathrm{e}^{-ax}(\mathrm{e}^{ax} - 1)$$

$$= \frac{k}{a}(1 - \mathrm{e}^{-ax})$$

求该初值问题的解也可以采用下面的两种做法.

解法 1　方程的通解可以写作

$$y(x) = \mathrm{e}^{-ax}\left[\int_0^x f(t)\mathrm{e}^{at}\mathrm{d}t + C\right]$$

由初值 $y(0) = 0$，得 $C = 0$，故初值问题的解为

$$y(x) = \mathrm{e}^{-ax}\int_0^x f(t)\mathrm{e}^{at}\mathrm{d}t$$

解法 2　原方程可以变形为

$$y'\mathrm{e}^{ax} + a\mathrm{e}^{ax}y = f(x)\mathrm{e}^{ax}$$

即 $$(y\mathrm{e}^{ax})' = f(x)\mathrm{e}^{ax}$$

两端积分

$$\int_0^x (y\mathrm{e}^{at})'\mathrm{d}t = \int_0^x f(t)\mathrm{e}^{at}\mathrm{d}t$$

$$y\mathrm{e}^{at}\bigg|_0^x = \int_0^x f(t)\mathrm{e}^{at}\mathrm{d}t$$

由初值 $y(0) = 0$，得初值问题的解为

$$y\mathrm{e}^{ax} = \int_0^x f(t)\mathrm{e}^{at}\mathrm{d}t$$

即
$$y = \mathrm{e}^{-ax} \int_0^x f(t) \mathrm{e}^{at} \mathrm{d}t$$

例 16 求通过点（2，2）的曲线方程，使曲线上任意点处的切线在 y 轴上的截距等于该点横坐标的三次方．

解 设 $P(x, y)$ 为曲线上的任意一点，则曲线在 P 点的切线方程为
$$Y - y = y'(X - x)$$
其中，$y = y(x)$ 为曲线方程；y' 为函数 $y(x)$ 在 x 点的导数．

令 $X = 0$，得 $Y = y - xy'$，为 y 轴上的截距．依题意，得初值问题
$$\begin{cases} y - xy' = x^3 \\ y \big|_{x=2} = 2 \end{cases}$$

解线性方程
$$y' - \frac{1}{x}y = -x^2$$

得通解
$$y = x\left(C - \frac{x^2}{2}\right)$$

由初始条件得 $C = 3$，所求曲线方程为
$$y = 3x - \frac{x^3}{2}$$

例 17 如图 5-1 所示，设曲线 L 位于 xOy 平面的第一象限内，L 上任一点 M 处的切线与 y 轴相交，交点记为 A．已知 $|\overline{MA}| = |\overline{OA}|$，且 L 过点 $\left(\frac{3}{2}, \frac{3}{2}\right)$，求曲线 L 的方程．

解 设点 $M(x, y)$ 为曲线 L 上的任意一点，则切线 MA 的方程为
$$Y - y = y'(X - x)$$
令 $X = 0$，得 y 轴上截距为 $Y = y - xy'$，即 $A(0, y - xy')$，由题设得
$$|y - xy'| = \sqrt{x^2 + [y - (y - xy')]^2}$$
即
$$|y - xy'| = x\sqrt{1 + y'^2}$$
化简得
$$2yy' - \frac{1}{x}y^2 = -x$$

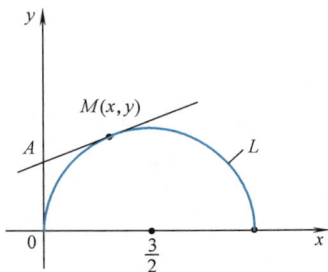

图 5-1

令 $z = y^2$，则

$$\frac{\mathrm{d}z}{\mathrm{d}x} - \frac{1}{x}z = -x$$

解此线性方程，得通解

$$z = x(C - x)$$

即

$$y^2 = x(C - x)$$

由初始条件 $y\Big|_{x=\frac{3}{2}} = \frac{3}{2}$，得 $C = 3$，所求曲线 L 的方程为

$$y^2 = x(3 - x)$$

在第一象限内，方程可写作

$$y = \sqrt{3x - x^2}$$

这是半圆的方程.

例 18 如图 5-2 所示，设曲线 L 的极坐标方程为 $\rho = \rho(\theta)$，$M(\rho, \theta)$ 为 L 上任意一点，$M_0(2, 0)$ 为 L 上一定点. 若极径 OM_0、OM 与曲线 L 所围成的曲边扇形面积值等于 L 上 M_0，M 两点间的弧长值的一半，求曲线 L 的方程.

解 由题设可得

$$\frac{1}{2}\int_0^\theta \rho^2(\theta)\mathrm{d}\theta = \frac{1}{2}\int_0^\theta \sqrt{\rho^2(\theta) + [\rho'(\theta)]^2}\,\mathrm{d}\theta$$

两端对 θ 求导，得

$$\rho^2 = \sqrt{\rho^2 + \rho'^2}$$
$$\rho^4 = \rho^2 + \rho'^2$$
$$\rho' = \pm\rho\sqrt{\rho^2 - 1}$$

初值为 $\rho(0) = 2$，分离变量，解方程得

$$\frac{\mathrm{d}\rho}{\rho\sqrt{\rho^2 - 1}} = \pm\mathrm{d}\theta$$

$$\frac{-\mathrm{d}\left(\dfrac{1}{\rho}\right)}{\sqrt{1 - \dfrac{1}{\rho^2}}} = \pm\mathrm{d}\theta$$

$$\arcsin\frac{1}{\rho} = \mp\theta + C$$

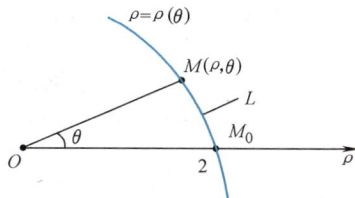

图 5-2

由初值知
$$\frac{\pi}{6} = C$$

得初值问题的解
$$\frac{1}{\rho} = \sin\left(\frac{\pi}{6} \mp \theta\right) = \sin\frac{\pi}{6}\cos\theta \mp \cos\frac{\pi}{6}\sin\theta$$

即
$$\rho\cos\theta \mp \sqrt{3}\rho\sin\theta = 2$$

其直角坐标方程为
$$x \mp \sqrt{3}y = 2$$

表示两条直线.

例 19　设函数 $f(x)$ 在 $(0, +\infty)$ 内连续，$f(1) = \frac{5}{2}$，且对所有 $x, t \in (0, +\infty)$，满足条件
$$\int_1^{xt} f(u)\,\mathrm{d}u = t\int_1^x f(u)\,\mathrm{d}u + x\int_1^t f(u)\,\mathrm{d}u$$
求 $f(x)$.

解　由题意可知，等式的每一项都是 x 的可导函数，于是等式对 x 求导，得
$$tf(xt) = tf(x) + \int_1^t f(u)\,\mathrm{d}u \qquad ①$$

在式①中令 $x = 1$，由 $f(1) = \frac{5}{2}$，得
$$tf(t) = \frac{5}{2}t + \int_1^t f(u)\,\mathrm{d}u \qquad ②$$

则 $f(t)$ 是 $(0, +\infty)$ 内的可导函数. 式②两边对 t 求导，得
$$f(t) + tf'(t) = \frac{5}{2} + f(t)$$

即
$$f'(t) = \frac{5}{2t}$$

上式两边积分，得
$$f(t) = \frac{5}{2}\ln t + C$$

由　$f(1) = \frac{5}{2}$，得 $C = \frac{5}{2}$. 于是 $f(x) = \frac{5}{2}(\ln x + 1)$.

习 题 5.2

1. 解下列可分离变量方程.

(1) $xyy' = 1 - x^2$

(2) $x\sqrt{1+y^2}\,dx + y\sqrt{1+x^2}\,dy = 0$

(3) $\begin{cases} y' = \dfrac{1+y^2}{1+x^2} \\ y\mid_{x=0} = 1 \end{cases}$

(4) $\begin{cases} (1+e^x)yy' = e^x \\ y\mid_{x=1} = 1 \end{cases}$

2. 解下列齐次方程.

(1) $y' = \dfrac{y}{x} + \dfrac{x}{y}$

(2) $\begin{cases} (y^2 - 3x^2)\,dy + 2xy\,dx = 0 \\ y\mid_{x=0} = 1 \end{cases}$

(3) $y' = 2\left(\dfrac{y+2}{x+y-1}\right)^2$

(4) $(x^3 + y^3)\,dx - 3xy^2\,dy = 0$

3. 解下列线性方程和伯努利方程.

(1) $y' + y = \cos x$

(2) $y' + 2xy = xe^{-x^2}$

(3) $\begin{cases} xy' + y - e^x = 0 \\ y\mid_{x=a} = b \end{cases}$

(4) $(y^4 + 2x)\,y' = y$

(5) $2y\,dx + (y^2 - 6x)\,dy = 0$

(6) $xy' + y = y^2\ln x$

(7) $\begin{cases} y'\arcsin x + \dfrac{y}{\sqrt{1-x^2}} = 1 \\ y\mid_{x=\frac{1}{2}} = 0 \end{cases}$

4. 解下列方程.

(1) $x\dfrac{dy}{dx} + y = 2\sqrt{xy}$

(2) $\begin{cases} x^2y' + xy = y^2 \\ y(1) = 1 \end{cases}$

(3) $\begin{cases} x\ln x\,dy + (y - \ln x)\,dx = 0 \\ y(e) = 1 \end{cases}$

(4) $\sec^2 y\dfrac{dy}{dx} + \dfrac{x}{1+x^2}\tan y = x$

(5) $(1+y^2)(e^{2x}\,dx - e^y\,dy) - (1+y)\,dy = 0$

(6) $\dfrac{dy}{dx} + 1 = 4e^{-y}\sin x$

(7) $(y^3x^2 + xy)y' = 1$

5. 设曲线上任一点 P 处的切线与 x 轴交于 A 点. 已知原点与 P 点的距离等于 A 与 P 间的距离, 且曲线过点 (2, 1), 求该曲线的方程.

6. 曲线上任一点的切线的斜率等于原点与该切点连线的斜率的 2 倍, 且曲线过点 $\left(1, \dfrac{1}{3}\right)$, 求该曲线的方程.

7. 已知曲线在两坐标轴间的任意一条切线段都被切点平分, 且曲线过点 (2, 3), 求此曲线方程.

8. 曲线上任一点处的切线介于 x 轴和直线 $y = x$ 之间的线段都被切点平分, 且此曲线过点 (0, 1). 求此曲线方程.

9. 设函数 $f(x)$ 在 $[1, +\infty)$ 上连续. 若由曲线 $y = f(x)$、直线 $x = 1$、$x = t\ (t > 1)$ 与 x 轴所围成的平面图形绕 x 轴旋转一周所成的旋转体体积为 $V(t) = \dfrac{\pi}{3}[t^2 f(t) - f(1)]$, 试求 $y = f(x)$ 所满足的微分方程, 并求该微分方程满足条件 $y\mid_{x=2} = \dfrac{2}{9}$ 的解.

10. 求微分方程 $x\,dy + (x - 2y)\,dx = 0$ 的一个解 $y = y(x)$, 使得由曲线 $y = y(x)$ 与直线 $x = 1$、$x = 2$ 以及 x 轴所围成的平面图形绕 x 轴旋转一周的旋转体体积最小.

5.3 可降阶的高阶方程

对于某些二阶微分方程，我们可以通过适当的变量代换，将它们化为一阶微分方程，当这样的一阶方程可解时，就可求得原方程的解．这种类型的方程称为可降阶的方程，相应的求解方法称为**降阶法**．这种方法同样适用于更高阶的方程．本节主要讲述三种容易降阶的二阶微分方程的求解方法．

1. $y'' = f(x)$ 型的微分方程

这类方程的特点是：方程右端仅含有自变量 x，只需要积分两次就可得到方程的通解．

$$y' = \int f(x)\,dx + C_1$$

$$y = \int \left[\int f(x)\,dx \right] dx + C_1 x + C_2$$

这种逐次积分的方法，可用于解更高阶的微分方程

$$y^{(n)} = f(x)$$

例 1 求微分方程 $y'' = xe^x$ 的通解．

解

$$\begin{aligned}
y' &= \int xe^x\,dx + C_1 \\
&= xe^x - e^x + C_1 \\
y &= \int (xe^x - e^x)\,dx + C_1 x + C_2 \\
&= xe^x - 2e^x + C_1 x + C_2
\end{aligned}$$

2. $y'' = f(x, y')$ 型的微分方程

这类方程的特点是：方程不显含未知函数 y．

作变量代换 $y' = P(x)$，$P(x)$ 为新的未知函数，则 $y'' = \dfrac{dP}{dx} = P'$．

从而方程可化为

$$P' = f(x, P)$$

这是一个关于变量 x，P 的一阶微分方程．如果我们求出了它的通解为

$$y' = P = \varphi(x, C_1)$$

则可通过积分，得到原方程的解

$$y = \int \varphi(x, C_1)\,dx + C_2$$

例 2 求方程 $y'' + \dfrac{1}{x}y' = x$ 的通解．

解 作变量代换，令 $y' = P(x)$ ，则 $y'' = \dfrac{\mathrm{d}P}{\mathrm{d}x} = P'$ ．代入方程，得

$$P' + \frac{1}{x}P = x$$

这是一个一阶线性非齐次方程，由通解公式得

$$P = \mathrm{e}^{-\int \frac{1}{x}\mathrm{d}x}\left[\int x\mathrm{e}^{\int \frac{1}{x}\mathrm{d}x}\mathrm{d}x + C_1\right]$$

$$= \frac{1}{x}\left[\frac{1}{3}x^3 + C_1\right] = \frac{x^2}{3} + \frac{C_1}{x}$$

即

$$y' = P = \frac{x^2}{3} + \frac{C_1}{x}$$

再积分，得原方程的通解为

$$y = \frac{x^3}{9} + C_1\ln|x| + C_2$$

3. $y'' = f(y, y')$ 型的微分方程

这类方程的特点是：**方程不显含自变量 x**．

作变量代换 $y' = P(y)$ ，即把 y 作为自变量，P 为新的未知函数，则 P 通过中间变量 y 是 x 的复合函数．由复合函数的求导运算法则，有

$$y'' = \frac{\mathrm{d}^2y}{\mathrm{d}x^2} = \frac{\mathrm{d}P(y)}{\mathrm{d}x} = \frac{\mathrm{d}P}{\mathrm{d}y} \cdot \frac{\mathrm{d}y}{\mathrm{d}x} = P\frac{\mathrm{d}P}{\mathrm{d}y}$$

代入方程，得

$$P\frac{\mathrm{d}P}{\mathrm{d}y} = f(y, P)$$

这是未知函数为 P 、自变量为 y 的一阶微分方程．如果能够求出它的通解为

$$y' = P = \varphi(y, C_1)$$

那么对上述一阶方程分离变量后再两端积分，可得原方程的通解为

$$\int \frac{\mathrm{d}y}{\varphi(y, C_1)} = x + C_2$$

例 3 求方程 $yy'' - y'^2 = 0$ 的通解．

解 令 $y' = P(y)$ ，则 $y'' = P\dfrac{\mathrm{d}P}{\mathrm{d}y}$ ．代入方程得

$$yP\frac{\mathrm{d}P}{\mathrm{d}y} - P^2 = 0$$

$$P\left(y\frac{\mathrm{d}P}{\mathrm{d}y}-P\right)=0$$

即 $$P=0 \text{ 或 } y\frac{\mathrm{d}P}{\mathrm{d}y}=P$$

由 $P=0$，得 $y=C$

由 $y\dfrac{\mathrm{d}P}{\mathrm{d}y}=P$，分离变量得，$P=C_1 y$. 即

$$\frac{\mathrm{d}y}{\mathrm{d}x}=C_1 y$$

解得 $y=C_2\mathrm{e}^{C_1 x}$. 这是原方程的通解，它包含了解 $y=C$ 在内.

例 4　如图 5-3 所示，设曲线上任一点 $P(x,y)$ 处的法线与 x 轴交于 A 点，且 P 点的曲率半径是线段 $\overline{PA}$ 长度的 2 倍，已知曲线是上半平面上的凹曲线，它过点 $(0,1)$，且在该点有水平切线，求该曲线方程.

解　设曲线方程为 $y=y(x)$. $P(x,y)$ 点的法线方程为

$$Y-y=-\frac{1}{y'}(X-x)$$

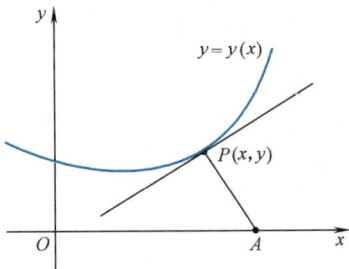

图　5-3

令 $Y=0$，得 $X=x+yy'$，即 $A(x+yy',0)$.

知 $$|\overline{PA}|=\sqrt{(yy')^2+y^2}=y\sqrt{1+(y')^2}$$

依题意，得

$$\frac{\left[1+(y')^2\right]^{\frac{3}{2}}}{y''}=2y\sqrt{1+(y')^2}$$

$$1+(y')^2=2yy''$$

初始条件为

$$y|_{x=0}=1, y'|_{x=0}=0.$$

这是二阶方程的初值问题.

方程不显含 x，令 $y'=P(y)$，则 $y''=P\dfrac{\mathrm{d}P}{\mathrm{d}y}$. 代入方程，得

$$1+P^2=2yP\frac{\mathrm{d}P}{\mathrm{d}y}$$

分离变量，得

$$\frac{\mathrm{d}y}{y}=\frac{2P\mathrm{d}P}{1+P^2}$$

$$y=C_1(1+P^2)$$

代入初始条件，得 $C_1 = 1$，即 $y = 1 + P^2$.

$$P = \pm \sqrt{y - 1}$$

即

$$\frac{\mathrm{d}y}{\mathrm{d}x} = \pm \sqrt{y - 1}$$

解得

$$\pm 2 \sqrt{y - 1} = x + C_2$$

由 $y(0) = 1$，得 $C_2 = 0$.

曲线方程为

$$x = \pm 2 \sqrt{y - 1}$$

或

$$y = 1 + \frac{x^2}{4}$$

对于更高阶的微分方程，也可用降阶法求解.

例5 求 $y''' = y''$ 的通解.

解 此方程可看作是不显含未知函数 y 的类型.

作变量代换，令 $y'' = P(x)$，则 $y''' = \dfrac{\mathrm{d}P}{\mathrm{d}x}$. 代入方程，得

$$\frac{\mathrm{d}P}{\mathrm{d}x} = P$$

解得

$$P = C_1 \mathrm{e}^x$$

即

$$y'' = C_1 \mathrm{e}^x.$$

积分两次，得其通解为

$$y = C_1 \mathrm{e}^x + C_2 x + C_3$$

习 题 5.3

1. 求解下列方程.

(1) $(1 + x^2) \, y'' = 1$

(2) $xy'' = y'$

(3) $xy'' + 3y' = 0$

(4) $2yy'' = 1 + y'^2$

(5) $y'' + \sqrt{1 - y'^2} = 0$

(6) $\begin{cases} (x^2 + 1) \, y'' = 2xy' \\ y(0) = 1, \ y'(0) = 3 \end{cases}$

(7) $\begin{cases} yy'' + y'^2 = 0 \\ y(0) = 1, \ y'(0) = \dfrac{1}{2} \end{cases}$

(8) $\begin{cases} y^3 y'' + 1 = 0 \\ y(1) = 1, \ y'(1) = 0 \end{cases}$

(9) $\begin{cases} y'' - 2y'^2 = 0 \\ y(0) = 0, \ y'(0) = -1 \end{cases}$

2. 求方程 $y'' = x + \sin x$ 的一条积分曲线，使其与直线 $y = x$ 在原点相切.

3. 设函数 $y(x)$ $(x \geqslant 0)$ 二阶可导且 $y'(x) > 0$，$y(0) = 1$，过曲线 $y = y(x)$ 上任意一点 $P(x, y)$ 作该曲线的切线与 x 轴的垂线，上述两直线与 x 轴所围成的三角形的面积记为 A_1，区间 $[0, x]$ 上以 $y = y(x)$ 为曲边的曲边梯形面积记为 A_2，并设 $2A_1 - A_2$ 恒为 1，

求此曲线的方程.

4. 设 $y = y(x)$ 是一条连续的凸曲线,其上任一点 (x, y) 处的曲率为 $\dfrac{1}{\sqrt{1 + (y')^2}}$,且此曲线上点 $(0, 1)$ 处的切线方程为 $y = x + 1$,求该曲线的方程,并求函数 $y = y(x)$ 的极值.

5. 求下列初值问题的解.

$$\begin{cases} (1 - x^2)y''' + 2xy'' = 0 \\ y(2) = 0, y'(2) = \dfrac{2}{3}, y''(2) = 3 \end{cases}$$

6. 求方程 $y'y''' - 3(y'')^2 = 0$ 的通解.

5.4 线性微分方程解的结构

线性微分方程解的结构

形如

$$y^{(n)} + a_1(x)y^{(n-1)} + \cdots + a_{n-1}(x)y' + a_n(x)y = f(x) \quad (5\text{-}5)$$

的方程称为 **n 阶线性微分方程.** 其中,$a_i(x)$ $(i = 1, 2, \cdots, n)$ 及 $f(x)$ 为已知函数. 所谓线性是指方程中未知函数 y 及其各阶导数 y',y'',$\cdots$,$y^{(n)}$ 都是一次的.

若右端项 $f(x)$ 不恒为 0,则称方程(5-5)为 n 阶线性非齐次方程. 称

$$y^{(n)} + a_1(x)y^{(n-1)} + \cdots + a_{n-1}(x)y' + a_n(x)y = 0 \quad (5\text{-}6)$$

为 n 阶线性齐次方程,也称为方程(5-5)的对应齐次方程.

线性方程的解结构简明,求解方程时可以利用解的某些性质.

本节以二阶线性方程为例,说明解的结构和性质,这些结论对 n 阶线性方程也成立,读者可自行推广.

二阶线性方程的一般形式为

$$y'' + p(x)y' + q(x)y = f(x) \quad (5\text{-}7)$$

对应齐次方程为

$$y'' + p(x)y' + q(x)y = 0 \quad (5\text{-}8)$$

1. 二阶线性齐次方程的解的结构

定理 1 (1) 若 $y_1(x)$ 为方程(5-8)的解,则 Cy_1 也是方程(5-8)的解. 其中,C 为任意常数.

(2) 若 $y_1(x)$ 和 $y_2(x)$ 都是方程(5-8)的解,则 $y_1 + y_2$ 也是方程(5-8)的解.

证 (1) 把 Cy_1 代入方程(5-8)的左端,得

$$Cy_1'' + p(x)(Cy_1') + q(x)(Cy_1)$$
$$= C(y_1'' + p(x)y_1' + q(x)y_1)$$

由于 y_1 是方程（5-8）的解，上式等于零，即 Cy_1 为方程（5-8）的解.

（2）把 $y_1 + y_2$ 代入方程（5-8）的左端，得

$$(y_1 + y_2)'' + p(x)(y_1 + y_2)' + q(x)(y_1 + y_2)$$
$$= (y_1'' + p(x)y_1' + q(x)y_1) + (y_2'' + p(x)y_2' + q(x)y_2)$$

由于 y_1、y_2 是方程（5-8）的解，上式等于零，即 $y_1 + y_2$ 为方程（5-8）的解.

上述性质称为**解的线性性质**. 易知，若 y_1、y_2 为方程（5-8）的解，则其线性组合 $C_1 y_1 + C_2 y_2$ 也是方程（5-8）的解，其中 C_1、C_2 为任意常数.

现在的问题是 $C_1 y_1 + C_2 y_2$ 是不是方程（5-8）的通解呢？为此，我们先引进下述概念.

定义 1　设 y_1，y_2，$\cdots$，y_n 为定义在同一区间 I 内的 n 个函数，如果存在 n 个不全为零的常数 k_1，k_2，$\cdots$，k_n，使得当 $x \in I$ 时，有恒等式

$$k_1 y_1 + k_2 y_2 + \cdots + k_n y_n \equiv 0$$

成立，则称这 n 个函数在区间 I 内**线性相关**. 否则，称为**线性无关**.

例如，函数 1，$\tan^2 x$，$\sec^2 x$ 在 $\left(-\dfrac{\pi}{2}, \dfrac{\pi}{2} \right)$ 内是线性相关的，因为取 $k_1 = 1$，$k_2 = 1, k_3 = -1$ 时，有

$$1 + \tan^2 x - \sec^2 x = 0$$

又如，1，e^x，xe^x 在任何区间 (a, b) 内都是线性无关的. 事实上，如果 k_1，k_2，k_3 不全为 0，则对任意 $x \in (a, b)$，有

$$k_1 + k_2 e^x + k_3 x e^x \neq 0$$

要使 $k_1 + k_2 e^x + k_3 x e^x \equiv 0$，只有 k_1，k_2，k_3 全为零.

对于两个函数 y_1，y_2，如果它们在某区间 I 内线性相关，即存在不全为零的常数 k_1，k_2，不妨设 $k_1 \neq 0$，使

$$k_1 y_1 + k_2 y_2 = 0$$

则有

$$\frac{y_1}{y_2} = -\frac{k_2}{k_1} \equiv 常数$$

即这两个函数的比值恒等于一个常数. 反之，如果两个函数的比值恒等于一个常数，则这两个函数一定线性相关. 因此得到结论：

两函数线性相关的充要条件是这两个函数的比值恒等于一个常数；两函数线性无关的充要条件是这两个函数的比值恒不等于常数.

如果 y_1，y_2 是方程（5-8）的两个解，且 $\dfrac{y_1}{y_2} \equiv k$，$k$ 为常数，则 $C_1 y_1 + C_2 y_2 = C_1 k y_2 + C_2 y_2 = (C_1 k + C_2) y_2 = C y_2$. 这表明，线性组合中形式上含有两个任意常数，实质上只有一个任意常数. 在这种情况下，$C_1 y_1 + C_2 y_2$ 不是方程（5-8）的通解. 此时，y_1，y_2 是线性相关的. 如果 $\dfrac{y_1}{y_2} \not\equiv k$，即此时，$y_1$，$y_2$ 是线性无关的，则线性组合 $C_1 y_1 + C_2 y_2$ 中，两个任意常数 C_1，C_2 是互相独立的，因此 $C_1 y_1 + C_2 y_2$ 是方程（5-8）的通解.

有了线性无关的概念，我们便有下面的关于二阶齐次线性微分方程的解的结构定理.

定理 2　若 y_1 和 y_2 是方程（5-8）的两个线性无关的特解，则 $C_1 y_1 + C_2 y_2$ 是方程（5-8）的通解. 其中，C_1，C_2 为任意常数.

由此可知，为了求线性齐次方程的通解，只要求它的两个线性无关特解即可.

例如，容易验证 $y_1 = \mathrm{e}^{2x}$ 和 $y_2 = \mathrm{e}^x$ 是二阶齐次线性微分方程 $y'' - 3y' + 2y = 0$ 的两个解，且 $\dfrac{y_1}{y_2} = \mathrm{e}^x$ 不为常数，即 y_1，y_2 线性无关，所以 $y = C_1 \mathrm{e}^x + C_2 \mathrm{e}^{2x}$ 是方程 $y'' - 3y' + 2y = 0$ 的通解.

定理 3　若方程（5-8）中，$p(x)$，$q(x)$ 都是实变量函数，且方程有复数解 $y = u(x) + \mathrm{i}v(x)$，其中 $u(x)$，$v(x)$ 都是实函数，则复数解的实部 $u(x)$ 和虚部 $v(x)$ 也都是方程（5-8）的解.

证　由 $y = u(x) + \mathrm{i}v(x)$，得 $y' = u'(x) + \mathrm{i}v'(x)$，$y'' = u''(x) + \mathrm{i}v''(x)$，代入方程（5-8）中，得

$$u''(x) + \mathrm{i}v''(x) + p(x)(u'(x) + \mathrm{i}v'(x)) + q(x)(u(x) + \mathrm{i}v(x)) = 0$$

整理，得

$$u'' + p(x)u' + q(x)u + \mathrm{i}(v'' + p(x)v' + q(x)v) = 0$$

由于实变量的复函数只有其实部与虚部都恒等于 0 时，才恒等于 0，由此推出

$$u'' + p(x)u' + q(x)u = 0$$
$$v'' + p(x)v' + q(x)v = 0$$

即 $u(x)$，$v(x)$ 都是方程(5-8)的解.

2. 二阶线性非齐次方程的解的结构

定理 4　若 $\bar{y}(x)$ 为方程(5-8)的通解，$y_0(x)$ 是方程(5-7) 的任一特解，则 $\bar{y} + y_0$ 为方程(5-7)的通解.

证　把 $\bar{y} + y_0$ 代入方程(5-7)的左端，得

$$(\bar{y} + y_0)'' + p(x)(\bar{y} + y_0)' + q(x)(\bar{y} + y_0)$$
$$= \left[\bar{y}'' + p(x)\bar{y}' + q(x)\bar{y}\right] + \left[y_0'' + p(x)y_0' + q(x)y_0\right]$$

由于 $\bar{y}$ 是方程(5-8)的解，y_0 是方程(5-7)的解，故上式等于 $f(x)$，即 $\bar{y} + y_0$ 为方程(5-7)的解. 又 $\bar{y} + y_0$ 中含有两个独立常数，因此，其为方程(5-7)的通解.

由定理 4 可知，为了求线性非齐次方程的通解，只要求得非齐次方程的一个特解和对应齐次方程的通解即可.

今后在求解线性方程时还会用到解的下列性质：

定理 5　设有线性非齐次方程

$$y'' + p(x)y' + q(x)y = f_1(x) + f_2(x)$$

若 y_1 和 y_2 分别为方程

$$y'' + p(x)y' + q(x)y = f_1(x)$$

和

$$y'' + p(x)y' + q(x)y = f_2(x)$$

的解，则 $y_1 + y_2$ 就是原方程的解.

此性质称为**解的叠加原理**.

证　把 $y_1 + y_2$ 代入原方程左端，得

$$(y_1 + y_2)'' + p(x)(y_1 + y_2)' + q(x)(y_1 + y_2)$$
$$= (y_1'' + p(x)y_1' + q(x)y_1) + (y_2'' + p(x)y_2' + q(x)y_2) = f_1(x) + f_2(x)$$

由此知，$y_1 + y_2$ 为原方程的解.

定理 6　若 $y_1(x) + iy_2(x)$ 是线性非齐次方程

$$y'' + p(x)y' + q(x)y = f_1(x) + if_2(x)$$

的解，则解的实部 y_1 和虚部 y_2 分别是方程

$$y'' + p(x)y' + q(x)y = f_1(x)$$

和

$$y'' + p(x)y' + q(x)y = f_2(x)$$

的解，其中系数函数 p，q，f_1，f_2，y_1，y_2 都是实函数.

定理 6 的证明类似于定理 5，请读者自证.

尽管线性方程解的结构比较简明，但是要在一般情况下求出解还是很困难的. 对齐次方程，仅在个别情况下借助于观察得到特解或通解. 例如，方程

$$(x - 1)y'' - xy' + y = 0$$

由于系数 $x - 1$，$-x$，1 的和为 0，而函数 e^x 与其导数相同，故 e^x 为方程的一个特解. 观察 y 和 y' 的系数，可知函数 x 为方程的另一个与 e^x 线性无关的特解. 这样，得到齐次方程的通解为 $y = C_1 e^x + C_2 x$.

3. 二阶线性微分方程的解法

下面我们介绍在已知二阶线性方程的某些解的前提下如何求其通解的方法.

1）已知二阶线性齐次方程的一个非零特解，求二阶线性齐次方程的通解.

设 $y_1(x)$ 是方程（5-8）

$$y'' + p(x)y' + q(x)y = 0$$

的一个非零特解，我们可以利用下面的方法求另一个与 $y_1(x)$ 线性无关的特解 $y_2(x)$.

由两个函数线性无关的充要条件知：如果存在一个函数 $u(x)$（$u(x)$ 不恒等于常数），使得 $y_2(x) = u(x)\, y_1(x)$ 是方程（5-8）的解，则这个解 $y_2(x)$ 就是一个与 $y_1(x)$ 线性无关的解. 此时方程（5-8）的通解就是

$$y(x) = C_1 y_1(x) + C_2 y_2(x)$$

其中，C_1，C_2 为任意常数.

下面我们来求 $u(x)$. 设 $y_2(x) = u(x)\, y_1(x)$ 是方程（5-8）的解，将其代入方程（5-8），有

$$(u(x)y_1)'' + p(x)(u(x)y_1)' + q(x)u(x)y_1 = 0$$

整理得

$$u(x)\left[y_1'' + p(x)y_1' + q(x)y_1\right] + u'(x)\left[2y_1' + p(x)y_1\right] + u''(x)y_1 = 0$$

由于 y_1 是方程（5-8）的解，有

$$y_1'' + p(x)y_1' + q(x)y_1 = 0$$

代入上式得

$$u'(x)[2y_1' + p(x)y_1] + u''(x)y_1 = 0$$

此方程为不显含未知函数 $u(x)$ 的可降阶类型.

令 $V(x) = u'(x)$，则有 $\dfrac{\mathrm{d}V}{\mathrm{d}x} = u''(x)$.

代入上述方程，有

$$V[2y_1' + p(x)y_1] + y_1\frac{\mathrm{d}V}{\mathrm{d}x} = 0$$

分离变量，得

$$\frac{\mathrm{d}V}{V} = -\frac{2y_1' + p(x)y_1}{y_1}\mathrm{d}x$$

$$\frac{\mathrm{d}V}{V} = -\left[\frac{2y_1'}{y_1} + p(x)\right]\mathrm{d}x$$

两边积分得

$$\ln V = -2\ln y_1 - \int p(x)\,\mathrm{d}x$$

$$V = \frac{1}{y_1^2}\mathrm{e}^{-\int p(x)\,\mathrm{d}x}$$

即

$$u'(x) = V = \frac{1}{y_1^2}\mathrm{e}^{-\int p(x)\,\mathrm{d}x}$$

则

$$u(x) = \int \frac{1}{y_1^2}\mathrm{e}^{-\int p(x)\,\mathrm{d}x}\,\mathrm{d}x$$

由此我们便得到方程（5-8）的另一个与 $y_1(x)$ 线性无关的特解

$$y_2(x) = y_1(x)\int \frac{\mathrm{e}^{-\int p(x)\,\mathrm{d}x}}{y_1^2}\,\mathrm{d}x$$

此公式称为刘维尔（Liouvile）公式.

2）已知对应线性齐次方程的通解，求二阶线性非齐次方程的通解——常数变易法.

和一阶线性方程类似，若能求出对应齐次方程的通解，则可以用常数变易法求出非齐次方程的解.

设方程（5-7）对应的齐次方程（5-8）的通解为

$$Y = C_1 y_1 + C_2 y_2$$

其中，y_1，y_2 是方程（5-8）的两个线性无关的特解. 常数变易法就是把 Y 中的常数 C_1，C_2 改为两个待定的 x 的函数 $C_1(x)$，$C_2(x)$，使

$$\bar{y} = C_1(x) y_1 + C_2(x) y_2 \tag{5-9}$$

成为方程（5-7）的一个特解. 一般说来，要确定两个函数 $C_1(x)$，$C_2(x)$ 需要两个条件，要求 $\bar{y}$ 满足方程（5-7）是第一个条件，对方程（5-9）求导，得

$$\bar{y}' = C_1'(x) y_1 + C_2'(x) y_2 + C_1(x) y_1' + C_2(x) y_2'$$

为计算简单起见，我们可以选取使

$$C_1'(x) y_1 + C_2'(x) y_2 = 0 \tag{5-10}$$

成立的 $C_1(x)$，$C_2(x)$. 这是确定 $C_1(x)$，$C_2(x)$ 的第二个条件. 于是

$$\bar{y}' = C_1(x) y_1' + C_2(x) y_2'$$

$$\bar{y}'' = C_1'(x) y_1' + C_2'(x) y_2' + C_1(x) y_1'' + C_2(x) y_2''$$

将 $\bar{y}$，$\bar{y}'$，$\bar{y}''$ 代入方程（5-7），整理后得

$$C_1'(x) y_1' + C_2'(x) y_2' = f(x) \tag{5-11}$$

即 $C_1(x)$，$C_2(x)$ 应满足方程（5-10）和方程（5-11），有

$$\begin{cases} C_1'(x) y_1 + C_2'(x) y_2 = 0 \\ C_1'(x) y_1' + C_2'(x) y_2' = f(x) \end{cases}$$

解此方程组，得

$$\begin{cases} C_1'(x) = -\dfrac{f(x) y_2}{V(y_1, y_2)} = \dfrac{\begin{vmatrix} 0 & y_2 \\ f(x) & y_2' \end{vmatrix}}{\begin{vmatrix} y_1 & y_2 \\ y_1' & y_2' \end{vmatrix}} \\[20pt] C_2'(x) = \dfrac{f(x) y_1}{V(y_1, y_2)} = \dfrac{\begin{vmatrix} y_1 & 0 \\ y_1' & f(x) \end{vmatrix}}{\begin{vmatrix} y_1 & y_2 \\ y_1' & y_2' \end{vmatrix}} \end{cases} \tag{5-12}$$

其中，$V(y_1, y_2) = \begin{vmatrix} y_1 & y_2 \\ y_1' & y_2' \end{vmatrix} = y_1 y_2' - y_1' y_2$，称为 y_1，y_2 的二阶朗斯基行列式. 由于 y_1，y_2 线性无关，可以验证 $V(y_1, y_2) \neq 0$. 对方程（5-12）积分，得

$$\begin{cases} C_1(x) = \displaystyle\int \frac{-f(x)y_2(x)}{V(y_1,y_2)}\mathrm{d}x \\ C_2(x) = \displaystyle\int \frac{f(x)y_1(x)}{V(y_1,y_2)}\mathrm{d}x \end{cases}$$

因此，二阶线性非齐次方程（5-7）的一个特解为

$$\bar{y} = y_1(x)\int \frac{-f(x)y_2(x)}{V(y_1,y_2)}\mathrm{d}x + y_2(x)\int \frac{f(x)y_1(x)}{V(y_1,y_2)}\mathrm{d}x \quad (5\text{-}13)$$

二阶线性非齐次方程（5-7）的通解为

$$y = C_1y_1 + C_2y_2 + y_1\int \frac{-f(x)y_2(x)}{V(y_1,y_2)}\mathrm{d}x + y_2\int \frac{f(x)y_1(x)}{V(y_1,y_2)}\mathrm{d}x$$

例 1　求 $y'' + y = \dfrac{1}{\cos x}$ 的通解.

解　观察知 $\sin x$ 和 $\cos x$ 为方程 $y'' + y = 0$ 的两个特解，$Y = C_1\cos x + C_2\sin x$ 为对应齐次方程的通解.

设原方程的特解为 $\bar{y} = C_1(x)\cos x + C_2(x)\sin x$，其中 $C_1(x)$ 和 $C_2(x)$ 为待定函数.

由方程组

$$\begin{cases} C_1'(x)y_1 + C_2'(x)y_2 = 0 \\ C_1'(x)y_1' + C_2'(x)y_2' = f(x) \end{cases}$$

得方程组

$$\begin{cases} C_1'(x)\cos x + C_2'(x)\sin x = 0 \\ -C_1'(x)\sin x + C_2'(x)\cos x = \dfrac{1}{\cos x} \end{cases}$$

解得

$$C_1'(x) = -\tan x, C_2'(x) = 1$$

积分，得

$$C_1(x) = \ln|\cos x|, C_2(x) = x$$

原方程的特解为

$$\bar{y} = \cos x\ln|\cos x| + x\sin x$$

方程的通解为

$$y = Y + \bar{y} = C_1\cos x + C_2\sin x + \cos x\ln|\cos x| + x\sin x$$

此题亦可直接套用式（5-13）.

在线性方程中，我们主要讨论常系数线性方程.

习 题 5.4

1. 用观察法求下列方程的一个特解.

（1）$(x^2+1)y'' - 2xy' + 2y = 0$

（2）$xy'' - (1+x)y' + y = 0$

2. 用常数变易法求方程

$$y'' + y = \tan x$$

的通解.

3. 验证 $y_1 = e^{x^2}$ 和 $y_2 = xe^{x^2}$ 都是方程 $y'' - 4xy' + (4x^2-2)y = 0$ 的解，并写出该方程的通解.

4. 证明：如果 y_1 和 y_2 是二阶线性非齐次方程 $y'' + p(x)y' + q(x)y = f(x)$ 的两个线性无关解，则 $y_1 - y_2$ 是对应齐次方程的解.

5. 已知二阶线性非齐次方程的三个特解为 $y_1 = x - (x^2+1)$，$y_2 = 3e^x - (x^2+1)$，$y_3 = 2x - e^x - (x^2+1)$. 求该方程满足初始条件 $y(0) = 0$，$y'(0) = 0$ 的特解.

6. 已知微分方程

$$(x^2-2x)y'' - (x^2-2)y' + (2x-2)y = 6x-6$$

有三个特解：$y_1 = 3$，$y_2 = 3 + x^2$，$y_3 = 3 + x^2 + e^x$，求该方程的通解.

5.5 线性常系数齐次方程

▶ 线性常系数
齐次微分方程

以二阶方程为例说明线性常系数齐次方程的求解过程.

二阶线性常系数齐次方程的一般形式为

$$y'' + a_1 y' + a_2 y = 0 \qquad (5\text{-}14)$$

其中，a_1，a_2 为常数. 由于指数函数 e^{rx} 具有导数仍为它自己的倍数的特点，因此我们可设想式(5-14)有形式为 $y = e^{rx}$ 的解，其中 r 为待定常数. 将 $y = e^{rx}$，$y' = re^{rx}$，$y'' = r^2 e^{rx}$ 代入方程(5-14)得

$$e^{rx}(r^2 + a_1 r + a_2) = 0$$

因为 $e^{rx} \neq 0$，因此 r 必须满足代数方程

$$r^2 + a_1 r + a_2 = 0 \qquad (5\text{-}15)$$

故当 r 是方程(5-15)的一个根时，$y = e^{rx}$ 就是方程(5-14)的一个解。称代数方程(5-15)为微分方程(5-14)的**特征方程**，它的根 r 叫做方程(5-14)的**特征根**. 这样，求方程(5-14)的解就只需求特征方程(5-15)的根就可以了. 下面就特征方程(5-15)的根的三种不同情况，讨论方程(5-14)的通解.

特征方程(5-15)的两个根为

$$r_1 = \frac{-a_1 + \sqrt{a_1^2 - 4a_2}}{2}, \quad r_2 = \frac{-a_1 - \sqrt{a_1^2 - 4a_2}}{2}$$

1. r_1，r_2 为特征方程(5-15)的两个不等实根

此时，$y_1 = \mathrm{e}^{r_1 x}$ 和 $y_2 = \mathrm{e}^{r_2 x}$ 为方程（5-14）的两个特解. 又 $\dfrac{y_2}{y_1} = \mathrm{e}^{(r_2-r_1)x} \neq$ 常数，所以 y_1，y_2 线性无关，因此方程(5-14)的通解为

$$y = C_1 \mathrm{e}^{r_1 x} + C_2 \mathrm{e}^{r_2 x}$$

2. $r_1 = r_2 = r$ 为特征方程(5-15)的两个相等实根（重根）

$y_1 = \mathrm{e}^{rx}$ 为方程(5-14)的一个特解. 设另一个与 y_1 线性无关的特解为 $y_2 = C(x)\, y_1 = C(x)\mathrm{e}^{rx}$，其中，$C(x)$ 为待定函数. 代入方程(5-14)，整理得

$$(y_1'' + a_1 y_1' + a_2 y_1) C(x) + (2y_1' + a_1 y_1) C'(x) + y_1 C''(x) = 0$$

由 y_1 为方程(5-14)的解，知 $y_1'' + a_1 y_1' + a_2 y_1 = 0$.

又由根与系数的韦达定理，有 $r = -\dfrac{a_1}{2}$，得

$$2y_1' + a_1 y_1 = 2r\mathrm{e}^{rx} + a_1 \mathrm{e}^{rx} = (2r + a_1)\mathrm{e}^{rx} = 0$$

因此有

$$y_1 C''(x) = 0$$
$$C''(x) = 0$$

取 $C(x) = x$，则 $y_2 = x\mathrm{e}^{rx}$ 就是与 $y_1 = \mathrm{e}^{rx}$ 线性无关的另一个特解.

这表明，在重根情况下设有一个特解为 y_1，则 xy_1 为另一个与其线性无关的特解.

故方程(5-14)的通解为

$$y = (C_1 + C_2 x)\mathrm{e}^{rx}$$

3. $r_{1,2} = \alpha \pm \mathrm{i}\beta$ 为特征方程(5-15)的共轭复根

$y_1 = \mathrm{e}^{(\alpha+\mathrm{i}\beta)x}$ 和 $y_2 = \mathrm{e}^{(\alpha-\mathrm{i}\beta)x}$ 为方程(5-14)的两个线性无关特解，因此方程的通解为

$$y = C_1 \mathrm{e}^{(\alpha+\mathrm{i}\beta)x} + C_2 \mathrm{e}^{(\alpha-\mathrm{i}\beta)x}$$

此为方程(5-14)的复函数形式的解. 为了得到实函数形式的解，利用**欧拉（Euler）公式**

$$\mathrm{e}^{\mathrm{i}x} = \cos x + \mathrm{i}\sin x$$

将其转化为实函数形式的解（欧拉公式将在下册级数部分给予证明）. 我们有

$$\mathrm{e}^{(\alpha+\mathrm{i}\beta)x} = \mathrm{e}^{\alpha x} \cdot \mathrm{e}^{\mathrm{i}\beta x}$$
$$= \mathrm{e}^{\alpha x}(\cos\beta x + \mathrm{i}\sin\beta x)$$
$$= \mathrm{e}^{\alpha x}\cos\beta x + \mathrm{i}\mathrm{e}^{\alpha x}\sin\beta x$$

由 5.4 节定理 3 知：$e^{\alpha x}\cos\beta x$，$e^{\alpha x}\sin\beta x$ 也是式（5-14）的两个线性无关的特解．所以，方程（5-14）的实函数形式的通解为

$$y = e^{\alpha x}(C_1\cos\beta x + C_2\sin\beta x)$$

如此解二阶线性常系数微分方程的方法称为特征根法．

例 1 求方程 $y'' + 3y' + 2y = 0$ 的通解．

解 特征方程为

$$r^2 + 3r + 2 = 0$$

解得特征根为 $\quad\quad r_1 = -2，r_2 = -1$

方程的通解为

$$y = C_1 e^{-2x} + C_2 e^{-x}$$

例 2 求解初值问题

$$\begin{cases} y'' - 12y' + 36y = 0 \\ y|_{x=0} = 1，y'|_{x=0} = 0 \end{cases}$$

解 特征方程为

$$r^2 - 12r + 36 = 0$$

方程有重特征根 $\quad\quad r = 6$

方程的通解为 $\quad\quad y = (C_1 + C_2 x)e^{6x}$

又 $\quad\quad y' = e^{6x}(6C_1 + C_2 + 6C_2 x)$

代入初始条件，得

$$\begin{cases} C_1 = 1 \\ 6C_1 + C_2 = 0 \end{cases}$$

解得 $\quad\quad C_1 = 1，C_2 = -6$

故初值问题的解为 $\quad\quad y = (1 - 6x)e^{6x}$

例 3 求方程 $y'' + 2y' + 5y = 0$ 的通解．

解 特征方程为

$$r^2 + 2r + 5 = 0$$

特征根为 $-1 \pm 2i$，方程的通解为

$$y = e^{-x}(C_1\cos 2x + C_2\sin 2x)$$

上述解二阶线性常系数齐次方程的特征根法也适用于更高阶的方程． n 阶线性常系数齐次方程的一般形式为

$$y^{(n)} + a_1 y^{(n-1)} + \cdots + a_{n-1} y' + a_n y = 0$$

其中，$a_i（i = 1，2，\cdots，n）$ 为常数．

其特征方程为

$$r^n + a_1 r^{n-1} + \cdots + a_{n-1} r + a_n = 0$$

由代数学知道，上述特征方程在复数范围内有 n 个特征根（重根按重数计算，例如将三重根看作三个根）. 可以证明：

特征方程有单根 r，原方程有特解 $y = e^{rx}$；特征方程有 m 重根 r_1，原方程就有 m 个这样的线性无关特解：$y_1 = e^{r_1 x}$，$y_2 = x e^{r_1 x}$，$y_3 = x^2 e^{r_1 x}$，$\cdots$，$y_m = x^{m-1} e^{r_1 x}$；特征方程有复根 $\alpha \pm i\beta$，原方程有特解 $y_1 = e^{\alpha x} \cos\beta x$，$y_2 = e^{\alpha x} \sin\beta x$；当复根 $\alpha \pm i\beta$ 为 k 重根时，它们对应的 $2k$ 个线性无关特解为

$$y_1 = e^{\alpha x}\cos\beta x, \qquad y_2 = e^{\alpha x}\sin\beta x$$

$$y_3 = x e^{\alpha x}\cos\beta x, \qquad y_4 = x e^{\alpha x}\sin\beta x$$

$$\vdots \qquad\qquad\qquad \vdots$$

$$y_{2k-1} = x^{k-1} e^{\alpha x}\cos\beta x, \qquad y_{2k} = x^{k-1} e^{\alpha x}\sin\beta x$$

这样我们就得到原 n 阶方程的 n 个线性无关特解（可以证明），因而得到原方程的通解.

例 4 求方程 $y^{(4)} - y = 0$ 的通解.

解 特征方程为

$$r^4 - 1 = 0$$

解得特征根为 $\qquad r_1 = -1,\ r_2 = 1,\ r_{3,4} = \pm i$

通解为

$$y = C_1 e^{-x} + C_2 e^x + C_3 \cos x + C_4 \sin x$$

例 5 求 $y^{(5)} + y^{(4)} + 2y''' + 2y'' + y' + y = 0$ 的通解.

解 特征方程为

$$r^5 + r^4 + 2r^3 + 2r^2 + r + 1 = 0$$

$$(r+1)(r^2+1)^2 = 0$$

特征根为 $\qquad r_1 = -1,\ r_{2,3} = \pm i$（二重根）

对应的特解为

$$y_1 = e^{-x}, y_2 = \cos x, y_3 = \sin x, y_4 = x\cos x, y_5 = x\sin x$$

方程的通解为

$$y = C_1 e^{-x} + (C_2 + C_3 x)\cos x + (C_4 + C_5 x)\sin x$$

习　题　5.5

1. 求下列方程的通解.

（1）$y'' + 8y' + 15y = 0$

（2）$y'' + 6y' + 9y = 0$

（3）$y'' + 4y' + 5y = 0$

（4）$\dfrac{d^2 s}{dt^2} - 2\dfrac{ds}{dt} - s = 0$

（5）$4\dfrac{d^2 x}{dt^2} - 20\dfrac{dx}{dt} + 25x = 0$

（6）$y'' + 2\delta y' + \omega_0^2 y = 0 \quad (\omega_0 > \delta > 0)$

2. 求下列初值问题的解.

（1）$\begin{cases} y'' + 4y' + 4y = 0 \\ y|_{x=0} = 1, \ y'|_{x=0} = 1 \end{cases}$

（2）$\begin{cases} 4y'' + 9y = 0 \\ y(0) = 2, \ y'(0) = -1 \end{cases}$

3. 求下列方程的通解.

（1）$y''' - y = 0$

（2）$y''' - 2y' + y = 0$

（3）$y''' + 3y'' + 3y' + y = 0$

4. 求具有特解 $y_1 = e^{-x}$，$y_2 = 2xe^{-x}$，$y_3 = 3e^x$ 的三阶常系数齐次线性微分方程.

5.6　线性常系数非齐次方程

📹 线性常系数
非齐次微分方程

1. 二阶线性常系数非齐次方程

二阶线性常系数非齐次方程形如

$$y'' + a_1 y' + a_2 y = f(x) \tag{5-16}$$

其中，a_1，a_2 为常数. 求方程（5-16）的通解的关键是求它的一个特解. 应该说，特解用常数变易法已经解决，但其计算太麻烦，而且在实用中，自由项 $f(x)$ 常取以下形式：

$P_n(x)$ ——n 次多项式，$P_n(x)e^{\alpha x}$（α 为实常数），$P_n(x)e^{\alpha x}\cos\beta x$，$P_n(x)e^{\alpha x}\sin\beta x$（$\alpha$，$\beta$ 为实常数）

　　对于这样形式的自由项，我们可以预先给定方程（5-16）的特解的形式，再把形式解代入方程确定解中包含的待定常数的值，因此这种方法又称为**待定系数法**.

　　注意到上述自由项可用 $P_n(x)e^{wx}$（$w = \alpha + i\beta$ 为复数）统一表示. 事实上，

　　当 $\alpha = 0$，$\beta = 0$ 时，$w = 0$，此时就是多项式 $P_n(x)$.

　　当 $\alpha \neq 0$，$\beta = 0$ 时，w 为实数，即为 $P_n(x)e^{\alpha x}$.

　　当 α，β 均不为零，即 w 为复数时，有

$$P_n(x)e^{(\alpha+i\beta)x} = P_n(x)e^{\alpha x}(\cos\beta x + i\sin\beta x)$$

取其实部、虚部则分别得到 $P_n(x)e^{\alpha x}\cos\beta x$ 和 $P_n(x)e^{\alpha x}\sin\beta x$ 的形式. 因此，我们就 $f(x) = P_n(x)e^{wx}$ 这种形式来讨论方程(5-16)的解. 这里，w 可取复数. 设

$$y'' + a_1 y' + a_2 y = P_n(x)e^{wx} \tag{5-17}$$

其中，$P_n(x)$ 为 n 次多项式，w 允许为复数.

由于非齐次项是多项式与 e^{wx} 的乘积形式，而多项式与指数函数 e^{wx} 乘积的导数仍然是多项式与指数函数的乘积，因此可设想方程 (5-17) 的解也是一个多项式与 e^{wx} 的乘积的形式. 令方程(5-17)的特解为

$$y^* = Q(x)e^{wx}$$

$Q(x)$ 是一个待定的多项式. 于是，

$$y^{*\prime} = Q'(x)e^{wx} + w\,Q(x)e^{wx}$$

$$y^{*\prime\prime} = Q''(x)e^{wx} + 2w\,Q'(x)e^{wx} + w^2\,Q(x)e^{wx}$$

代入方程(5-17)得

$$Q''(x)e^{wx} + 2w\,Q'(x)e^{wx} + w^2 Q(x)e^{wx} + a_1 Q'(x)e^{wx} +$$
$$a_1 w\,Q(x)e^{wx} + a_2 Q(x)e^{wx} \equiv P_n(x)e^{wx}$$

整理，得

$$Q''(x) + (2w + a_1)Q'(x) + (w^2 + a_1 w + a_2)Q(x) \equiv P_n(x)$$
$$\tag{5-18}$$

上式是两个多项式的恒等式，由多项式理论可用 x 的同次幂系数相等确定 $Q(x)$.

下面对上述方程分三种情况进行讨论. 并注意到对应齐次方程的特征方程为 $r^2 + a_1 r + a_2 = 0$.

（1）当 $w^2 + a_1 w + a_2 \neq 0$ 时，表明 w 不是方程 (5-17) 对应的齐次方程的特征根，此时方程两端为同次多项式，故可用比较系数法确定 $Q(x)$.

设 $Q(x)$ 为与 $P_n(x)$ 同次（$P_n(x)$ 为 n 次）的多项式 $Q_n(x)$，即可设方程(5-17)的解为

$$y^* = Q_n(x)e^{wx} = (b_0 x^n + b_1 x^{n-1} + \cdots + b_n)e^{wx}$$

由式(5-18)两端 x 的同次幂系数相等确定系数 $b_0, b_1, \cdots, b_n$.

（2）当 $w^2 + a_1 w + a_2 = 0$，但 $2w + a_1 \neq 0$ 时，w 是方程(5-17)对应的齐次方程的单特征根. 由式(5-18)可知：$Q'(x)$ 必须是与 $P_n(x)$

同次的多项式，故 $Q(x)$ 的次数应比 $P_n(x)$ 高一次，即 $Q(x)$ 应为 $n+1$ 次多项式，注意到此时 e^{wx} 是方程（5-17）对应的齐次方程的解，$C\mathrm{e}^{wx}$ 已包含在方程（5-17）对应的齐次方程的通解中，故此时可设方程（5-17）的特解为

$$y^* = xQ_n(x)\mathrm{e}^{wx} = x(b_0x^n + b_1x^{n-1} + \cdots + b_n)\mathrm{e}^{wx}$$

用同样的方法确定 $Q_n(x)$ 的系数 $b_0, b_1, \cdots, b_n$.

（3）当 $w^2 + a_1w + a_2 = 0$ 且 $2w + a_1 = 0$ 时，w 是方程（5-17）对应的齐次方程的重特征根. 由式（5-18）知，$Q''(x)$ 应与 $P_n(x)$ 同次，即 $Q(x)$ 应为 $n+2$ 次多项式，注意到此时 $(C_1 + C_2x)\mathrm{e}^{wx}$ 也已包含在方程（5-17）对应的齐次方程的通解中，故此时可设方程（5-17）的特解为

$$y^* = x^2Q_n(x)\mathrm{e}^{wx} = x^2(b_0x^n + b_1x^{n-1} + \cdots + b_n)\mathrm{e}^{wx}$$

同样，用比较系数法确定系数 $b_0, b_1, \cdots, b_n$.

综上所述，可以得到以下结论：

二阶线性常系数方程

$$y'' + a_1y' + a_2y = P_n(x)\mathrm{e}^{wx}（w \text{ 可以是复数}）$$

具有形如

$$y^* = x^kQ_n(x)\mathrm{e}^{wx}$$

的特解，其中，$Q_n(x)$ 是与 $P_n(x)$ 同次（n 次）的多项式.

当 w 不是特征方程 $r^2 + a_1r + a_2 = 0$ 的特征根时，取 $k = 0$.

当 w 是特征方程 $r^2 + a_1r + a_2 = 0$ 的单特征根时，取 $k = 1$.

当 w 是特征方程 $r^2 + a_1r + a_2 = 0$ 的重特征根时，取 $k = 2$.

例 1　求方程 $y'' + y = x^2 + x$ 的通解.

解　这是二阶常系数线性非齐次方程，并且 $f(x) = x^2 + x$，为 $P_n(x)\mathrm{e}^{wx}$ 型（其中，$P_n(x) = x^2 + x$，$w = 0$）.

对应的齐次方程为

$$y'' + y = 0$$

特征方程为　　　　　　　　　$r^2 + 1 = 0$

特征根为　　　　　　　　　$r_1 = \mathrm{i}, \ r_2 = -\mathrm{i}$

齐次方程的通解为　　$\bar{y} = C_1\cos x + C_2\sin x$

由于 $w = 0$ 不是特征根，所以应设非齐次方程的特解为

$$y^* = b_0x^2 + b_1x + b_2$$

线性常系数非齐次微分方程例题（1）

其中，b_0，b_1，b_2 为待定常数. 将 y^* 代入原方程, 得

$$b_0 x^2 + b_1 x + (2b_0 + b_2) = x^2 + x$$

比较等式两端 x 的同次幂系数, 得

$$\begin{cases} b_0 = 1 \\ b_1 = 1 \\ 2b_0 + b_2 = 0 \end{cases}$$

得　　　　　　　　　　$b_0 = 1,\ b_1 = 1,\ b_2 = -2$

特解为　　　　　　　　$y^* = x^2 + x - 2$

原方程的通解为　　　　$y = \bar{y} + y^* = C_1 \cos x + C_2 \sin x + x^2 + x - 2$

例 2　求 $y'' + y' = x^2 + x$ 的一个特解.

解　右端自由项 $f(x) = x^2 + x$ 是 $P_n(x) e^{wx}$ 的形式, 其中 $P_n(x) = x^2 + x$，$w = 0$.

对应齐次方程为　　　　　$y'' + y' = 0$

特征方程为　　　　　　　$r^2 + r = 0$

特征根为　　　　　　　$r_1 = 0,\ r_2 = -1$

$w = 0$ 是方程的单特征根, 故可设其特解的形式为

$$y^* = x(b_0 x^2 + b_1 x + b_2)$$

将 y^* 代入原方程, 整理得

$$3b_0 x^2 + (6b_0 + 2b_1)x + (2b_1 + b_2) = x^2 + x$$

比较 x 的同次幂系数, 得

$$\begin{cases} 3b_0 = 1 \\ 6b_0 + 2b_1 = 1 \\ 2b_1 + b_2 = 0 \end{cases}$$

解得　　　　　　$b_0 = \dfrac{1}{3},\ b_1 = -\dfrac{1}{2},\ b_2 = 1$

特解为　　　　　$y^* = \dfrac{1}{3}x^3 - \dfrac{1}{2}x^2 + x$

例 3　求 $y'' + y' = e^{2x}$ 的通解.

解　右端自由项 $f(x) = e^{2x}$ 是 $P_n(x) e^{wx}$ 型 (其中, $P_n(x) = 1$ 为 0 次多项式, $w = 2$).

对应齐次方程为　　　　　$y'' + y' = 0$

特征方程为　　　　　　　$r^2 + r = 0$

特征根为 $\qquad r_1 = 0,\ r_2 = -1$

齐次方程的通解为 $\qquad \bar{y} = C_1 + C_2 \mathrm{e}^{-x}$

$w = 2$ 不是方程的特征根，故可设其特解的形式为

$$y^* = a\mathrm{e}^{2x}$$

a 为待定常数.

将 y^* 代入原方程，得

$$6a\mathrm{e}^{2x} = \mathrm{e}^{2x}$$

得 $a = \dfrac{1}{6}$，从而 $y^* = \dfrac{1}{6}\mathrm{e}^{2x}$.

原方程的通解为

$$y = C_1 + C_2 \mathrm{e}^{-x} + \frac{1}{6}\mathrm{e}^{2x}$$

例 4 求 $y'' - 2y' = \mathrm{e}^{2x}$ 的通解.

解 对应齐次方程为 $\qquad y'' - 2y' = 0$

特征根为 $\qquad r_1 = 0,\ r_2 = 2$

齐次方程的通解为 $\qquad \bar{y} = C_1 + C_2 \mathrm{e}^{2x}$

由于 $w = 2$ 是方程的单特征根. 因此原方程的特解可设为

$$y^* = ax\mathrm{e}^{2x}$$

代入原方程，得

$$[4a(1 + x) - 2a(1 + 2x)]\mathrm{e}^{2x} = \mathrm{e}^{2x}$$

知 $\qquad 2a = 1$

得 $\qquad a = \dfrac{1}{2}$

特解为 $\qquad y^* = \dfrac{1}{2}x\mathrm{e}^{2x}$

原方程的通解为 $\qquad y = C_1 + C_2 \mathrm{e}^{2x} + \dfrac{1}{2}x\mathrm{e}^{2x}$

例 5 求 $y'' + y' = x\mathrm{e}^{-x}$ 的特解.

解 对应齐次方程为 $\qquad y'' + y' = 0$

特征根为 $\qquad r_1 = 0,\ r_2 = -1$

由于 $w = -1$ 是特征方程的单根，故设特解为

$$y^* = x(ax + b)\mathrm{e}^{-x}$$

代入原方程，化简得

▶ 线性常系数非齐次
微分方程例题（2）

$$(-2ax + 2a - b)\mathrm{e}^{-x} = x\mathrm{e}^{-x}$$

解得
$$a = -\frac{1}{2},\ b = -1$$

特解为
$$y^* = -\frac{1}{2}x\ (x + 2)\mathrm{e}^{-x}$$

例 6　写出方程 $y'' + 2y' + y = x\mathrm{e}^{-x}$ 的特解形式.

解　对应齐次方程为　$y'' + 2y' + y = 0$

特征方程为　　　　　$r^2 + 2r + 1 = 0$

特征根为　　　　　　$r_1 = r_2 = -1$

由于 $w = -1$ 为特征方程的重根，故特解形式为
$$y^* = x^2(ax + b)\mathrm{e}^{-x}$$

例 7　求 $y'' - y' = 4x\sin x$ 的特解.

解　右端自由项 $f(x) = 4x\sin x$，先将 $f(x)$ 转化成 $P_n(x)\mathrm{e}^{wx}$ 的形式，由于
$$4x\mathrm{e}^{\mathrm{i}x} = 4x\cos x + \mathrm{i}4x\sin x$$
取其虚部就是原方程的右端自由项.

先求方程
$$y'' - y' = 4x\mathrm{e}^{\mathrm{i}x} \qquad\qquad ①$$
的特解，由线性微分方程的解的性质知，方程①的解函数的虚部就是原方程的解.

由于 $w = \mathrm{i}$ 不是方程的特征根，故可设式①的特解为
$$y^* = (ax + b)\mathrm{e}^{\mathrm{i}x}$$
代入方程①，整理得
$$-(a + a\mathrm{i})x + (2a - b)\mathrm{i} - (a + b) = 4x$$
比较 x 的同次幂系数得　$a = -2 + 2\mathrm{i}$，$b = -4 - 2\mathrm{i}$

方程①的特解为 $y^* = [(-2 + 2\mathrm{i})x - 4 - 2\mathrm{i}]\mathrm{e}^{\mathrm{i}x}$
$$= [-2x - 4 + \mathrm{i}(2x - 2)](\cos x + \mathrm{i}\sin x)$$
$$= (-2x - 4)\cos x - (2x - 2)\sin x +$$
$$\mathrm{i}[(2x - 2)\cos x - (2x + 4)\sin x]$$
取 y^* 的虚部得原方程的特解为 $\overline{y}^* = (2x - 2)\ \cos x - (2x + 4)\ \sin x$

例 8　求 $y'' + y = \sin x$ 的通解.

解　对应的齐次方程为　$y'' + y = 0$

特征方程为 $\qquad r^2 + 1 = 0$

特征根为 $\qquad r_1 = \mathrm{i},\ r_2 = -\mathrm{i}$

对应齐次方程的通解为 $\quad \bar{y} = C_1\cos x + C_2\sin x$

下面求方程

$$y'' + y = \mathrm{e}^{\mathrm{i}x} \qquad\qquad\qquad ②$$

的特解. 因为 $\mathrm{e}^{\mathrm{i}x} = \cos x + \mathrm{i}\sin x$，原方程右端自由项是 $\mathrm{e}^{\mathrm{i}x}$ 的虚部，故方程②的解的虚部即为原方程的解.

又因为 $w = \mathrm{i}$ 是单特征根，故可设式②的特解为

$$\bar{y}^* = ax\mathrm{e}^{\mathrm{i}x}$$

代入原方程，得

$$2a\mathrm{i}\mathrm{e}^{\mathrm{i}x} = \mathrm{e}^{\mathrm{i}x}$$

得 $\qquad\qquad 2a\mathrm{i} = 1$

$$a = -\frac{1}{2}\mathrm{i}$$

$$\bar{y}^* = -\frac{1}{2}\mathrm{i}x\mathrm{e}^{\mathrm{i}x} = -\frac{1}{2}\mathrm{i}x(\cos x + \mathrm{i}\sin x)$$

$$= -\frac{1}{2}\mathrm{i}x\cos x + \frac{1}{2}x\sin x$$

取其虚部 $y^* = -\dfrac{1}{2}x\cos x$ 为原方程的特解.

原方程的通解为

$$y = C_1\cos x + C_2\sin x - \frac{1}{2}x\cos x$$

需要特别说明的是：当方程 $y'' + a_1 y' + a_2 y = f(x)$ 的右端自由项

$$f(x) = \mathrm{e}^{\alpha x}\left[P_l(x)\cos\beta x + P_m(x)\sin\beta x\right]\ (\alpha,\beta \in \mathbf{R})$$

时，按上述讨论，可以将方程分解为自由项为 $f_1(x) = P_l(x)\mathrm{e}^{\alpha x}\cos\beta x$ 和 $f_2(x) = P_m(x)\mathrm{e}^{\alpha x}\sin\beta x$ 的两个非齐次方程，并按上述方法可求得两方程的特解为 y_1^* 和 y_2^*，再由非齐次方程的解的叠加原理知，对应于自由项为 $f(x)$ 的方程的特解为 $y^* = y_1^* + y_2^*$.

我们也可以不采用上述方法，而用如下的更为简单的设特解的方法. 即对方程

$$y'' + a_1 y' + a_2 y = \mathrm{e}^{\alpha x}\left[P_l(x)\cos\beta x + P_m(x)\sin\beta x\right]\ (\alpha,\beta \in \mathbf{R})$$

可直接设其特解为

$$y^* = x^k e^{\alpha x} \left[Q_n(x) \cos\beta x + R_n(x) \sin\beta x \right]$$

其中，$Q_n(x)$ 和 $R_n(x)$ 是 n 次多项式，$n = \max\{l, m\}$，k 的取值如下：

（1）当 $\alpha + i\beta$（或 $\alpha - i\beta$）不是特征方程 $r^2 + a_1 r + a_2 = 0$ 的特征根时，取 $k = 0$；

（2）当 $\alpha + i\beta$（或 $\alpha - i\beta$）是特征方程 $r^2 + a_1 r + a_2 = 0$ 的特征根时，取 $k = 1$.

特例，当方程的右端为 $\sin\beta x$，$\cos\beta x$ 或 $a\sin\beta + b\cos\beta x$ 时，有结论：

（1）当 $i\beta$ 不是特征方程的根时，可设特解为

$$y^* = A\sin\beta x + B\cos\beta x$$

（2）当 $i\beta$ 是特征方程的根时，可设特解为

$$y^* = x(A\sin\beta x + B\cos\beta x)$$

其中，A，B 为待定常数，可通过比较方程两边 $\sin\beta x$，$\cos\beta x$ 的系数求得. 这样做通常较简单.

例 8 也可这样来解：

由于方程右端自由项为 $\sin x$，且 i 是方程的特征根，故可设特解的形式为

$$y^* = x(A\sin x + B\cos x)$$

将 y^* 代入原方程，化简得

$$2(A\cos x - B\sin x) = \sin x$$

比较 $\sin x$，$\cos x$ 的系数，得

$$A = 0, \quad B = -\frac{1}{2}$$

特解为

$$y^* = -\frac{1}{2}x\cos x$$

原方程的通解为 $\quad y = C_1\cos x + C_2\sin x - \frac{1}{2}x\cos x$

例 9　求 $y'' + y' = e^{2x} + x^2 + x$ 的特解.

解　根据线性微分方程的性质，可先分别求方程

$$y'' + y' = e^{2x}$$

和

$$y'' + y' = x^2 + x$$

335

的特解，由非齐次方程的解的叠加原理知，两个特解的和就是原方程的特解.

由例 2、例 3 知，上面两个方程的特解分别为 $y_1^* = \dfrac{1}{6}\mathrm{e}^{2x}$ 和 $y_2^* = \dfrac{1}{3}x^3 - \dfrac{1}{2}x^2 + x$，因此原方程的特解为

$$y^* = \frac{1}{6}\mathrm{e}^{2x} + \frac{1}{3}x^3 - \frac{1}{2}x^2 + x$$

2. n 阶线性常系数非齐次方程

上述待定系数法可以用来求更高阶的线性常系数非齐次方程的特解，只是在用待定系数法求特解时，所设特解的形式应随特征根的重复次数作相应的改变.

例 10 求方程 $y''' + 3y'' + 3y' + y = (x-5)\mathrm{e}^{-x}$ 的特解.

解 -1 为特征方程的三重根，设特解为

$$y^* = x^3(ax+b)\mathrm{e}^{-x}$$

a，b 待定.

代入方程，化简得

$$24ax + 6b = x - 5$$

解得

$$a = \frac{1}{24}, \quad b = -\frac{5}{6}$$

方程的特解为

$$y^* = \frac{1}{24}x^3(x-20)\mathrm{e}^{-x}$$

3. 欧拉方程

形式为

$$x^n y^{(n)} + a_1 x^{n-1} y^{(n-1)} + \cdots + a_{n-1} xy' + a_n y = f(x)$$

的方程称为 **欧拉方程**，其中 a_1，a_2，$\cdots$，a_n 为常数. 这是一个变系数方程，可以通过自变量的变换化为常系数的线性方程.

令 $\quad x = \mathrm{e}^t$（假定 $x > 0$. 若 $x < 0$，则令 $x = -\mathrm{e}^t$.）

有 $\qquad\qquad\qquad t = \ln x$

则 $\qquad\qquad y' = \dfrac{\mathrm{d}y}{\mathrm{d}t} \cdot \dfrac{\mathrm{d}t}{\mathrm{d}x} = \dfrac{1}{x}\dfrac{\mathrm{d}y}{\mathrm{d}t}$

即有 $\qquad\qquad\qquad xy' = \dfrac{\mathrm{d}y}{\mathrm{d}t}$

欧拉方程

由
$$y'' = \frac{d}{dx}\left(\frac{1}{x} \cdot \frac{dy}{dt}\right) = \frac{1}{x} \frac{d}{dx}\left(\frac{dy}{dt}\right) - \frac{1}{x^2} \frac{dy}{dt}$$

$$= \frac{1}{x} \frac{d^2y}{dt^2} \cdot \frac{dt}{dx} - \frac{1}{x^2} \frac{dy}{dt} = \frac{1}{x^2}\left(\frac{d^2y}{dt^2} - \frac{dy}{dt}\right)$$

即
$$x^2 y'' = \frac{d^2y}{dt^2} - \frac{dy}{dt}$$

依此类推，并代入欧拉方程，它就变为自变量为 t 的线性常系数方程.

例 11 求方程 $x^2 y'' + \dfrac{5}{2}xy' - y = x$ 的通解.

解 令 $x = e^t$，用上述表达式，则此欧拉方程化为

$$\left(\frac{d^2y}{dt^2} - \frac{dy}{dt}\right) + \frac{5}{2} \frac{dy}{dt} - y = e^t$$

$$\frac{d^2y}{dt^2} + \frac{3}{2} \frac{dy}{dt} - y = e^t$$

解此线性常系数非齐次方程，得通解

$$y = C_1 e^{-2t} + C_2 e^{\frac{t}{2}} + \frac{2}{3} e^t$$

换回原自变量，得原方程的通解为

$$y = C_1 x^{-2} + C_2 x^{\frac{1}{2}} + \frac{2}{3} x$$

习 题 5.6

1. 求下列方程的通解.

（1）$y'' - 7y' + 12y = x$

（2）$y'' - 3y' = 2 - 6x$

（3）$2y'' + y' - y = 2e^x$

（4）$y'' - 3y' + 2y = 3e^{2x}$

（5）$y'' + y = \cos 2x$

（6）$y'' + y = \sin x$

（7）$y'' + 4y = x\cos x$

（8）$y'' - 6y' + 9y = (x+1)e^{3x}$

（9）$y'' + y = e^x + \cos x$

（10）$y^{(4)} + 3y'' - 4y = e^x$

（11）$y'' - 2y' + 2y = e^x$

（12）$y'' - 4y = e^{2x}$

2. 求解下列初值问题.

（1）$\begin{cases} y'' + 4y = 12\cos^2 x \\ y(0) = 2, \ y'(0) = 1 \end{cases}$

（2）$\begin{cases} 2y'' + y' = 8\sin 2x + e^{-x} \\ y(0) = 1, \ y'(0) = 0 \end{cases}$

3. 解下列方程.

（1）$\dfrac{d^2y}{dr^2} + \dfrac{2}{r} \dfrac{dy}{dr} - \dfrac{n(n+1)}{r^2} y = 0$（$r > 0$，$n$ 为正整数）

（2）$x^2 y'' + xy' + y = 2\sin\ln x$

（3）$x^3 y'' - x^2 y' + xy = x^2 + 1$

5.7 常系数线性微分方程组

一种最简单的常系数线性微分方程组是包含两个未知函数的一阶方程组，它的一般形式为

$$\begin{cases} \dfrac{dx}{dt} = a_1 x + b_1 y + \varphi_1(t) \\[2mm] \dfrac{dy}{dt} = a_2 x + b_2 y + \varphi_2(t) \end{cases}$$

其中，x，y 都是 t 的函数；a_1，a_2，b_1，b_2 为常数；$\varphi_1(t)$，$\varphi_2(t)$ 是自由项. 若自由项都为零，称为常系数线性齐次方程组. 否则，称为常系数线性非齐次方程组.

求解此类方程组可用化为一个高阶微分方程的方法进行，这与通常解一个代数方程组时用"消元法"类似. 下面举例说明这种方法.

例 1 求解方程组

$$\begin{cases} \dfrac{dx}{dt} = 3x - 2y & \qquad ① \\[2mm] \dfrac{dy}{dt} = 2x - y & \qquad ② \end{cases}$$

解 对式②求导，得

$$\frac{d^2 y}{dt^2} = 2\frac{dx}{dt} - \frac{dy}{dt} \qquad\qquad ③$$

由式②得

$$x = \frac{1}{2}\left(\frac{dy}{dt} + y\right)$$

代入式①得

$$\frac{dx}{dt} = \frac{3}{2}\left(\frac{dy}{dt} + y\right) - 2y = \frac{3}{2}\frac{dy}{dt} - \frac{1}{2}y$$

代入式③得到关于 y 的二阶方程

$$\frac{d^2 y}{dt^2} - 2\frac{dy}{dt} + y = 0$$

解此方程，得通解

$$y = e^t(C_1 + C_2 t)$$

将此解代入式②得

$$x = \frac{1}{2}e^t(2C_1 + C_2 + 2C_2 t)$$

于是，方程组的通解为

$$\begin{cases} x = \dfrac{1}{2}e^t(2C_1 + C_2 + 2C_2 t) \\ y = e^t(C_1 + C_2 t) \end{cases}$$

例 2 求线性常系数方程组

$$\begin{cases} 2\dfrac{\mathrm{d}x}{\mathrm{d}t} + \dfrac{\mathrm{d}y}{\mathrm{d}t} + y - t = 0 & ④ \\ \dfrac{\mathrm{d}x}{\mathrm{d}t} + \dfrac{\mathrm{d}y}{\mathrm{d}t} - x - y - 2t = 0 & ⑤ \end{cases}$$

的通解.

解 用消元法化为二阶线性常系数方程. 方程式④减去式⑤得

$$\frac{\mathrm{d}x}{\mathrm{d}t} + x + 2y + t = 0$$

变形为

$$y = -\frac{1}{2}\left(\frac{\mathrm{d}x}{\mathrm{d}t} + x + t\right) \qquad ⑥$$

$$\frac{\mathrm{d}y}{\mathrm{d}t} = -\frac{1}{2}\left(\frac{\mathrm{d}^2 x}{\mathrm{d}t^2} + \frac{\mathrm{d}x}{\mathrm{d}t} + 1\right) \qquad ⑦$$

将式⑥，式⑦代入方程式⑤，得

$$\frac{\mathrm{d}^2 x}{\mathrm{d}t^2} - 2\frac{\mathrm{d}x}{\mathrm{d}t} + x = -3t - 1$$

此方程为二阶线性常系数非齐次方程，解得

$$x = C_1 e^t + C_2 t e^t - 3t - 7$$

代入式⑥，得

$$y = -C_1 e^t - C_2\left(t + \frac{1}{2}\right)e^t + t + 5$$

原方程组的解为

$$\begin{cases} x = C_1 e^t + C_2 t e^t - 3t - 7 \\ y = -C_1 e^t - C_2\left(t + \dfrac{1}{2}\right)e^t + t + 5 \end{cases}$$

由此可见，求解两个一阶线性方程的方程组，经过消元后可化为求解一个二阶常系数线性微分方程. 一般地，求解 n 个未知函数的一阶线性方程组，经过消元后可化为求解一个 n 阶常系数线性方程.

习 题 5.7

求下列方程组的通解.

1. $\begin{cases} \dfrac{dx}{dt} = x + y \\[2mm] \dfrac{dy}{dt} = x - y \end{cases}$

2. $\begin{cases} \dfrac{dx}{dt} + \dfrac{dy}{dt} = -x + y + 3 \\[2mm] \dfrac{dx}{dt} - \dfrac{dy}{dt} = x + y - 3 \end{cases}$

3. $\begin{cases} \dfrac{dy}{dx} + 5y + z = 0, \ y(0) = 0 \\[2mm] \dfrac{dz}{dx} - 2y + 3z = 0, \ z(0) = 1 \end{cases}$

4. $\begin{cases} \dfrac{dy}{dx} + z = 0, \ y(0) = 1 \\[2mm] \dfrac{dy}{dx} - \dfrac{dz}{dx} = 3y + z, \ z(0) = 1 \end{cases}$

5.8 用常微分方程求解实际问题

理解了一元函数微积分的概念, 掌握了微积分的基本思想和方法, 就可以对某些实际问题, 根据我们的研究目的, 列出未知函数及其导数的关系式, 即常微分方程. 求得方程的解后, 就能对实际问题给以数量上的分析研究. 这就是建立微分方程数学模型的基本过程. 要学好这部分内容有两个途径: 一要大量阅读, 思考别人做过的模型; 二要亲自动手, 认真做几个实际题目. 后者更为重要.

一般而言, 建模的大体步骤如下:

(1) 模型准备: 了解问题的实际背景, 明确建模的目的, 掌握对象的各种信息, 如统计数据等, 弄清实际对象的特征, 情况明才能方法对.

(2) 模型假设: 根据实际对象的特性和建模的目的, 对问题进行必要的简化, 并用精确的语言作出恰当的假设. 假设过于简单, 建模就会失败, 要修改和补充假设; 假设过于详细, 建模无法继续. 所以要辨主次, 抓主要因素, 忽略次要因素.

(3) 模型建立: 根据所作的假设, 运用适当的数学工具, 建立各个量之间的等式或不等式关系.

(4) 模型求解: 运用所学知识解方程, 求出方程的解析解, 或运用计算机技术求出问题的数值解.

(5) 模型分析: 根据问题的性质, 分析各变量之间的依赖关系

微分方程的应用

或稳定性态，或根据所得结果给出数学上的预测.

（6）模型检验：把模型分析的结果"翻译"回实际问题中，用实际现象、数据等检验模型的合理性和适用性.

（7）模型应用：如果检验结果不符合或部分不符合实际情况，并且能够肯定在模型建立和求解过程中没有失误，那么问题通常出在模型假设上，应像前面说过的那样修改、补充假设，重新建模.如满意则可以进入"模型应用"了。

例1 弹簧的运动问题. 如图 5-4 所示，一质量为 m 的物体系于弹簧上，弹簧的弹性系数为 μ. 先把弹簧向下拉长 l，然后放开. 求此后物体的运动规律.

（1）简化假设. 设阻力与运动速度成正比. 弹簧的质量忽略不计.

（2）建立数学模型. 取平衡位置为坐标原点. 一部分弹性力与物体重力抵消. 因此重力不必列出. 物体受力情况如下：

1）弹性恢复力 $F_1 = -\mu x$，$\mu > 0$，规定速度 v 和加速度 a 的正方向与 x 轴的正方向一致. F_1 的方向与 x 的正方向相反，故上式右端加负号（负号表示弹性恢复力的方向）.

2）阻力 $F_2 = -kv = -k\dfrac{\mathrm{d}x}{\mathrm{d}t}$，$k > 0$ 为阻力系数. 负号表示 F_2 的方向与 v 的方向相反. 由牛顿第二定律及初始条件得下面的初值问题：

$$\begin{cases} m\dfrac{\mathrm{d}^2 x}{\mathrm{d}t^2} = -k\dfrac{\mathrm{d}x}{\mathrm{d}t} - \mu x \\ x|_{t=0} = l,\ \dfrac{\mathrm{d}x}{\mathrm{d}t}\bigg|_{t=0} = 0 \end{cases}$$

即

$$\begin{cases} mx'' + kx' + \mu x = 0 \\ x(0) = l,\ x'(0) = 0 \end{cases}$$

（3）求解、讨论. 上述方程是线性常系数齐次方程. 其特征方程为

$$mr^2 + kr + \mu = 0$$

特征根为

$$r_{1,2} = -\frac{k}{2m} \pm \sqrt{\left(\frac{k}{2m}\right)^2 - \frac{\mu}{m}}$$

根据特征根的三种情况有三种形式的解.

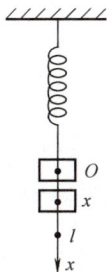

图 5-4

1）过阻尼情况.

当 $\left(\dfrac{k}{2m}\right)^2 > \dfrac{\mu}{m}$ 时，r_1，r_2 为不相等的实根．此时方程的通解为

$$x = C_1 \mathrm{e}^{\left(-\frac{k}{2m}+\sqrt{\left(\frac{k}{2m}\right)^2-\frac{\mu}{m}}\right)} + C_2 \mathrm{e}^{\left(-\frac{k}{2m}-\sqrt{\left(\frac{k}{2m}\right)^2-\frac{\mu}{m}}\right)t}$$

其中，C_1，C_2 可由初始条件 $x(0) = l$，$x'(0) = 0$ 确定．无论 C_1，C_2 为何值，都有 $\lim\limits_{t\to+\infty} x(t) = 0$，即当时间 t 足够长以后，弹簧将回到平衡位置．这种情况下，由于阻力相对过大，从解的形式看出，此时不会引起弹簧的振动.

2）临界阻尼情况.

当 $\left(\dfrac{k}{2m}\right)^2 = \dfrac{\mu}{m}$ 时，r_1，r_2 为两个相等的实特征根．此时方程的通解为

$$x(t) = (C_1 + C_2 t)\,\mathrm{e}^{-\frac{k}{2m}t}$$

由 $\lim\limits_{t\to+\infty} x(t) = 0$ 可知，与过阻尼情况类似，弹簧也不振动.

3）欠阻尼情况.

当 $\left(\dfrac{k}{2m}\right)^2 < \dfrac{\mu}{m}$ 时，r_1，r_2 为一对共轭复根，记 $\alpha = \dfrac{k}{2m}$，$\beta = \sqrt{\dfrac{\mu}{m} - \left(\dfrac{k}{2m}\right)^2}$，则

$$r_1 = -\alpha + \beta \mathrm{i}, \quad r_2 = -\alpha - \beta \mathrm{i}$$

方程的通解为

$$x(t) = \mathrm{e}^{-\alpha t}(C_1 \cos\beta t + C_2 \sin\beta t)$$

由初始条件可确定 $C_1 = l$，$C_2 = \dfrac{\alpha l}{\beta}$．上式可变形为

$$x(t) = A\mathrm{e}^{-\alpha t}\sin(\beta t + \varphi)$$

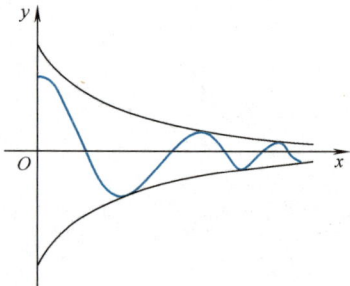

图　5-5

其中，$A = \sqrt{C_1^2 + C_2^2} = l\sqrt{1 + \left(\dfrac{\alpha}{\beta}\right)^2}$，$\varphi = \arctan\dfrac{C_1}{C_2} = \arctan\dfrac{\beta}{\alpha}$．这是弹簧有阻尼的自由振动的运动过程．这是一种衰减振动，当 $t \to +\infty$ 时，$x(t) \to 0$．即时间足够长后，弹簧最终也回到平衡位置．解函数图形如图 5-5 所示.

如果弹簧振动时，阻力忽略不计，即 $k = 0$，则特征根为 $r_{1,2} = \pm\beta\mathrm{i}$．此时方程的特解为

$$x(t) = l\cos\beta t$$

这是一种简谐振动.

4）阻尼强迫振动.

上述物体 m 与弹簧构成一个振动系统. 通常是欠阻尼情况, 即系统作自由振动, 其中 β 称为系统的固有频率. 如果上述振动系统还受一个周期性的外力 $F = A\sin\omega t$ 的作用, 则系统的振动称为有阻尼的强迫振动. 此时相应的数学模型为

$$\begin{cases} mx'' + kx' + \mu x = A\sin\omega t \\ x(0) = l, \ x'(0) = 0 \end{cases}$$

用待定系数法可以求得非齐次方程的一个特解

$$x^*(t) = \frac{-A\omega k\cos\omega t}{(\mu - m\omega^2)^2 + (\omega k)^2} + \frac{A(\mu - m\omega^2)\sin\omega t}{(\mu - m\omega^2)^2 + (\omega k)^2} = B\sin(\omega t + \theta)$$

其中, $B = \dfrac{A}{\sqrt{(\mu - m\omega^2)^2 + (\omega k)^2}}$, $\theta = \arctan\dfrac{-\omega k}{\mu - m\omega^2}$.

方程的通解为

$$x(t) = e^{-\alpha t}(C_1\cos\beta t + C_2\sin\beta t) + B\sin(\omega t + \theta)$$

由初始条件, $x(0) = l$, $x'(0) = 0$ 可确定 C_1, C_2. 再化为下述形式

$$x(t) = A_1 e^{-\alpha t}\sin(\beta t + \varphi_1) + B\sin(\omega t + \theta)$$

这是有阻尼的强迫振动的运动方程.

通常 $k \ll \mu$, 系统的固有频率

$$\beta = \sqrt{\frac{\mu}{m} - \left(\frac{k}{2m}\right)^2} \approx \sqrt{\frac{\mu}{m}}$$

当外力 F 的频率 ω 接近系统的固有频率 β, 即 $\omega \approx \beta \approx \sqrt{\dfrac{\mu}{m}}$ ($\mu \approx m\omega^2$), 且 k 相当小时, B 的分母就很小, 故 B 很大. 这表明, 在系统作强迫振动时, 外力引起的振动 $B\sin(\omega t + \theta)$ 的振幅很大. 这就是所谓的共振现象. 它的出现可能造成桥梁、机器等弹性物体的破坏.

例 1 展示了建立微分方程数学模型的基本过程.

以下对常微分方程应用实例进行大致分类, 逐个展示其数学建模的过程和方法.

1. 用微元法建模

无穷小分析是微积分学的主要方法. 微元分析法是工程应用中的有效方法, 在定积分应用中曾广泛应用微元法. 在建立微分方程

模型时，很多情况下可以应用微元法.

例2　　一容器内盛有 100L 盐水，共含盐 10kg. 今以 3L/min 的速度把净水由 A 管匀速注入容器，并以 2L/min 的速度让盐水由 B 管匀速流出. 求 1h 后容器内溶液的含盐量.

解　（1）分析、简化

设溶液的质量浓度在任一时刻都是均匀的. 比如容器内装有搅拌器不断地搅拌.

此问题无现成的物理规律可循. 要求出盐的质量 m 随时间 t 的变化规律，即函数表达式 $m = m(t)$，先要建立关于 m 的变化率 $\dfrac{dm}{dt}$ 的方程. 这只能从微元分析入手.

（2）建立方程（用微元法）

讨论时间在 t 到 $t + dt$ 的微小间隔内，溶液中盐的质量的变化

$$dm = m(t + dt) - m(t)$$

容器内盐的质量改变量 = 这段时间内流入的盐的质量 －

这段时间内流出的盐的质量

流入的盐的质量为零，流出的盐的质量为相应溶液的质量浓度与流出溶液的体积的乘积.

在时刻 t，溶液的体积为

$$Q(t) = Q_0 + 3t - 2t$$

其中，Q_0 为初始时刻溶液的体积，$Q_0 = 100$（L）. 即

$$Q(t) = 100 + t$$

此时溶液的质量浓度为

$$\frac{m(t)}{Q(t)} = \frac{m(t)}{100 + t}$$

流出的溶液的体积为 $2dt$，dt 为微小时间间隔.

由上可知

$$dm = 0 - \frac{m}{100 + t} \cdot 2dt$$

得

$$\begin{cases} \dfrac{dm}{dt} = -\dfrac{2m}{100 + t} \\ m|_{t=0} = 10 \end{cases}$$

此初值问题就是要建立的数学模型.

（3）求解

分离变量，得

$$\frac{\mathrm{d}m}{m} = -\frac{2}{100+t}\mathrm{d}t$$

$$\ln m = -2\ln(100+t) + \ln C$$

$$m = C(100+t)^{-2}$$

由初值得 $\qquad C = 10^5$

解得

$$m = m(t) = \frac{10^5}{(100+t)^2}$$

（4）讨论解

题目所求问题是求 $t = 60\min$ 时的 m 值. 即

$$m = m(60) = \frac{10^5}{(100+60)^2}\mathrm{kg}$$

$$\approx 3.91\mathrm{kg}$$

开始时含盐 10kg，1h 后盐的质量变为 3.91kg. 开始时溶液的质量浓度为

$$\frac{10}{100}\mathrm{kg/L} = 0.1\mathrm{kg/L}$$

1h 后为 $\qquad \frac{3.91}{100+60}\mathrm{kg/L} \approx 0.024\mathrm{kg/L}$

3h 后为 $\qquad \frac{1.28}{100+180}\mathrm{kg/L} \approx 0.005\mathrm{kg/L}$

10h 后为 $\frac{0.20}{700}\mathrm{kg/L} \approx 0.0003\mathrm{kg/L}$，此时溶液的质量浓度已十分低了.

在此问题中，若流入的是具有一定质量浓度的溶液，其计算过程类似.

例3 设容器是由平面曲线 $y = f(x)$ 绕 y 轴旋转一周产生的. 在容器底部开一小孔，使容器内的液体流出. 为了使液体流出时，液体的表面均匀下降，曲线 $y = f(x)$ 应是什么形式？

解 （1）微元分析

在 t 到 $t + \mathrm{d}t$ 的时间间隔内，假设液面高度由 y 变到 $y + \mathrm{d}y$，由

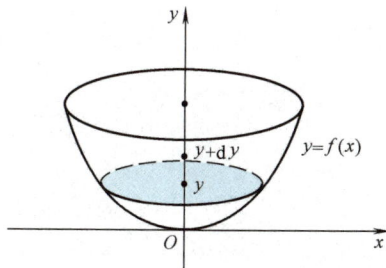

图 5-6

容器内流出的液体量为 $\mathrm{d}Q$（按体积计算），则
$$\mathrm{d}Q = av\mathrm{d}t$$
其中，a 为小孔的面积，v 为由小孔流出的液体的流速．根据物理学的定律，$v = c\sqrt{2gy}$，其中，c 为常数，g 为重力加速度，y 为液面高度．因此，有

$$\mathrm{d}Q = ac\sqrt{2gy}\mathrm{d}t$$

容器内减少的液体量（体积）为 $-A(y)\mathrm{d}y$，其中 $A(y)$ 为容器的截面积，$\mathrm{d}y < 0$，它和流出的液体量相等．因此，得等式

$$ac\sqrt{2gy}\mathrm{d}t = -A(y)\mathrm{d}y$$

即
$$\frac{\mathrm{d}y}{\mathrm{d}t} = \frac{-ac\sqrt{2gy}}{A(y)} \qquad\qquad ①$$

（2）求截面积 $A(y)$ 的形式

上面的方程无法直接求解．由题设，液面均匀下降，即

$$\frac{\mathrm{d}y}{\mathrm{d}t} = -k, k \text{ 为正常数}$$

代入式①，得

$$\frac{ac\sqrt{2gy}}{A(y)} = k$$

$$A(y) = k_1\sqrt{y}, \quad k_1 = \frac{ac\sqrt{2g}}{k}\text{为常数}$$

（3）求函数 $y = f(x)$ 的形式

因为容器是由曲线 $y = f(x)$ 旋转产生的，所以截面积 $A(y) = \pi x^2$，得

$$k_1\sqrt{y} = \pi x^2$$

即
$$y = hx^4$$

其中，$h = \dfrac{\pi^2}{k_1^2}$ 为常数．

本题的另一种解法．

按旋转体体积公式计算容器内液面高度为 y 时的液体量

$$Q(y) = \int_0^y \pi[x(y)]^2\mathrm{d}y$$

由 $\dfrac{\mathrm{d}y}{\mathrm{d}t} = -k$，得

$$\frac{\mathrm{d}Q}{\mathrm{d}t} = \frac{\mathrm{d}Q}{\mathrm{d}y} \cdot \frac{\mathrm{d}y}{\mathrm{d}t} = -k\pi [x(y)]^2$$

另一方面，有 $\mathrm{d}Q = ac\sqrt{2gy}\,\mathrm{d}t$，从而 $\frac{\mathrm{d}Q}{\mathrm{d}t} = ac\sqrt{2gy}$，因此得等式

$$ac\sqrt{2gy} = k\pi x^2 \quad \left(\text{注意：} \frac{\mathrm{d}Q}{\mathrm{d}t} < 0\right)$$

化简得

$$y = \frac{1}{2g}\left(\frac{k\pi}{ac}\right)^2 x^4$$

写作
$$y = hx^4$$

其中，$h = \dfrac{1}{2g}\left(\dfrac{k\pi}{ac}\right)^2$

2. 未知函数的变化率遵循明确的规律

例 4　放射性物质的衰变问题. 放射性物质在存放期间，其质量时刻在衰减，衰减速率与当时的质量成正比. 设放射性物质镭开始的质量为 m_0，其半衰期为 1600 年，即 1600 年后质量变为 $\dfrac{m_0}{2}$. 问 100 年后镭的质量是多少？

解　假设时刻 t 镭的质量为 $m(t)$，其衰减率就是 $m(t)$ 的变化率 $\dfrac{\mathrm{d}m}{\mathrm{d}t}$，它与 $m(t)$ 成正比，即

$$\frac{\mathrm{d}m}{\mathrm{d}t} = -km$$

其中，$k > 0$，负号表示 $m(t)$ 为减函数.

加上初始条件，就得到描述未知函数 $m(t)$ 的初值问题

$$\begin{cases} \dfrac{\mathrm{d}m}{\mathrm{d}t} = -km \\ m\big|_{t=t_0} = m_0 \end{cases}$$

这是可分离变量的一阶方程，可得精确解.

$$m = m_0 \mathrm{e}^{-kt}$$

其中，k 称为固有衰变率. k 由半衰期确定

$$\frac{m_0}{2} = m_0 \mathrm{e}^{-1600k}$$

得
$$k = \frac{\ln 2}{1600}$$

$$m = m_0 e^{-\frac{\ln 2}{1600}t}$$

令 $t = 100$，得到 100 年后镭的质量

$$m = m_0 e^{-\frac{\ln 2}{1600} \times 100} = m_0 e^{-\frac{\ln 2}{16}} \approx 0.9576 m_0$$

这表明，100 年后镭的质量衰减为原来的 95.76%.

例5 某公司欲进行房产投资，一处房屋价格为 210 万元，据预测该房屋价格 3 年后将上涨至 230 万元. 若银行存款的年利率为 2.5%，试问该项投资是否可行？

解 （1）分析

货币用来投资，随着时间的推移会产生收益，从而使货币增加，这就是货币的时间价值. 通常用银行的利率分析货币的时间价值，因为利率是综合经济发展的各种因素而确定的.

存入银行的货币，如果仅存一期，则利息为期利率与本金的乘积，如果存 n 期，则利息的计算方法通常有两种：一种是**按单利计息，**设存入本金为 P，一期利率为 R，则 n 期末的本利和为

$$\begin{aligned} S &= P + I \\ &= P + nPR \\ &= P(1 + nR) \end{aligned}$$

其中，I 为存 n 期的利息.

这种计息方法显然不尽合理.

另一种计息方法是**按复利计息**，即在每期末把利息计入本金，作为下一期的本金计息，则有

$$S_1 = P(1 + R)$$

S_1 为第一期末的本利和

$$S_2 = S_1(1 + R) = P(1 + R)^2$$
$$\vdots$$
$$S_n = P(1 + R)^n$$

S_n 为第 n 期末的本利和.

（2）求解原问题

设将欲投资的 210 万元存入银行，存 3 年，按复利计息. 由上述计算公式，可得 3 年后的本利和为

$$S = 210 \times (1 + 0.025)^3 \text{ 万元}$$
$$\approx 226.15 \text{ 万元}$$

显然，210 万元存入银行，3 年后的收益小于此项房产投资，因此投资房产可行.

（3）关于计息法的讨论——**连续复利计息法**

由本金产生利息实际上是随时发生的，它是时间的连续函数，将利息随时计入本金，并立刻产生利息，这样的计息方法称为**连续复利法**. 从理论上讲，这是最合理的计息方法.

下面求连续复利的本利和 S 与时间 t 的函数关系式，即 $S = S(t)$ 的表达式. $S(t)$ 的变化率就是瞬时利息，它与瞬时本金成正比，比例系数为期利率，时间 t 以期为单位.

设开始时存入本金为 P，货币量 $S = S(t)$，它是瞬时的本利和. 在 $t = 0$ 时，$S(0) = P$. 按上述规律，得

$$\frac{\mathrm{d}S}{\mathrm{d}t} = RS$$

其中，R 为期利率.

这样，连续复利的计算归结为一个微分方程的初值问题

$$\begin{cases} \dfrac{\mathrm{d}S}{\mathrm{d}t} = RS \\ S(0) = P \end{cases}$$

分离变量，解方程，利用初值，易得

$$S = S(t) = Pe^{Rt}$$

利息为

$$I = S - P$$
$$= P(e^{Rt} - 1)$$

在一段时间间隔内，$0 \leq t \leq T$，记 $S(0) = P$，$S(T) = S$，称 S 为 P 的**终值**. 按上述计算公式，有

$$S = Pe^{RT}$$

称 P 为 S 的**现值**，有

$$P = Se^{-RT}$$

不同的计息法，就得到不同的计算终值和现值的公式.

例6 游船上的传染病患者的人数. 一只游船上有 800 人，一名游客患了某种传染病，12h 后有 3 人发病. 由于这种传染病没有早期症状，故感染者不能被及时隔离. 直升机将在 60 ~ 72h 间将疫苗

运到，试估算疫苗运到时患此传染病的人数．（假设此前游船上无人得过此病．）

解 （1）分析

设 $y(t)$ 表示发现首例病人 t 小时后的感染人数，则 $800 - y(t)$ 表示此时刻未受感染的人数．由题意知，$y(0) = 1$，$y(12) = 3$．

当感染人数 $y(t)$ 很小时，传染病的传播速度较慢，因为只有很少的游客能接触到感染者．当感染人数 $y(t)$ 很大时，未受感染的人数 $800 - y(t)$ 很小，即只有很少的游客能被传染，所以此时传染病的传播速度也很慢．排除上述两种极端的情况，当有很多的感染者及很多的未感染者时，传染病的传播速度很快．因此，传染病的发病率，一方面受感染人数的影响，另一方面也受未感染人数的制约．

（2）列方程

根据上面的分析，可建立微分方程

$$\frac{\mathrm{d}y}{\mathrm{d}t} = ky(800 - y)$$

其中，k 为比例常数．

通解为
$$y(t) = \frac{800}{1 + Ce^{-800kt}}$$

由 $y(0) = 1$，得 $1 = \dfrac{800}{1 + C}$，故 $C = 799$．又 $y(12) = 3$，得

$$3 = \frac{800}{1 + 799e^{-800 \times k \times 12}}$$

$$e^{-12 \times 800k} = \frac{\dfrac{800}{3} - 1}{799} = \frac{797}{799 \times 3}$$

$$800k = -\frac{1}{12}\ln\frac{797}{799 \times 3} \approx 0.09176$$

由此得
$$y(t) = \frac{800}{1 + 799e^{-0.09176t}}$$

（3）讨论解

下面计算 $t = 60\mathrm{h}$，$t = 72\mathrm{h}$ 时感染者的人数

$$y(60) = \frac{800}{1 + 799e^{-0.09176 \times 60}} \approx 188$$

$$y(72) = \frac{800}{1 + 799e^{-0.09176 \times 72}} \approx 385$$

从上面的数字可以看出，在 72h 疫苗被运到时感染者的人数将是在 60h 时感染者人数的 2 倍．可见，在传染病流行时，及时采取措施是至关重要的．

3. 物理问题

在物理学的各个领域中有许多定律，这些定律的数学形式本身就是微分方程．因此，许多物理问题的数学模型就是微分方程问题．例如，力学中的弹簧运动问题和电学中的 R-L-C 电路问题，它们的数学模型都是类似的二阶线性常系数微分方程．下面的例题是人们较为熟悉的物理问题．

例 7 放射性废物的处理问题．以前，美国原子能委员会将放射性核废料装在密封的圆桶里扔到水深约 91.5m 的海里．生态学家和科学家担心这种做法不安全而提出疑问．原子能委员会向他们保证，圆桶决不会破漏．经过周密的试验，证明圆桶的密封性是很好的．但工程师们又问：圆桶是否会因与海底碰撞而产生破裂？后来的大量实验说明：当圆桶的速度超过 12.2m/s 时，圆桶会因与海底碰撞而破裂．那么圆桶到达海底时的速度到底是多少呢？它会因碰撞而破裂吗？

已知圆桶的重量为 $W = 239.46 \times 9.8\text{N} = 2346.71\text{N}$

海水的密度为 1026.52kg/m^3

圆桶的体积为 $V = 0.208\text{m}^3$

关于圆桶下沉时的阻力，工程师们做了大量的试验后得出结论：这个阻力与圆桶的方位大致无关，而与下沉的速度成正比，比例系数 $k = 1.166$．

解 建立图 5-7 所示的坐标系．y 值为海水深度．由牛顿第二定律 $F = ma$，其中，m 为圆桶质量，$m = \dfrac{W}{g}$，g 为重力加速度，$g = 9.8\text{m/s}^2$．$a = \dfrac{\text{d}^2 y}{\text{d}t^2}$，$F$ 为作用在圆桶上的力：它由圆桶的重量 W，海水作用在圆桶上的浮力 $F_B = 1026.52 \times gV = 2092.46\text{N}$，及圆桶下沉时的阻力 $F_D = kv = 1.166v = 1.166\dfrac{\text{d}y}{\text{d}t}$（其中，$v$ 为下沉速度）合

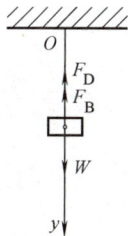

图 5-7

成. 即

$$F = W - F_B - F_D = W - F_B - kv$$

这样，就得到一个二阶微分方程

$$\begin{cases} W - F_B - k\dfrac{\mathrm{d}y}{\mathrm{d}t} = m\dfrac{\mathrm{d}^2 y}{\mathrm{d}t^2} \\ y(0) = 0 \\ \dfrac{\mathrm{d}y}{\mathrm{d}t}\bigg|_{t=0} = v(0) = 0 \end{cases}$$

此微分方程是 $y'' = f(y')$ 型的. 由于 $v = \dfrac{\mathrm{d}y}{\mathrm{d}t}$，则 $\dfrac{\mathrm{d}^2 y}{\mathrm{d}t^2} = \dfrac{\mathrm{d}v}{\mathrm{d}t}$，代入上式得到一个一阶可分离变量的方程

$$\begin{cases} W - F_B - kv = \dfrac{W}{g}\dfrac{\mathrm{d}v}{\mathrm{d}t} \\ v(0) = 0 \end{cases}$$

解得

$$v(t) = \frac{W - F_B}{k}\left(1 - \mathrm{e}^{-\frac{kg}{W}t}\right)$$

至此，数学问题似乎有了结果，得到了速度与时间的表达式. 但实际上问题远没有解决. 因为圆桶到达海底所需的时间 t 并不知道，因而也就无法算出速度. 这样，上述的表达式就没有实际意义.

而当 $t \to +\infty$ 时，极限速度 $v_T = \dfrac{W - F_B}{k} = 218.05\mathrm{m/s}$. 这比 $12.2\mathrm{m/s}$ 大得多，因而难以断定 $v(t)$ 是否能超过 $12.2\mathrm{m/s}$.

下面考虑另一种解法.

消去时间变量 t，建立速度 v 和深度 y 的微分方程.

令 $\dfrac{\mathrm{d}y}{\mathrm{d}t} = v$，$v(t) = v(y(t))$，则

$$\frac{\mathrm{d}v}{\mathrm{d}t} = \frac{\mathrm{d}v}{\mathrm{d}y} \cdot \frac{\mathrm{d}y}{\mathrm{d}t} = v\frac{\mathrm{d}v}{\mathrm{d}y}$$

代入原方程得

$$\begin{cases} v\dfrac{\mathrm{d}v}{\mathrm{d}y} = \dfrac{g}{W}(W - F_B - kv) \\ v|_{y=0} = 0 \end{cases}$$

分离变量积分得

$$\int_0^v \frac{v\mathrm{d}v}{W - F_\mathrm{B} - kv} = \int_0^y \frac{g}{W}\mathrm{d}y$$

$$-\frac{v}{k} - \frac{W - F_\mathrm{B}}{k^2}\ln\frac{|W - F_\mathrm{B} - kv|}{W - F_\mathrm{B}} = \frac{g}{W}y$$

由 $v_\mathrm{T} = \dfrac{W - F_\mathrm{B}}{k}$ 知，$W - F_\mathrm{B} - kv > W - F_\mathrm{B} - kv_T = 0$，上式中的绝对值符号可以去掉．但是由此式仍然解不出 $v(91.5)$ 的精确值．可用数值算法求出近似解，得 $v(91.5) = 13.75\mathrm{m/s}$．由此得出结论，圆桶可能会因与海底碰撞而破裂．

此后美国原子能委员会条例明确禁止把低浓度放射性废物抛到海里，改为在一些废弃的煤矿中修建放置核废料的深井．目前，我国也采用这种深埋的做法．

例 8　物体的抛射运动问题．一质量为 m 的物体，自高 h_0 处以水平速度 v_0 抛射，设空气阻力与速度成正比，求物体的运动方程
$$\begin{cases} x = x(t) \\ y = y(t) \end{cases}.$$

解　由于运动是平面上的曲线运动，为了便于应用牛顿第二定律，把运动分解为垂直方向的运动和水平方向的运动．为了便于判断受力的方向，规定两个方向上的速度和加速度的正方向分别为坐标轴的正方向，如图 5-8 所示．

垂直方向上的力：重力为 $-mg$，阻力 $F_y = -kv_y = -k\dfrac{\mathrm{d}y}{\mathrm{d}t}$，其中 $k > 0$，为比例系数．水平方向上的力：阻力 $F_x = -kv_x = -k\dfrac{\mathrm{d}x}{\mathrm{d}t}$．

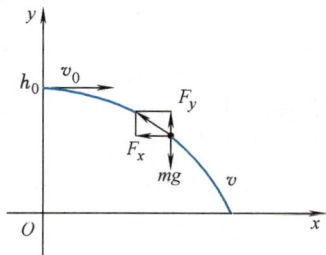

图　5-8

用牛顿第二定律并考虑初始条件，在两个方向上形成微分方程初值问题：

$$\begin{cases} m\dfrac{\mathrm{d}^2 y}{\mathrm{d}t^2} = -k\dfrac{\mathrm{d}y}{\mathrm{d}t} - mg \\ y(0) = h_0, y'(0) = 0 \end{cases} \quad ①$$

$$\begin{cases} m\dfrac{\mathrm{d}^2 x}{\mathrm{d}t^2} = -k\dfrac{\mathrm{d}x}{\mathrm{d}t} \\ x(0) = 0, x'(0) = v_0 \end{cases} \quad ②$$

方程①是二阶线性常系数非齐次方程，解得

$$y(t) = C_1 + C_2 \mathrm{e}^{-\frac{k}{m}t} - \frac{mg}{k}t$$

代入初值，得 $C_1 = h_0 + \dfrac{m^2}{k^2}g$，$C_2 = -\dfrac{m^2}{k^2}g$.

垂直方向的运动方程为

$$y = y(t) = h_0 - \frac{mg}{k}t + \frac{m^2 g}{k^2}(1 - \mathrm{e}^{-\frac{k}{m}t})$$

方程②是二阶线性常系数齐次方程，解得

$$x(t) = C_1 + C_2 \mathrm{e}^{-\frac{k}{m}t}$$

代入初值，得 $C_1 = \dfrac{m}{k}v_0$，$C_2 = -\dfrac{m}{k}v_0$.

水平方向的运动方程为

$$x = x(t) = \frac{mv_0}{k}(1 - \mathrm{e}^{-\frac{k}{m}t})$$

例9　他是嫌疑犯吗？按照牛顿冷却定律，温度为 T 的物体在温度为 $T_0(T_0 < T)$ 的环境中冷却的速度与温差 $T - T_0$ 成正比. 你能用该定律确定张某是下面案件中的嫌疑犯吗？

受害者的尸体于晚上7：30被发现. 法医于晚上8：20赶到凶案现场，测得尸体温度为 $32.6℃$；1h 后，当尸体即将被抬走时，测得尸体温度为 $31.4℃$，室温在几小时内始终保持在 $21.1℃$. 此案最大的嫌疑犯是张某，但张某声称自己是无罪的，并有证人说："下午张某一直在办公室上班，5：00时打了一个电话，打完电话后就离开了办公室." 从张某的办公室到受害者家（凶案现场）需5 分钟，现在的问题是：张某不在凶案现场的证言能否使他被排除在嫌疑犯之外？

解　设 $T(t)$ 表示 t 时刻尸体的温度，并记晚8：20为 $t = 0$，则 $T(0) = 32.6℃$，$T(1) = 31.4℃$

假设受害者死亡时体温是正常的，即 $T = 37℃$，要确定受害者的死亡时间，也就是求 $T(t) = 37℃$ 的时刻 t_d. 如果此时张某无法到达案发现场，则他可被排除在嫌疑犯之外，否则张某不能被排除在嫌疑犯之外.

人体体温受大脑神经中枢调节. 人死后体温调节功能消失，尸体的温度受外界环境温度的影响. 假设尸体温度的变化率服从

牛顿冷却定律，即尸体温度的变化率正比于尸体温度与室温的差，即

$$\frac{\mathrm{d}T}{\mathrm{d}t} = -k(T-21.1), \quad k>0 \text{ 为常数}$$

此微分方程的通解为

$$T(t) = 21.1 + a\mathrm{e}^{-kt}$$

因为 $\qquad T(0) = 21.1 + a\mathrm{e}^{-k\times0} = 32.6$

所以 $\qquad a = 11.5$

又因为 $\qquad T(1) = 21.1 + 11.5\mathrm{e}^{-k\times1} = 31.4$

所以 $\qquad \mathrm{e}^k = 115/103, k = \ln115 - \ln103 \approx 0.110$

所以 $\qquad T(t) = 21.1 + 11.5\mathrm{e}^{-0.110\times t}$

当 $T = 37℃$ 时，有 $\quad 21.1 + 11.5\mathrm{e}^{-0.110\times t} = 37$

所以 $\qquad t_\mathrm{d} \approx -2.95\mathrm{h} \approx 2\mathrm{h}57\mathrm{min}$

所以死亡时间为： $\quad 8\mathrm{h}20\mathrm{min} - 2\mathrm{h}57\mathrm{min} = 5\mathrm{h}23\mathrm{min}$

即死亡时间大约在下午5：23，因此张某不能被排除在嫌疑犯之外.

4. 运动路线问题

例 10 追线问题. 我方雷达发现敌机后，立即向目标发射导弹. 求导弹飞行路线及击中目标的时间.

解 （1）模型假设

设敌机以速度 v_1 匀速直线飞行，导弹的飞行方向始终指向敌机，其速率为常数 v_2，$v_2 > v_1$.

（2）模型构成

建立图 5-9 所示的坐标系，初始时刻，敌机在原点 O，导弹位于点 $A(a,0)$ 处. 在时刻 t，导弹处于点 $P(x,y)$，敌机在点 $B(0, v_1t)$ 处.

设导弹飞行路线为 $y(x)$，按假设，BP 与曲线 $y(x)$ 相切于 P 点，有

$$\frac{\mathrm{d}y}{\mathrm{d}x} = \tan\alpha = -\frac{v_1t-y}{x} \qquad ①$$

$$x\frac{\mathrm{d}y}{\mathrm{d}x} - y = -v_1t$$

两端对 x 求导，得

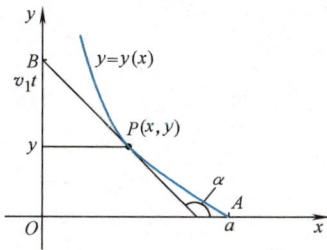

图 5-9

$$x \frac{\mathrm{d}^2 y}{\mathrm{d}x^2} = -v_1 \frac{\mathrm{d}t}{\mathrm{d}x} \tag{②}$$

由

$$\frac{\mathrm{d}s}{\mathrm{d}t} = v_2$$

$$\frac{\mathrm{d}s}{\mathrm{d}x} = -\sqrt{1 + \left(\frac{\mathrm{d}y}{\mathrm{d}x}\right)^2}$$

其中，s 为 x 的减函数，得

$$\frac{\mathrm{d}t}{\mathrm{d}x} = \frac{\mathrm{d}t}{\mathrm{d}s} \frac{\mathrm{d}s}{\mathrm{d}x} = -\frac{1}{v_2}\sqrt{1 + \left(\frac{\mathrm{d}y}{\mathrm{d}x}\right)^2} \tag{③}$$

代入式②得

$$x \frac{\mathrm{d}^2 y}{\mathrm{d}x^2} = k \sqrt{1 + \left(\frac{\mathrm{d}y}{\mathrm{d}x}\right)^2}, \quad k = \frac{v_1}{v_2} < 1 \tag{④}$$

初始条件为

$$y(a) = 0, \quad y'(a) = 0 \tag{⑤}$$

式④和式⑤构成追线的数学模型.

（3）模型求解

式④是不显含未知函数 y 的二阶方程. 令 $\frac{\mathrm{d}y}{\mathrm{d}x} = p(x)$，则 $\frac{\mathrm{d}^2 y}{\mathrm{d}x^2} = \frac{\mathrm{d}p}{\mathrm{d}x}$，代入式④、式⑤得

$$\begin{cases} x \dfrac{\mathrm{d}p}{\mathrm{d}x} = k \sqrt{1 + p^2} \\ p(a) = 0 \end{cases} \tag{⑥}$$

分离变量，解得

$$\ln(p + \sqrt{1 + p^2}) = \ln\left(\frac{x}{a}\right)^k$$

$$p + \sqrt{1 + p^2} = \left(\frac{x}{a}\right)^k$$

$$p - \sqrt{1 + p^2} = -\left(\frac{a}{x}\right)^k$$

$$p = \frac{1}{2}\left[\left(\frac{x}{a}\right)^k - \left(\frac{a}{x}\right)^k\right]$$

即

$$\begin{cases} \dfrac{\mathrm{d}y}{\mathrm{d}x} = \dfrac{1}{2}\left[\left(\dfrac{x}{a}\right)^{k} - \left(\dfrac{a}{x}\right)^{k}\right] \\ y(a) = 0 \end{cases}$$

直接积分，得

$$y = \frac{a}{2}\left[\frac{1}{1+k}\left(\frac{x}{a}\right)^{1+k} - \frac{1}{1-k}\left(\frac{x}{a}\right)^{1-k}\right] + \frac{ak}{1-k^2}$$

当 $x = 0$ 时，导弹击中目标，此时

$$y = \frac{ak}{1-k^2} = \frac{av_1 v_2}{v_2^2 - v_1^2}$$

这是敌机飞行的距离．由此得所用时间

$$t = \frac{y}{v_1} = \frac{av_2}{v_2^2 - v_1^2}$$

在此例中，开始建立的数学关系式中含有 x，y，t，要设法消去时间 t，得到 x 与 y 的微分方程，由此求得运动曲线．

例 11　渡船的航行路线问题．小船渡河，河宽为 a，航向时刻对着出发点对岸的码头．求小船航行的路线．

解　（1）模型假设

小船以匀速 v_1 航行，河水流速为常量 v_2．

（2）模型构成

建立图 5-10 所示的坐标系．取码头为坐标原点，$A(a, 0)$ 为船的出发点．设小船实际航行的速度为 v，其方向为航行曲线在点 $P(x, y)$ 处的切线方向．$v = v_1 + v_2$，其中 v_2 是河水流动的速度，为常矢量；v_1 表示船速，v_1 的方向与矢量 $\overrightarrow{PO}$ 相同．在 x 轴和 y 轴的正向上分解 v，得方程组

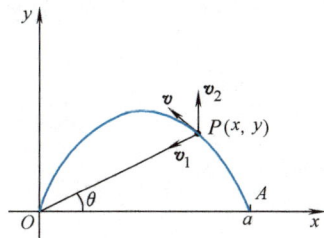

图　5-10

$$\begin{cases} \dfrac{\mathrm{d}x}{\mathrm{d}t} = -|v_1|\cos\theta \\ \dfrac{\mathrm{d}y}{\mathrm{d}t} = |v_2| - |v_1|\sin\theta \end{cases}$$

其中，θ 为 $\overrightarrow{PO}$ 与 x 轴正向的夹角．

为了求运动曲线方程，消去时间参数 t，得方程

$$\frac{\mathrm{d}y}{\mathrm{d}x} = \frac{|v_2| - |v_1|\sin\theta}{-|v_1|\cos\theta}$$

即

$$\frac{\mathrm{d}y}{\mathrm{d}x} = \tan\theta - k\frac{1}{\cos\theta}, \ k = \frac{|\boldsymbol{v}_2|}{|\boldsymbol{v}_1|}$$

由

$$\tan\theta = \frac{y}{x}, \cos\theta = \frac{x}{\sqrt{x^2 + y^2}}$$

得

$$\frac{\mathrm{d}y}{\mathrm{d}x} = \frac{y}{x} - k\frac{\sqrt{x^2 + y^2}}{x}$$

初始条件为

$$y\,|_{x=a} = 0$$

这个初值问题是渡船航线的数学模型.

（3）模型求解

解上述齐次方程，令 $\frac{y}{x} = u$，即 $y = xu$，$\frac{\mathrm{d}y}{\mathrm{d}x} = u + x\frac{\mathrm{d}u}{\mathrm{d}x}$. 代入原方程，得

$$u + x\frac{\mathrm{d}u}{\mathrm{d}x} = u - k\sqrt{1 + u^2}$$

分离变量

$$\frac{\mathrm{d}u}{\sqrt{1 + u^2}} = -\frac{k}{x}\mathrm{d}x$$

积分得

$$\ln(u + \sqrt{1 + u^2}) = -k(\ln x + \ln C)$$

由初值知 $u\,|_{x=a} = 0$，代入上式得

$$\ln(C\,a) = 0$$

$$C = \frac{1}{a}$$

由此得

$$\ln(u + \sqrt{1 + u^2}) = -k\ln\frac{x}{a}$$

$$u + \sqrt{1 + u^2} = \left(\frac{x}{a}\right)^{-k}$$

$$\frac{-1}{u - \sqrt{1 + u^2}} = \left(\frac{x}{a}\right)^{-k}$$

$$u - \sqrt{1 + u^2} = -\left(\frac{x}{a}\right)^{k}$$

将上面相关两式相加，得

$$u = \frac{1}{2}\left[\left(\frac{x}{a}\right)^{-k} - \left(\frac{x}{a}\right)^{k}\right]$$

$$y = \frac{a}{2}\left[\left(\frac{x}{a}\right)^{1-k} - \left(\frac{x}{a}\right)^{1+k}\right]$$

该函数表示的曲线就是渡船的航行路线.

（4）解答分析

渡船按此路线航行，如果当 $x = 0$ 时 $y = 0$，就表示它能到达对岸的码头 O 点.

当 $|v_1| > |v_2|$ 时，$k < 1$，由函数表达式可知，当 $x = 0$ 时 $y = 0$，即小船可以到达 O 点. 当 $|v_1| < |v_2|$ 时，$k > 1$，由函数表达式可知，当 $x \to 0$ 时，$y \to \infty$，即船被河水冲向远处，不能到达对岸的码头. 当 $|v_1| = |v_2|$ 时，$k = 1$，有 $y = \frac{a}{2}\left(1 - \frac{x^2}{a^2}\right)$，可以证明小船不能到达对岸.

习 题 5.8

1. 一圆柱形桶内有 40L 盐溶液，每升溶液中含盐 1kg. 现有质量浓度为 1.5kg/L 的盐溶液以 4L/min 的流速注入桶内，搅拌均匀后以 4L/min 的速度流出. 求任意时刻桶内溶液所含盐的质量.

2. 有直径 $D = 1$m，高 $H = 2$m 的直立圆柱形桶，充满液体，液体从其底部直径 $d = 1$cm 的圆孔流出. 问需要多长时间桶内的液体全部流出（流速为 $v = c\sqrt{2gh}$，其中 $c = 0.6$，h 为液面高，$g = 9.8$m/s^2）.

3. 某容器是由曲线 $y = f(x)$ 绕 y 轴旋转而成的立体. 今按 $2t$cm^3/s 的流量注水. 为使水面上升速率恒为 $\frac{2}{\pi}$cm/s，$f(x)$ 应是怎样的函数？（设 $f(0) = 0$）.

4. 在半径（单位为 m）为 R 的圆柱形储水槽中，开始加水至 H（单位为 m）. 由半径（单位为 m）为 r_1 的给水管以 v_1 的流速（单位为 m/s）给水，同时由位于槽底部的半径为 r_2 的排水管以 v_2 的流速（单位为 m/s）排水，其中 $v_2 = \sqrt{2gy}$，g 为重力加速度，y 为水位高度. 试求时间 t 与水位高度 y 之间的函数关系 $t = t(y)$.

5. 假设有人开始在一间 60m^3 的房间里抽烟，从而向房间内输入含 5%（体积分数）CO 的空气，输入速度为 0.002m^3/min. 设烟气与其他空气立即混合，且以同样的速度从房间流出. 试求 t 时刻 CO 的含量（体积分数）$\varphi(t)$. 且 $\varphi(t)$ 何时达到 0.1%（此时可引起中毒）？

6. 枯死的落叶在森林中以每年 3g/cm^2 的速率聚集在地面上，同时这些落叶中每年又有 75% 会腐烂掉. 试求枯叶每平方厘米上的质量与时间的函数关系 $m(t)$，并讨论其变化趋势.

7. 假设某公司的净资产因资产本身产生利息而以每年 5% 的利率（连续复利）增长，该公司每年需支付职工工资 2 亿元. 设初始净资产为 W_0，求净资产与时间的函数关系 $W(t)$；并讨论当 W_0 为 30 亿元、40 亿元、50 亿元时，$W(t)$ 的变化趋势.

8. 有一平底容器，其内侧壁是曲线 $x = \varphi(y)$ $(y \geqslant 0)$ 绕 y 轴旋转而成的旋转曲面，如图 5-11 所示，容器底面圆的半径为 2m，根据设计要求，当以 3m³/min 的速率向容器内注入液体时，液面的面积将以 πm²/min 的速率均匀扩大（假设注入液体前，容器内无液体）.

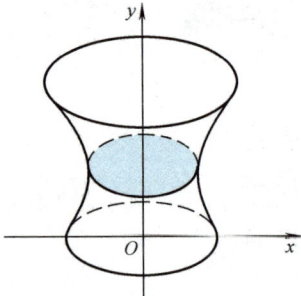

图 5-11

（1）根据 t 时刻液面的面积，写出 t 与 $\varphi(y)$ 之间的关系式.

（2）求曲线 $x = \varphi(y)$ 的方程.

9. 在某一人群中推广新技术是通过其中已掌握新技术的人进行的，设该人群的总人数为 N，在 $t = 0$ 时刻已掌握新技术人数为 x_0，在任意时刻 t 已掌握新技术的人数为 $x(t)$（将 $x(t)$ 视为连续可微函数），其变化率与已掌握新技术的人数和未掌握新技术的人数之积成正比，比例常数 $k > 0$，求 $x(t)$.

10. 物质 A 和 B 化合生成新物质 X. 设反应过程不可逆. 反应初始时刻 A、B、X 的量分别为 a、b、0，在反映过程中，A、B 失去的量为 X 生成的量，并且 X 中含 A 与 B 的比例为 $\alpha : \beta$. 已知 X 的量 x 的增长率与 A、B 的剩余量之积成正比，比例系数 $k > 0$. 求过程开始后 t 时，生成物 X 的量 x 与时间 t 的关系（其中，$b\alpha - a\beta \neq 0$）.

11. 潜水艇在下沉力 F（包含重力）的作用下向水下沉（此时没有前进速度）. 设水的阻力与下沉速度成正比（比例系数为 k），开始时下沉速度为 0，求速度与时间的关系（设潜水艇的质量为 m）.

12. 雨水从屋檐上滴入下面的一圆柱形水桶中，当雨停时，桶中雨水以与水深的平方根成正比的速率向桶外渗漏，如果水面高度在 1h 内由开始的 90cm 减少至 88cm，那么需要多长时间桶内的水能够全部渗漏掉.

13. 当轮船的前进速度为 v_0 时，轮船的推进器停止工作. 已知船所受水的阻力与船速的平方成正比（比例系数为 mk，m 为船的质量），问经过多长时间船速减为原来的一半.

14. 质量为 1×10^{-3}kg 的质点受力作用作直线运动，力与时间成正比，且与质点的运动速度成反比，在 $t = 10$s 时，速度等于 0.5m/s，所受力为 4×10^{-5}N. 问运动开始后 60s 质点的速度是多少.

15. 质量为 0.2kg 的物体悬挂于弹簧上呈平衡状态. 现将物体下拉使弹簧伸长 2cm，然后轻轻放开，使之振动，试求其运动方程. 假定介质阻力与速度成正比，当速度为 1cm/s 时，阻力为 9.8×10^{-4}N，弹性系数 $\mu = 49$N/cm.

16. 质量均匀的链条悬挂在钉子上，起动时一端距钉子 8m，另一端距钉子 12m. 若不计钉子对链条产生的摩擦力，求链条自然滑下所需的时间.

17. 从船上向海中沉放某种探测仪器，按探测要求，需确定仪器的下沉深度 y（从海平面算起）与下沉速度 v 之间的函数关系. 设仪器在重力作用下，从海平面由静止开始铅直下沉，在下沉过程中还受到阻力和浮力的作用. 设仪器质量为 m，体积为 V，海水的密度为 ρ，仪器所受的阻力与下沉速度成正比，比例系数为 k（$k > 0$）. 试建立 y 与 v 所满足的微分方程，并求出函数关系式 $y = y(v)$.

18. 把温度为 100℃ 的物体放在温度为 20℃ 的空气中. 已知 20min 后物体冷却到 60℃，求物体的温度降到 30℃ 的时间. （物体冷却遵从牛顿冷却定律：物体冷却速率正比于物体与周围介质的温度差，设空气为恒温.）

19. 在例 9 中，张某的律师发现受害者在死亡的当天下午去医院看过病．病历记录：发烧，体温 38.3℃．假设受害者死时的体温为 38.3℃，试问张某能被排除在嫌疑犯之外吗？（注：死者体内没有发现服用过阿斯匹林或类似药物的现象）．

20. 当一次谋杀发生后，尸体的温度从原来的 37℃ 按照牛顿冷却定律开始变凉，假设 2h 后尸体温度变为 35℃，并且假定周围空气的温度保持 20℃ 不变．求尸体温度 T 与时间 t 的函数关系 $T(t)$．如果尸体被发现时的温度是 30℃，时间是下午 4 点整，那么谋杀是何时发生的？

21. 设有一河流，水流速度的方向为 y 轴正向，如图 5-12 所示，其大小 $v(x) = v_0\left(1 - \dfrac{x^2}{a^2}\right)$，$v_0$ 为常数，有一渡船以常速 v_c（方向与 y 轴垂直）由点 $A(-a, 0)$ 出发驶向对岸，试求航线 AB 的方程 $y = y(x)$．

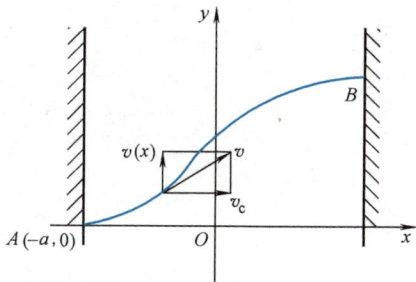

图　5-12

22. 一点从 x 轴上距原点 a（$a > 0$）外出发，以匀速 v 沿平行于 y 轴的方向移动（取正向）．另一点自原点同时出发，紧盯着前一点追赶，其速度为 $2v$．求后一点走过的路线及追上前一点所用的时间．

5.9　综合例题

例 1　求解初值问题

$$\begin{cases} y'' + 4y = f(x) \\ y(0) = 0,\, y'(0) = 0 \end{cases}$$

其中，

$$f(x) = \begin{cases} \sin x & 0 \leqslant x \leqslant \dfrac{\pi}{2} \\ 1 & \dfrac{\pi}{2} < x < +\infty \end{cases}$$

解　当 $0 \leqslant x \leqslant \dfrac{\pi}{2}$ 时，初值问题为

$$\begin{cases} y'' + 4y = \sin x \\ y(0) = 0,\, y'(0) = 0 \end{cases}$$

易解得

$$y = -\frac{1}{6}\sin 2x + \frac{1}{3}\sin x,\, 0 \leqslant x \leqslant \frac{\pi}{2}$$

由此得

$$y\left(\frac{\pi}{2}\right)=\frac{1}{3},y'\left(\frac{\pi}{2}\right)=\frac{1}{3}$$

当 $\frac{\pi}{2}<x<+\infty$ 时，初值问题为

$$\begin{cases} y''+4y=1 \\ y\left(\frac{\pi}{2}\right)=\frac{1}{3}, \ y'\left(\frac{\pi}{2}\right)=\frac{1}{3} \end{cases}$$

易解得

$$y=-\frac{1}{12}\cos2x-\frac{1}{6}\sin2x+\frac{1}{4}, \quad \frac{\pi}{2}<x<+\infty$$

于是，初值问题的解为

$$y=\begin{cases} -\frac{1}{6}\sin2x+\frac{1}{3}\sin x & 0\leqslant x\leqslant\frac{\pi}{2} \\ -\frac{1}{12}\cos2x-\frac{1}{6}\sin2x+\frac{1}{4} & \frac{\pi}{2}<x<+\infty \end{cases}$$

例2 求方程 $y''+4y'+4y=e^{\alpha x}$ 的通解，其中 α 为实数.

解 特征方程为

$$r^2+4r+4=0$$

$r=-2$ 为二重特征根，对应齐次方程的通解为

$$\bar{y}=(C_1+C_2x)e^{-2x}$$

当 $\alpha\neq-2$ 时，可设原方程的特解为

$$y_0=be^{\alpha x}$$

代入方程，化简得

$$(\alpha^2+4\alpha+4)b=1$$

$$b=\frac{1}{(\alpha+2)^2}$$

方程特解为

$$y_0=\frac{e^{\alpha x}}{(\alpha+2)^2}$$

当 $\alpha=-2$ 时，可设特解为

$$y_0=bx^2e^{-2x}$$

代入方程，化简得

$$[(2-8x+4x^2)+(8x-8x^2)+4x^2]b=1$$

$$b=\frac{1}{2}$$

特解为
$$y_0 = \frac{1}{2}x^2 e^{-2x}$$

综上可知：

（1）若 $\alpha \neq -2$，则方程的通解为

$$y = (C_1 + C_2 x)e^{-2x} + \frac{e^{\alpha x}}{(\alpha + 2)^2}$$

（2）若 $\alpha = -2$，则方程的通解为

$$y = (C_1 + C_2 x)e^{-2x} + \frac{1}{2}x^2 e^{-2x}$$

例 3 设方程 $y'' + \alpha y' + \beta y = \gamma e^x$ 的一个特解为 $y_0 = e^{2x} + (1 + x)e^x$. 试确定 α、β、γ 的值，并求该方程的通解.

解 把 y_0 代入方程，整理得

$$(4 + 2\alpha + \beta)e^{2x} + (3 + 2\alpha + \beta)e^x + (1 + \alpha + \beta)xe^x = \gamma e^x$$

得方程组
$$\begin{cases} 4 + 2\alpha + \beta = 0 \\ 3 + 2\alpha + \beta = \gamma \\ 1 + \alpha + \beta = 0 \end{cases}$$

解得
$$\alpha = -3, \beta = 2, \gamma = -1$$

原方程为

$$y'' - 3y' + 2y = -e^x$$

对应齐次方程的通解为

$$\bar{y} = C_1 e^x + C_2 e^{2x}$$

由于 $y_0 = e^{2x} + e^x + xe^x$ 为方程的特解，而 $e^{2x} + e^x$ 是对应齐次方程的解，因此，xe^x 为原方程的特解，故方程的通解为

$$y = C_1 e^x + C_2 e^{2x} + xe^x$$

另一种解法：特解中含有 xe^x 项，表明 1 为对应齐次方程的一个单特征根. 特解中含有 e^{2x} 项，知 2 是另一特征根. 特征方程为

$$(r - 1)(r - 2) = 0$$
$$r^2 - 3r + 2 = 0$$

原方程为

$$y'' - 3y' + 2y = \gamma e^x$$

得
$$\alpha = -3, \beta = 2$$

由于对应齐次方程的通解为 $C_1 e^x + C_2 e^{2x}$，知 xe^x 为非齐次方程的特解. 代入方程，得

$$[(x+2)-3(x+1)+2x] = \gamma$$

得 $\gamma = -1$. 方程的通解为

$$y = C_1 e^x + C_2 e^{2x} + xe^x$$

例 4 已知函数 $f(x)$ 在 $(0, +\infty)$ 内可导，$f(x) > 0$，$\lim\limits_{x \to +\infty} f(x) = 1$，且满足

$$\lim_{h \to 0} \left[\frac{f(x+hx)}{f(x)} \right]^{\frac{1}{h}} = e^{\frac{1}{x}}$$

求 $f(x)$.

解 将原式左端化为重要极限 $\lim\limits_{h \to 0} (1+h)^{\frac{1}{h}} = e$ 的形式，则

$$\lim_{h \to 0} \left[\frac{f(x+hx)}{f(x)} \right]^{\frac{1}{h}} = \lim_{h \to 0} \left[1 + \frac{f(x+hx)-f(x)}{f(x)} \right]^{\frac{1}{h}}$$

记 $u(h) = \dfrac{f(x+hx)-f(x)}{f(x)}$，则当 $h \to 0$ 时，$u(h) \to 0$. 于是

$$\begin{aligned}
\lim_{h \to 0} \left[\frac{f(x+hx)}{f(x)} \right]^{\frac{1}{h}} &= \lim_{h \to 0} \left[1 + u(h) \right]^{\frac{1}{u(h)} \frac{u(h)}{h}} \\
&= \exp \left[\lim_{h \to 0} \frac{f(x+hx)-f(x)}{hf(x)} \right] \\
&= \exp \left[\lim_{h \to 0} \frac{f(x+hx)-f(x)}{hx} \cdot \frac{x}{f(x)} \right] \\
&= \exp \left[f'(x) \frac{x}{f(x)} \right]
\end{aligned}$$

代入原式得

$$f'(x) \frac{x}{f(x)} = \frac{1}{x}$$

此为可分离变量的微分方程，分离变量得

$$\frac{df(x)}{f(x)} = \frac{1}{x^2} dx$$

积分得

$$\ln f(x) = -\frac{1}{x} + \ln C$$

$$f(x) = Ce^{-\frac{1}{x}}$$

由于 $\lim\limits_{x \to +\infty} f(x) = 1$，上式中令 $x \to +\infty$，得 $C = 1$，于是

$$f(x) = e^{-\frac{1}{x}}$$

注：在上述解法中，若用洛必达法则，

$$\lim_{h \to 0} \frac{f(x+hx)-f(x)}{hf(x)} \xlongequal{\frac{0}{0}} \lim_{h \to 0} \frac{xf'(x+hx)}{f(x)} = \frac{x}{f(x)}f'(x)$$

则是错误的，因为题目所给条件中没有 $f(x)$ 的导函数连续的假设.

例 5 设 $f(x) = \sin x - \int_0^x (x-t)f(t)\,\mathrm{d}t$，其中 $f(x)$ 连续，求 $f(x)$.

解 等式两端对 x 求导，得

$$f'(x) = \cos x - \left[x\int_0^x f(t)\,\mathrm{d}t - \int_0^x tf(t)\,\mathrm{d}t \right]'_x$$

$$= \cos x - \int_0^x f(t)\,\mathrm{d}t - xf(x) + xf(x)$$

$$= \cos x - \int_0^x f(t)\,\mathrm{d}t$$

再求导，得

$$f''(x) = -\sin x - f(x)$$
$$f''(x) + f(x) = -\sin x$$

即 $y'' + y = -\sin x$，其中 $y = f(x)$ 为未知函数. 在原等式中，令 $x = 0$，得 $f(0) = \sin 0 - 0 = 0$. 在 $f'(x) = \cos x - \int_0^x f(t)\,\mathrm{d}t$ 中，令 $x = 0$，得 $f'(0) = \cos 0 = 1$. 从而得方程的初始条件为 $y(0) = 0$，$y'(0) = 1$. 这样，得到初值问题

$$\begin{cases} y'' + y = -\sin x \\ y(0) = 0, y'(0) = 1 \end{cases}$$

对应齐次方程的通解为

$$\bar{y} = C_1 \cos x + C_2 \sin x$$

设原方程的特解为

$$y_0 = x(a\cos x + b\sin x)$$

代入方程，化简，解得 $a = \dfrac{1}{2}$，$b = 0$. 即

$$y_0 = \frac{1}{2}x\cos x$$

原方程的通解为

$$y = C_1 \cos x + C_2 \sin x + \frac{x}{2}\cos x$$

由初始条件，得 $C_1 = 0$，$C_2 = \dfrac{1}{2}$. 从而初值问题的解为

$$y = f(x) = \frac{1}{2}\sin x + \frac{x}{2}\cos x$$

例 6 设函数 $f(x)$、$g(x)$ 满足 $f'(x) = g(x)$，$g'(x) = 2e^x - f(x)$，且 $f(0) = 0$，$g(0) = 2$，求 $\displaystyle\int_0^\pi \left[\frac{g(x)}{1+x} - \frac{f(x)}{(1+x)^2}\right]dx$.

解 对 $f'(x) = g(x)$ 两边求导，并将 $g'(x) = 2e^x - f(x)$ 代入化简，得

$$f''(x) = g'(x) = 2e^x - f(x)$$

即

$$f''(x) + f(x) = 2e^x$$

特征方程为 $\lambda^2 + 1 = 0$，解得 $\lambda = \pm i$. 于是，对应齐次方程的通解为

$$\bar{y} = C_1\cos x + C_2\sin x$$

又易见非齐次方程有特解 e^x，故有

$$f(x) = C_1\cos x + C_2\sin x + e^x$$

由初始条件 $f(0) = 0$，$f'(0) = g(0) = 2$，可解得 $C_1 = -1$，$C_2 = 1$. 故

$$f(x) = \sin x - \cos x + e^x, \quad g(x) = \cos x + \sin x + e^x$$

下面用两种方法求解题中的定积分.

解法 1 $\displaystyle\int_0^\pi \left[\frac{g(x)}{1+x} - \frac{f(x)}{(1+x)^2}\right]dx$

$$= \int_0^\pi \frac{f'(x)}{1+x}dx - \int_0^\pi \frac{f(x)}{(1+x)^2}dx$$

$$= \int_0^\pi \frac{1}{1+x}df(x) - \int_0^\pi \frac{f(x)}{(1+x)^2}dx$$

$$= \frac{f(x)}{1+x}\bigg|_0^\pi - \int_0^\pi f(x)\frac{-1}{(1+x)^2}dx - \int_0^\pi \frac{f(x)}{(1+x)^2}dx$$

$$= \frac{f(\pi)}{1+\pi} - f(0) = \frac{1+e^\pi}{1+\pi}$$

解法 2 $\displaystyle\int_0^\pi \left[\frac{g(x)}{1+x} - \frac{f(x)}{(1+x)^2}\right]dx$

$$= \int_0^\pi \frac{g(x)}{1+x}dx + \int_0^\pi f(x)d\frac{1}{1+x}$$

$$= \int_0^\pi \frac{g(x)}{1+x}dx + \frac{f(x)}{1+x}\bigg|_0^\pi - \int_0^\pi \frac{1}{1+x}f'(x)dx$$

$$= \int_0^\pi \frac{g(x)}{1+x}\mathrm{d}x + \frac{f(\pi)}{1+\pi} - f(0) - \int_0^\pi \frac{g(x)}{1+x}\mathrm{d}x$$

$$= \frac{1+\mathrm{e}^\pi}{1+\pi}$$

例 7 假设对任意 $x>0$，曲线 $y=f(x)$ 上点 $(x, f(x))$ 处的切线在 y 轴上的截距等于 $\frac{1}{x}\int_0^x f(t)\mathrm{d}t$，求 $f(x)$ 的一般表达式.

解 曲线 $y=f(x)$ 在点 $(x, f(x))$ 处的切线方程为

$$Y - f(x) = f'(x)(X-x)$$

令 $X=0$，得截距 $\quad Y = f(x) - xf'(x)$

由题意知

$$\frac{1}{x}\int_0^x f(t)\mathrm{d}t = f(x) - xf'(x)$$

即

$$\int_0^x f(t)\mathrm{d}t = x[f(x) - xf'(x)]$$

上式两端对 x 求导，化简得

$$xf''(x) + f'(x) = 0$$

即

$$\frac{\mathrm{d}}{\mathrm{d}x}(xf'(x)) = 0$$

$$xf'(x) = C_1$$

$$f'(x) = \frac{C_1}{x}$$

$$f(x) = C_1\ln x + C_2$$

其中，C_1，C_2 为任意常数.

例 8 在 xOy 坐标系上半平面求一条凹曲线，其上任一点 $P(x, y)$ 处的曲率等于此曲线在该点的法线段 PQ 长度的倒数（Q 是法线与 x 轴的交点），且曲线在点 $(1, 1)$ 处的切线与 x 轴平行.

解 曲线 $y=y(x)$ 在点 $P(x, y)$ 处的法线方程为

$$Y - y = -\frac{1}{y'}(X-x)$$

它与 x 轴的交点为 $Q(x+yy', 0)$，PQ 的长度为

$$\sqrt{(yy')^2 + y^2} = y(1+y'^2)^{\frac{1}{2}}$$

依题意，得方程

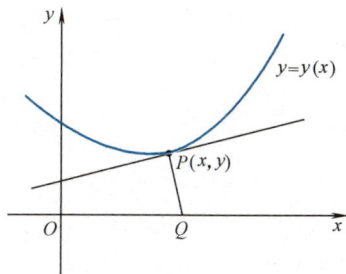

图 5-13

$$\frac{y''}{(1+y'^2)^{\frac{3}{2}}} = \frac{1}{y(1+y'^2)^{\frac{1}{2}}}$$

因曲线是凹曲线，故 $y'' > 0$，即

$$yy'' = 1 + y'^2$$

又当 $x = 1$ 时，$y = 1$，$y' = 0$. 方程中不显含 x，设 $y' = P(y)$，有 $y'' = P\dfrac{\mathrm{d}P}{\mathrm{d}y}$，代入方程得

$$yP\frac{\mathrm{d}P}{\mathrm{d}y} = 1 + P^2$$

$$\frac{P}{1+P^2}\mathrm{d}P = \frac{\mathrm{d}y}{y}$$

$$\frac{1}{2}\ln(1+P^2) = \ln y + \ln C$$

$$\sqrt{1+P^2} = Cy$$

将初始条件 $y'(1) = P(1) = 0$，$y(1) = 1$，代入上式，得 $C = 1$，有

$$y = \sqrt{1+P^2}$$

即

$$y = \sqrt{1+y'^2}$$

$$y' = \pm\sqrt{y^2-1}$$

$$\frac{\mathrm{d}y}{\sqrt{y^2-1}} = \pm\mathrm{d}x$$

积分得

$$\ln(y+\sqrt{y^2-1}) = \pm x + C$$

由初始条件 $y(1) = 1$，得 $C = \mp 1$.

$$\ln(y+\sqrt{y^2-1}) = \pm(x-1)$$

$$y + \sqrt{y^2-1} = \mathrm{e}^{\pm(x-1)}$$

$$y - \sqrt{y^2-1} = \frac{1}{y+\sqrt{y^2-1}} = \mathrm{e}^{\mp(x-1)}$$

上面两式相加，得

$$2y = \mathrm{e}^{x-1} + \mathrm{e}^{-(x-1)}$$

$$y = \frac{1}{2}(\mathrm{e}^{x-1} + \mathrm{e}^{-(x-1)})$$

此曲线为悬链线，方程可写为 $y = \cosh(x-1)$.

例9　设水库的容量为 100ML（$1\text{ML} = 10^6\text{L}$），每天向城市供水 1ML，同时每天有 0.9ML 的泉水和 0.1ML 的地表水流入水库，泉水是纯净的，地表水是质量浓度为 0.0001kg/L 的盐水．设初始时刻水库的水不含盐，求水库中盐的质量浓度（单位为 kg/L）函数（设任意时刻水库各处浓度相同，水库容量不变）．

解　设 t 时刻水库所含盐的质量为 $m(t)$（单位为 kg），水库中盐的质量浓度为 $C(t)$（单位为 kg/L），则在时间 $[t, t + \mathrm{d}t]$ 内，所含盐的质量的改变量为

$$\mathrm{d}m = 0.0001 \times 0.1 \times 10^6 \mathrm{d}t - C(t) \times 1 \times 10^6 \mathrm{d}t$$

由于 $C(t) = \dfrac{m(t)}{100 \times 10^6}$，故有

$$\begin{cases} \dfrac{\mathrm{d}m}{\mathrm{d}t} = 10 - \dfrac{m}{100} \\ m \big|_{t=0} = 0 \end{cases}$$

解得

$$m(t) = 10^3(1 - \mathrm{e}^{-0.01t})$$

$$C(t) = \frac{m(t)}{100 \times 10^6} = 10^{-5}(1 - \mathrm{e}^{-0.01t})$$

习　题　5.9

1. 设有微分方程 $y' - 2y = \varphi(x)$，其中 $\varphi(x) = \begin{cases} 2 & x < 1 \\ 0 & x > 1 \end{cases}$，试求 $(-\infty, +\infty)$ 内的连续函数 $y = y(x)$，使之在 $(-\infty, 1)$ 和 $(1, +\infty)$ 内都满足所给方程，且满足条件 $y(0) = 0$．

2. 求解初值问题

$$\begin{cases} y'' + 4y = 3|\sin x|, -\pi \leqslant x \leqslant \pi \\ y\left(\dfrac{\pi}{2}\right) = 0, y'\left(\dfrac{\pi}{2}\right) = 1 \end{cases}$$

3. 已知线性常系数齐次方程的特征根，试写出相应的阶数最低的微分方程．

（1）$r_1 = -2$，$r_2 = -3$

（2）$r_1 = r_2 = 1$

（3）$r_{1,2} = -1 \pm 2i$

（4）$r_{1,2} = \pm i$，$r_3 = -1$

4. 利用代换 $y = \dfrac{u}{\cos x}$，将方程

$$y''\cos x - 2y'\sin x + 3y\cos x = \mathrm{e}^x$$

化简，并求出原方程的通解．

5. 设函数 $y = y(x)$ 在 $(-\infty, +\infty)$ 内具有二阶导数，且 $y' \neq 0$，$x = x(y)$ 是 $y = y(x)$ 的反函数．

（1）试将 $x = x(y)$ 所满足的微分方程

$$\frac{\mathrm{d}^2x}{\mathrm{d}y^2} + (y + \sin x)\left(\frac{\mathrm{d}x}{\mathrm{d}y}\right)^3 = 0$$

变换为 $y = y(x)$ 满足的微分方程．

（2）求变换后的微分方程满足初始条件 $y(0) = 0$，$y'(0) = \dfrac{3}{2}$ 的解．

6. 求通过点 (1, 2) 的曲线方程，使此曲线在 $[1, x]$ 上所形成的曲边梯形面积的值等于此曲线段终点的横坐标 x 与纵坐标 y 的乘积的 2 倍减 4.

7. 设 L 是一条平面曲线，其上任意一点 $P(x, y)$ $(x > 0)$ 到坐标原点的距离恒等于该点处的切线在 y 轴上的截距，且 L 经过点 $\left(\dfrac{1}{2}, 0\right)$.

（1）试求曲线 L 的方程.

（2）求 L 位于第一象限部分的一条切线，使该切线与 L 及两坐标轴所围成图形的面积最小.

8. 设位于第一象限的曲线 $y = f(x)$ 过点 $\left(\dfrac{\sqrt{2}}{2}, \dfrac{1}{2}\right)$，其上任一点 $P(x, y)$ 处的法线与 y 轴的交点为 Q，且线段 PQ 被 x 轴平分.

（1）求曲线 $y = f(x)$ 的方程.

（2）已知曲线 $y = \sin x$ 在 $[0, \pi]$ 上的弧长为 l，试用 l 表示曲线 $y = f(x)$ 的弧长 s.

9. 微分方程 $y''' - y' = 0$ 的哪一条积分曲线在原点处有拐点，且以 $y = 2x$ 为它的切线？

10. 函数 $f(x)$ 在 $[0, +\infty)$ 上可导，$f(0) = 1$，且满足等式

$$f'(x) + f(x) - \frac{1}{x+1}\int_0^x f(t)\,\mathrm{d}t = 0$$

（1）求 $f'(x)$.

（2）证明：当 $x \geqslant 0$ 时，不等式 $\mathrm{e}^{-x} \leqslant f(x) \leqslant 1$ 成立.

11. 设函数 $f(x)$ 具有连续的二阶导数，且满足

$$f'(x) + 3\int_0^x f'(t)\,\mathrm{d}t + 2x\int_0^1 f(xt)\,\mathrm{d}t + \mathrm{e}^{-x} = 0$$

$f(0) = 1$，求 $f(x)$. （提示：对 $\int_0^1 f(xt)\,\mathrm{d}t$ 作变量代换 $u = xt$）.

12. 设 $y = y(x)$ 的二阶导函数连续，且 $y'(0) = 0$，求由方程 $y(x) = 1 + \dfrac{1}{3}\int_0^x [6x\mathrm{e}^{-x} - 2y(x) - y''(x)]\,\mathrm{d}x$ 确定的函数 $y(x)$.

13. 某湖泊的水量为 V，每年排入湖泊内含污染物 A 的污水量为 $\dfrac{V}{6}$，流入湖泊内不含 A 的水量为 $\dfrac{V}{6}$，流出湖泊的水量为 $\dfrac{V}{3}$. 已知 1999 年底湖中 A 的质量为 $5m_0$，超过国家规定指标. 为了治理污染，从 2000 年初起，限定排入湖泊中含 A 污水的质量浓度不超过 $\dfrac{m_0}{V}$. 问至需经过多少年，湖泊中污染物 A 的质量降至 m_0 以内？（注：设湖水中 A 的质量浓度是均匀的）.

14. 一个半球体状的雪堆，其融化的速率（体积）与半球面面积 A 成正比，比例常数 $k > 0$. 假设在融化过程中雪堆始终保持半球体状，已知半径为 r_0 的雪堆在开始融化的 3h 内，融化了其体积的 $\dfrac{7}{8}$，问雪堆全部融化需要多长时间？

习 题 答 案

第 0 章

1. (1) $x \in (-1, 0)$ (2) $x \in (0, +\infty)$

    (3) $x \in (-2, 2) \cup (2, 6)$ (4) $x \in (-\infty, -3] \cup [1, +\infty)$

2. (1) $(-1, 0) \cup (0, +\infty)$ (2) $\left[-\dfrac{1}{3}, 1\right]$

    (3) $[2k\pi, 2k\pi+\pi), k=0, \pm 1, \pm 2, \cdots$ (4) $(-\infty, -2) \cup (1, +\infty)$

    (5) 空集   (6) $(-\infty, 0) \cup (0, 3]$

    (7) $[0, \pi], [-4, -\pi]$ (8) $\left(\dfrac{3}{2}, 2\right) \cup (2, +\infty)$

    (9) $(-\infty, -1) \cup [0, +\infty)$ (10) $x \geqslant 0, x = -1, -2, -3, \cdots$

3. (1) 不同   (2) 不同   (3) 不同

    (4) 不同   (5) 不同   (6) 不同

4. $2, 1, 2, 2, -1$

5. $f(x-1) = \begin{cases} 2x-1 & x \geqslant 1 \\ x^2 - 2x + 5 & x < 1 \end{cases}$, $f(x+1) = \begin{cases} 2x+3 & x \geqslant -1 \\ x^2 + 2x + 5 & x < -1 \end{cases}$

6. $\dfrac{1}{x}(1 - \sqrt{1+x^2}) \quad (x < 0)$

7. (1) $f(x+2) = x^2 + 6x + 11$ (2) $f(x) = x^2 - 2$

    (3) $f(\cos x) = 2\sin^2 x$

8. $[-1, 1]$; $[2k\pi, (2k+1)\pi], k=0, \pm 1, \pm 2, \cdots$; $[-a, 1-a]$; 若 $a > 0.5$, $D = \varnothing$; 若 $a < 0.5$, $D = [a, 1-a]$; 若 $a = 0.5$, $D = \{0.5\}$.

10. (1) 偶函数   (2) 奇函数   (3) 偶函数   (4) 无

16. $f[\varphi(x)] = 4^x$, $\varphi[f(x)] = 2^{x^2}$

17. $f[f(x)] = 1 - \dfrac{1}{x}$, $f[f[f(x)]] = x$

19. $f[g(x)] = \begin{cases} 1 & x < 0 \\ 0 & x = 0 \\ -1 & x > 0 \end{cases}$, $g[f(x)] = \begin{cases} e & |x| < 1 \\ 1 & |x| = 1 \\ e^{-1} & |x| > 1 \end{cases}$

20. （1） $y = e^u$，$u = x^2$

（2） $y = u^3$，$u = \tan v$，$v = 1 - 3x$

（3） $y = u^2$，$u = \sin v$，$v = \sqrt{t}$，$t = 1 - 2x$

（4） $y = \arctan u$，$u = \sqrt[3]{v}$，$v = \dfrac{x-1}{2}$

（5） $y = 4^u$，$u = v^5$，$v = 3x - 2$

（6） $y = \ln u$，$u = x + v$，$v = \sqrt{w}$，$w = 1 + x^2$

21. $y = \left(\sqrt[3]{\arcsin t + 1} \right)^2$

22. （1） $y = -\log_2(x - 1)$ 　　　　　（2） $y = 10^{x-1} - 2$

（3） $y = \ln\left(x + \sqrt{x^2 - 1} \right)$ 　　　　　（4） $y = \begin{cases} \dfrac{x-1}{2} & x \geqslant 1 \\[2mm] \sqrt[3]{x} & x < 0 \end{cases}$

（5） $y = \dfrac{ax - b}{cx - a}$ 　　　　　（6） $y = \begin{cases} x & -\infty < x < 1 \\ \sqrt{x} & 1 \leqslant x \leqslant 16 \\ \log_2 x & 16 < x < +\infty \end{cases}$

24. $V = \dfrac{\alpha^2 R^3}{24\pi^2} \cdot \sqrt{4\pi^2 - \alpha^2}$

第 1 章

习题 1.1

1. （1） 不一定 　　　（2） 不一定 　　　（3） 不一定大于或小于 A，可以等于 A

（4） 不一定，一定无极限 　　　（5） 不一定

2. （1） $\dfrac{1}{11}$，$\dfrac{1}{101}$ 　　　（2） $N \geqslant 10^4 - 1$ 　　　（3） $N \geqslant \left[\dfrac{1}{\varepsilon} - 1 \right]$

4. y_n 单调上升且有上界

5. y_n 单调下降且有下界 （归纳证明）

6. a_n 单调下降且有下界

7. $\lim\limits_{n \to \infty} x_n = \dfrac{1 + \sqrt{5}}{2}$

习题 1.2

1. $\dfrac{3000}{1001} < x < \dfrac{1000}{333}$

5. 0，2，极限不存在

6. -1，0；1，1；$\lim\limits_{x\to 0} f(x)$ 不存在；$\lim\limits_{x\to 1} f(x) = 1$

习题 1.3

1. $\dfrac{2}{7}$ **2.** $\dfrac{1}{2}$ **3.** 3   **4.** 1   **5.** $\dfrac{1}{2}$ **6.** -1

7. $\dfrac{1}{6}$ **8.** $\dfrac{3}{2}$ **9.** -1 **10.** $2x$ **11.** $\dfrac{1}{2}$ **12.** $\dfrac{m}{n}$

13. $\dfrac{1}{\sqrt{2}}$ **14.** 1   **15.** $\dfrac{n(n+1)}{2}$ **16.** $\dfrac{1}{2}mn(n-m)$ **17.** 3   **18.** $\dfrac{1}{2}$

19. $\dfrac{1}{3}$ **20.** 4   **21.** 2   **22.** 1   **23.** 1

习题 1.4

1. (1) k (2) $\sqrt{2}$ (3) $\dfrac{1}{2}$ (4) $-\dfrac{2}{3}$ (5) 0

     (6) $\dfrac{2}{\pi}$ (7) $\dfrac{1}{2}$ (8) $\dfrac{1}{8}\sqrt{2}$ (9) $\cos\alpha$ (10) n

     (11) $\dfrac{\sqrt{2}}{8}$ (12) $\dfrac{1}{3}$ (13) $\sqrt{3}$ (14) $\dfrac{1}{e}$ (15) $\dfrac{1}{e}$

     (16) $e^{-\frac{1}{2}}$ (17) $\dfrac{1}{\sqrt{e}}$ (18) 1   (19) e^{-2} (20) 1

2. $k = \dfrac{1}{2}$

3. 不存在

4. $\dfrac{\sin\theta}{\theta}$

习题 1.5

1. 无穷小量：(4)、(5)；无穷大量：(1)、(2)、(3)、(6)

2. 无穷小量：(1) $x\to -1$ 或 $x\to\infty$ (2) $x\to\dfrac{2}{3}^{+}$ (3) $x\to 1$ 或 $x\to -1$ (4) $x\to +\infty$

     (5) $x\to 0$ 或 $x\to 2\pi$

   无穷大量：(1) $x\to 1$ (2) $x\to +\infty$ (3) $x\to 2$ 或 $x\to\infty$ (4) $x\to -\infty$ (5) $x\to\pi$

3. (1) 同阶无穷小   (2) $\dfrac{1}{x^2}$ 是 $\sqrt{x^2+2}-\sqrt{x^2+1}$ 的高阶无穷小

     (3) 等价无穷小   (4) 等价无穷小   (5) 等价无穷小

（6）对 p 讨论：$p=1$ 时，等价无穷小；$p<1$ 时，x 是 $\sin^p x$ 的高阶无穷小；$p>1$ 时，$\sin^p x$ 是 x 的高阶无穷小

（7）等价无穷小　　（8）$\sqrt{x+\sqrt{x}}$ 是 $\sqrt[8]{x}$ 的高阶无穷小

4. （1）$\dfrac{1}{2}$　（2）$\dfrac{1}{2}$　（3）$\dfrac{1}{8}$　（4）$\dfrac{1}{3}$　（5）3　（6）2　（7）2　（8）3

5. （1）$\dfrac{2}{5}$　（2）$n>m$ 时，0；$n=m$ 时，1；$n<m$ 时，不存在

（3）$\dfrac{1}{2}m^2$　（4）$\dfrac{1}{2}$　（5）$\dfrac{1}{2}$　（6）$\dfrac{3}{4}$　（7）$\dfrac{1}{2}$　（8）$-\dfrac{1}{4}$

习题　1.6

1. （1）在 $x=1$ 处连续，在 $x=0$ 处右连续

（2）$x=3$ 是第一类间断点且为可去型的，$x=-3$ 是第二类间断点且为无穷型的

（3）连续

（4）第二类间断点且为无穷型的

（5）第一类间断点且为跳跃型的

（6）$x=k\pi$ 时：$k=0$ 是第一类间断点，其他点连续，$x=k\pi+\dfrac{\pi}{2}$ 均为第二类间断点

2. （1）$x=\pm 1$，第二类间断点　　　　（2）$x=0$，第二类间断点

（3）$x=0$，第一类（可去）间断点　　（4）$x=0$，第一类（可去）间断点

（5）$x=1$，第一类间断点且为跳跃型　（6）$x=0$，第一类间断点且为跳跃型

3. （1）$\dfrac{1}{2}$　　　　（2）0　　　　（3）0　　　　（4）2　　　　（5）$\dfrac{1}{a}$

（6）e^{-1}　　　　（7）$-\dfrac{1}{2}$　　（8）1　　　　（9）e^{-2}　　（10）1

（11）$3\ln 2$　　（12）$\dfrac{3}{2}$　　（13）$\dfrac{1}{7}$

4. 用根的存在定理

5. 用介值定理

6. 作辅助函数 $F(x)=f(x)-x$

习题　1.7

1. （1）0　　（2）$\left(\dfrac{3}{2}\right)^{20}$　　（3）$\dfrac{1}{3}$　　（4）$\dfrac{1}{2}$　　（5）e　　（6）$\sqrt{\dfrac{2}{3}}$

（7）$\sqrt{ab}$　（8）$2\mathrm{e}$　　（9）$-\ln^2$　（10）e　　（11）1　（12）$\mathrm{e}^{-\frac{1}{2}}$

$(13)\,e^6 \qquad (14)\,-\dfrac{1}{6}\sqrt{2} \qquad (15)\,e^3$

2. $(-1,\ 1]$

3. $\dfrac{1}{2}\,(1+\sqrt{1+4a}\,)$

4. $n=2$

5. $(1)\ a=1 \qquad (2)\ a=-2 \qquad (3)\ a=1 \qquad (4)\ a=-2$

6. $(1)\ a=\ln3 \qquad (2)\ a=\ln2 \qquad (3)\ a=-4$

7. $c=2A,\ k=3$

8. $a=\dfrac{1}{\sqrt{2}},\ b=-1$

9. $(1)\ a=1,\ b=-1 \qquad\qquad (2)\ a=1,\ b=\dfrac{1}{2}$

10. $c=\dfrac{1}{5},\ \dfrac{7}{5}$

11. （1）$x=1$，第一类间断点；$x=-1$，第一类间断点

（2）$x=0$，第一类（跳跃）间断点；$x=1$，第二类（无穷）间断点

（3）$x=0$，第一类（可去）间断点；$x=k\pi$（$k=1,\ 2,\ \cdots$）第二类（无穷）间断点

12. $a=0,\ b=1$

第 2 章

习题 2.1

1. $(1)\ 4g/cm \qquad (2)\ 20g/cm \qquad (3)\ 16g/cm \qquad (4)\ 4xg/cm$

2. $(1)\ v-1.25g,\ v-1.05g,\ v-1.025g,\ v-1.005g \qquad (2)\ v-g$

3. $(1)\ -2 \qquad (2)\ -\dfrac{1}{16} \qquad (3)\ 0 \qquad (4)\ -\dfrac{\sqrt{2}}{2}$

4. $(1)\ 2\cos2x \qquad (2)\ \alpha e^{\alpha x}$

5. （1）$0,\ 1$，不可导 （2）$1,\ 1$，可导 （3）$0,\ 0$，可导 （4）$-1,\ 1$ 不可导

6. $(1)\ 2f'(x_0) \qquad (2)\ f'(x_0) \qquad (3)\ -f'(x_0) \qquad (4)\ 3f'(x_0)$

7. $a=2,\ b=1$

8. 切线方程：$\sqrt{2}x-2y=\sqrt{2}\left(\dfrac{\pi}{4}-1\right)$，法线方程：$\sqrt{2}x+y=\dfrac{\sqrt{2}}{2}\left(\dfrac{\pi}{2}+1\right)$

9. $3x+y+6=0$

10. 连续且可导

12. 1

13. $f'(0)$

14. 0

15. 图略

16. （1）与（c），（2）与（a），（3）与（d），（4）与（b）

习题　2.2

1. （1）$\dfrac{1}{2}\left(-x^{-\frac{3}{2}}+\dfrac{1}{3}x^{-\frac{2}{3}}\right)$　　　　（2）$x^3\ (4\sin^2 x+x\sin 2x)$

（3）$\dfrac{2}{(1-x)^2}$　　　　（4）$\ln x+1-x^{n-1}\left(n\lg x+\dfrac{1}{\ln 10}\right)$

（5）$\tan x+x\sec^2 x-5$

（6）$(4\sin x\ln x-x\cos x\ln x-\sin x)\cdot\dfrac{1}{x^5}$

（7）$2^x\ (\ln 2\cdot x^4\cdot\sec x+4x^3\sec x+x^4\sec x\tan x)$

（8）$10^x\sec x\ (\ln 10+\tan x)\ -(x\sin x+\cos x)\cdot\dfrac{1}{x^2}$

（9）$\dfrac{1}{x^2}$　　　　（10）$-\dfrac{1+\cos x}{(x+\sin x)^2}$

（11）$\dfrac{-2\ (x\csc^2 x+\cot x)}{(x-\cot x)^2}$

（12）$\dfrac{\left(e^x+xe^x-\dfrac{1}{x}\right)\sin x-\cos x\ (xe^x-\ln x)}{\sin^2 x}$

（13）$-\dfrac{5}{2}\csc^2 x$　　　　（14）$\dfrac{1}{2x}+\dfrac{3x\sec^2 x-\tan x-1}{3x^{\frac{4}{3}}}$

2. （1）$\dfrac{3}{2\sqrt{x}}e^{3\sqrt{x}}$　　　　（2）$e^{\cos x}(\cos x-\sin^2 x)$

（3）$\dfrac{-1}{2\sqrt{x}\ (1-x)}$　　　　（4）$\dfrac{2\ (1-2x-x^2)\ (x+1)}{(x^2+1)^3}$

（5）$\left(-6x^2\sin\dfrac{x}{2}+\dfrac{1}{2}\cos\dfrac{x}{2}\right)e^{-2x^3}$

（6）$\dfrac{\arccos\sqrt{x}+\arcsin\sqrt{x}}{2\sqrt{x}\ (1-x)\ (\arccos\sqrt{x})^2}$　　　　（7）$-3\sin\ (2\cos 3x)\ \sin 3x$

(8) $\dfrac{1}{\sqrt{x^2+a^2}}$

(9) $\dfrac{1}{2\sqrt{x+\sqrt{x+\sqrt{x}}}}\left[1+\dfrac{1}{2\sqrt{x+\sqrt{x}}}\left(1+\dfrac{1}{2\sqrt{x}}\right)\right]$

(10) $\dfrac{2x}{\sqrt{1-x^4}}-\mathrm{e}^{x^2}-2x^2\mathrm{e}^{x^2}$

(11) $\dfrac{x^2}{1-x^4}$ (12) $\coth x\left(1-\dfrac{1}{\sinh^2 x}\right)$

(13) $\dfrac{a}{a^2-x^2}$ (14) $\mathrm{e}^{ax}\left[(a+b)\cos bx+(a-b)\sin bx\right]$

(15) $\sqrt{a^2-x^2}$ (16) $\dfrac{1}{\sqrt{1-x^2}\,(1+\sqrt{1-x^2})}$

3. (1) $\dfrac{\sqrt{2}}{2}\left(\dfrac{1}{2}+\dfrac{\pi}{4}\right)$ (2) $\dfrac{3}{25},\dfrac{63}{80}$ (3) $3\sqrt{3}\mathrm{e}^{\frac{9}{4}}$

(4) $\dfrac{1}{\mathrm{e}}$ (5) $\dfrac{5}{4}\cot\dfrac{3}{2}$ (6) 3

4. (1) $f\left(\dfrac{1}{x}\right)-\dfrac{1}{x}f'\left(\dfrac{1}{x}\right)$ (2) $f'(f(x))\,f'(x)$

(3) $\mathrm{e}^{f(\mathrm{e}^x)}\left[f'(\mathrm{e}^{f(x)})\mathrm{e}^{f(x)}f'(x)+f(\mathrm{e}^{f(x)})f'(\mathrm{e}^x)\mathrm{e}^x\right]$

(4) $\sin 2x\left[f'(\sin^2 x)-f'(\cos^2 x)\right]$

(5) $\dfrac{1}{\sqrt{f^2(x)+g^2(x)}}\,(f(x)\,f'(x)+g(x)\,g'(x))$

(6) $\dfrac{1}{f^2(x)+g^2(x)}\left[g(x)\,f'(x)-f(x)\,g'(x)\right]$

(7) $\sqrt[g(x)]{f(x)}\cdot\left[f'(x)\,g(x)-f(x)\,g'(x)\,\ln f(x)\right]\cdot\dfrac{1}{f(x)\,g^2(x)}$

(8) $\dfrac{f'(x)\,g(x)\,\ln g(x)-f(x)\,g'(x)\,\ln f(x)}{f(x)\,g(x)\,\ln^2 g(x)}$

5. $-\dfrac{3\pi}{4}$

6. 当 $|x|<\sqrt{2}$ 时，$f'(x)=0$；当 $|x|>\sqrt{2}$ 时，$f'(x)=2x$；当 $|x|=\sqrt{2}$ 时，$f'(x)$ 不存在

7. $-\dfrac{\sqrt{3}}{6}$

8. 当 $x = -1$ 时，切线 $x = -1$，法线 $y = 0$；当 $x = 0$ 时，切线 $2x + 3y - 3 = 0$，法线 $3x - 2y + 2 = 0$.

9. 切点 $(1, 1)$，切线 $x - y = 0$

10. $a = -1$，$b = -1$，$c = 1$

习题 2.3

1. （1）$-\dfrac{y e^x + e^y}{x e^y + e^x}$　　　　　（2）$-\dfrac{e^y}{1 + x e^y}$

　　（3）$\dfrac{\sin y}{1 - x \cos y}$　　　　　（4）$\dfrac{\cos(x + y)}{e^y - \cos(x + y)}$

　　（5）$\dfrac{x + y}{x - y}$　　　　　　（6）$\dfrac{y(x \ln y - y)}{x(y \ln x - x)}$

2. 1

3. 切线方程为 $y = \sqrt[3]{4}$，法线方程为 $x = \sqrt[3]{2}$

4. （1）$(\sin x)^{\cos x}\left[\cos x \cdot \cot x - \sin x \cdot \ln \sin x\right]$

　　（2）$\dfrac{(3 - x)^4 \sqrt{x + 2}}{(x + 1)^5}\left[\dfrac{4}{x - 3} + \dfrac{1}{2(x + 2)} - \dfrac{5}{x + 1}\right]$

　　（3）$\dfrac{1}{5}\sqrt[5]{\dfrac{x - 5}{\sqrt[3]{x^2 + 2}}}\left[\dfrac{1}{x - 5} - \dfrac{2x}{3(x^2 + 2)}\right]$

　　（4）$(\tan 2x)^{\cot \frac{x}{2}}\left[-\dfrac{1}{2}\csc^2 \dfrac{x}{2}\ln(\tan 2x) + 4\cot \dfrac{x}{2}\sec(4x)\right]$

　　（5）$x^{x^2 + 1}(1 + 2\ln x) + 2^{x^x}\ln 2 \cdot x^x \cdot (\ln x + 1)$

5. （1）$-\dfrac{b}{a}\tan t$　　　　　（2）$\dfrac{\cos\theta - \theta\sin\theta}{1 - \sin\theta - \theta\cos\theta}$

　　（3）$\dfrac{e^{2t}}{1 - t}$　　　　　　（4）$\dfrac{t}{2}$

6. 3

7. $2 + \sqrt{3}$

8. 切线方程为 $4x + 3y - 12a = 0$，法线方程为 $3x - 4y + 6a = 0$

9. $x + y = e^{\frac{\pi}{2}}$

10. $4\pi r^2 v$，$8\pi r v$

11. $\dfrac{8}{9\pi}\text{m/min}$

12. $144\pi\,\text{m}^2/\text{s}$

13. 80km/h

习题 2.4

1. (1) $e^{-\sin x}(\cos^2 x + \sin x)$　　　(2) $\dfrac{-x}{(\sqrt{1+x^2})^3}$　　(3) $8e^{2x}\cos(2x+1)$

(4) $\dfrac{2x(1+x^4)}{(1-x^4)^2}$　　　　　(5) $(n-1)!\, b^n\left[\dfrac{(-1)^{n-1}}{(a+bx)^n}+\dfrac{1}{(a-bx)^n}\right]$

(6) $-2^n\cos\left(2x+\dfrac{n\pi}{2}\right)$　　　(7) $(-1)^n n!\left[\dfrac{1}{(x+3)^{n+1}}+\dfrac{1}{(x-1)^{n+1}}\right]$

(8) $(a^2+b^2)^{\frac{n}{2}}e^{ax}\sin\left(bx+n\arctan\dfrac{b}{a}\right)$

(9) $\dfrac{(-1)^n 2\cdot n!}{(1+x)^{n+1}}$　　　　(10) $(209-x-x^2)\cos x-15(2x+1)\sin x$

2. (1) $e^{-x}f'(e^{-x})+e^{-2x}f''(e^{-x})$

(2) $\dfrac{f''(x)f(x)-[f'(x)]^2}{[f(x)]^2}$

(3) $e^{f(x)}\{f''(x)+[f'(x)]^2\}$

(4) $\dfrac{2(1-\ln x)}{x^2}f'(\ln^2 x)+\dfrac{4\ln^2 x}{x^2}f''(\ln^2 x)$

3. $n!\,[f(x)]^{n+1}$

4. (1) $\dfrac{\sin(x+y)}{[\cos(x+y)-1]^3}$　　　(2) $\dfrac{2(x^2+y^2)}{(x-y)^3}$

(3) $\dfrac{e^{2y}(3-y)}{(2-y)^3}$　　　　　(4) $\dfrac{e^{x+y}(x-y)^2-2(e^{x+y}-y)(x-e^{x+y})}{(x-e^{x+y})^3}$

5. $\dfrac{1}{4\pi^2}$

6. $\dfrac{-20x^3}{(1+5x^4)^3}$

7. (1) $\dfrac{1}{3a\cos^4 t\sin t}$　　　(2) $6e^{-4C\theta}-2e^{-3C\theta}$

(3) $\dfrac{1}{f''(t)}$　　　　　　(4) $-e^{5t}(52+48t)$

9. $\dfrac{1}{4}e^3$

习题 2.5

1. 当 $\Delta x=0.1$ 时，$\Delta y\approx0.0488$，$dy=0.05$.

当 $\Delta x=0.01$ 时，$\Delta y\approx0.00499$，$dy=0.005$.

2. (1) $-\dfrac{1}{\omega}\cos\omega x + C$ (2) $\ln(1+x) + C$

  (3) $-\dfrac{1}{3}e^{-3x} + C$ (4) $\dfrac{1}{4}x^4 + \dfrac{1}{2}\sin2x + C$

3. (1) $\dfrac{e^x\mathrm{d}x}{1+e^{2x}}$ (2) $2^{-\frac{1}{\sin x}}\csc x\cot x \cdot \ln2\,\mathrm{d}x$

  (3) $\dfrac{-x\mathrm{d}x}{|x|\sqrt{1-x^2}}$ (4) $\{-2f'(1-2x) + \sin[f(x)] \cdot f'(x)\}\,\mathrm{d}x$

4. (1) $\dfrac{1-y2^{xy}\ln2}{x2^{xy}\ln2-1}\mathrm{d}x$ (2) $\dfrac{\cos3x - x^2}{y^2+2}\mathrm{d}x$

  (3) $\dfrac{x+y}{x-y}\mathrm{d}x$ (4) $-\dfrac{e^x\sin y + e^{-y}\sin x}{e^x\cos y + e^{-y}\cos x}\mathrm{d}x$

5. $4\mathrm{d}x$

6. (1) $1+x$ (2) $\dfrac{\pi}{4} + \dfrac{1}{4}(x-2)$

  (3) $\sin3 - (\sin3 + \cos3)x$ (4) $\ln^2 2 + 2\ln2(x-1)$

7. (1) 1.005   (2) 0.8104

8. 0.0067

习题 2.6

1. (1) B   (2) C   (3) C   (4) D

2. $2b\varphi'(a)$

3. 连续，不可导

4. $a = \dfrac{2}{3}$, $b = \ln3 - \dfrac{2}{3}$

5. $a = \dfrac{1}{2}$, $b = 1$, $c = 1$

6. $a = \dfrac{3m^2}{2c}$, $b = -\dfrac{m^2}{2c^3}$

7. $e^{2t}(1+2t)$

8. 1

9. 当 $\varphi(a) \neq 0$ 时，$f(x)$ 在点 $x = a$ 处不可导；当 $\varphi(a) = 0$ 时，$f(x)$ 在点 $x = a$ 处可导，且 $f'(a) = 0$.

11. (1) $\dfrac{1}{x\sqrt{x^2-1}}$ $(|x| > 1)$ (2) $e^{\sin^2 x}\sin2x - \dfrac{\sin x}{2\sqrt{\cos x}}2^{\sqrt{\cos x}}(1 + \sqrt{\cos x}\ln2)$

(3) $\sqrt{x^2 + a^2}$ (4) $\dfrac{1}{a + b\cos x}$

12. (1) $2xf'(x^2)e^{f(x^2)}g(\arccos\sqrt{x}) - \dfrac{1}{2\sqrt{x}} \cdot \dfrac{1}{\sqrt{1-x}}e^{f(x^2)}g'(\arccos\sqrt{x})$

(2) $\dfrac{2^x}{\ln^2 f(x)}\left[\ln 2 \cdot g(\sinh x)\ln f(x) + \cosh x g'(\sinh x)\ln f(x) - \dfrac{g(\sinh x)f'(x)}{f(x)}\right]$

13. (1) 0

(2) $2f'(x^2)\cos[f(x^2)] + 4x^2\{f''(x^2)\cos[f(x^2)] - [f'(x^2)]^2\sin[f(x^2)]\}$

(3) $\dfrac{n! \ b^n}{2a}\left[\dfrac{(-1)^n}{(a+bx)^{n+1}} + \dfrac{1}{(a-bx)^{n+1}}\right]$

(4) $\dfrac{(n-1)!}{x}$

14. (1) $\dfrac{2x - y^2 f'(x) - f(y)}{2yf(x) + xf'(y)}$ (2) $\dfrac{-[1 - f'(y)]^2 + f''(y)}{x^2[1 - f'(y)]^3}$

15. $\dfrac{3}{7}$ 或 $\dfrac{3}{8}$

17. e^{-1}

19. 1m/s

第 3 章

习题 3.1

1. (1) C   (2) C   (3) D   (4) A   (5) B

习题 3.2

1. (1) $\dfrac{m}{n}a^{m-n}$ (2) $\dfrac{3}{2}$ (3) 1   (4) 0   (5) 2

(6) 0   (7) $\dfrac{1}{2}$ (8) $-\dfrac{1}{6}$ (9) $e^{-\frac{1}{6}}$ (10) 1

(11) 0   (12) 1   (13) 1   (14) $e^{\frac{1}{6}}$ (15) 1

(16) $-\dfrac{e}{2}$ (17) $\dfrac{1}{\sqrt{b}}$ (18) $e^{-\frac{1}{2}}$

2. (1) 0   (2) 1

3. $\dfrac{1}{2}f'(0)$

4. $f''(x)$

5. $\dfrac{1}{2}f''(0)$，连续

6. $a=-3$，$b=\dfrac{9}{2}$

7. e^2

习题 3.3

1. (1) $\dfrac{1}{x}=-\left[1+(x+1)+(x+1)^2+\cdots+(x+1)^n\right]+$

$\dfrac{(-1)^{n+1}(x+1)^{n+1}}{\left[-1+\theta(x+1)\right]^{n+2}}\ (0<\theta<1)$

(2) $\sqrt{1+x}=1+\dfrac{1}{2}x-\dfrac{1}{2^2 2!}x^2+\cdots-\dfrac{(-1)^{n-1}(2n-3)!!}{2^n n!}x^n+$

$\dfrac{(-1)^n(2n-1)!!}{2^{n+1}(n+1)!}(1+\theta x)^{-n+\frac{1}{2}}x^{n+1}(0<\theta<1)$

(3) $\ln x=\ln 2+\dfrac{1}{2}(x-2)-\dfrac{1}{2^3}(x-2)^2+\dfrac{1}{3\cdot 2^3}(x-2)^3-\cdots+(-1)^{n-1}\cdot\dfrac{1}{n\cdot 2^m}(x-2)^n$

$+(-1)^n\dfrac{1}{(n+1)\left[2+\theta(x-2)\right]^{n+1}}(x-2)^{n+1}$

(4) $f(x)=x^6-9x^5+30x^4-45x^3+30x^2-9x+1$

2. (1) $x\mathrm{e}^{-x^2}=x-x^3+\dfrac{1}{2!}x^5-\dfrac{1}{3!}x^7+\cdots+\dfrac{(-1)^n}{n!}x^{2n+1}+o\ (x^{2n+1})$

(2) $\ln x=(x-1)-\dfrac{1}{2}(x-1)^2+\dfrac{1}{3}(x-1)^3-\cdots+\dfrac{(-1)^{n-1}}{n}(x-1)^n+o\ ((x-1)^n)$

(3) $\sin^2 x\cos^2 x=x^2-\dfrac{2^5}{4!}x^4+\cdots+(-1)^{n-1}\dfrac{2^{4n-3}}{(2n)!}x^{2n}+o\ (x^{2n+1})$

3. 0

4. $P(x)=1+(x-1)+13(x-1)^2+20(x-1)^3+15(x-1)^4+6(x-1)^5+(x-1)^6$

$P(x)=3-3(x+1)+13(x+1)^2-20(x+1)^3+15(x+1)^4-6(x+1)^5+(x+1)^6$

5. (1) 2 　　　(2) $-\dfrac{1}{2}$ 　　　(3) $\dfrac{1}{3}$ 　　　(4) $\dfrac{1}{2}$

6. (1) $\dfrac{1}{4!}x^{\frac{8}{3}}$ 　　　(2) $\dfrac{1}{8}x^4$

7. $a=\dfrac{1}{2}$，$b=-\dfrac{1}{2}$

10. (1) $\sin 18°\approx 0.3089$，$|R_3|<4.06\times 10^{-4}$

(2) $\ln 1.2 \approx 0.1827$，$|R_3| < 4 \times 10^{-4}$

习题 3.4

1. (1) 单调增加区间 $\left(\dfrac{1}{2}, +\infty\right)$，单调减少区间 $\left(0, \dfrac{1}{2}\right)$，极小值点 $x = \dfrac{1}{2}$.

(2) 单调增加区间 $(-5, -1)$，单调减少区间 $(-\infty, -5)$、$(-1, 1)$、$(1, +\infty)$，极大值点 $x = -1$，极小值点 $x = -5$.

(3) 单调增加区间 $(-\infty, 1)$，单调减少区间 $[1, +\infty)$，极大值点 $x = 1$.

(4) 单调增加区间 $\left(k\pi, k\pi + \dfrac{\pi}{3}\right)$，$\left(k\pi + \dfrac{\pi}{2}, k\pi + \dfrac{5\pi}{6}\right)$，单调减少区间 $\left(k\pi + \dfrac{\pi}{3}, k\pi + \dfrac{\pi}{2}\right)$，$\left(k\pi + \dfrac{5\pi}{6}, k\pi + \pi\right)$，极大值点 $x = k\pi + \dfrac{\pi}{3}$，$x = k\pi + \dfrac{5\pi}{6}$，极小值点 $x = k\pi + \dfrac{\pi}{2}$，$x = (k+1)\pi$ $(k = 0, \pm 1, \pm 2 \cdots)$.

(5) 当 $t \in (-\infty, 0)$ 时，函数 $x = x(y)$ 单调减少；当 $t \in (0, +\infty)$ 时，函数 $x = x(y)$ 单调增加；当 $t = 0$ 时，函数有极小值 $(0, 0)$.

2. (1) 极大值 $y\left(2k\pi + \dfrac{\pi}{4}\right) = \dfrac{\sqrt{2}}{2}\mathrm{e}^{\left(2k\pi + \frac{\pi}{4}\right)}$，极小值 $y\left(2k\pi + \dfrac{5}{4}\pi\right) = -\dfrac{\sqrt{2}}{2}\mathrm{e}^{\left(2k\pi + \frac{5}{4}\pi\right)}$

(2) 极小值 $y(0) = y(\pm 1) = 0$，极大值 $y\left(\pm\dfrac{1}{\sqrt{3}}\right) = \dfrac{2}{3\sqrt{3}}$

(3) 极小值 $y(\mathrm{e}^{-\frac{1}{2}}) = -\dfrac{1}{2\mathrm{e}}$

(4) 极小值 $y(1) = 0$，极大值 $y\left(\dfrac{1}{5}\right) = \dfrac{3456}{3125}$

3. $a = 2$，极大值 $\sqrt{3}$

4. $a = -\dfrac{2}{3}$，$b = -\dfrac{1}{6}$，极大值 $y(2) = \dfrac{2(2 - \ln 2)}{3}$，极小值 $y(1) = \dfrac{5}{6}$

5. (1) 最大值 $y(4) = \dfrac{3}{5}$，最小值 $y(0) = -1$

(2) 最大值 $y\left(\dfrac{\pi}{4}\right) = 1$，无最小值

(3) 最小值 $y\left(\dfrac{a}{a+b}\right) = (a+b)^2$，无最大值

(4) 无最大值，最小值 $y\left(\dfrac{1}{2}\right) = \dfrac{1}{4}$

6. （1） $x = \pi$, $x = 0$ （2） $x = \dfrac{\pi}{2}$, $x = 0$, $x = \pi$ （3） $x = 0$

7. C 点应设在距 A 点 1.2km 处

8. C 点为 （ -1， 3）， $S_{\max} = 8$

9. $x = \dfrac{1}{n} \displaystyle\sum_{i=1}^{n} a_n$

10. 57km/h， 82.2 元

11. 底边为 $\dfrac{l}{2}$ ，腰长为 $\dfrac{3l}{4}$

12. $S = \dfrac{S}{2} + \dfrac{S}{2}$

13. $P = \sqrt{P} \cdot \sqrt{P}$

14. （1） 上凸区间 $\left(-\dfrac{\sqrt{2}}{2}， \dfrac{\sqrt{2}}{2} \right)$ ，下凸区间 $\left(-\infty， -\dfrac{\sqrt{2}}{2} \right)$ ， $\left(\dfrac{\sqrt{2}}{2}， +\infty \right)$ ，拐点 $\left(-\dfrac{\sqrt{2}}{2}， e^{-\frac{1}{2}} \right)$ ，

$\left(\dfrac{\sqrt{2}}{2}， e^{-\frac{1}{2}} \right)$

（2） 上凸区间 （ -∞， 0），下凸区间 （0， +∞），无拐点

（3） 下凸区间 （ -∞， -1）， （0， +∞），上凸区间 （ -1， 0），拐点 （ -1， 0）

（4） 当 $t \in$ （ -∞， -1） ∪ （0， 1） 时， 曲线 $y = y(x)$ 上凸， 当 $t \in$ （ -1， 0） ∪ （1， +∞）时， 曲线 $y = y(x)$ 下凸， 拐点 （1， -4）， （1， 4） .

16. $k = \pm \dfrac{\sqrt{2}}{8}$

17. $a = -\dfrac{3}{2}$, $b = \dfrac{9}{2}$

20. （1） b , c , a （2） a , c , b

21. （1） $y = x + \dfrac{1}{e}$, $x = -\dfrac{1}{e}$ （2） $x = 1$, $y = x + 5$

（3） $x = \pm 1$, $y = \pm x$ （4） $y = x \pm \pi$

22. （1） 图 A-1 （2） 图 A-2 （3） 图 A-3 （4） 图 A-4

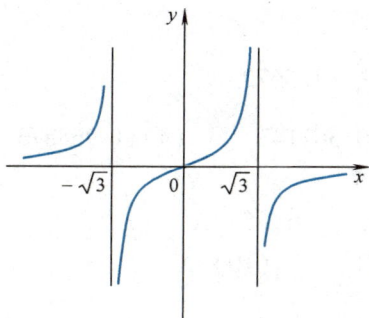

图　A-1

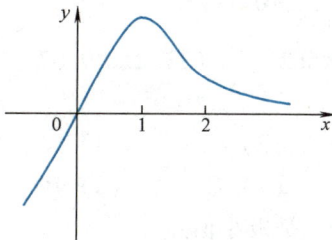

图　A-2

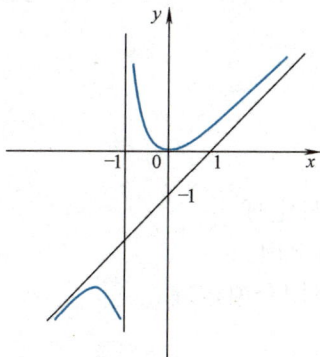

图　A-3

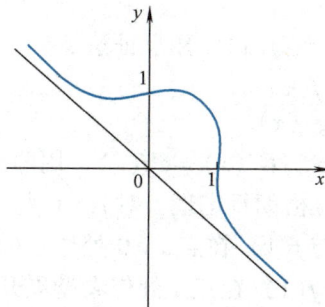

图　A-4

习题　3.5

1.（1）$\dfrac{1+x^2}{1-x^2}\mathrm{d}x$　　（2）$\cosh\dfrac{x}{a}\mathrm{d}x$　　（3）$\dfrac{3a}{2}\,|\sin 2t\,|\mathrm{d}t$　　（4）$2a\left|\cos\dfrac{\theta}{2}\right|\mathrm{d}\theta$

2.$\left(-\dfrac{b}{2a},\ -\dfrac{b^2-4ac}{4a}\right)$

3.（1）$|\cos x_0\,|$　　（2）$\dfrac{1}{a\cosh^2 1}$　　（3）$\dfrac{b}{a^2}$　　（4）$\dfrac{2+\pi^2}{a\,(1+\pi^2)^{3/2}}$

4.$\dfrac{3}{\sqrt{2}}$

5.$\left(\dfrac{\pi}{2},\ 1\right)$, $R_{\min}=1$

6.$(x-3)^2+(y+2)^2=8$

习题 3.6

1. (1) $x_6 = \dfrac{23}{128} \approx 0.1797$　　　　　　(2) $x_5 = \dfrac{175}{128} \approx 1.3672$

2. (1) 1.594562　　　(2) 2.219107　　　(3) -0.567143　　　(4) 1.968873

习题 3.7

1. (1) C　　　(2) C　　　(3) A　　　(4) C　　　(5) A

　　(6) D　　　(7) C　　　(8) B　　　(9) D　　　(10) A

2. 驻点 $x=1$, 是极小值点

3. 提示：$f(x)$ 在 (a, b) 内必有最值点 c, 再在 (a, c) 或 (c, b) 上用拉格朗日定理.

4. 设 $F(x) = f(x) - x$, 在 $\left[\dfrac{1}{2}, 1\right]$ 上用介值定理, 知 $F(x)$ 有零点 x_0. 再在 $[0, x_0]$ 上用罗尔定理.

5. 设 $F(x) = \mathrm{e}^{-g(x)} f(x)$, 用反证法.

6. 依题意需证 $\dfrac{f(x)}{g(x)} \equiv c$.

7. 设 $F(x) = \mathrm{e}^x$, $G(x) = \mathrm{e}^x f(x)$, 用两次拉格朗日定理.

8. 对 $f(x)$ 用拉格朗日定理, 对 $f(x)$ 与 x^2 用柯西定理.

9. 将 $f(-1)$ 与 $f(1)$ 在点 $x=0$ 处作泰勒展开, 并用介值定理.

10. 将 $f(0)$ 与 $f(1)$ 在点 x 处作泰勒展开.

11. 用泰勒公式, 极限性质.

12. 极限的保号性.

13. 在端点展开

14. 当 $a > \dfrac{1}{\mathrm{e}}$ 时, 无实根；当 $a = \dfrac{1}{\mathrm{e}}$ 时, 有惟一实根, 当 $a < \dfrac{1}{\mathrm{e}}$ 时, 恰有两个实根.

15. (1) $\dfrac{1}{2}$　　　(2) $\dfrac{1}{3}$　　　(3) a

16. 0, -1

18. 5h

19. $r = \sqrt{\dfrac{3}{2}} a$, $h = r \cdot \dfrac{a}{\sqrt{r^2 - a^2}} = \sqrt{3}\, a$

20. (1) 极大值点 $x = -\sqrt{3}$, 极小值点 $x = \sqrt{3}$, 拐点 $(0, 0)$, 图形见图 A-5.

　　(2) 极小值点 $x = 5$, 无极大值点, 拐点 $(-1, 0)$, 图形见图 A-6.

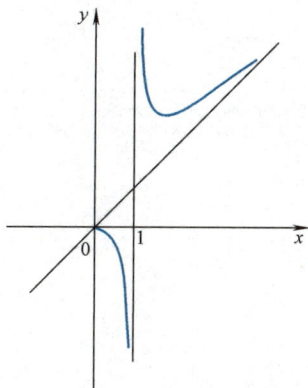

图 A-5

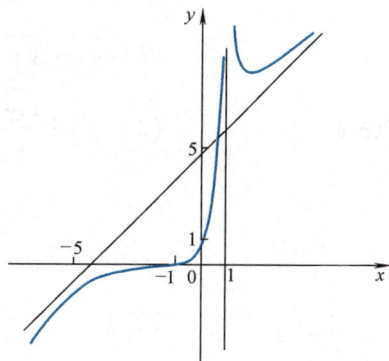

图 A-6

第 4 章

习题 4.1

1. $\displaystyle\int_0^{20} kx\,\mathrm{d}x$

2. $\displaystyle\lim_{\lambda\to 0}\sum_{i=1}^{n}\sin\xi_i\Delta x_i$

3. $\displaystyle\int_0^1 \frac{1}{1+x^2}\,\mathrm{d}x$

4. （1）$\dfrac{1}{2}\,(b^2-a^2)$ （2）$e-1$

5. （1）$\dfrac{1}{4}\pi a^2$ （2）1 （3）0 （4）0

6. （1）$\displaystyle\int_1^e \ln x\,\mathrm{d}x > \int_1^e \ln^2 x\,\mathrm{d}x$ （2）$\displaystyle\int_1^{\frac{1}{e}} \ln x\,\mathrm{d}x > \int_1^{\frac{1}{e}} \ln^2 x\,\mathrm{d}x$

（3）$\displaystyle\int_0^{\frac{\pi}{2}} x\,\mathrm{d}x > \int_0^{\frac{\pi}{2}} \sin x\,\mathrm{d}x$ （4）$\displaystyle\int_0^1 e^x\,\mathrm{d}x > \int_0^1 (1+x)\,\mathrm{d}x$

7. （1）$[\,e,\ e^4\,]$ （2）$[\,\pi,\ 2\pi\,]$

（3）$[\,-2e^2,\ -2e^{-\frac{1}{4}}\,]$ （4）$[\,-2e^{-1},\ 0\,]$

8. $\dfrac{1}{3}$

1. （1） $-\dfrac{\sin x}{x}$ （2） $2x\sqrt{1+x^4}$

（3） $-\mathrm{e}^{\sin^2 x}\cos x$ （4） $x-4\dfrac{\ln x}{x}$

2. $-\dfrac{3\cos x}{\mathrm{e}^y}$

3. $-t$

4. （1） 1 （2） $\dfrac{1}{2\mathrm{e}}$ （3） 1 （4） 2

5. $-2x\left[f(x)-f(0)\right]$

6. 0

8. （1） 20 （2） $45\dfrac{1}{6}$ （3） 0 （4） $\dfrac{\pi}{6}$

（5） 1 （6） $3\mathrm{e}^3-2\mathrm{e}^2$

9. $\Phi(x)=\begin{cases}\dfrac{1}{3}x^3 & x\in[0,1) \\[2mm] \dfrac{1}{2}x^2-\dfrac{1}{6} & x\in[1,2]\end{cases}$ $\Phi(x)$ 在 $(0,2)$ 内连续

1. （1） $\dfrac{2}{5}x^{\frac{5}{2}}+C$ （2） $10\ln|x|-x^{-3}+C$

（3） $-2x^{-\frac{1}{2}}-4x^{\frac{1}{2}}+\dfrac{2}{3}x^{\frac{3}{2}}+C$ （4） $\dfrac{x^2}{2}+3x+C$

2. （1） $-\sin(1-x)+C$ （2） $\dfrac{2}{15}(7+5x)^{\frac{3}{2}}+C$

（3） $\mathrm{e}^x+\mathrm{e}^{-x}+C$ （4） $\dfrac{1}{3}\arctan\dfrac{x}{3}+C$

（5） $\dfrac{1}{3}\arcsin\dfrac{3}{2}x+C$ （6） $\dfrac{1}{3}\ln|4+x^3|+C$

（7） $\dfrac{1}{2}\ln^2 x+C$ （8） $-2\cos\sqrt{x}+C$

（9） $2\sqrt{1+\tan x}+C$ （10） $\dfrac{1}{4}\arcsin x^4+C$

（11） $-\dfrac{1}{2}\ln(1+\cos^2 x)+C$ （12） $\dfrac{1}{2}x+\dfrac{1}{2}\sin x+C$

（13）$-\dfrac{1}{8}\cos 4x - \dfrac{1}{4}\cos 2x + C$ （14）$\dfrac{1}{10}\sin 5x + \dfrac{1}{2}\sin x + C$

3. （1）$\dfrac{1}{10}(1-2x)^{\frac{5}{2}} - \dfrac{1}{6}(1-2x)^{\frac{3}{2}} + C$

（2）$2\sqrt{1+x} - 2\ln(1+\sqrt{1+x}) + C$

（3）$x + \dfrac{6}{5}x^{\frac{5}{6}} + \dfrac{3}{2}x^{\frac{2}{3}} + 2x^{\frac{1}{2}} + 3x^{\frac{1}{3}} + 6x^{\frac{1}{6}} + 6\ln\left|\sqrt[6]{x}-1\right| + C$

（4）$\dfrac{1}{\sqrt[3]{3x+2}+1} + \dfrac{5}{3}\ln\left|\sqrt[3]{3x+2}+1\right| + \dfrac{4}{3}\ln\left|\sqrt[3]{3x+2}-2\right| + C$

（5）$\dfrac{a^2}{2}\arcsin\dfrac{x}{a} - \dfrac{x}{2}\sqrt{a^2-x^2} + C$

（6）$\ln\left|\dfrac{1-\sqrt{1-x^2}}{x}\right| + C$

4. （1）$\left(\dfrac{1}{3}x^2 - \dfrac{2}{9}x + \dfrac{2}{27}\right)e^{3x} + C$

（2）$\dfrac{1}{4}x^2 + \dfrac{1}{4}x\sin 2x + \dfrac{1}{8}\cos 2x + C$

（3）$x\arctan x - \dfrac{1}{2}\ln(1+x^2) + C$

（4）$x(\ln x)^2 - 2x\ln x + 2x + C$

（5）$2\ln x\sqrt{1+x} - 4\sqrt{1+x} - 2\ln\left|\dfrac{\sqrt{1+x}-1}{\sqrt{1+x}+1}\right| + C$

（6）$x\ln(x+\sqrt{1+x^2}) - \sqrt{1+x^2} + C$

（7）$2\sqrt{1-x} + 2\sqrt{x}\arcsin\sqrt{x} + C$

（8）$-\dfrac{e^{-x}}{5}(\sin 2x + 2\cos 2x) + C$

（9）$2(\sin\sqrt{x} - \sqrt{x}\cos\sqrt{x}) + C$

（10）$\sqrt{1+x^2}\arctan x - \ln(x+\sqrt{1+x^2}) + C$

5. （1）$\dfrac{1}{3}\ln\left|\dfrac{2x-1}{x+1}\right| + C$ （2）$\dfrac{1}{\sqrt{2}}\arctan\dfrac{x+1}{\sqrt{2}} + C$

（3）$\dfrac{1}{2a}\ln\left|\dfrac{a+x}{a-x}\right| + C$ （4）$\dfrac{(x-1)^2}{2} + \ln|1+x| + C$

（5）$-x + \dfrac{1}{2}\ln\left|\dfrac{1+x}{1-x}\right| + C$ （6）$\dfrac{1}{2}\ln|x^2+2x| + C$

（7）　$\dfrac{1}{x+1}+\dfrac{1}{2}\ln\mid x^2-1\mid\ +C$

（8）　$\dfrac{x}{4}+\ln\mid x\mid\ -\dfrac{9}{16}\ln\mid 2x+1\mid\ -\dfrac{7}{16}\ln\mid 2x-1\mid\ +C$

（9）　$\dfrac{1}{6}\ln\dfrac{(x-1)^2}{x^2+x+1}-\dfrac{\sqrt{3}}{3}\arctan\dfrac{2x+1}{\sqrt{3}}+C$

（10）　$\dfrac{1}{4}\ln\left|\dfrac{1+x}{1-x}\right|-\dfrac{1}{2}\arctan x+C$

（11）　$\dfrac{1}{3x^3}+\dfrac{2}{x}-\sqrt{2}\ln\left|\dfrac{\sqrt{2}x+1}{\sqrt{2}x-1}\right|+C$

（12）　$-\dfrac{1}{95}\dfrac{1}{(x+1)^{95}}+\dfrac{1}{24}\dfrac{1}{(x+1)^{96}}-\dfrac{6}{97}\dfrac{1}{(x+1)^{97}}+\dfrac{2}{49}\dfrac{1}{(x+1)^{98}}-\dfrac{1}{99}\dfrac{1}{(x+1)^{99}}+C$

（13）　$\dfrac{1}{10}\ln\dfrac{x^{10}}{x^{10}+1}+C$

6. （1）　$\dfrac{1}{2\sqrt{3}}\arctan\dfrac{2\tan x}{\sqrt{3}}+C$

（2）　$-\dfrac{1}{1+\tan x}+C$

（3）　$-\dfrac{1}{2}\cot^2 x-\ln\mid\sin x\mid\ +C$

（4）　$\dfrac{1}{2}x+\dfrac{1}{2}\sin x+C$

（5）　$\dfrac{1}{3}\tan^3 x+C$

（6）　$\dfrac{3}{8}x-\dfrac{1}{4}\sin 2x+\dfrac{1}{32}\sin 4x+C$

（7）　$-\cot\dfrac{x}{2}+C$

（8）　$\tan x-\sec x+C$

（9）　$\dfrac{1}{2}\arctan\sin^2 x+C$

7. （1）　$\arcsin\dfrac{2x+1}{\sqrt{5}}+C$

（2）　$\dfrac{1}{\sqrt{2}}\left(\sqrt{x^2-2x}+\ln\left|x-1+\sqrt{x^2-2x}\right|\right)+C$

(3) $\sqrt{x^2+x+1}+\dfrac{1}{2}\ln\left|x+\dfrac{1}{2}+\sqrt{x^2+x+1}\right|+C$

习题 4.4

1. (1) $\dfrac{8}{105}$

(2) $2\left(\sqrt{3}-1\right)$

(3) $\ln\dfrac{3}{2}$

(4) $16\dfrac{2}{3}$

(5) $\sqrt{3}-\dfrac{\pi}{3}$

(6) $\dfrac{3\pi}{16}$

(7) $\ln\dfrac{7+2\sqrt{7}}{9}$

(8) $\dfrac{4}{5}$

(9) $\ln\left(2-\sqrt{3}\right)+\dfrac{\sqrt{3}}{2}$

2. (1) $\dfrac{1}{9}\left(1+2e^3\right)$

(2) $\dfrac{2}{3}\pi-\dfrac{\sqrt{3}}{2}$

(3) $\dfrac{1}{5}\left(e^\pi-2\right)$

(4) $\dfrac{4}{3}\pi-\sqrt{3}$

(5) $\dfrac{16}{35}$

(6) $\dfrac{35}{128}\pi$

(7) 0

(8) $\left(\dfrac{1}{4}-\dfrac{\sqrt{3}}{9}\right)\pi+\dfrac{1}{2}\ln\dfrac{3}{2}$

(9) $\dfrac{e}{2}\left(\sin1-\cos1\right)+\dfrac{1}{2}$

3. (1) 0   (2) $-\dfrac{\sqrt{3}}{6}\pi+1$ (3) $\dfrac{4}{3}$

6. $\dfrac{1}{2}\ln2-\dfrac{1}{4}$

7. $e-3$

8. 1. 854 91，1. 475 73

9. 5. 996 64，7. 589 16

10. 5. 034 204，5. 033 002

11. 0. 269 654，0. 272 22

12. 12，500

13. 0. 611 786

14. 54.908 3m³

习题 4.5

1. （1）1　　　　（2）ln2　　　　（3）$1 - \dfrac{\pi}{4}$　　　　（4）$\dfrac{1}{2}$

　　（5）$\dfrac{\pi}{4} + \dfrac{\ln2}{2}$　（6）$\dfrac{a}{a^2 + b^2}$　　（7）2　　　　（8）-1

　　（9）1　　　（10）发散

2. 2

习题 4.6

1. $\dfrac{1}{3}$

2. 4

3. $\dfrac{8}{3}$

4. $3\pi a^2$

5. $\dfrac{5}{8}\pi a^2$

6. 4

7. $\dfrac{5}{4}\pi - 2$

8. 30 976m³

9. $\dfrac{500\sqrt{3}}{3}$

10. （1）$\dfrac{512}{3}\pi$　　（2）π　　（3）$\dfrac{124}{3}\pi$　　（4）$6\pi^3 a^3$

11. 2π

12. （1）$e - e^{-1}$　　　　　（2）$\dfrac{1}{4}(e^2 + 1)$

　　（3）$2a\pi^2$　　　　　（4）$\dfrac{2}{3}(13\sqrt{13} - 8)$

习题 4.7

1. 75kg

2. 5.512 5J

3. $1.231\ 5 \times 10^9$J

4. 8 391. 644J

5. 1. 438 $\times 10^7$N

6. 1 764N，2 940N，58. 8N

7. （1）$\dfrac{2k\delta q}{a}\dfrac{1}{\sqrt{1+\left(\dfrac{a}{l^2}\right)^2}}$　　　（2）$2k\delta q\ln\dfrac{a\left(\sqrt{b^2+l^2}-l\right)}{b\left(\sqrt{a^2+l^2}-l\right)}$

（3）$2k\delta q\ln\left[\dfrac{l}{a}+\sqrt{1+\left(\dfrac{l}{a}\right)^2}\,\right]$

8. $\dfrac{1}{2}I_m^2 R$

9. $\dfrac{15}{2}\left(1-\dfrac{3}{4}\ln\dfrac{15}{11}\right)$L

习题 4.8

1. $f(x)=\dfrac{1}{2-x}+\dfrac{1}{3}\,(2-x)^3+C$

2. （1）$\dfrac{2}{3}\,(2\sqrt{2}-1)$　　　（2）$\dfrac{\pi}{6}$

3. （1）$2-6e^{-2}$　　（2）$\dfrac{\pi\ln 2}{8}$　　**4.** 0

5. （1）$F\,(0)=0$ 为极小值　　（2）$x=-\dfrac{1}{\sqrt{2}};\ x=\dfrac{1}{\sqrt{2}}$　　（3）$\dfrac{1}{2}\,(e^{-16}-e^{-81})$

6. $\cos x\,\sqrt{1+\sin^4 x}$　　**7.** $\dfrac{1}{2}\left[\dfrac{1}{2+\pi}+\dfrac{1}{2}-A\right]$

8. $\dfrac{x}{1+\cos^2 x}+\dfrac{\pi^2}{2}$　　**9.** $\dfrac{1}{2}(e^{a^2}-1)$

12. $\dfrac{\pi}{2}$　　**13.** $\dfrac{448}{15}\pi$

14. $\dfrac{4}{3}\pi r^4 g$　　**15.** $2\sqrt{1-\sqrt[3]{\dfrac{1}{4}}}\approx 1.217$

16. 2.75×10^6 （J）　　**17.** 28. 54 （N）

18. （1）$\sqrt{1+r+r^2}\,am$　　（2）$\sqrt{\dfrac{1}{1-r}}\,am.$

第 5 章

习题 5.1

2. (1) $y = \ln | x | + C$ (2) $y = -\cos x + C_1 x + C_2$

4. $y = \dfrac{1}{3}(x^3 - 1)$

5. $2xyy' - y^2 + x^2 = 0$

习题 5.2

1. (1) $x^2 + y^2 - \ln x^2 = C$ (2) $\sqrt{1+x^2} + \sqrt{1+y^2} = C$

(3) $y = \dfrac{2}{1-x} - 1$ (4) $y^2 = 2\ln(1 + e^x) + 1 - 2\ln(1 + e)$

2. (1) $y^2 = x^2 \ln C x^2$ (2) $y^3 = y^2 - x^2$

(3) $2\arctan \dfrac{y+2}{x-3} = -\ln | y + 2 | + C$ (4) $x^3 - 2y^3 = Cx$

3. (1) $y = Ce^{-x} + \dfrac{1}{2}(\sin x + \cos x)$ (2) $y = e^{-x^2}\left(\dfrac{x^2}{2} + C\right)$

(3) $y = \dfrac{1}{x}(e^x + ab - e^a)$ (4) $x = \dfrac{y^4}{2} + Cy^2$

(5) $y^2 - 2x = Cy^3$ (6) $\dfrac{1}{y} = Cx + \ln x + 1$

(7) $y\arcsin x = x - \dfrac{1}{2}$

4. (1) $x - \sqrt{xy} = C$ (2) $y = \dfrac{2x}{1+x^2}$

(3) $y = \dfrac{1}{2}\left(\ln x + \dfrac{1}{\ln x}\right)$ (4) $\tan y = \dfrac{1}{3}(1+x^2) + \dfrac{C}{\sqrt{1+x^2}}$

(5) $e^{2x} = 2\arctan y + \ln(1+y^2) + 2e^y + C$ (6) $e^y = Ce^{-x} + 2(\sin x - \cos x)$

(7) $x\left(Ce^{-\frac{y^2}{2}} - y^2 + 2\right) = 1$

5. $y = \dfrac{x}{2}$ 或 $y = \dfrac{2}{x}$

6. $y = \dfrac{1}{3}x^2$

7. $xy = 6$

8. $x = y - \dfrac{1}{y}$

9. $y = \dfrac{x}{1 + x^3}$

10. $y = x - \dfrac{75}{124} x^2$

习题 5.3

1. （1） $y = x\arctan x - \dfrac{1}{2}\ln\,(1 + x^2) + C_1 x + C_2$

（2） $y = C_1 x^2 + C_2$ 　　　　　（3） $C_1 + \dfrac{C_2}{x^2} = y$

（4） $4\,(C_1 y - 1) = C_1^2 (x + C_2)^2$ 　　（5） $y = \sin\,(x + C_1) + C_2$

（6） $y = x^3 + 3x + 1$ 　　　　（7） $y = \sqrt{x + 1}$ 或 $y^2 = 1 + x$

（8） $y = \sqrt{2x - x^2}$ 　　　　（9） $y = -\dfrac{1}{2}\ln\,|\,2x + 1\,|$

2. $y = \dfrac{1}{6} x^3 + 2x - \sin x$

3. $y = \mathrm{e}^x$

4. $y = \ln\cos\left(\dfrac{\pi}{4} - x\right) + 1 + \dfrac{1}{2}\ln 2$, $x \in \left(-\dfrac{\pi}{4},\ \dfrac{3}{4}\pi\right)$　极大值 $y = 1 + \dfrac{1}{2}\ln 2$

5. $y = \dfrac{1}{12} x^4 - \dfrac{1}{2} x^2 + \dfrac{2}{3}$

6. $(y - C_1)^2 = C_2 x + C_3$

习题 5.4

1. （1） $y = x$ 　　　　（2）$y = \mathrm{e}^x$

2. $y = C_1 \cos x + C_2 \sin x + \dfrac{1}{2}\ln\left|\dfrac{1 - \sin x}{1 + \sin x}\right|\cos x$

3. $y = (C_1 + C_2 x)\,\mathrm{e}^{x^2}$

5. $y = \mathrm{e}^x - x^2 - x - 1$

6. $y = C_1 x^2 + C_2 \mathrm{e}^x + 3$

习题 5.5

1. （1） $y = C_1 \mathrm{e}^{-5x} + C_2 \mathrm{e}^{-3x}$

（2） $y = (C_1 + C_2 x)\,\mathrm{e}^{-3x}$

（3） $y = \mathrm{e}^{-2x}(C_1 \cos x + C_2 \sin x)$

(4) $s = C_1 e^{(1+\sqrt{2})t} + C_2 e^{(1-\sqrt{2})t}$

(5) $x = (C_1 + C_2 t) e^{\frac{5}{2}t}$

(6) $y = e^{-\delta x}(C_1 \cos\omega x + C_2 \sin\omega x)$，其中 $\omega = \sqrt{\omega_0^2 - \delta^2}$

2. (1) $y = (1 + 3x) e^{-2x}$

(2) $y = 2\cos\dfrac{3}{2}x - \dfrac{2}{3}\sin\dfrac{3}{2}x$

3. (1) $y = C_1 e^x + e^{-\frac{x}{2}}\left(C_2 \cos\dfrac{\sqrt{3}}{2}x + C_3 \sin\dfrac{\sqrt{3}}{2}x\right)$

(2) $y = C_1 e^x + C_2 e^{\frac{1}{2}(\sqrt{5}-1)x} + C_3 e^{-\frac{1}{2}(\sqrt{5}+1)x}$

(3) $y = (C_1 + C_2 x + C_3 x^2) e^{-x}$

4. $y''' + y'' - y' - y = 0$

习题　5.6

1. (1) $y = C_1 e^{3x} + C_2 e^{4x} + \dfrac{x}{12} + \dfrac{7}{144}$

(2) $y = C_1 + C_2 e^{3x} + x^2$

(3) $y = C_1 e^{-x} + C_2 e^{\frac{x}{2}} + e^x$

(4) $y = C_1 e^x + C_2 e^{2x} + 3x e^{2x}$

(5) $y = C_1 \cos x + C_2 \sin x - \dfrac{1}{3}\cos 2x$

(6) $y = C_1 \cos x + C_2 \sin x - \dfrac{1}{2}x\cos x$

(7) $y = C_1 \cos 2x + C_2 \sin 2x + \dfrac{1}{3}x\cos x + \dfrac{2}{9}\sin x$

(8) $y = (C_1 + C_2 x) e^{3x} + \dfrac{x^2}{2}\left(\dfrac{x}{3} + 1\right)e^{3x}$

(9) $y = C_1 \cos x + C_2 \sin x + \dfrac{1}{2}e^x + \dfrac{x}{2}\sin x$

(10) $y = C_1 e^{-x} + C_2 e^x + C_3 \cos 2x + C_4 \sin 2x + \dfrac{x}{10}e^x$

(11) $y = e^x(C_1 \cos x + C_2 \sin x) + e^x$

(12) $y = C_1 e^{-2x} + C_2 e^{2x} + \dfrac{1}{4}x e^{2x}$

2. (1) $y = \dfrac{1}{2}\left[\cos 2x + (1 + 3x)\sin 2x + 3\right]$

（2）$y = 6 - \dfrac{98}{17}e^{-\frac{x}{2}} + e^{-x} - \dfrac{4}{17}(4\sin2x + \cos2x)$

3. （1）$y = C_1 r^n + C_2 r^{-(n+1)}$

（2）$y = C_1\cos\ln x + C_2\sin\ln x - \ln x\cos\ln x$

（3）$y = \left[C_1 + C_2\ln x + \dfrac{1}{2}(\ln x)^2 \right]x + \dfrac{1}{4x}$

习题　5.7

1. $\begin{cases} x = C_1 e^{\sqrt{2}\,t} + C_2 e^{-\sqrt{2}\,t} \\ y = C_1(\sqrt{2}-1)e^{\sqrt{2}\,t} - C_2(\sqrt{2}+1)e^{-\sqrt{2}\,t} \end{cases}$

2. $\begin{cases} x = C_1\cos t + C_2\sin t + 3 \\ y = -C_1\sin t + C_2\cos t \end{cases}$

3. $\begin{cases} y = -e^{-4x}\sin x \\ z = (\sin x + \cos x)e^{-4x} \end{cases}$

4. $\begin{cases} y = \dfrac{1}{2}(e^x + e^{-3x}) \\ z = -\dfrac{1}{2}(e^x - 3e^{-3x}) \end{cases}$

习题　5.8

1. $m = 20(3 - e^{-\frac{t}{10}})$ kg

2. $T = 10\,648\text{s} \approx 3\text{h}$

3. $x = f(y) = \sqrt{\dfrac{\pi}{2}y}$（或 $y = \dfrac{2}{\pi}x^2$）

4. 用微元法建立方程

$$\begin{cases} R^2\dfrac{\mathrm{d}y}{\mathrm{d}t} = a - b\sqrt{y} \\ y\Big|_{t=0} = H \end{cases}$$

其中，$a = r_1^2 v_1$，$b = Cr_2^2\sqrt{2g}$.

解得

$$t = \sqrt{\dfrac{2}{g}}\dfrac{R^2}{Cr_2^2}(\sqrt{H} - \sqrt{y}) + \dfrac{v_1 R^2 r_1^2}{C^2 g r_2^4}\ln\dfrac{r_1^2 v_1 - Cr_2^2\sqrt{2gH}}{r_1^2 v_1 - Cr_2^2\sqrt{2gy}}$$

5. $\varphi(t) = \dfrac{1}{20}\left(1 - e^{-\frac{10^{-4}}{3}t}\right)$, $T = 10\text{h}6\text{min}$

6. $m(t) = 4\left(1 - e^{-0.75t}\right)$, 当 $t \to \infty$ 时，$m = 4\text{g}$

7. $W(t) = 40 + (W_0 - 40)e^{0.05t}$

当 $W_0 = 40$ 亿元时，$W = 40$ 亿元.

当 $W_0 = 30$ 亿元时，在 $t = 27.7$ 年时，$W = 0$.

当 $W_0 = 50$ 亿元时，W 随时间增加无限增加.

8. （1）$t = \varphi^2(y) - 4$

（2）$x = 2e^{\frac{\pi}{6}y}$

9. $x = \dfrac{N x_0 e^{kNt}}{N - x_0 + x_0 e^{kNt}}$

10. $\dfrac{\alpha + \beta}{\alpha\beta - b\alpha} \ln\left[\dfrac{ab(\alpha + \beta) - \alpha bx}{ab(\alpha + \beta) - a\beta x}\right] = kt$

11. $v = \dfrac{F}{k}\left(1 - e^{-\frac{k}{m}t}\right)$

12. 大约 89.5h

13. $\dfrac{1}{kv_0}$

14. 2.693m/s

15. $x = e^{-0.245t}(2\cos 156.5t + 0.00313\sin 156.5t)$

16. $t = \sqrt{\dfrac{10}{g}} \ln(5 + \sqrt{24})$

17. $y = -\dfrac{m}{k}v - \dfrac{m(mg - V\rho g)}{k^2} \ln \dfrac{mg - V\rho g - kv}{mg - V\rho g}$

18. 60min

19. 受害者死亡时间大约在下午 4：40，此时张某正在办公室上班，因此可被排除在嫌疑犯之外.

20. $T(t) = 20 + 17e^{\left(-\frac{1}{2}\ln\frac{17}{15}\right)t}$，谋杀时间是上午 7 点 31 分

21. $y = \dfrac{v_0}{v_c}\left(\dfrac{2}{3}a + x - \dfrac{x^3}{3a^2}\right)$

22. $y = a\left[\dfrac{1}{3}\left(1 - \dfrac{x}{a}\right)^{\frac{3}{2}} - \left(1 - \dfrac{x}{a}\right)^{\frac{1}{2}}\right] + \dfrac{2}{3}a$, $t = \dfrac{2a}{3v}$

1. $y = \begin{cases} e^{2x} - 1 & x \leqslant 1 \\ (1 - e^{-2})e^{2x} & x > 1 \end{cases}$

2. $y = \begin{cases} \cos 2x + \dfrac{1}{2}\sin 2x - \sin x & -\pi \leqslant x < 0 \\ \cos 2x - \dfrac{1}{2}\sin 2x + \sin x & 0 \leqslant x \leqslant \pi \end{cases}$

3. （1）$y'' + 5y' + 6y = 0$　　　　（2）$y'' - 2y' + y = 0$

　　（3）$y'' + 2y' + 5y = 0$　　　　（4）$y''' + y'' + y' + y = 0$

4. $u'' + 4u = e^x,\qquad y = C_1 \dfrac{\cos 2x}{\cos x} + 2C_2 \sin x + \dfrac{e^x}{5\cos x}$

5. （1）$y'' - y = \sin x$　　　（2）$y(x) = e^x - e^{-x} - \dfrac{1}{2}\sin x$

6. $y = \dfrac{2}{\sqrt{x}}$

7. （1）$y = \dfrac{1}{4} - x^2$　　　（2）$y = -\dfrac{1}{\sqrt{3}}x + \dfrac{1}{3}$

8. （1）$x^2 + 2y^2 = 1$　　　（$x \geqslant 0,\ y \geqslant 0$）

　　（2）$s = \dfrac{\sqrt{2}}{4}l$

9. $y = e^x - e^{-x}$

10. （1）$f'(x) = -\dfrac{e^{-x}}{x + 1}$

11. $f(x) = e^{-2x} + xe^{-x}$

12. $y = -7e^{-2x} + 8e^{-x} + 3x(x - 2)e^{-x}$

13. $6\ln 3$ 年

14. 需 6h

参 考 文 献

［1］张润琦. 高等数学简明教程［M］. 北京：北京理工大学出版社，1999.

［2］毛京中. 高等数学学习指导［M］. 北京：北京理工大学出版社，2001.

［3］马知恩，王绵森. 工科数学分析基础［M］. 北京：高等教育出版社，1998.

［4］李心灿. 高等数学应用205例［M］. 北京：高等教育出版社，1997.

［5］余仁胜. 数学试题精选解析［M］.2版. 北京：高等教育出版社，2001.